电子电气基础课程系列教材

模拟电子技术

张 虹 编著

电子工业出版社·

Publishing House of Electronics Industry

北京·BEIJING

内 容 简 介

全书分 10 章：绪论，半导体器件基础，放大电路基础，放大电路的频率响应，集成运算放大电路，放大电路中的反馈，集成运算放大电路的应用，波形的发生和变换电路，功率放大电路，直流稳压电源。

本书提供配套电子课件和习题参考答案，登录华信教育资源网注册后免费下载。

本书既可作为应用型本科院校计算机、电子、通信、机电、控制等专业的教材，也可作为自学考试和电子技术工程人员的参考用书。高职院校使用本书时可根据具体情况适当删减内容或增加学时。

图书在版编目（CIP）数据

模拟电子技术 / 张虹编著. -- 北京 : 电子工业出
版社, 2025. 3. -- ISBN 978-7-121-49937-1

Ⅰ. TN710.4

中国国家版本馆 CIP 数据核字第 2025E1M657 号

责任编辑：冉　哲　　文字编辑：底　波
印　　刷：北京雁林吉兆印刷有限公司
装　　订：北京雁林吉兆印刷有限公司
出版发行：电子工业出版社
　　　　　北京市海淀区万寿路 173 信箱　　邮编　100036
开　　本：787×1 092　1/16　印张：15.25　字数：430 千字
版　　次：2025 年 3 月第 1 版
印　　次：2025 年 3 月第 1 次印刷
定　　价：49.80 元

凡所购买电子工业出版社图书有缺损问题，请向购买书店调换。若书店售缺，请与本社发行部联系，联系及邮购电话：(010) 88254888，88258888。

质量投诉请发邮件至 zlts@phei.com.cn，盗版侵权举报请发邮件至 dbqq@phei.com.cn。

本书咨询联系方式：ran@phei.com.cn。

前　　言

"模拟电子技术"在电类专业的课程体系中有着承前启后、不可替代的重要作用，是电类各专业必修的技术基础课程；随着电子技术在各领域的应用越来越广泛，该课程也越来越多地成为非电类专业的选修课程。该课程的特点是实践性强，联系实际应用紧密，但内容分散繁杂，抽象难懂。尤其对于应用型本科院校的学生，如何学好该课程，如何将理论与应用有机结合，是值得探讨的问题。然而由于学时数的限制以及应用型本科院校培养目标的改变等诸多原因，以往的相关教材显得篇幅过于庞大，理论分析过于深奥，内容分散，例题偏少，容易造成学生学习吃力，负担过重。同时，各专业对该课程的教学要求不同，也迫切需要有一本比较简明、实用的教材。

本书的作者是双师型教师，有着丰富的教学经验和工程实践经验，能够从实用角度出发对问题进行论证和阐述，例题、习题的选取也具有这个特点。

本书注重以下几方面的问题。

（1）保证基础，加强概念，培养思路。

（2）精选内容，主次分明，详略得当。

（3）问题分析深入浅出，文字叙述通俗易懂，图文并茂，例题、习题丰富，便于自学。

（4）每章各节后配有一定数量的复习思考题，即学即练，便于读者更好地掌握本节知识点，扫描前言中的二维码可查看部分复习思考题的参考答案。

（5）理论知识以够用为目的，重点加强实际应用，例如，本书大幅压缩了分立元件电路的设计和其他次要内容，加强以集成运算放大电路为主的集成电路的介绍和应用。

为了让学生更好地掌握每部分的内容，需要合理分配有限的学时。在此，提供本书的学时分配表，以供参考。本书的理论教学建议 64 学时，各章的参考学时如下。

各章理论教学参考学时一览表

章名	参考学时
第1章　绪论	2
第2章　半导体器件基础	6
第3章　放大电路基础	10
第4章　放大电路的频率响应	4
第5章　集成运算放大电路	6
第6章　放大电路中的反馈	8
第7章　集成运算放大电路的应用	12
第8章　波形的发生和变换电路	6
第9章　功率放大电路	4
第10章　直流稳压电源	6
合　　计	64

本书由张虹教授编著。此外，王立娟、尹秀、张文君、李秀圣、高寒、于钦庆、齐丽丽、郑建军、周建梁等老师对本书的编写工作也给予了很大的帮助和支持，在此一并表示感谢。

由于时间仓促，加之作者水平有限，书中的错误和不妥之处在所难免，敬请读者予以批评指正。

本书提供配套的电子课件以及习题和习题参考答案，登录华信教育资源网注册后免费下载。

本书还有配套的实验与实训内容、经典题目解析、自测题库等，需要的老师请联系作者索取。邮箱：zhanghongwf@126.com，QQ：1667980252。

作　者

复习思考题
部分参考答案

目　　录

第 1 章 绪　　论

内容提要
- 信号和电信号，电子系统和传感器
- 模拟信号和数字信号、模拟电路和数字电路
- 电子系统的组成及各部分的作用
- 模拟电子技术课程的特点及学习方法
- 电子电路的计算机辅助分析和设计软件

1.1 信号和电子系统

1.1.1 信号

什么是信号？"信号"一词在人们的日常生活和社会活动中并不陌生，如时钟报时、汽车喇叭声、交通信号灯、战场上发射的信号弹、计算机内部以及它和外围设备之间联络的电信号等，都是人们熟悉的信号。但是，要严格地给信号下定义，必须搞清它和信息、消息之间的联系。

信息是指人类社会和自然界中需要传送、交换、存储和提取的抽象内容。信息具有抽象性，为了交换和传送，必须通过一定的表现形式将它表示出来。人们把表示信息的语言、文字、图像、数据等称为消息，而信息是消息之中赋予人们新知识与新概念的内容。可见，信息不仅是消息的内容，而且是预先不知道的内容。通常，人们说，"这张报纸信息量大"或"那个消息不含一点信息"，就体现了消息和信息之间的关系。

一般情况下，消息不便于传送和交换，往往需要借助某种便于传送和交换的物理量作为运载手段，我们把声、光、电等运载消息的物理量称为信号。因此，信号就是表示消息的物理量，它是运载消息的工具，是消息的载体。在作为信号的众多物理量中，电信号是应用最广泛的物理量之一，因为它容易产生、传输和控制，也容易实现与其他物理量的相互转换。因此，我们通常所指的信号主要是电信号。

非电信号（如声音、压力、光强、流量、速度等信号）可以通过各种传感器较容易地转换成电信号。电信号是指随时间变化而变化的电压 u 或电流 i，在数学描述上可将其表示为时间 t 的函数，并可画出其随时间变化的波形。

电子电路中的信号均为电信号，以下简称信号。

1.1.2 模拟信号和数字信号

对信号的分类方法有很多，信号按数学关系、取值特征、能量功率、处理分析、所具有的时间函数特性、取值是否为实数等，可以分为确定性信号和非确定性信号（又称随机信号）、连续信号和离散信号（即模拟信号和数字信号）、能量信号和功率信号、时域信号和频域信号、时限信号和频限信号、实信号和复信号等。电子电路中主要讨论的是模拟信号和数字信号。

1. 模拟信号

模拟信号是指信号波形模拟了信息的实际变化过程，其主要特征是幅值（u 或 i）随时间 t 是连续变化的，可取无限多个值。例如，正弦波信号、三角波信号等都是典型的模拟信号，图 1-1（a）所示为典型的模拟信号。自然界中有很多信号都具有连续变化的特征，如气温变化、人发出的声音、地震、海浪的波动等。

传输、处理模拟信号的电路称为**模拟电路**。模拟电路中主要关注输入与输出信号之间的大小、相位、失真等方面的问题。

2. 数字信号

数字信号是指时间和数值上都不连续变化的信号，即数字信号具有离散性，如图 1-1（b）所示。交通信号灯控制电路、智力竞赛抢答电路，以及计算机键盘输入电路中的信号，都是数字信号。对数字信号进行传输、处理的电路称为**数字电路**。数字电路中主要关注输入与输出之间的逻辑关系。

电子系统中一般均含有模拟和数字两种电路。模拟电路是系统中必需的组成部分。但是，为了便于存储、分析或传输信号，数字电路更具优越性。

数字电路又叫开关电路或逻辑电路，它是利用半导体器件的开关特性使电路输出高、低两种电平，从而控制事物相反的两种状态，如灯的亮和灭、开关的开和关、电机的转动和停转等。数字电路中的信号只有高、低两种电平，分别用二进制数字 **1** 和 **0**（本书中，二进制数均加粗处理）表示，即数字信号都是由 **0**、**1** 组成的一串二进制代码。

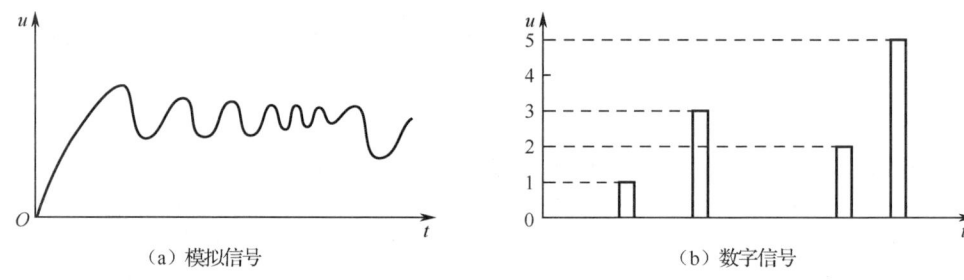

（a）模拟信号　　　　　　　　　　　　（b）数字信号

图 1-1　模拟信号和数字信号

由于实际中大多数物理量经传感器转换后都是模拟信号，且如今的自动化控制系统都是以计算机为核心的电路系统，计算机内部是典型的数字电路，为此，首先需要对模拟信号进行数字化处理，将其转换为计算机能够识别的数字信号；经计算机处理后的信号，通常还要转换为能够驱动负载的模拟信号。本书所涉及的信号多为模拟信号。

1.1.3　电子系统

1. 电子系统的组成

用不同种类、不同功能的电路构成具有特定功能的仪器、设备，这样的系统称为**电子系统**。

图 1-2 所示为典型的电子系统组成示意图。系统首先采集信号，即进行信号的提取。通常，这些信号来自用于测试各种物理量的传感器、接收器，或者来自信号发生器。对于实际系统，传感器或接收器所提供的信号的幅值往往很小，噪声很大，且易受干扰，有时甚至分不清哪些是有用信号，哪些是干扰或噪声。因此，在加工信号之前，需对其进行预处理。进行信号预处理时，要根据实际情况利用隔离、滤波、阻抗变换等各种手段将信号提取出来并进行放大。当信号足够大时，再进行信号的运算、转换、比较等不同的加工。最后，还要经过功率放大以驱动执行机构（负载）。若要进行数字化处理，则首先通过 A/D 转换电路将预处理后的模拟信号转换为数字信号，输入计算机或其他数字系统，处理后，再经 D/A 转换电路将数字信号转换为模拟信号，以便驱动负载。

图 1-2 所示的电子系统是模拟-数字混合系统，信号的提取、预处理、加工、驱动与执行由模拟电路完成，计算机或其他数字系统由数字电路组成，A/D 转换、D/A 转换为模拟电路和数字电路提供了接口。

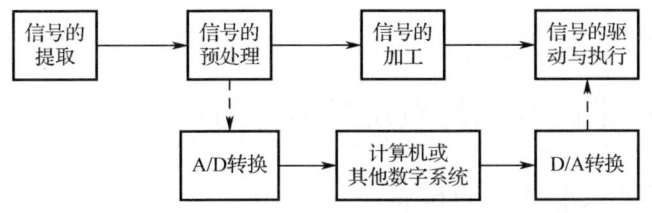

图 1-2 电子系统组成示意图

2. 电子系统中的模拟电路

从对信号的分析可知，对模拟信号最基本的处理是放大，而且放大电路是构成各种功能不同的模拟电路的基本电路。图 1-3 所示为电子系统中常用的模拟电路及其功能。

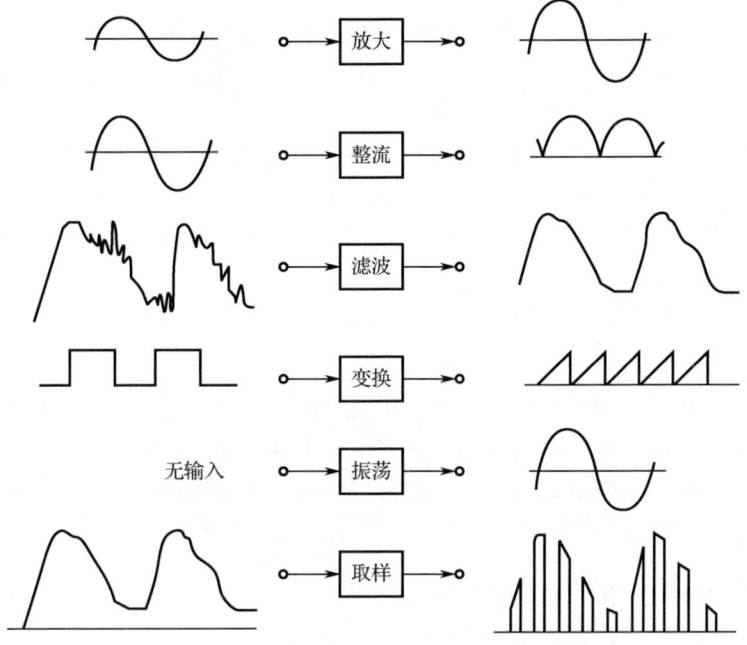

图 1-3 常用的模拟电路及其功能

（1）放大电路：用于电压、电流或功率信号的放大。

（2）整流电路：将正弦交流电变换为单向脉动直流电。

（3）滤波电路：用于对不同频率信号的提取、变换或抗干扰。

（4）信号变换电路：改变信号的变化规律，将电流信号与电压信号进行相互转换、将直流信号与交流信号进行相互转换、将直流电压转换成与之成比例的频率等。

（5）信号发生电路（振荡电路）：用于产生正弦波、矩形波、三角波、锯齿波。

（6）取样电路：将随时间连续变化的模拟信号变成离散信号。

以上各电路是我们本书要重点介绍的内容。

复习思考题

1.1.1 自然界中采集到的信号都是_____信号，若想进入电路进行处理，必须通过各种_____将其转换为____信号。

1.1.2 电信号通常是指随时间变化的_____或_____，分别用字母____和____表示。

1.1.3 在时间上和幅值上均是连续的电信号称为_____信号；
在时间上和幅值上均是离散的电信号称为_____信号。

1.1.4 通过傅里叶变换可以实现信号从_____域到_____域的变换。

1.2 模拟电子技术课程的特点及学习方法

1.2.1 模拟电子技术课程的特点

模拟电子技术课程是入门性质的技术基础课，目的是使学生初步掌握模拟电子电路的基本理论、基本知识和基本技能。本课程与数学、物理甚至电路分析等课程有着明显的区别，主要表现在它的工程性和实践性上。

1．工程性

在模拟电子技术课程中，需学会从工程的角度思考和处理问题。

（1）实际工程需要证明其可行性。本课程特别重视电子电路的定性分析，因为定性分析就是对电路是否能够满足功能性要求的可行性分析。

（2）实际工程在满足基本性能指标的前提下总是容许存在一定的误差范围，因而称这种计算为"近似估算"。若确实需要精确求解，则可借助于各种 EDA 软件。

（3）近似分析要"合理"。在估算时必须考虑"研究的是什么问题、在什么条件下、哪些参数可忽略不计及忽略的原因"。也就是说，近似要有道理。

（4）估算不同的参数需采用不同的模型。不同的条件解决不同的问题，应构造不同的等效模型。

2．实践性

实用的模拟电子电路几乎都要通过调试才能达到预期的指标，掌握常用电子仪器的使用方法、模拟电子电路的测试方法、故障的判断和排除方法、仿真方法是教学的基本要求。了解各元器件参数对电路性能的影响是正确调试的前提，而明白所测试电路的原理是正确判断和排除故障的基础，掌握一种仿真软件是提高分析问题、解决问题能力的必要手段。

1.2.2 模拟电子技术课程的学习方法

模拟电子技术具有很强的工程性和实践性，而且课程本身概念多、理论性强、原理抽象，学生在学习时需要根据课程特点，采取有效的学习方法。

1．抓基本概念

学习模拟电子技术，理解是关键，这就要从基本概念抓起。基本概念的定义是不变的，要先知其意，后灵活应用。基本概念是进行分析和计算的前提，要学会定性分析，务必防止用所谓的严密数学推导掩盖问题的物理本质。在掌握基本概念、基本电路的基础上还应掌握基本分析方法。不同类型的电路具有不同的功能，需用不同的参数和不同的方法描述，而不同的参数有不同的求解方法。基本分析方法包括电路的识别方法、性能指标的估算方法和描述方法、电路形式及参数的选择方法等。

2．抓规律，抓相互联系

电路内容繁多，总结规律十分重要。要抓住问题是如何提出的，有什么矛盾，如何解决，然后进一步改进。具体而言，基本电路的组成原则是不变的，电路却是千变万化的，要注意记住电路的组成原则而不是记住每一个电路。每章都有其基本电路，掌握这些电路是学好该课程的关键。某种基本电路通常不是指某一个电路，而是指具有同样功能和结构特征的所有电路。掌握它们至少应了解其产生背景、结构特点、性能特点及改进之处。

3．理论联系实际

电路是实践性很强的学科，一方面要注意理论联系实际，另一方面要多接触实际。在可能的条件下，多做些实验，这样不仅便于掌握理论知识，而且能提高解决问题的能力。

4．自我检查

在认真阅读本书内容的基础上，对照每章的习题，检验学习效果，若是抱着完成任务的观点，为了做习题而做习题是达不到预期效果的。

复习思考题

1.2.1　模拟电子技术作为一门专业基础课程，其区别于数学、物理、电路分析等课程的最大特点是模拟电子技术课程具有很强的_____性和_____性。

1.3　电子电路的计算机辅助分析和设计软件介绍

随着电子计算机技术的发展，计算机辅助设计（Computer Aided Design，CAD）已经逐渐进入电子设计的领域。模拟电路中的电路分析、数字电路中的逻辑模拟，甚至是印制电路板、集成电路版图等都开始采用计算机辅助工具来提高设计效率和设计成功率。而大规模集成电路的发展，使得原始的设计方法无论是从效率上还是从设计精度上都已经无法适应当前电子工业的要求，所以采用计算机辅助设计来完成电路的设计已经势在必行。

电子设计自动化（Electronic Design Automation，EDA）技术自20世纪70年代开始发展，其标志是美国加利福尼亚大学伯克利分校开发的SPICE（Simulation Program with Integrated Circuit Emphasis）于1972年研制成功，并于1975年推出实用化版本。当时它仅适用于模拟电路的分析，而且只能用程序的方式输入。此后，他们在扩充电路分析功能、改进和完善算法、增加元器件模型库、改进用户界面等方面做了很多实用性的工作，使SPICE成为享有盛誉的电子电路辅助设计工具，1988年，它被定为美国国家工业标准。与此同时，各种以SPICE为核心的商用仿真软件应运而生，常用的有PSpice和Multisim。

1.3.1　PSpice

PSpice是较早出现的EDA软件之一，1985年就由MICROSIM公司推出，在电路仿真方面，它的功能可以说是最为强大，在国内被普遍使用，现在使用较多的是PSpice 9.1。它工作于Windows环境，整个软件由电路原理图编辑、电路仿真、激励编辑、元器件库编辑、波形图等几个部分组成，使用时是一个整体，但各个部分有各自的窗口。

PSpice软件具有强大的电路原理图绘制功能、电路模拟仿真功能、图形后处理功能和元器件符号制作功能。它以图形方式输入，自动进行电路检查，生成网表，模拟和计算电路；与印制版设计软件配合使用，还可实现电子设计自动化。这些特点使得PSpice受到广大电子设计工作者、科研人员和高校师生的热烈欢迎，国内许多高校已将其列入电子类本科生和硕士生的辅修课程。

1.3.2　Multisim

Multisim是EWB的升级版本，适用于板级的模拟/数字电路的设计工作。它包含电路原理图的图形输入方式、电路硬件描述语言输入方式，具有丰富的仿真分析能力。IIT公司被美国NI公司收购以后，Multisim的性能得到了更大的提升。

使用Multisim可以交互式地搭建电路原理图，并对电路行为进行仿真。Multisim提炼了SPICE

仿真的复杂内容，这样工程师无须懂得深入的 SPICE 技术就可以很快地进行捕获、仿真和分析新的设计，这也使其更适合电子学教育。通过 Multisim 提供的虚拟仪器技术，PCB 设计工程师和电子学教育工作者可以完成从理论到电路原理图捕获与仿真再到原型设计和测试这样一个完整的综合设计流程。

初步掌握一种电子电路计算机辅助分析和设计软件对学习电子技术很有必要。

复习思考题

1.3.1　简述 Multisim 仿真软件的主要功能。

1.3.2　自行下载 Multisim 软件，观察其用户界面主要分为哪几个部分？

本 章 小 结

1．模拟信号的主要特征是信号幅值（u 或 i）随时间 t 连续变化，可以取无限多个值；数字信号是指时间和数值上都是不连续变化的信号，即数字信号具有离散性。

2．用不同种类、不同功能的电路构成具有特定功能的仪器、设备，称为电子系统。通常，电子系统是模拟-数字混合系统。

3．模拟电子技术课程是入门性质的技术基础课，具有很强的工程性和实践性。学习过程中，要善于抓规律，掌握有效的学习方法。

4．随着计算机在各个领域的普及应用，掌握一种电子电路计算机辅助分析和设计软件对学习电子技术课程是很有必要的。

习题 1

1-1　填空。

（1）非电信号可以通过各种传感器转换成电信号。汽车倒车警示用的是＿＿＿＿＿＿传感器，医院给病人做心电图用的是＿＿＿＿＿传感器，楼宇内的声控灯用的是＿＿＿＿＿种传感器

（2）电子系统通常是＿＿＿＿和＿＿＿＿混合的系统，其最前端采用的是各种＿＿＿＿＿。电子系统内的 A/D 转换器和 D/A 转换器的作用分别是＿＿＿＿＿＿＿＿和＿＿＿＿＿＿＿。

1-2　题图 1-2 所示为一个自动检测系统的原理示意图，图中用到了哪些功能的模拟电路？

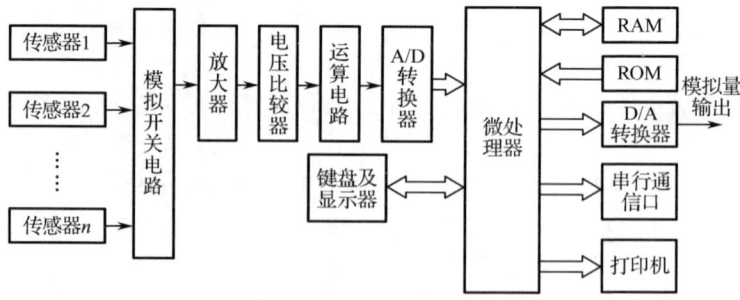

题图 1-2　自动检测系统的原理示意图

第2章 半导体器件基础

内容提要
- 半导体的特性及载流子的运动
- PN 结的单向导电性
- 半导体二极管的结构、工作原理、特性曲线、主要参数及应用
- 半导体三极管的结构、工作原理、特性曲线及主要参数
- 场效应管的结构、工作原理、特性曲线及主要参数

2.1 半导体基础知识

2.1.1 本征半导体

导电能力介于导体和绝缘体之间的物质称为半导体。一般来说，半导体的电阻率在 $10^{-4} \sim 10^{10} \Omega \cdot m$ 范围内。纯净的、不含杂质的半导体称为**本征半导体**，硅（Si）和锗（Ge）就是两种本征半导体。半导体是构成电子元器件的重要材料，

本征半导体是通过一定的工艺过程形成的单晶体，其中每个硅或锗原子最外层的 4 个价电子，均与它们相邻的 4 个原子的价电子共用，从而形成共价键，如图 2-1（a）所示。

本征半导体中原子间的共价键具有较强的束缚力，每个原子都趋于稳定，它们是否有足够的能量挣脱共价键的束缚与热运动（温度）紧密相关。在热力学温度零度（−273.15℃）时，价电子基本不能移动，因此在外电场作用下半导体中的电流为零，此时它相当于绝缘体。但在常温下，由于热运动价电子被激活，有些获得足够能量的价电子会挣脱共价键成为自由电子，与此同时，共价键中就留下一个空位，称为**空穴**。这种现象称为**本征激发**，如图 2-1（b）所示。由于电子带负电荷，所以空穴表示缺少一个负电荷，即空穴具有正电荷粒子的特性。

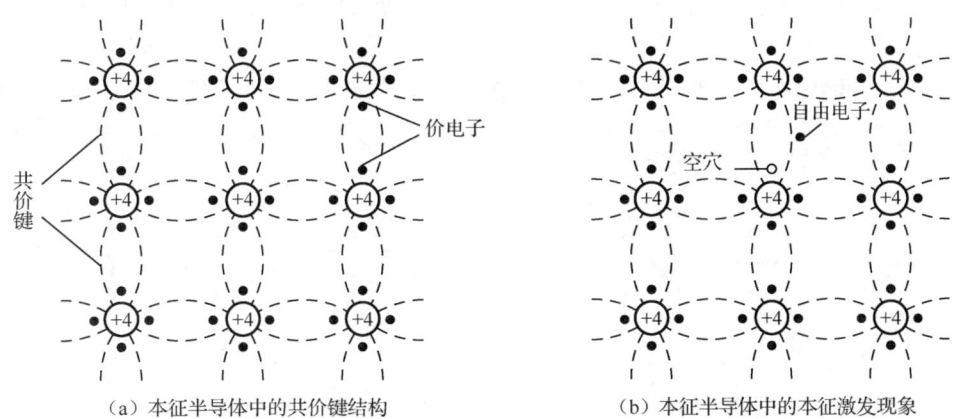

（a）本征半导体中的共价键结构　　　　　　　（b）本征半导体中的本征激发现象

图 2-1 本征半导体微观结构

在**电子–空穴对**产生的同时，运动中的自由电子也有可能去填补空穴，使电子和空穴成对消失，这种现象称为**复合**。在外电场作用下，一方面带负电荷的自由电子做定向移动，形成电子电流；另一方面价电子会按电场方向依次填补空穴，产生空穴的定向移动，形成空穴电流。能够运动的、可以参与导电的带电粒子称为**载流子**。导体只有一种载流子参与导电，即自由电子参与导电；本征半导体有两种载流子，即自由电子和空穴均参与导电，这是半导体导电的特殊性质。由于自由

电子和空穴所带电荷极性相反，所以电子电流和空穴电流的方向相反。

在一定温度下，电子-空穴对的产生和复合都在不停地进行，最终处于一种动态平衡状态，使半导体中载流子的浓度一定。当温度升高时，本征半导体中载流子浓度将增大。由于导电能力由载流子数目决定，因此半导体的导电能力将随温度升高而增强。温度是影响半导体器件性能的一个重要的外部因素，半导体材料的这种特性称为热敏性，此外，半导体材料还具有光敏性、压敏性、磁敏性和掺杂性。

2.1.2 杂质半导体

在常温下，本征半导体中载流子浓度很低，因此导电能力很弱。为了改善导电性能并使其具有可控性，需在本征半导体中掺入微量的其他元素（称为杂质）。这种掺入杂质的半导体称为**杂质半导体**。因掺入杂质的性质不同，其可分为 N 型半导体和 P 型半导体。

1．N 型半导体

在本征半导体硅（或锗，此处以硅为例）中掺入微量的 5 价元素磷（P），由于磷原子最外层的 5 个价电子中有 4 个与相邻硅原子的价电子组成共价键，如图 2-2（a）所示，多余一个价电子受磷原子核的束缚力很小，很容易成为自由电子，而磷原子本身因失去电子成为不能移动的杂质正离子。当然，在杂质半导体中，与本征半导体一样，由于热运动仍然会产生自由电子-空穴对，但这种热运动产生的载流子浓度远小于掺杂而产生的自由电子数，所以在这种半导体中，自由电子数远超过空穴数，它是以电子导电为主的杂质型半导体，因为电子带负电（Negative Electricity），所以称为 N 型半导体。在 N 型半导体中，自由电子是多数载流子（简称多子），空穴是少数载流子（简称少子）。杂质离子带正电。

2．P 型半导体

在本征半导体硅中掺入 3 价元素硼（B），由于硼原子有 3 个价电子，每个硼原子的价电子与相邻的 4 个硅原子的价电子组成共价键时，因缺少一个电子而产生一个空位（不是空穴，因为硼原子仍呈中性），如图 2-2（b）所示。在室温或其他能量激发下，与硼原子相邻的硅原子共价键上的电子就可能填补这些空位，从而在电子原来所处的位置上形成带正电荷的空穴，硼原子本身则因获得电子而成为不能移动的杂质负离子。每个硼原子都能产生一个空穴，这种半导体的空穴数远大于自由电子数，它是以空穴导电为主的杂质型半导体，因为空穴带正电（Positive Electricity），所以称为 P 型半导体。在 P 型半导体中，空穴是多数载流子（多子），自由电子是少数载流子（少子）。杂质离子带负电。

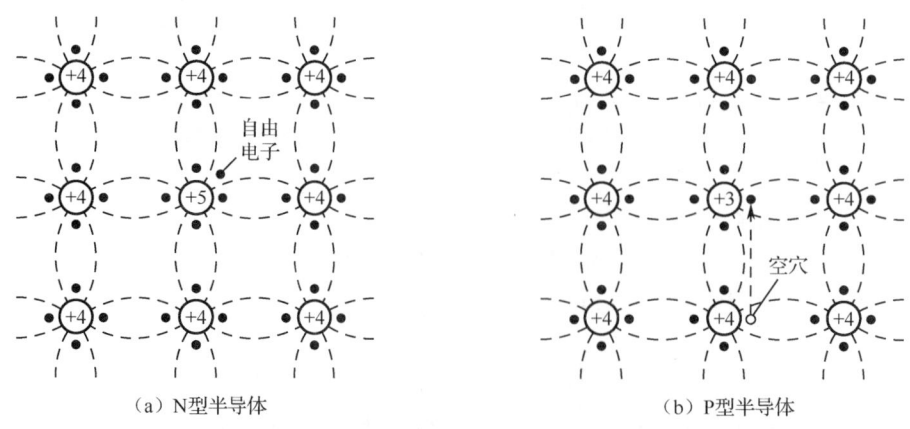

（a）N 型半导体　　　　　　　　　　　　（b）P 型半导体

图 2-2　杂质半导体微观结构

今后，为简单起见，通常只画出其中的正离子、等量的自由电子及少子空穴来表示 N 型半导体；同样，只画出负离子、等量的空穴及少子自由电子来表示 P 型半导体，分别如图 2-3（a）和（b）所示。

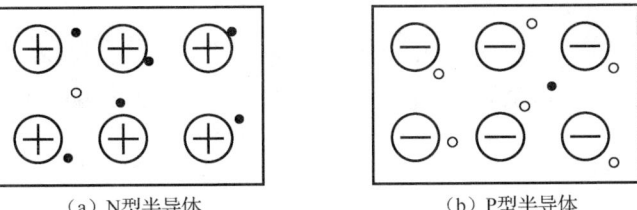

（a）N 型半导体　　　　　　（b）P 型半导体

图 2-3　杂质半导体的简化画法

综上所述，掺入杂质后，由于载流子的浓度提高，因此杂质半导体的导电性能将增强，而且掺入的杂质越多，多子浓度越高，导电性能也就越强，实现了导电性能的可控性。例如，在 4 价硅中掺入百分之一的 3 价杂质硼后，在室温时，其电阻率只有本征半导体的 50 万分之一，可见导电能力大大提高了。当然，仅仅提高导电能力不是最终目的，因为导体的导电能力更强。杂质半导体的奇妙之处在于，掺入不同性质、不同浓度的杂质，并使 P 型半导体和 N 型半导体采用不同的方式组合，可以制造出品种繁多、用途各异的半导体器件。

2.1.3　PN 结

如果将本征半导体的一侧掺杂成为 P 型半导体，而另一侧掺杂成为 N 型半导体，则在二者的交界处将形成一个 **PN 结**。

1．PN 结的形成

（1）多子的扩散运动。

将 P 型半导体和 N 型半导体制作在一起，在两种半导体的交界面就出现了电子和空穴的浓度差。物质总是从浓度高的区域向浓度低的区域扩散，自由电子和空穴也不例外。因此，P 区中的多子（空穴）将向 N 区扩散，而 N 区中的多子（自由电子）将向 P 区扩散，如图 2-4（a）所示。扩散过程中自由电子和空穴发生复合，结果就使得两种半导体交界面附近出现了不能移动的带电离子区，P 区出现负离子区，N 区出现正离子区，如图 2-4（b）所示。这些带电离子形成了一个很薄的**空间电荷区**，产生了**内电场**。此空间电荷区便是 PN 结。

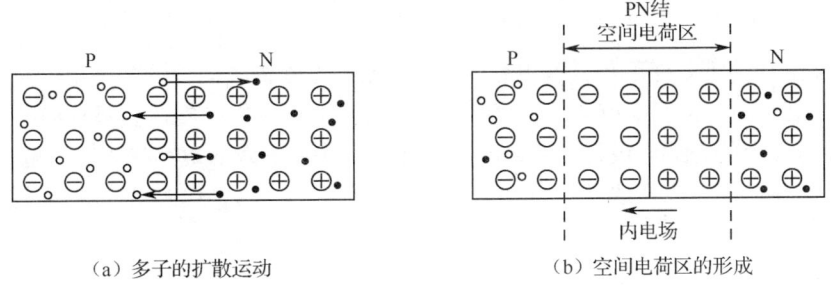

（a）多子的扩散运动　　　　　　（b）空间电荷区的形成

图 2-4　PN 结的形成

（2）少子的漂移运动。

一方面，随着扩散运动的进行，空间电荷区加宽使内电场增强；另一方面，内电场又将阻止多子的扩散运动，促进少子的运动（促使 P 区中的少子电子向 N 区运动，N 区中的少子空穴向 P 区运动），这种在电场作用下少子的运动称为**漂移运动**。少子漂移运动的方向正好与多子扩散运动的方向相反。因而漂移运动的结果是空间电荷区变窄，使内电场减弱。当参与扩散运动的多子与参与少子漂移运动的少子数目相等时，即达到了动态平衡，此时，空间电荷区的宽度不再变化，

PN 结处于相对稳定状态。空间电荷区又称**耗尽层**。若无外加电压或其他激发因素作用时，流过 PN 结的电流为零。

2. PN 结的单向导电性

在 PN 结两端外加电压，称为给 PN 结加上**偏置电压**。当 P 区电位高于 N 区时称为**正向偏置**（简称正偏）；反之，当 N 区电位高于 P 区时称为**反向偏置**（简称反偏）。PN 结最重要的特性就是**单向导电性**。

（1）PN 结正偏。

给 PN 结加正偏电压，如图 2-5 所示。这时外电场与内电场方向相反，削弱了内电场，使空间电荷区变窄，多子的扩散运动增强，产生较大的正向电流 I，PN 结在正偏时呈现较小电阻，PN 结变为导通状态。正向电压稍有增加，PN 结的正向电流 I 急剧增加，为了防止大的正向电流把 PN 结烧毁，实际电路都要串接限流电阻 R。

（2）PN 结反偏。

给 PN 结加反偏电压，如图 2-6 所示。这时外电场与内电场方向相同，空间电荷区变宽，内电场增强，因而有利于少子的漂移而不利于多子的扩散。由于反偏电压的作用，少子的漂移形成了反向电流 I_R。但是，少子的浓度非常低，使得反向电流很小，一般为微安（μA）数量级。所以可以认为 PN 结反偏时基本不导电。

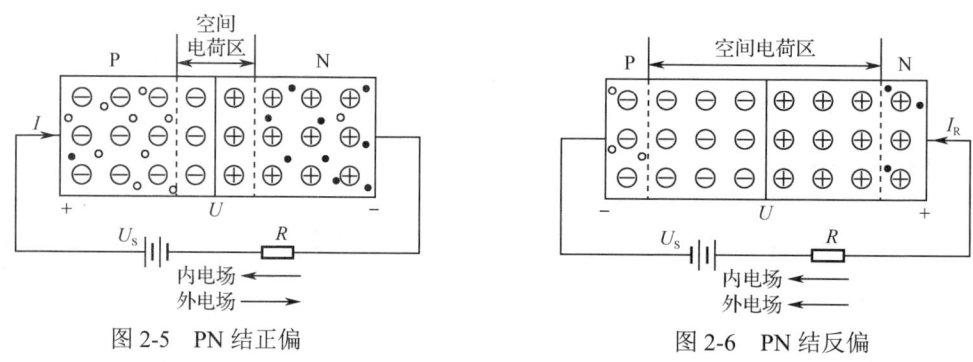

图 2-5　PN 结正偏　　　　　　　图 2-6　PN 结反偏

综上所述，PN 结正偏时导通，表现出的正向电阻很小，正向电流 I 较大；反偏时截止，表现出的反向电阻很大，正向电流几乎为零，只有很小的反向电流。这就是 PN 结最重要的特性——单向导电性。二极管、三极管及其他各种半导体器件的工作特性，都是以 PN 结的单向导电性为基础的。

此外，PN 结在一定条件下还具有电容效应，根据产生原因不同分为势垒电容和扩散电容。当 PN 结外加电压变化时，空间电荷区的宽度将随之变化，即耗尽层的电荷量随外加电压而增大或减小，这种现象与电容的充放电过程相同，耗尽层宽窄变化所等效的电容称为势垒电容 C_b。PN 结的扩散区内，电荷的积累和释放过程与电容充放电过程相同，这种电容效应称为扩散电容 C_d。

复习思考题

2.1.1　本征半导体内部时刻发生着本征激发现象，其结果是产生＿＿＿＿＿＿。与本征激发相反的物理现象叫作＿＿＿＿＿。

2.1.2　在杂质半导体中，多数载流子的浓度主要取决于掺入的＿＿＿＿浓度，而少数载流子的浓度则与外界＿＿＿＿有很大关系。P 型半导体中的少子是＿＿＿＿，多子是＿＿＿＿；N 型半导体中的少子是＿＿＿＿，多子是＿＿＿＿。

2.1.3　当 PN 结外加正向电压时，扩散电流＿＿＿＿漂移电流，耗尽层＿＿＿＿；当外加反向电压时，扩散电流＿＿＿＿漂移电流，耗尽层＿＿＿＿。（填"大于/小于"和"变宽/变窄"）

2.1.4　PN 结的结电容包括＿＿＿＿＿电容和＿＿＿＿＿电容。当在 PN 结两端施加正向电压时，空间电荷区将＿＿＿＿＿（变宽/变窄），＿＿＿＿＿电容将增大。

2.1.5　判断正误：

（1）由于 P 型半导体中含有大量空穴载流子，N 型半导体中含有大量电子载流子，所以 P 型半导体带正电，N 型半导体带负电。（　　　）

（2）在 N 型半导体中，掺入高浓度 3 价元素杂质，可以改为 P 型半导体。（　　　）

（3）扩散电流是由半导体的杂质浓度引起的，即杂质浓度大，扩散电流大；杂质浓度小，扩散电流小。（　　　）

（4）在本征激发过程中，当激发与复合处于动态平衡时，两种作用相互抵消，激发与复合停止。（　　　）

（5）PN 结在无光照无外加电压时，结电流为零。（　　　）

（6）温度升高时，PN 结的反向电流将减小。（　　　）

（7）PN 结加正向电压时，空间电荷区将变宽。（　　　）

2.2　半导体二极管

2.2.1　二极管的结构和符号

在 PN 结的两端引出两个电极并将其封装在金属或塑料管壳内，就构成**二极管**（Diode）。二极管通常由管芯、管壳和电极三部分组成，管壳起保护管芯的作用，如图 2-7（a）所示。从 P 区引出的电极称为正极或阳极，从 N 区引出的电极称为负极或阴极。二极管通常用字母 VD 表示，图 2-7（b）所示为二极管的电路符号。

（a）结构

阳极　VD　阴极

（b）电路符号

图 2-7　二极管结构及电路符号

二极管的种类很多，分类方法也不同。按制造所用材料分类，主要有硅二极管和锗二极管；按用途分类，主要有普通二极管、整流二极管、开关二极管和稳压二极管等；按其结构分类，有点接触型二极管和面接触型二极管。点接触型二极管的结面积小，极间电容小，不能承受高的反向电压和大的正向电流。这种类型的管子适合用作高频检波和脉冲数字电路里的开关元件。面接触型二极管的结面积大，可承受较大的电流，但极间电容也大，适用于低频整流。小电流二极管常用玻璃壳或塑料壳封装，为便于散热，大电流二极管一般使用金属外壳。对于通过电流在 1A 以上的二极管，常加散热片以帮助散热。图 2-8 所示为几种常见二极管的实物外形图。

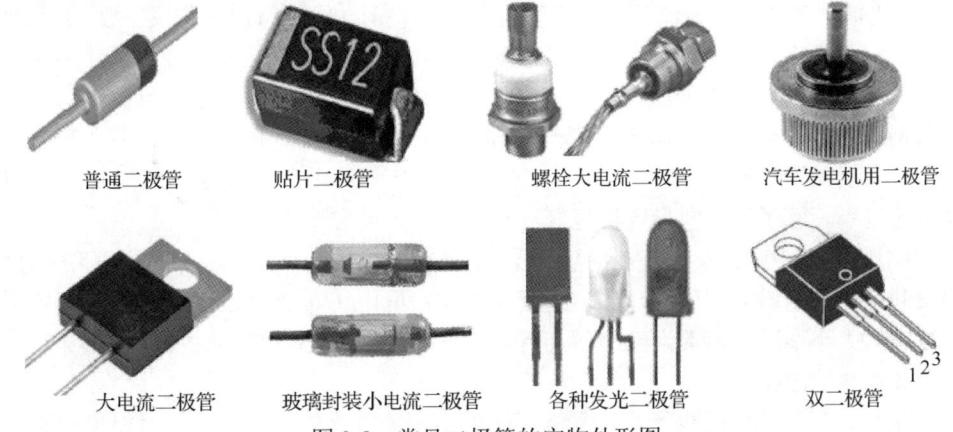

普通二极管　　贴片二极管　　螺栓大电流二极管　　汽车发电机用二极管

大电流二极管　玻璃封装小电流二极管　各种发光二极管　　双二极管

图 2-8　常见二极管的实物外形图

2.2.2　二极管的伏安特性

图 2-9 所示的二极管电路中，端电压 u 和端电流 i 选为关联参考方向。理论分析指出，理想情况下二极管电流 i 与其外加电压 u 之间的关系为

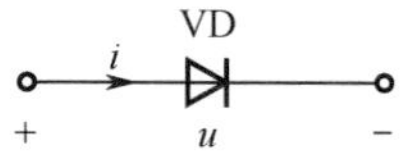

$$i = I_S(e^{\frac{u}{U_T}} - 1) \tag{2-1}$$

图 2-9　二极管电路

式（2-1）称为二极管的电流方程。式中，I_S 为反向饱和电流；U_T 为温度电压当量，常温下，$U_T \approx 26\text{mV}$。

二极管的**伏安特性**是指其端电压 u 和端电流 i 之间的关系，如图 2-9 所示，当 u、i 为关联参考方向时，二极管的伏安特性曲线如图 2-10（a）所示。由于二极管具有单向导电性，因此将其伏安特性分为正向特性和反向特性两个方面进行讨论。

1．正向特性

二极管正偏时，其电压、电流的实际极性与图 2-9 中 u、i 的参考极性一致，故 u、i 均为正值，因此正向特性位于第一象限，如图 2-10（a）所示。当二极管两端不加电压时，其电流为零，故特性曲线从坐标原点开始。当正向电压较小，且小于 U_{on} 时，外电场不足以克服内电场，故多数载流子的扩散运动仍受较大阻碍，二极管的正向电流很小，此时二极管工作于**死区**，称 U_{on} 为死区的**开启电压**。硅管的 U_{on} 约为 0.5V，锗管约为 0.2V。当正向电压超过 U_{on} 后，内电场被大大削弱，电流将随正向电压的增大按指数规律增大，二极管呈现出很小的电阻，此时二极管呈现正向导通状态。硅管的**正向导通电压** U_D 为 0.6V～0.8V（通常取 0.7V），锗管为 0.1V～0.3V（通常取 0.3V）。正向导通电压通常也称为二极管的正向钳位电压。

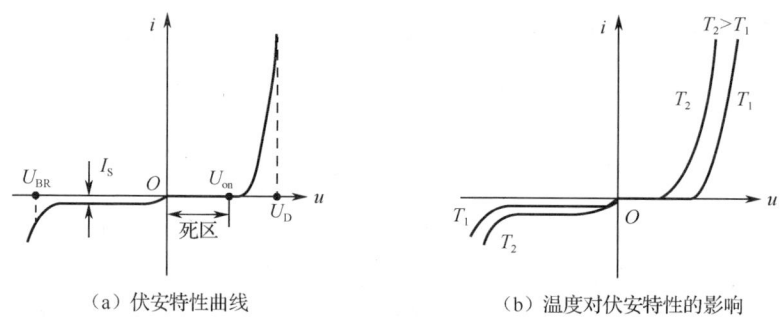

（a）伏安特性曲线　　　　　　　　　　（b）温度对伏安特性的影响

图 2-10　二极管的伏安特性

2．反向特性

二极管反偏时，其电压、电流的实际极性与图 2-9 中 u、i 的参考极性相反，故 u、i 均为负值，因此反向特性位于第三象限，如图 2-10（a）所示。由于外加反向电压时，外电场和内电场方向相同，阻碍扩散运动进行，有利于漂移运动。二极管中由少子形成反向电流。反向电压增大时，反向电流随着稍有增加，当反向电压增大到一定程度时，反向电流将基本不变，即达到饱和，因而称该反向电流为**反向饱和电流**。通常硅管的反向饱和电流可达 10^{-9}A 数量级，锗管为 10^{-6}A 数量级。反向饱和电流越小，管子的单向导电性越好。

当反向电压增大到图 2-10（a）中的 U_{BR} 时，在外部强电场的作用下，少子的数目会急剧增加，因而使得反向电流急剧增大。这种现象称为**反向击穿**，电压 U_{BR} 称为**反向击穿电压**。各类二极管的反向击穿电压大小不同，通常为几十到几百伏，最高可达 300V 以上。PN 结被击穿后，常因功耗过大而造成永久性的损坏。

前面已指出，半导体中的少子浓度受温度影响，因而二极管的伏安特性对温度很敏感。实验

证明，当温度升高时，正向特性曲线向左移，反向特性曲线向下移，如图 2-10（b）所示。

需要指出的是，有时为了分析方便，将二极管理想化，忽略其正向导通电压和反向饱和电流，即得到**理想二极管**。对于理想二极管，认为正偏导通时相当于开关闭合，反偏截止时相当于开关断开。

2.2.3　二极管的主要参数

每种半导体器件都有一系列表示其性能特点的参数，并汇集成器件手册，供使用者查找选择。二极管的主要参数如下。

（1）最大整流电流 I_F。

I_F 是指二极管长期运行时，允许通过管子的最大正向平均电流。使用时，管子的平均电流不得超过此值，否则可能使二极管过热而损坏。

（2）最高反向工作电压 U_R。

工作时加在二极管两端的反向电压不得超过此值，否则二极管可能被击穿。为了留有余地，通常将反向击穿电压 U_{BR} 的一半定为 U_R。

（3）反向电流 I_R。

I_R 是指在室温条件下，在二极管两端加上规定的反向电压时，流过管子的反向电流。通常希望 I_R 值越小越好。反向电流越小，说明二极管的单向导电性越好。此时，由于反向电流是由少数载流子形成的，所以 I_R 受温度的影响很大。

（4）最高工作频率 f_M。

当二极管在高频条件下工作时，将受到极间电容的影响。f_M 主要取决于极间电容的大小。极间电容越大，则二极管允许的最高工作频率越低。当工作频率超过 f_M 时，二极管将失去单向导电性。

2.2.4　二极管应用电路举例

在二极管的应用电路中，主要是利用二极管的单向导电性。在分析含有二极管的应用电路时，一般遵循以下分析方法：首先，判断二极管是处于正偏导通状态还是反偏截止状态；其次，画出二极管的等效电路，即二极管正偏导通时，一般用 $U_D = 0.7\text{V}$ 的电压源（硅管，若是锗管则用 0.3V）代替，或者近似用短路线代替（理想二极管），二极管反偏截止时，一般将二极管断开，即认为二极管的反向电阻无穷大；最后，根据画出的等效电路，计算电路中的电压或电流。

1. 一般电路

【例 2-1】　二极管电路如图 2-11（a）和（b）所示，试判断两图中的二极管是导通还是截止，并求输出电压 U_o。设二极管为理想二极管。

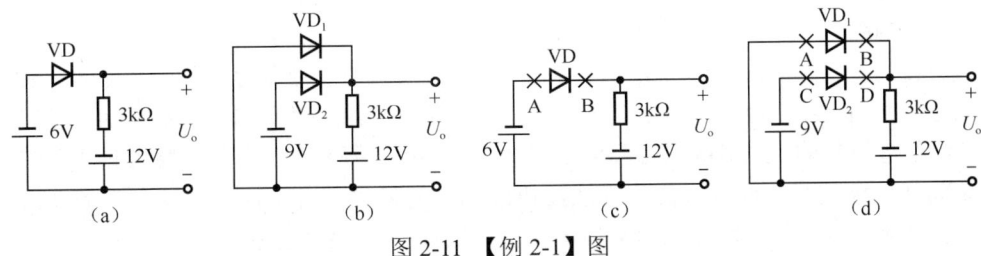

图 2-11　【例 2-1】图

解： 图 2-9（a）中，将二极管断开，如图 2-9（c）所示。断开处 A、B 间电压 $U_{AB}=-6\text{V}+12\text{V}=6\text{V}>0\text{V}$（二极管断开后电阻中无电流，故不考虑其上的电压），即 A 点电位高于 B 点，所以二极管正偏导通。又因为二极管可视为理想二极管，所以此时二极管等效为一根导线，输出电压 $U_o = -6V$。

图 2-9（b）中有两只二极管 VD_1 和 VD_2，同样先将其断开，如图 2-9（d）所示，则 VD_1 两端电压 $U_{AB} = 12V$，VD_2 两端电压 $U_{CD} = -9V + 12V = 3V$。可见，VD_1 和 VD_2 均正偏导通，但其承受的正偏电压大小不同，即正偏程度不同。为此，正偏程度更大的 VD_1 抢先导通，因此将 VD_1 等效为一根导线；VD_1 用导线代替后，VD_2 两端电压变为 $U_{CD} = -9V$。也就是说，VD_2 由先前的正偏导通变为反偏截止。最终等效电路为 VD_1 相当于一根导线，VD_2 相当于开路，可求得输出电压 $U_o = 0V$。

由本题可以看出，在分析含有二极管的电路时，一般方法是先断开二极管，并以它的两个电极作为端口求出端口电压（二极管阳极为端口电压的参考正极，阴极为其参考负极），根据电压的正负判断其正偏导通还是反偏截止。在判断过程中，如果电路中出现两个或两个以上的二极管承受大小不等的正向电压，则应判定承受正向电压较大者抢先导通，其两端电压为导通电压，然后再用上述方法判断其他二极管的导通状态。

2. 限幅电路

当输入信号电压在一定范围内变化时，输出电压随输入电压做相应变化；而当输入电压超出该范围时，输出电压保持不变，这种电路就是限幅电路。通常将输出电压 u_o 保持不变的电压值称为**限幅电压**，当输入电压高于限幅电压时，输出电压保持不变的限幅称为上限幅；当输入电压低于限幅电压时，输出电压保持不变的限幅称为下限幅。二极管限幅电路有串联、并联、双向限幅电路。下面再看一个双限幅电路的例子。

【例 2-2】 在图 2-12（a）所示电路中，已知两只二极管的正向导通电压 U_D 均为 0.7V，试画出输出电压 u_o 与输入电压 u_i 的关系曲线（**电压传输特性曲线**）。

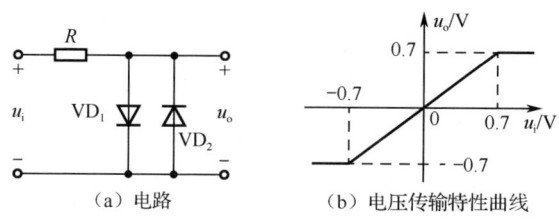

（a）电路　　　　（b）电压传输特性曲线

图 2-12 【例 2-2】图

解： 此题中的二极管不能视为理想二极管。

图 2-12（a）中的两只二极管 VD_1、VD_2 方向相反，所以当 $u_i \geq 0.7V$ 时，VD_1 导通，VD_2 截止，$u_o = U_D = 0.7V$；当 $u_i \leq -0.7V$ 时，VD_1 截止，VD_2 导通，$u_o = -U_D = -0.7V$；当 $-0.7V < u_i < 0.7V$ 时，VD_1、VD_2 均截止，相当于开关断开，$u_o = u_i$，u_o 与 u_i 成正比例关系。

由以上分析可画出 u_o 与 u_i 的关系曲线，如图 2-12（b）所示。该电路为一个双向限幅电路，VD_1、VD_2 的接法使 u_o 的大小限在 $-0.7V \sim +0.7V$ 之间。

3. 检波电路

无线电技术中经常要进行信号的远距离输送，这就需要把低频信号（如音频信号）加载到高频振荡信号上并由天线发射出去。电路分析中，将低频信号称为调制信号，高频振荡信号称为载波，受低频信号控制的高频振荡信号称为已调波，控制的过程称为调制。在接收地点，接收机天线接收到的已调波信号，经放大后再设法还原成原来的低频信号，这一过程称为解调或检波。图 2-13（a）所示为一已调波，图 2-13（b）为由二极管组成的检波电路，其中 VD 用于检波，称为检波二极管，一般为点接触型二极管；C 为检波电路负载电容，用来滤除检波后的高频成分；R_L 为检波电路负载，用来获取检波后所需的低频信号。

由于二极管的单向导电作用，已调波经二极管检波后，负半波被截去，如图 2-13（c）所示，检波电路负载电容将高频成分旁路，在 R_L 两端得到的输出电压就是原来的低频信号，如图 2-13（d）所示。

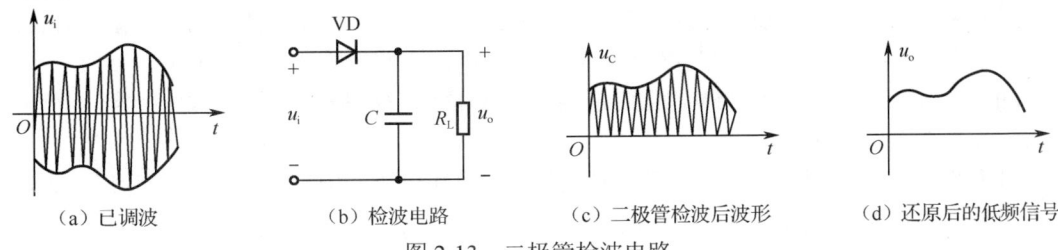

（a）已调波　　　（b）检波电路　　　（c）二极管检波后波形　　　（d）还原后的低频信号

图 2-13　二极管检波电路

4．二极管"续流"保护电路

二极管也可用作保护器件，如图 2-14 所示。当开关 S 闭合时，直流电压源 U_S 接通大电感 L，二极管 VD 因反偏而截止，全部电流流过电感线圈。当开关 S 断开时，电感线圈中的电流将迅速降到零，大电感两端会产生很大的瞬时负电压。如果没有提供其他电流通路，则该暂态电压将在开关两端产生电弧，损坏开关。当电路中接有如图 2-14 所示的二极管时，二极管为电感线圈的放电提供了通路，使 u_L 的负峰值限制在二极管的正向压降范围内，开关 S 两端的电弧被消除，同时电感线圈中的电流将平稳地减少。

5．逻辑运算（开关）电路

在开关电路中，我们一般把二极管看成理想模型，即二极管导通时两端电压为零，截止时两端电阻为无穷大。在图 2-15（a）所示电路中，只要有一路输入信号为低电平，输出即为低电平，仅当全部输入为高电平时，输出才为高电平，这种逻辑运算称为"与"逻辑运算。在图 2-15（b）所示电路中，当只要有一路输入信号为高电平，输出即为高电平，仅当全部输入为低电平时，输出才为低电平，这种逻辑运算称为"或"逻辑运算。

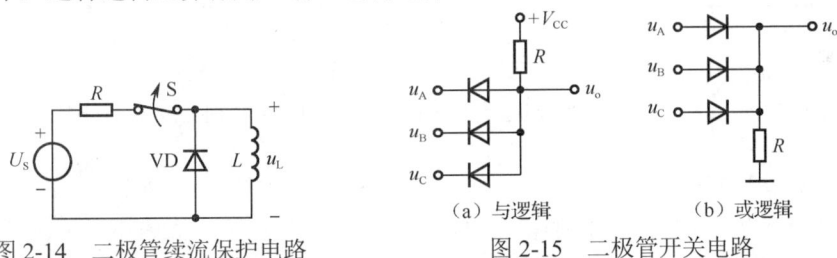

（a）与逻辑　　　（b）或逻辑

图 2-14　二极管续流保护电路　　　图 2-15　二极管开关电路

2.2.5　特殊二极管

1．稳压二极管

由二极管的特性曲线可知，如果二极管工作于反向击穿区，则当反向电流的变化量 Δi 较大时，管子两端相应的电压变化量 Δu 却很小，这说明其具有"稳压"特性。利用二极管的这种特性可以将其做成稳压二极管，简称稳压管。所以，稳压管实质上就是一只二极管，但它通常工作于反向击穿区。只要击穿后的反向电流不超过允许范围，稳压管就不会发生热击穿损坏。为此，必须在电路中串接一个限流电阻。

反向击穿后，当流过稳压管的电流在很大范围内变化时，管子两端的电压几乎不变，从而可以获得一个稳定的电压。稳压管的伏安特性曲线、电路符号分别如图 2-16（a）和（b）所示。

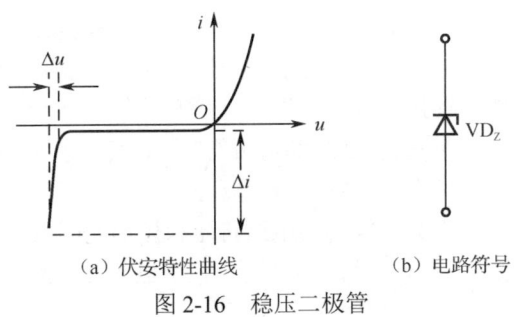

（a）伏安特性曲线　　　（b）电路符号

图 2-16　稳压二极管

稳压二极管的主要参数如下。

（1）稳定电压 U_Z。

当稳压管反向击穿，且使流过的电流为规定的测试电流时，稳压管两端的电压值即为稳定电压 U_Z。对于同一种型号的稳压管，U_Z 有一定的分散性，因此一般都给出其范围。例如，型号为 2CW14 的稳压管的 U_Z 为 6V～7.5V，但对于某一只稳压管，U_Z 为一个确定值。

（2）最小稳定电流 I_{Zmin}。

最小稳定电流 I_{Zmin} 是保证稳压管正常稳压的最小工作电流，电流低于此值时，稳压效果不好。I_{Zmin} 一般为毫安数量级，如 5mA 或 10mA。

（3）最大耗散功率 P_{ZM} 和最大稳定电流 I_{ZM}。

当稳压管工作于稳压状态时，管子消耗的功率等于稳定电压 U_Z 与流过稳压管电流的乘积，该功率将转化为 PN 结的温升。最大耗散功率 P_{ZM} 是在 PN 结温升允许的情况下的最大功率，一般为几十毫瓦至几百毫瓦。因为 $P_{ZM} = U_Z I_{ZM}$，所以可确定最大稳定电流 I_{ZM}。

此外，还有动态电阻 r_Z 和稳定电压的温度系数 α 等参数。

在使用稳压管组成稳压电路时，需要注意几个问题：首先，稳压管正常工作在反向击穿状态，即外加电源正极接二极管的阴极，负极接阳极；其次，稳压管应与负载并联，由于稳压管两端电压变化量很小，所以使得输出电压比较稳定；最后，必须给稳压管加一个限流电阻，限制流过稳压管的电流，使其不超过规定值，以免因过热而烧毁二极管。同时，还应保证流过稳压管的电流在 I_{Zmin} 和 I_{ZM} 之间，以确保稳压管有良好的稳压特性。

【例 2-3】 在图 2-17 所示电路中，已知输入电压 $U_i = 12V$，稳压管 VD_Z 的稳定电压 $U_Z = 6V$，最小稳定电流 $I_{Zmin} = 5mA$，最大耗散功率 $P_{ZM} = 90mW$，试问输出电压 U_o 能否等于 6V。

解： 稳压管正常稳压时，其工作电流 I_{DZ} 应满足 $I_{Zmin} \leq I_{DZ} \leq I_{ZM}$，而

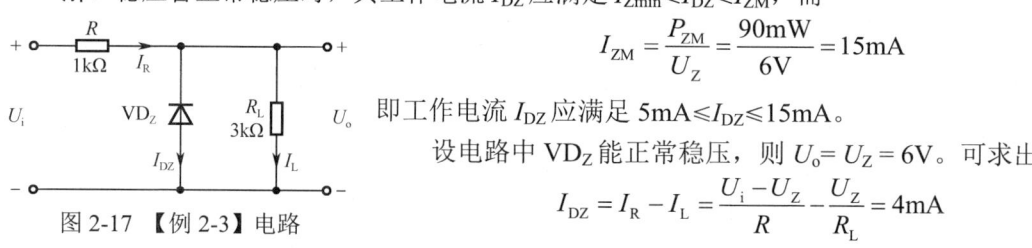

$$I_{ZM} = \frac{P_{ZM}}{U_Z} = \frac{90mW}{6V} = 15mA$$

即工作电流 I_{DZ} 应满足 $5mA \leq I_{DZ} \leq 15mA$。

设电路中 VD_Z 能正常稳压，则 $U_o = U_Z = 6V$。可求出

$$I_{DZ} = I_R - I_L = \frac{U_i - U_Z}{R} - \frac{U_Z}{R_L} = 4mA$$

图 2-17 【例 2-3】电路

可见 I_{DZ} 不在上述正常工作电流的范围内，因此不能正常稳压，U_o 将小于 U_Z。若要电路能够稳压，则应减小 R 的阻值。

2. 发光二极管

发光二极管是一种将电能转换成光能的半导体器件。其基本结构是一个 PN 结，采用砷化镓、磷化镓等半导体材料制造而成。它的伏安特性与普通二极管类似，但由于材料特殊，其正向导通电压较大，为 1V～2V。当管子正向导通时会发光。

发光二极管简写为 LED（Light Emitting Diode）。发光二极管具有体积小、工作电压低、工作电流小（10mA～30mA）、发光均匀稳定、响应速度快和寿命长等优点。常用作显示器件，如指示灯、七段数码管显示器、矩阵显示器等。

常见的 LED 发光颜色有红、黄、绿等，还有发出不可见光的红外发光二极管。

发光二极管的电路符号和外形如图 2-18 所示。图 2-19 所示为七段数码管显示器的外形和电路图。

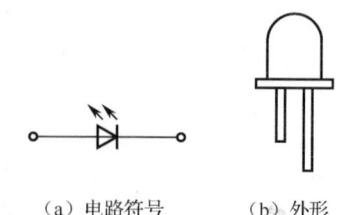

（a）电路符号　　（b）外形

图 2-18　发光二极管的电路符号和外形

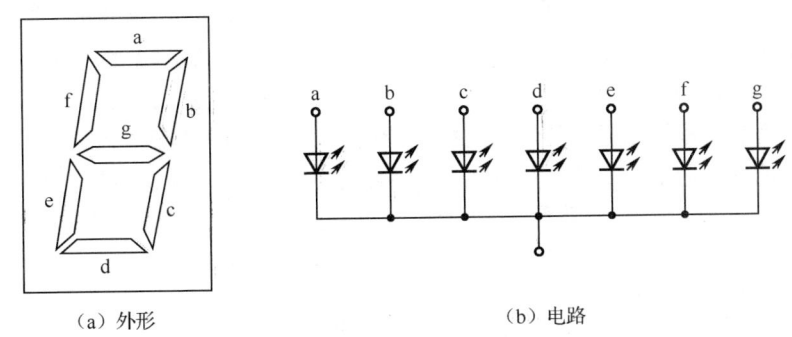

（a）外形　　　　　　　　　　　　（b）电路

图 2-19　七段数码管显示器的外形和电路

3．光电二极管

光电二极管又叫光敏二极管，它是一种能将光信号转换为电信号的器件。光电二极管的基本结构也是一个 PN 结，但管壳上有一个窗口，使光线可以照射到 PN 结上。光电二极管工作于反偏状态，当无光照时，它与普通二极管一样，反向电流很小，称为暗电流；当有光照时，其反向电流随光照强度的增加而增加，称为光电流。

光电二极管与发光二极管可用于构成红外线遥控电路。图 2-20 所示为光电二极管的电路符号。

图 2-20　光电二极管

4．变容二极管

利用 PN 结的势垒电容随外加反向电压变化的特性可制成变容二极管。变容二极管工作于反偏状态，此时，PN 结的结电容值随外加电压的大小而变化。因此，变容二极管可作为可变电容使用。变容二极管在高频电路中得到广泛应用，可用于自动调谐、调频、调相等。图 2-21（a）所示为变容二极管的电路符号。

图 2-21（b）所示为变容二极管的一个应用谐振电路，这是一个电调谐改变 LC 回路谐振频率的电路。变容二极管与电感组成 LC 谐振回路，当改变电位器的中心触点位置时，加在变容二极管上的反偏电压发生变化，其电容量相应改变，从而改变了 LC 回路的谐振频率。该图中的电容为隔直流电容器。

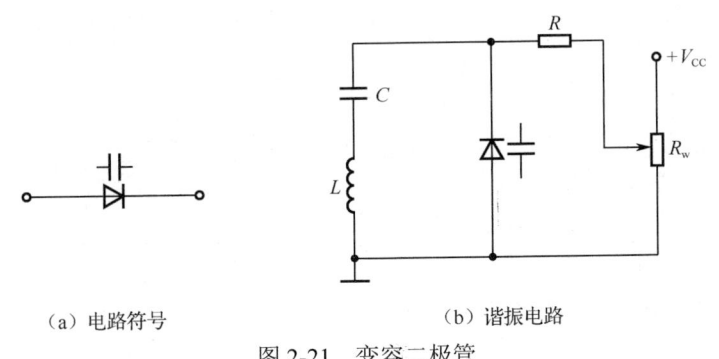

（a）电路符号　　　　　　　　　　　（b）谐振电路

图 2-21　变容二极管

2.2.6　二极管的简易测试

测试二极管一方面是测试其性能的好坏，即是否具有单向导电性，另一方面通过测试找出二极管的正极、负极。二极管的测试方法很多，本节只介绍用万用表测试的方法。

万用表及其欧姆挡内部等效电路如图 2-22 所示。该图中 E 为表内电源，r 为等效内阻，I 为被测回路中的实际电流。可见，黑表笔接表内电源的正端，红表笔接表内电源的负端。

进行测试时，将万用表的挡位选择开关打向 $R \times 100$ 或 $R \times 1k$ 挡（$R \times 1$ 挡电流太大，$R \times 10k$ 挡电压太大，都易损坏管子），并将两表笔分别接到二极管的两端，如图2-23所示，若测得阻值小，再将红黑表笔对调测试，若测得阻值大，则表明二极管是好的；在测得阻值小的那一次中，与黑表笔相连的引脚为二极管的正极，与红表笔相连的引脚为二极管的负极。

若上述两次测得的阻值都很小，则表明管子内部已经短路；若两次测得的阻值都很大，则表明管子内部已经断路，出现短路和断路时，说明管子已损坏。

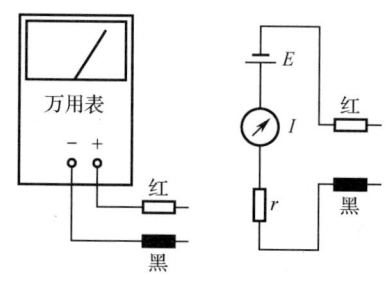

图2-22　万用表及其欧姆挡内部等效电路　　图2-23　万用表简易测试二极管示意图

2.2.7　二极管使用注意事项

使用二极管时，应注意以下事项。

（1）二极管应按照用途、参数及使用环境选择。

（2）使用二极管时，正极、负极不可接反。通过二极管的电流、承受的反向电压及环境温度等都不应超过手册中所规定的极限值。

（3）更换二极管时，应用同类型或高一级的代替。

（4）二极管引脚弯曲处距离外壳端面应不小于2mm，以免造成引脚折断或外壳破裂。

（5）焊接时应选用35W以下的电烙铁，焊接要迅速，并用镊子夹住引脚根部，以助散热，防止烧坏管子。

（6）安装时，应避免靠近发热元件，对功率较大的二极管，应注意良好的散热。

（7）二极管在容性负载电路中工作时，二极管整流电流应大于负载电流的20%。

复习思考题

2.2.1　二极管导通时，其正向电压应比开启电压_____（高/低），硅管的正向导通电压约为____V，锗管的正向导通电压约为____V。

2.2.2　稳压管是一种_____二极管。除了用于限幅电路外，主要用于稳压电路，其稳压性体现在电流增量_____时，只引起很小的_____变化，此时稳压管应工作于_____区。

2.2.3　发光二极管是将____能转换成____能的器件，正常工作时，其外加_____电压；而光电二极管是将____能转换成____能的器件，正常工作时，其外加_____电压。

2.2.4　温度对二极管的正向特性影响小，对其反向特性影响大，这是为什么？

2.2.5　电路如题图2.2.5所示。已知 $R_1 = 5k\Omega$，$R_2 = 10k\Omega$，$R_3 = 2k\Omega$，$V_{CC} = 15V$。试计算图中A点电位 V_A 以及流过二极管的电流 I_D。设二极管的正向导通电压 $U_D = 0.7V$。

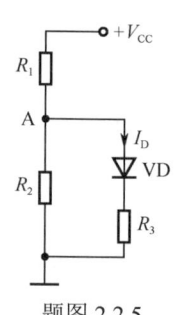

题图 2.2.5

2.3 半导体三极管

半导体三极管又称**晶体三极管**、**双极型晶体管**（Bipolar Junction Transistor，BJT），简称**晶体管或三极管**。它具有电流放大作用，是构成各种电子电路的基本器件。

2.3.1 三极管的结构和符号

在一块极薄的硅基片或锗基片上制作两个 PN 结，并从 P 区和 N 区引出接线，再封装在管壳里，就构成了三极管，三极管常用字母 VT 表示。三极管按照内部结构的不同分为 NPN 型和 PNP 型两种，图 2-24 所示为采用平面工艺制成的 NPN 型硅材料三极管的结构。首先在 N 型硅片（集电区）的氧化膜上利用光刻技术开出一个窗口，将硼杂质进行扩散，形成 P 型的基区，然后在这个 P 区上光刻一个窗口，将磷杂质进行扩散，形成 N 型的发射区，并从三个区各引出一个电极。

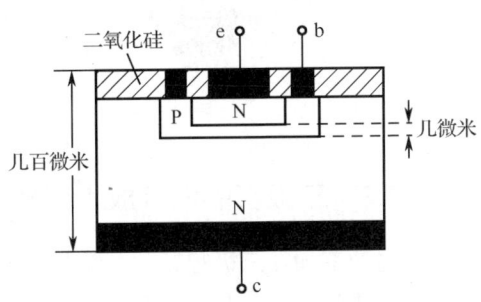

图 2-24　NPN 型硅材料三极管的结构

图 2-25 所示为两种类型三极管的内部结构示意图及电路符号。两种类型符号的区别在于发射极箭头的方向不同，它表示发射结加上正向电压时，发射极电流的实际方向。下面以 2-25（a）所示 NPN 型三极管为例介绍三极管结构上的几组名词。

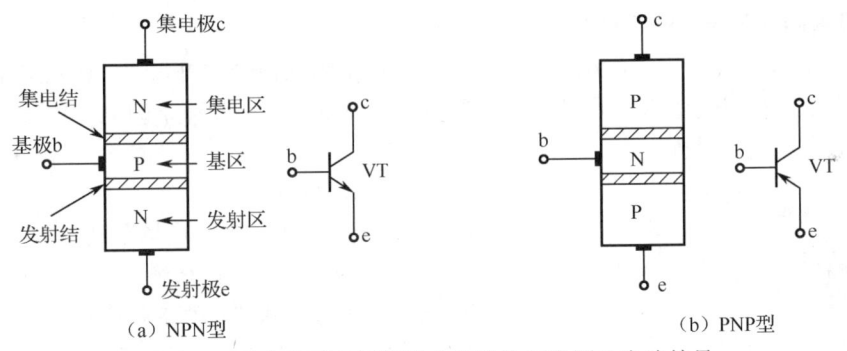

（a）NPN型　　　　　　　　　　　　　（b）PNP型

图 2-25　两种类型三极管的内部结构示意图及电路符号

首先，三极管内部有三个区，中间层称为基区，外面两层分别称为发射区和集电区；从三个区各引一个电极出来，分别称为**基极 b**（base）、**发射极 e**（emitter）和**集电极 c**（collector），因此三极管属于三端器件；三极管内部有两个 PN 结，基区与集电区之间的 PN 结称为**集电结**，基区与发射区之间的 PN 结称为**发射结**。

为保证三极管具有电流放大作用，其内部结构在制造工艺上应具有以下特点。

（1）发射区的掺杂浓度远大于集电区的掺杂浓度。

（2）基区很薄且掺杂浓度低。

（3）集电结面积大于发射结面积。

三极管按材料不同分为硅管和锗管。目前我国制造的硅管多为 NPN 型，锗管多为 PNP 型。不论是硅管还是锗管、NPN 型管还是 PNP 型管，它们的基本工作原理是相同的。本节主要讨论 NPN 型管。

图 2-26 所示为几种常见三极管的实物外形图。

图 2-26　常见三极管的实物外形图

2.3.2　三极管的电流放大原理

通过改变加在三极管三个电极上的电压可以改变其两个 PN 结的偏置情况，从而使三极管有三种工作状态。当发射结和集电结均反偏时，处于**截止状态**；当发射结正偏、集电结反偏时，处于**放大状态**；当发射结和集电结均正偏时，处于**饱和状态**。模拟电路中，三极管主要工作于放大状态，是构成放大电路的核心器件；数字电路中，三极管则工作于截止和饱和状态，充当开关使用。

当三极管处于放大状态时，能将输入端的小电流放大为输出端的大电流。下面以 NPN 型三极管为例分析其电流放大原理。

1.　三极管内部载流子的运动

在图 2-27 所示电路中，当电源电压 $V_{CC} > V_{BB}$ 且各电阻取值合适时，能保证发射结正偏、集电结反偏，即保证三极管处于放大状态。三极管的放大作用是通过载流子的运动体现出来的，其内部载流子的运动有三个过程。

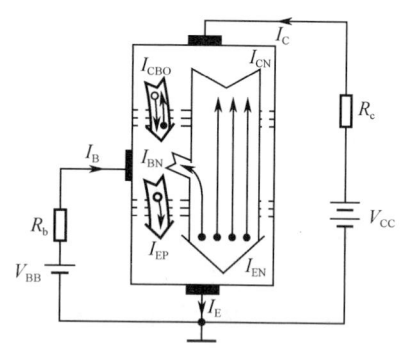

图 2-27　三极管内部载流子的运动

（1）发射区向基区注入电子。

由于发射结正偏，因此外加电场有利于多子（自由电子）的扩散运动。又因为发射区的掺杂浓度很高，所以发射区发射出大量的电子。这些电子越过发射结到达基区，形成电子电流。与此同时，基区的多子（空穴）也通过发射结扩散到发射区，如图 2-27 所示。这两种多子的扩散运动形成的扩散电流即为发射极电流 I_E。由于发射区的掺杂浓度远大于基区，因此 I_E 主要以电子电流为主，空穴电流可以忽略不计。

（2）电子在基区的扩散和复合。

电子到达基区后，由于基区很薄且掺杂浓度低，所以发射区扩散来的电子只有极少一部分与基区的多子空穴复合，而大多数电子在基区中继续扩散，到达靠近集电结的一侧。又由于电源 V_{BB} 的作用，电子与空穴的复合运动将源源不断地进行，从而形成基极电流 I_B。

（3）集电区收集电子。

由于集电结反向偏置且结面积较大，所以有利于将基区扩散过来的电子收集到集电极从而形成集电极电流。此外，由于集电结反向偏置，基区本身的少子（电子）与集电区的少子（空穴）将在结电场的作用下形成漂移电流，但它的数值很小，可以忽略不计。最终，在集电极电源 V_{CC} 的作用下，以上载流子的运动形成集电极电流 I_C。

2. 三极管各电极电流的分配关系

结合图 2-27 中的标注，设由发射区向基区扩散所形成的电子电流为 I_{EN}，基区向发射区扩散形成的空穴电流为 I_{EP}，基区内复合运动形成的电流为 I_{BN}，发射区扩散到基区但未被复合的自由电子（即漂移至集电区的自由电子）所形成的电流为 I_{CN}，基区与集电区内少子的漂移运动所形成的电流为 I_{CBO}，则有以下电流关系

$$I_E = I_{EN} + I_{EP} = I_{CN} + I_{BN} + I_{EP} \tag{2-2}$$

$$I_C = I_{CN} + I_{CBO} \tag{2-3}$$

$$I_B = I_{BN} + I_{EP} - I_{CBO} \tag{2-4}$$

从外部看

$$I_E = I_C + I_B \tag{2-5}$$

在图 2-27 所示电路中，I_B 所在回路称为输入回路，I_C 所在回路称为输出回路，而发射极为两个回路的公共端，因此，该电路称为共射放大电路。该电路中电流 I_E 主要是由发射区扩散到基区的电子而产生的；I_B 主要是由发射区扩散过来的电子在基区与空穴复合而产生的；I_C 主要是由发射区注入基区的电子漂移到集电区而形成的。当管子制成后，复合和漂移所占的比例就确定了，也就是说，I_C 与 I_B 的比值确定了，这个比值称为**共射直流电流放大系数** $\overline{\beta}$，即

$$\overline{\beta} = \frac{I_C}{I_B} \tag{2-6}$$

由于 I_B 远小于 I_C，因此 $\overline{\beta} \gg 1$，一般 NPN 型三极管的 $\overline{\beta}$ 为几十至一百多。

在实际电路中，三极管主要用于放大动态信号。当输入回路加上动态信号后，将引起发射结电压的变化，从而使发射极电流、基极电流变化，集电极电流也将随之变化。集电极电流变化量与基极电流变化量的比值称为**共射交流电流放大系数** β，即

$$\beta = \frac{\Delta i_C}{\Delta i_B} \tag{2-7}$$

由式（2-7）可得，$\Delta i_C = \beta \Delta i_B$，这表明三极管具有将基极电流变化量放大 β 倍的能力，这就是三极管的电流放大作用。

因为在近似分析中可以认为 $\beta \approx \overline{\beta}$，故在实际应用中不再加以区分。

综上可得，图 2-27 所示电路中三个电极电流的大小关系为：发射极电流 I_E 最大，其次是集电极电流 I_C，基极电流 I_B 最小，且满足 $I_C \approx \beta I_B$。因此，三极管共射放大电路中的三个电极电流关系可完整表示为

$$I_E = I_B + I_C \approx I_B + \beta I_B = (1 + \beta) I_B \tag{2-8}$$

在放大电路的近似估算中，有时常将 I_B 忽略。于是可得

$$I_E = I_B + I_C \approx I_C \approx \beta I_B \tag{2-9}$$

以上是以由 NPN 型三极管构成的共射放大电路为例介绍的。由 PNP 型三极管构成的共射放大电路如图 2-28 所示，其工作原理与 NPN 型近似，区别主要有以下两点。

① 三个电极电流的实际方向正好相反，对 PNP 型三极管，电流从发射极流入，从基极和集电极流出。可以看出，无论 NPN 型还是 PNP 型三极管，其三个电极电流方向的特点是，基极和集电极电流方向始终一致，要么都流入三极管，要么都流出三极管，并且二者始终与发射极电流方向相反。

② 外加电源的极性和 NPN 型的也相反，如图 2-28 所示。在由 PNP 型三极管构成的共射放大电路中，发射极电位 V_E 最高，基极电位 V_B 次之，集电极电位 V_C 最低。

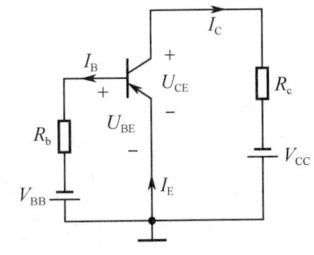

图 2-28 由 PNP 型三极管构成的共射放大电路

2.3.3 三极管的共射特性

三极管的伏安特性是指三极管各电极间的外加电压和流过每个电极的电流之间的关系。由于三极管是三端器件，因此其伏安特性较二端器件更为复杂。本节以由 NPN 型三极管构成的共射放大电路为例，根据三极管的工作原理，将其分为输入特性和输出特性两个方面进行讨论，并且借助特性曲线使结果更为直观。

1．输入特性

输入特性是指当 U_{CE} 一定时，基极电流 i_B 与发射结两端电压 u_{BE} 之间的关系特性，即 $i_B = f(u_{BE})|_{U_{CE}=常数}$，三极管的输入特性曲线如图 2-29 所示。当 $U_{CE} = 0V$ 时，相当于两个 PN 结（发射结和集电结）并联，此时三极管的输入特性与二极管伏安特性相似。当 U_{CE} 增大时，输入特性曲线右移，但当 $U_{CE} \geq 2V$ 后，两条曲线重合。这是因为，当 $U_{CE} > 0V$ 时，随着 U_{CE} 的增大，集电结电场对发射区注入基区的电子的吸引力增强，因此使基区内与空穴复合的电子数减少，表现为在相同 u_{BE} 下对应的 i_B 减小，故与 $U_{CE} = 0V$ 时相比，曲线右移。但当 U_{CE} 大于某一数值后，曲线右移很少。这是因为在一定的 u_{BE} 之下，集电结的反偏电压已足以将注入基区的电子基本上都收集到集电区，即使 U_{CE} 再增大，i_B 也不会减小很多。所以，常用 $U_{CE} > 1V$ 的其中一条曲线（如 $U_{CE} = 2V$）来代表 U_{CE} 更高的情况。

2．输出特性

输出特性是指当 I_B 一定时，集电极电流 i_C 与 u_{CE} 之间的关系特性，即 $i_C = f(u_{CE})|_{I_B=常数}$。由于三极管的基极电流 I_B 对 i_C 的控制作用，因此不同的 I_B，将有不同的 i_C-u_{CE} 关系，由此可得图 2-30 所示的一簇特性曲线，这就是三极管的输出特性曲线。

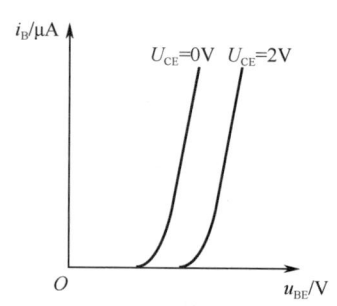

图 2-29　三极管的输入特性曲线

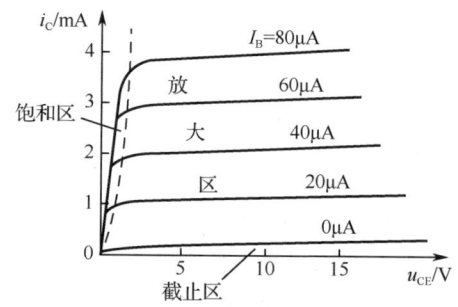

图 2-30　三极管的输出特性曲线

从输出特性曲线中可以看出，三极管有三个不同的工作区域：截止区、放大区及饱和区，它们分别对应三极管的三种工作状态，即截止、放大及饱和。三极管工作于不同的状态时，其特点也各不相同。

（1）截止区指曲线上 $I_B \leq 0$ 的部分，此时，集电结和发射结均反偏，三极管为截止状态，i_C 很小，集电极与发射极之间相当于断开的开关。

（2）放大区指曲线上 $I_B > 0$ 和 $u_{CE} > 1V$ 之间的部分，此时三极管的发射结正偏、集电结反偏，三极管处于放大状态。对 NPN 型三极管来说，满足 $u_{BE} > 0V$，$u_{BC} < 0V$，对应的各电极电位关系为 $V_C > V_B > V_E$；对 PNP 型三极管来说，满足 $u_{BE} < 0V$，$u_{BC} > 0V$，对应的各电极电位关系为 $V_C < V_B < V_E$。在放大区中，可以看出 I_B 不变时 i_C 也基本不变，即具有恒流特性；而当 I_B 变化时，i_C 也随之变化，且满足 $\Delta i_C \approx \beta \Delta i_B$，这就是三极管的电流放大作用。

（3）饱和区指曲线上 $u_{CE} \leq u_{BE}$ 的部分，此时 i_C 不仅与 I_B 有关，而且明显随 u_{CE} 的增大而增大，且 $\Delta i_C < \beta \Delta i_B$。集电结和发射结均正偏，三极管处于饱和状态。一般称 $u_{CE} = u_{BE}$ 时三极管的工

作状态为临界状态，即临界饱和或临界放大状态。通常将临界状态时的 u_{CE} 称为**临界饱和电压**，记作 U_{CES}，一般小功率硅三极管的 $U_{CES}<0.4V$，此时集电极和发射极间近似认为短路，相当于闭合的开关。

三极管的放大区可以近似看成线性工作区，饱和区和截止区是非线性工作区。模拟电路主要讨论各种放大电路，因此三极管工作于放大区；数字电路主要讨论输出变量与输入变量之间的逻辑关系，需要三极管充当开关使用，因此三极管工作于饱和区和截止区。

2.3.4　三极管的主要参数

1．电流放大系数

三极管的电流放大系数是表征其放大作用的参数。综合前面的讨论，它有以下几个参数。

（1）共射交流电流放大系数 β。

它反映三极管在加动态信号时的电流放大特性，$\beta = \dfrac{\Delta i_C}{\Delta i_B}\bigg|_{U_{CE}=常数}$。

（2）共射直流电流放大系数 $\overline{\beta}$。

它反映三极管在直流工作状态下集电极电流与基极电流之比，$\overline{\beta} = \dfrac{I_C}{I_B}$。在实际应用中可近似认为 $\beta \approx \overline{\beta}$。

（3）共基交流电流放大系数 α。

它体现共基接法时三极管的电流放大作用。共基接法是指输入回路和输出回路的公共端为基极。α 的定义是集电极电流与发射极电流的变化量之比，即 $\alpha = \dfrac{\Delta I_C}{\Delta I_E}$。

（4）共基直流电流放大系数 $\overline{\alpha}$。

它反映三极管在直流工作状态下集电极电流与发射极电流之比，即 $\overline{\alpha} = \dfrac{I_C}{I_E}$。在实际应用中可近似认为 $\alpha = \overline{\alpha}$。

β 和 α 这两个参数不是独立的，而是互相联系的，两者之间存在以下关系

$$\alpha = \frac{\beta}{1+\beta} \qquad 或 \qquad \beta = \frac{\alpha}{1-\alpha} \tag{2-10}$$

2．反向饱和电流

（1）集电极-基极反向饱和电流 I_{CBO}：I_{CBO} 是指发射极 e 开路时集电极 c 和基极 b 之间的反向电流。一般小功率锗管的 I_{CBO} 约为几微安至几十微安；硅三极管的 I_{CBO} 要小得多，有的可以达到纳安量级。

（2）集电极-发射极间的穿透电流 I_{CEO}：I_{CEO} 是指基极 b 开路时集电极 c 和发射 e 之间加上一定电压时所产生的集电极电流。$I_{CEO}=(1+\overline{\beta})I_{CBO}$。

因为 I_{CBO} 和 I_{CEO} 都是少数载流子运动形成的，所以对温度非常敏感。I_{CBO} 和 I_{CEO} 越小，表明三极管的质量越高。

3．极限参数

三极管的极限参数是指使用时不得超过的限度，主要有以下几项。

（1）集电极最大允许电流 I_{CM}。

当集电极电流过大，超过一定值时，三极管的 β 值就要减小，且三极管有损坏的危险，该电流值即 I_{CM}。

（2）集电极最大允许功耗 P_{CM}。

三极管的功率损耗大部分消耗在反偏的集电结上，并表现为结温升高，P_{CM} 是在管子温升允许的条件下集电极所消耗的最大功率。超过此值，管子会被烧毁。

（3）反向击穿电压。

三极管的两个结上所加反向电压超过一定值时都将被击穿，因此，必须了解三极管的反向击穿电压。极间反向击穿电压主要有以下两项。

$U_{(BR)CEO}$：基极开路时，集电极和发射极之间的反向击穿电压。

$U_{(BR)CBO}$：发射极开路时，集电极和基极之间的反向击穿电压。

【例 2-4】 在图 2-31（a）所示电路中，已知三极管发射结正偏时 $U_D = 0.7V$，深度饱和时其管压降 $U_{CES} = 0$，$\beta = 60$。

（1）分析输入电压 $U_i = 0V$ 和 5V 时，三极管处于何种工作状态，并求输出电压 U_o；

（2）分析输入电压 $U_i = 1V$ 时，三极管处于何种工作状态，并求集电极电流 I_C 和输出电压 U_o。

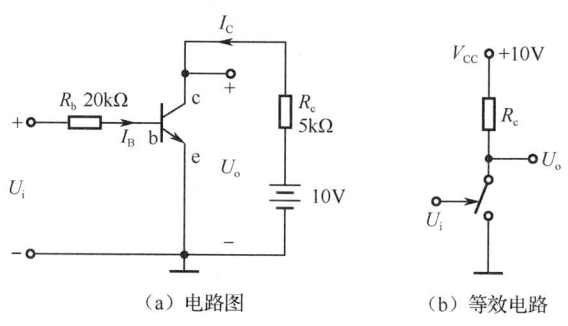

（a）电路图　　　　　（b）等效电路

图 2-31 【例 2-4】电路

解：（1）当 $U_i = 0V$ 时，发射结上压降也将为零，即 $U_{BE} = 0V < U_D$，因而三极管处于截止状态，此时，$I_B = I_C = 0$，因而 $U_o = V_{CC} = 10V$。

当 $U_i = 5V$ 时，发射结将正偏，即 $U_{BE} = 0.7V$，从输入回路中可计算出

$$I_B = \frac{U_i - U_{BE}}{R_b} = \frac{5 - 0.7}{20}mA = 0.215mA$$

则

$$I_C \approx \beta I_B = 60 \times 0.215mA = 12.9mA$$

而 I_C 最大只能为

$$I_{Cmax} = \frac{V_{CC} - U_{CE}}{R_c} \approx \frac{V_{CC}}{R_c} = 2mA$$

即

$$I_{Cmax} < \beta I_B$$

因此，三极管处于饱和状态。此时，输出电压 $U_o = U_{CES} = 0V$。

由以上分析可知，三极管如同一只受 U_i 控制的开关，如图 2-31（b）所示，当 $U_i = 0$ 时开关断开，$U_o = V_{CC} = 10V$；当 $U_i = 5V$ 时开关闭合，$U_o = U_{CES} = 0$。

（2）当 $U_i = 1V$ 时，发射结正偏，$U_{BE} = 0.7V$，则

$$I_B = \frac{U_i - U_{BE}}{R_b} = \frac{1 - 0.7}{20}mA = 15\mu A$$

由于 $\beta I_B = 0.9mA < I_{Cmax} = 2mA$，所以说明三极管处于放大状态。则输出电压

$$U_o = V_{CC} - I_C R_c = (10 - 0.9 \times 10^{-3} \times 5 \times 10^3)V = 5.5V$$

$U_{CE} = U_o > U_{BE}$，因而集电结反偏，从另一角度说明三极管处于放大状态。

【例 2-5】 现测得放大电路中两只三极管的电极电流及直流电位如图 2-32 所示。（1）判断

图 2-32（a）中，标有"？"的是三极管的哪个电极，电流大小等于多少？方向如何？是何种类型管？并求其 β 值。（2）确定图 2-32（b）中三极管的类型、材料、各个电极。

解：（1）图 2-32（a）中，已知的两个电极中电流值相差较大，且方向一致（均流入三极管），因此可判断它们是基极（b）和集电极（c），所以标有"？"的是三极管的发射极（e）。可求得 $I_E = I_B + I_C = 2.02\text{mA}$，方向为流出三极管。根据电流方向可知，该管为 NPN 型三极管，其电流放大系数 $\beta = I_C/I_B \approx 2000\mu\text{A}/20\mu\text{A} = 100$。

（2）已知三极管工作于放大状态，所以其发射结（b-e 之间的 PN 结）正偏导通，导通电压$|U_{BE}|$等于 0.6V 左右（硅管）或 0.3V 左右（锗管）。很明显，图 2-32（b）中①、②两电极的直流电位之差为 0.7V，于是可判断③是集电极 c，又因集电极电位 V_C 最低，所以该管为 PNP 型三极管，继而可断定电位最高的①为发射极 e，②为基极 b，且发射结两端电压 $U_{BE} = V_B - V_E = 5.3\text{V} - 6\text{V} = -0.7\text{V}$，所以该管为硅管。

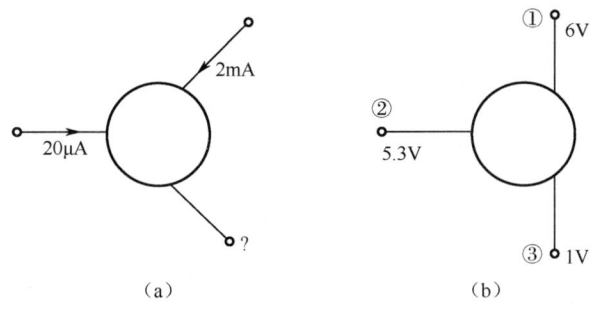

图 2-32 【例 2-5】图

【例 2-6】 已知由三极管构成的基本放大电路，电源电压 $V_{CC} = 15\text{V}$。现有三只管子，其参数列于表 2-1 中，请从中选用一只管子，并简述理由。

表 2-1 例 2-6 中各三极管的参数列表

三极管参数	VT_1	VT_2	VT_3
β	100	20	100
$I_{CBO}/\mu\text{A}$	0.1	0.01	0.02
$U_{(BR)CEO}/\text{V}$	30	30	10

解： VT_2 的 I_{CBO} 很小，表明其温度稳定性好，但其 β 值太小，放大能力差，故不宜选用。虽然 VT_3 的 I_{CBO} 较小且 β 值较大，但其 $U_{(BR)CEO}$ 只有 10V，小于电源电压 15V，工作中有被击穿的危险，所以也不能选用。VT_1 的 I_{CBO} 也不大，且 β 值较大，$U_{(BR)CEO}$ 等于 30V，大于电源电压，所以选用 VT_1 最合适。

2.3.5 三极管的判别及手册的查阅方法

三极管的判别主要包括确定三极管的类型、性能和参数。可用专门的测量仪器进行测试，但一般粗略判别三极管的类型和管脚时，可直接通过三极管的型号简单判断，也可利用万用表测量方法判断。下面介绍其型号的意义及利用万用表的简单测量方法。

1. 三极管型号的意义

三极管的型号一般由五大部分组成，如 3AX31A、3DG12B、3CG14G 等。下面以 3DG110B 为例说明各部分的命名意义。

$$\underline{\text{3}} \quad \underline{\text{D}} \quad \underline{\text{G}} \quad \underline{\text{110}} \quad \underline{\text{B}}$$
$$(1) \quad (2) \quad (3) \quad (4) \quad (5)$$

（1）第一部分由数字组成，代表电极数。"3"代表三极管。

（2）第二部分由字母组成，表示三极管的材料与类型。如 A 表示 PNP 型锗管，B 表示 NPN 型锗管，C 表示 PNP 型硅管，D 表示 NPN 型硅管。

（3）第三部分由字母组成，表示管子的功能，如 G 表示高频小功率管，X 表示低频小功率管，A 表示高频大功率管，D 表示低频大功率管，K 表示开关管等。

（4）第四部分由数字组成，表示三极管的序号。

（5）第五部分由字母组成，表示三极管的规格号。

2．三极管手册的查阅方法

三极管手册给出了三极管的技术参数和使用方法，是我们正确使用三极管的依据。

三极管的种类很多，其性能、用途和参数指标也各不相同。在使用时，如果不了解就无法准确地选择出电路中所需要的三极管，甚至会因三极管的某项参数不满足电路的要求，而损坏三极管或使电路的性能达不到实际要求。因此，要正确使用三极管的前提是掌握必要的查阅三极管手册的方法。

（1）三极管手册的基本内容。

三极管手册中主要包括三极管的型号、参数符号说明、主要用途及主要参数。

（2）三极管手册的查阅方法。

在实际工作中，可根据实际需要来查阅三极管手册，一般分以下两种情况。

① 已知三极管的型号查阅其性能参数和使用范围。若已知三极管的型号，则通过查阅三极管的手册，可以了解其类型、用途和主要参数等技术指标。这种情况常出现在设计、制作电路过程中，对已知型号的三极管进行分析，看其是否满足电路的要求。

② 根据使用要求选择三极管。根据手册选择满足电路要求的三极管，是三极管手册的另一个重要用途。查阅手册时，首先要确定所选三极管的类型，在手册中查找对应三极管栏目。确定栏目后，将栏目中各型号三极管参数逐一与要求参数比较，看是否满足电路的要求，来确定所用三极管的型号。

3．判别三极管的类型和管脚

（1）根据三极管外壳上的型号，初判其类型。

（2）根据三极管的外形特点，初判其管脚。

（3）用万用表判别三极管的管脚及管型。

① 基极的判别。因为基极对集电极和发射极的 PN 结方向相同，所以首先确定基极比较容易。具体方法是：将万用表的欧姆挡置 $R\times 1k$ 挡，并调零，用黑（红）表笔接三极管的某一电极，用红（黑）表笔分别接另外两个电极，轮流测试，直到测出的两个电阻都很小时为止，则该电极为基极。这时，若黑表笔接基极，则该管为 NPN 型管；若红表笔接基极，则该管为 PNP 型管。

② 集电极和发射极的判别。将上述测出的基极开路，将万用表拨至 $R\times 1k$ 挡，调零后，用万用表的黑、红表笔去接触另外两电极，测得一阻值，再将黑、红表笔对调，又测得一阻值，比较两个阻值的大小。综合分析可知，对于 NPN 型管，在阻值略小的那一次中，红表笔所接电极为集电极，则另一电极为发射极；对于 PNP 型管，可在基极与黑表笔之间接一个 100Ω 的电阻，用上述同样的方法再测量，在阻值略小的那一次测量中，黑表笔所接电极为集电极，则另一电极为发射极。

③ 根据硅管的发射结正向压降大于锗管的正向压降的特点，可以判断其材料。常温下，锗管正向压降为 0.1V～0.3V，硅管的正向压降为 0.6V～0.8V。根据图 2-33 和图 2-34 所示电路进行测量，由电压表的读数大小确定是硅管还是锗管。

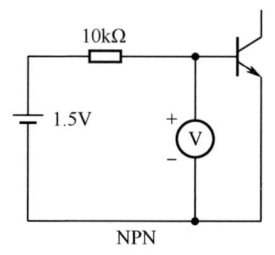

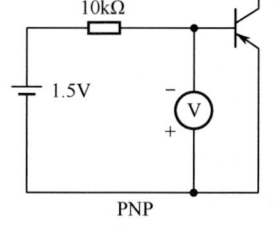

图 2-33　判断硅管的电路　　　图 2-34　判断锗管的电路

4．三极管的质量粗判及代换方法

（1）判别三极管的质量好坏。

根据三极管的基极与集电极、基极与发射极之间的内部结构为两个同向 PN 结的特点，用万用表分别测量其两个 PN 结（发射结、集电结）的正、反向电阻。若测得 PN 结的正向电阻很小，反向电阻很大，则三极管一般为良好，否则已损坏。

（2）三极管的代换方法。

通过上述方法的判断，如果发现电路中的三极管已损坏，更换时一般应遵循下列原则。

① 更换时，尽量更换相同型号的三极管。

② 无相同型号可更换时，新换三极管的极限参数应大于或等于原三极管的极限参数，如参数 I_{CM}、P_{CM}、$U_{(BR)CEO}$ 等。

③ 性能好的三极管可代替性能差的三极管。如穿透电流 I_{CEO} 小的三极管可代换 I_{CEO} 大的三极管，电流放大系数 β 高的可代替 β 低的。

④ 在集电极耗散功率允许的情况下，可用高频管代替低频管，如 3DG 型可代替 3DX 型。

⑤ 开关三极管可代替普通三极管，如 3DK 型代替 3DG 型，3AK 型代替 3AG 型管。

复习思考题

2.3.1　三极管实现电流放大的三个内部条件是＿＿＿＿＿＿＿＿、＿＿＿＿＿＿＿＿、和 ＿＿＿＿＿＿＿＿＿＿。

2.3.2　三极管具有电流放大作用的外部条件是直流电源 V_{CC}＿＿＿V_{BB}（大于/小于），电阻 R_c＿＿＿R_b（大于/小于），以此保证三极管的发射结＿＿＿偏，集电结＿＿＿偏。

2.3.3　三极管工作于饱和区时，发射结＿＿＿偏，集电结＿＿＿偏；工作于截止区时，发射结＿＿＿偏，集电结＿＿＿偏。

2.3.4　工作于放大区的某三极管，如果当 I_B 从 12μA 增大到 22μA 时，I_C 从 1mA 变为 2mA，那么它的 β 约为＿＿＿。

2.3.5　处于放大状态的三极管，流过发射结的电流主要是多子的＿＿＿＿＿，流过集电结的电流主要是＿＿＿＿＿ 。（扩散电流/漂移电流）

2.3.6　某三极管处于放大状态，三个电极①、②、③的直流电位分别为-9V、-6V 和-6.2V，则三极管的集电极是＿＿＿，基极是＿＿＿，发射极是＿＿＿。该三极管属于＿＿＿＿＿型，由＿＿＿半导体材料制成。

2.3.7　无论是 NPN 型还是 PNP 型三极管，其＿＿＿极电流与＿＿＿极电流的方向始终一致，对于 NPN 型，其方向是＿＿＿＿三极管，对于 PNP 型，其方向是＿＿＿＿三极管。（流入/流出）

2.3.8　当温度升高时，共射放大电路的输入特性曲线将＿＿＿＿，输出特性曲线将＿＿＿＿，而且输出特性曲线之间的间隔将＿＿＿＿。

2.3.9　题图 2.3.9 所示电路中，已知硅三极管的 $\beta = 100$，$U_{CES} = 0.2V$。

题图 2.3.9

试通过计算判断当 R_b 分别等于 200kΩ 和 50kΩ 时三极管工作于什么状态。

2.4 场效应管

前面介绍的半导体三极管为双极型晶体管，原因是其内部有两种载流子（多子和少子）参与导电。现在将要讨论另一种类型的半导体器件，它的内部只有一种载流子（多子）参与导电，故称其为单极型晶体管。又因为这种管子是利用电场效应来控制电流的，所以也称为**场效应管**，可缩写为 FET（Field Effect Transistor）。场效应管分为两大类：一类是**结型场效应管**（Junction FET，JFET），另一类是**绝缘栅型场效应管**（Insulated Gate FET，IGFET）。

2.4.1 结型场效应管

1. 结构

在 N 型半导体两边用扩散法或其他工艺形成两个高浓度的 P 型区（用 P^+ 表示），并将它们连接在一起，所引出的电极称为**栅极**（G），在 N 型半导体的两端各引出一个电极，分别称为**源极**（S）和**漏极**（D），如图 2-35（a）所示，这样就制成了 N 沟道 JFET。两个 P^+ 区与 N 型半导体之间形成了两个 PN 结，PN 结中间的 N 型区域称为**导电沟道**。用同样方法可制成 P 沟道 JFET。

N 沟道 JFET 和 P 沟道 JFET 的电路符号分别如图 2-35（b）和（c）所示。其中箭头表示栅结（PN 结）的方向，从 P 指向 N，因而可根据箭头方向识别管子属于 N 沟道管还是 P 沟道管。

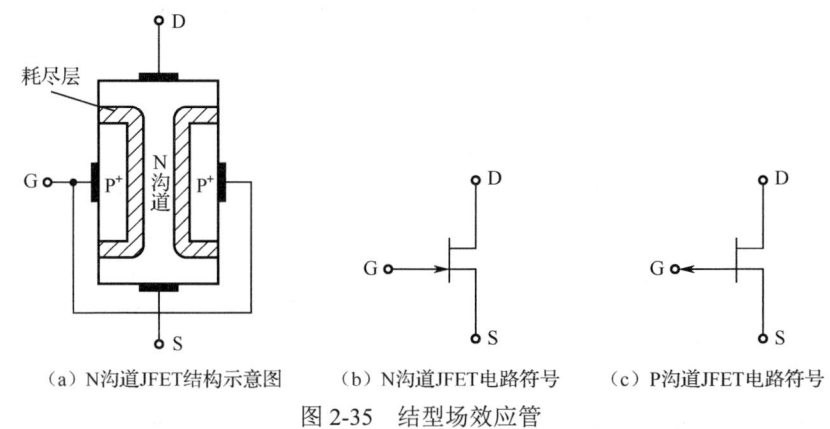

（a）N沟道JFET结构示意图　　（b）N沟道JFET电路符号　　（c）P沟道JFET电路符号

图 2-35　结型场效应管

2. 工作原理

改变 JFET 栅极和源极之间的电压 u_{GS}，即可改变导电沟道的宽度，从而改变通过漏极和源极的电流 i_D 的大小。N 沟道 JFET 工作时常接成如图 2-36 所示的**共源接法**，以源极为公共端。

图 2-36 中 V_{DD} 为正电源，保证漏极、源极间的电压足够大，而 V_{GG} 为负电源。当 $V_{GG} = 0$ 时，$u_{GS} = 0$，漏极与源极之间存在导电沟道，因而存在漏极电流 i_D。当 V_{GG} 逐渐增大时，u_{GS} 逐渐变负，由于两个 PN 结均反偏，耗尽层均变宽而向导电沟道内扩展，使导电沟道变窄，沟道电阻增大，因而电流 i_D 减小；当 V_{GG} 继续增大到某一个值时，两个 PN 结的耗尽层将彼此相遇，使导电沟道被夹断，$i_D = 0$；此时的栅-源电压称为**夹断电压** $U_{GS(off)}$。由此可见，改变栅-源电压便可控制漏极电流 i_D。由于栅极为两个反偏的 PN 结，栅极几乎没有电流，因此 JFET 的输入电阻很高，可达 $10^6 \Omega \sim 10^9 \Omega$。若 $u_{GS} > 0$，则两个 PN 结处于正偏，将有较大的栅极电流，JFET 将失去输入阻抗很高的特点。

另外，当 u_{GS} 一定（V_{GG} 不变），且 $|u_{GS}|<|U_{GS(off)}|$ 时，漏-源电压 u_{DS} 对 i_D 也有一定的控制作用。图 2-36 中由于电源 V_{DD} 与 V_{GG} 串联，因而在漏极附近的 PN 结上反向电压（约为 $V_{DD}+|V_{GG}|$）比源极附近的（约为 $|V_{GG}|$）要高，所以在漏极附近的耗尽层最宽，导电沟道自上而下逐渐变宽。当 u_{DS} 从零开始增加时，i_D 随之增加；但当 u_{DS} 增加到一定程度时，即 $u_{DS}-|u_{GS}|=|U_{GS(off)}|$ 时，耗尽层将互相靠拢，并且使漏极附近最先靠拢，导电沟道极窄。此时即使 u_{DS} 再增大，也无法使 i_D 继续增大，i_D 趋于恒定。

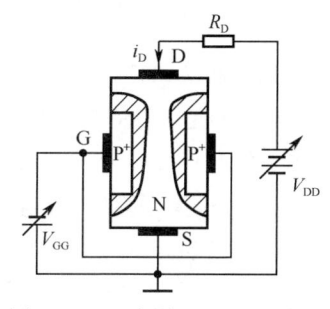

图 2-36　N 沟道 JEFT 共源接法

在使用中，结型场效应管的漏极（D）和源极（S）可以互换。

3. 伏安特性

场效应管的伏安特性有两种：一种是与三极管的输入特性相对应的，叫**转移特性**；另一种是与三极管的输出特性相对应的，叫**漏极特性**，有时也称输出特性。

（1）转移特性。

转移特性是指当 u_{DS} 一定时 i_D 与 u_{GS} 之间的关系。它反映栅-源电压 u_{GS} 对漏极电流 i_D 的控制作用，表示 JFET 是一种电压控制电流的器件。

在图 2-37（a）所示的 N 沟道 JFET 的转移特性曲线中，$u_{GS}\leqslant0$，表明正常工作时 u_{GS} 不能为正；当 $U_{GS(off)}<u_{GS}<0$ 时，电流随 $|u_{GS}|$ 减小而增大，当 $|u_{GS}|=0$ 时的 i_D 称为**饱和漏极电流**，记作 I_{DSS}。近似计算时，可用如下公式表示 i_D 与 u_{GS} 之间的关系：

$$i_D = I_{DSS}\left(1-\frac{u_{GS}}{U_{GS(off)}}\right)^2 \qquad (U_{GS(off)}\leqslant u_{GS}\leqslant0) \tag{2-11}$$

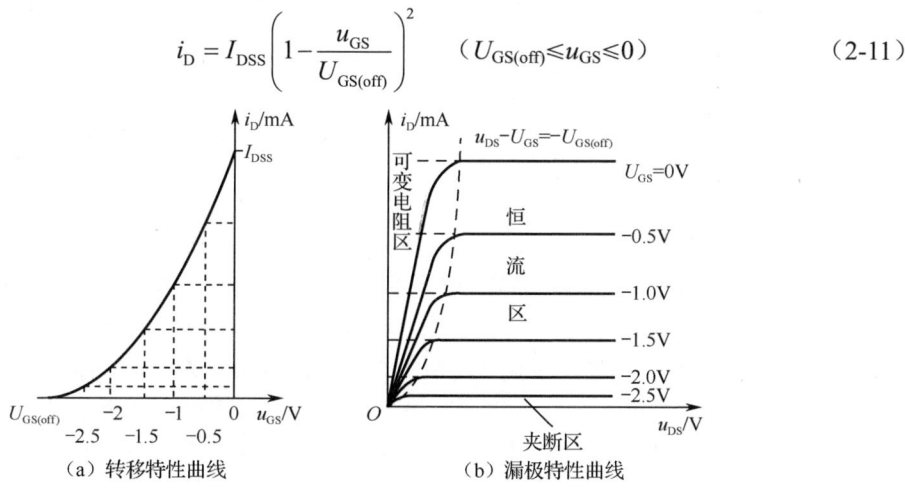

（a）转移特性曲线　　　　　（b）漏极特性曲线

图 2-37　N 沟道 JFET 特性曲线

（2）漏极特性。

漏极特性是指当 u_{GS} 一定时 i_D 与 u_{DS} 之间的关系。图 2-37（b）所示为 N 沟道 JFET 的漏极特性曲线，它与三极管的输出特性类似，也分为三个工作区。

可变电阻区：图 2-37（b）中虚线 $u_{DS}-U_{GS}=-U_{GS(off)}$（称为预夹断轨迹）左边部分为**可变电阻区**。其特点是：i_D 随 u_{DS} 增大而线性增加，曲线的斜率表现为漏-源间的等效电阻 r_{DS}。对应不同的 U_{GS}，曲线斜率将不同，也就是说，该区是一个由 U_{GS} 控制的可变电阻区。

恒流区（也称饱和区）：图 2-37（b）中虚线右边曲线近似水平的部分为**恒流区**。其特点是：i_D 不随 u_{DS} 而改变，表现出恒流特性，因而称为恒流区。JFET 用于放大时应工作于该区域，此时 i_D 几乎仅仅取决于 U_{GS}。

夹断区：图 2-37（b）中靠近横轴的部分称为**夹断区**，此时 $u_{GS}<U_{GS(off)}$，导电沟道被夹断，$i_D=0$，此时 JFET 的三个电极均相当于开路。

2.4.2 绝缘栅型场效应管

绝缘栅型场效应管（IGFET）比结型场效应管的输入电阻更大，可达 $10^{12}\Omega$ 或更高。目前 IGFET 用得最多的是 MOSFET（Metal-Oxide-Semiconductor FET），简称为 MOS 管。与 JFET 不同，MOS 管除了分为 P 沟道和 N 沟道两类外，每类又还分为**增强型**和**耗尽型**两种。

1. N 沟道增强型 MOS 管

（1）结构。

图 2-38（a）所示为 N 沟道增强型 MOS 管的结构示意图，它在一块低掺杂的 P 型硅片上扩散出两个高掺杂的 N 型区（用 N^+ 表示），然后在半导体表面覆盖一层很薄的二氧化硅（SiO_2）绝缘层。从两个 N^+ 区表面及它们之间的二氧化硅表面分别引出三个 Al 电极：源极（S）、漏极（D）和栅极（G）。其中源极常与**衬底**连在一起。N 沟道增强型 MOS 管的电路符号如图 2-38（b）所示。

（2）工作原理。

MOS 管工作时常接成图 2-39 所示的共源接法。与 JFET 工作原理有所不同，JFET 利用 u_{GS} 来控制 PN 结耗尽层的宽窄，从而改变导电沟道的宽度，继而控制漏极电流 i_D。而 MOS 管则利用 u_{GS} 来控制"感应电荷"的多少，以此来改变由这些"感应电荷"形成的导电沟道的状况，然后达到控制漏极电流 i_D 的目的。若 $u_{GS}=0$ 时漏源之间已存在导电沟道，则称为**耗尽型 MOS 管**；若 $u_{GS}=0$ 时漏源之间不存在导电沟道，则称为**增强型 MOS 管**。

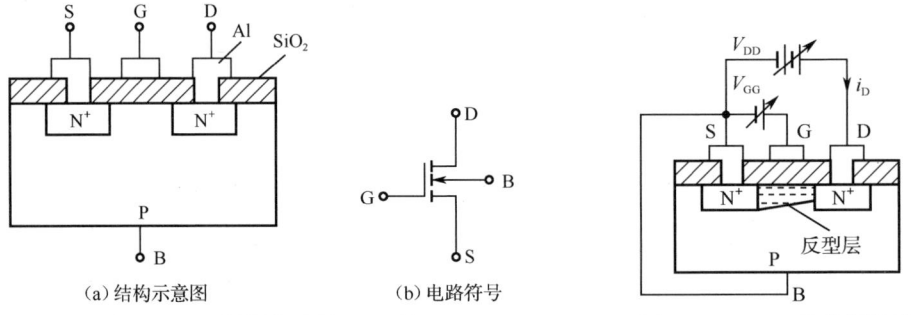

（a）结构示意图　　　　（b）电路符号

图 2-38　N 沟道增强型 MOS 管　　　　图 2-39　MOS 管共源接法

N 沟道增强型 MOS 管的转移特性如图 2-40（a）所示，从曲线中可以看出，当 $u_{GS}>U_{GS(th)}$ 时，在 D、S 间加正向电压，沟道的变化情况与 JFET 相似，$U_{GS(th)}$ 为使管子刚刚导通的栅-源电压，称为**开启电压**。图 2-40（b）所示为 N 沟道增强型 MOS 管的漏极特性曲线，其三个工作区也与 JFET 相似。同样，也可用方程来近似分析 i_D 与 u_{GS} 的关系：

$$i_D = I_{DO}\left(\frac{u_{GS}}{U_{GS(th)}}-1\right)^2 \qquad (u_{GS}>U_{GS(th)}) \qquad (2-12)$$

式中，I_{DO} 为 $u_{GS}=2\,U_{GS(th)}$ 时的 i_D。

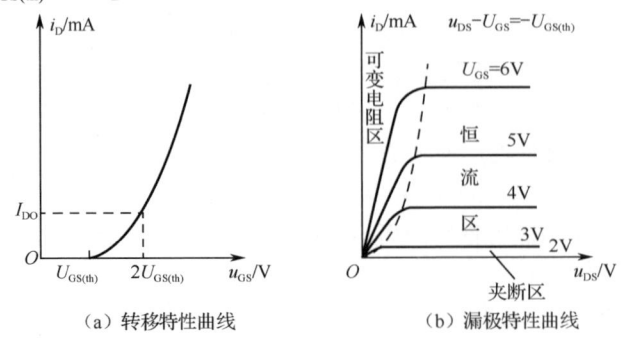

（a）转移特性曲线　　　　（b）漏极特性曲线

图 2-40　N 沟道增强型 MOS 管特性曲线

2. N 沟道耗尽型 MOS 管

若在制作 MOS 管时，在二氧化硅绝缘层中掺入正离子，则在 $u_{GS}=0$ 时两个 N^+ 区之间也能感应出负电荷，形成导电沟道，如图 2-41（a）所示。

与 N 沟道 JFET 相似，只有在 G、S 两端加负电压到某一值 $U_{GS(off)}$ 时，才能使导电沟道夹断，称 $U_{GS(off)}$ 为夹断电压。当 $u_{GS} > U_{GS(off)}$ 时，导电沟道将随 u_{GS} 增大而变宽，i_D 也随之增大。与 N 沟道 JFET 不同的是，其栅-源电压 u_{GS} 可正、可零、可负，而 JFET 的 $u_{GS} \leq 0$。N 沟道耗尽型 MOS 管电路符号如图 2-41（b）所示。

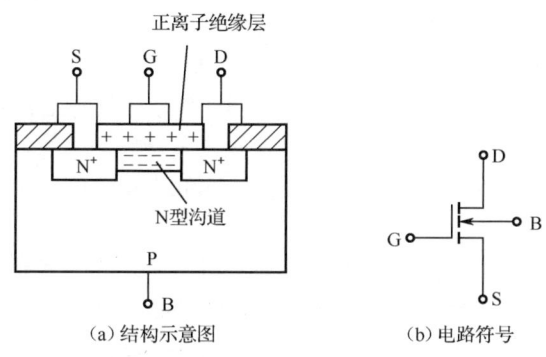

(a) 结构示意图　　　　　(b) 电路符号

图 2-41　N 沟道耗尽型 MOS 管

2.4.3　场效应管的主要参数

1. 直流参数

（1）开启电压 $U_{GS(th)}$。

$U_{GS(th)}$ 是指当 U_{DS} 一定时能产生漏极电流 i_D 所需要的最小栅-源电压 $|U_{GS}|$，这是增强型 MOS 管的参数。为便于测量，通常取 I_D 等于某一微小电流所对应的 U_{GS}。

（2）夹断电压 $U_{GS(off)}$ 和饱和漏极电流 I_{DSS}。

这两个参数都是耗尽型管的参数。夹断电压 $U_{GS(off)}$ 是指当 U_{DS} 一定时，为使漏极电流 $I_D = 0$ 所需加的栅-源电压 U_{GS}。为便于测量，一般取 I_D 等于一微小电流（如 10μA）时的 U_{GS}。饱和漏极电流 I_{DSS} 是指当 $U_{GS}=0$、$|U_{DS}| > |U_{GS(off)}|$ 时的漏极电流。

（3）直流输入电阻 R_{GS}。

R_{GS} 是指当漏极、源极之间短路时，栅-源电压与栅极电流之比。

2. 交流参数

（1）低频跨导 g_m。

低频跨导是用以衡量栅-源电压 u_{GS} 对漏极电流 i_D 控制作用的重要参数，用 g_m 表示，定义为当 U_{DS} 一定时，i_D 与 u_{GS} 的变化量之比，即

$$g_m = \frac{\Delta i_D}{\Delta u_{GS}}\bigg|_{U_{DS}=常数} \tag{2-13}$$

若 i_D 的单位为 mA（毫安），u_{GS} 的单位为 V（伏），则 g_m 的单位为 mS（毫西门子）。

（2）极间电容。

场效应管的三个电极之间均存在极间电容，即栅-源电容 C_{GS}，栅-漏电容 C_{GD} 和漏-源电容 C_{DS}，管子工作于高频条件时应考虑这些电容的影响。

3. 极限参数

（1）漏-源击穿电压 $U_{(BR)DS}$ 和栅-源击穿电压 $U_{(BR)GS}$。

场效应管正常工作时，其漏-源电压和栅-源电压不允许超过 $U_{(BR)DS}$ 和 $U_{(BR)GS}$，否则管子会损坏。

（2）最大耗散功率 P_{DM}。

P_{DM} 是指管子温升所允许的功率损耗，$P_{DM} = I_D U_{DS}$，与三极管的 P_{CM} 相似。

2.4.4　场效应管的检测及使用注意事项

1．检测

由于绝缘栅型（MOS）场效应管输入阻抗很高，不宜用万用表测量，必须用测试仪测量，而且测试仪必须良好接地，测试结束后应先短接各电极，以防外来感应电势将栅极击穿。

结型场效应管可用万用表判别其引脚和性能的优劣。

（1）引脚的判别：首先确定栅极，将万用表置 $R \times 1k$ 或 $R \times 100$ 挡，用黑表笔碰接假设的栅极，再用红表笔分别接另外两引脚。若测得的阻值小，黑、红表笔对调后测得的阻值很大，则假设的栅极正确，并知它是 N 沟道场效应管，反之为 P 沟道场效应管。其次，确定源极和漏极，对于结型场效应管，由于漏极、源极是对称的，可以互换，因此，剩余的两个引脚中任何一个都可以作为源极或漏极。

（2）质量判定：把万用表置 $R \times 1k$ 或 $R \times 100$ 挡，红、黑两表笔分别交替接源极和漏极，阻值均很小。随后将黑表笔接栅极，红表笔分别接源极和漏极，对 N 沟道管，阻值应很小；对 P 沟道管，阻值应很大。再将红、黑表笔对调，测得的数值相反，这样的管子基本上是好的。否则，要么击穿，要么断路。

2．使用注意事项

（1）MOS 管栅极、源极之间的阻值很高，使得栅极的感应电荷不易泄放，又因极间电容很小，故会造成电压过高使绝缘层击穿。因此，保存 MOS 管时应使三个电极短接，避免栅极悬空。焊接时，电烙铁的外壳应良好接地，或者烧热电烙铁后切断电源再焊。

（2）有些场效应管将衬底引出，故有 4 个引脚，这种管子的漏极与源极可互换使用。但有些场效应管在内部已将衬底与源极接在一起，只引出 3 个电极，这种管子的漏极与源极不能互换。

（3）使用场效应管时各极必须加正确的工作电压。

（4）在使用场效应管时，要注意漏-源电压、漏-源电流及耗散功率等，不要超过规定的最大允许值。

2.4.5　各种场效应管比较

结型场效应管有 N 沟道和 P 沟道两种，且均为耗尽型，不同之处是它们的栅-源电压 u_{GS} 和漏-源电压 u_{DS} 的极性相反。P 沟道 MOS 管的两种类型在结构上与 N 沟道 MOS 管类似，二者相比，在导电时它们的栅-源电压 u_{GS} 和漏-源电压 u_{DS} 的极性相反。N 沟道增强型与耗尽型 MOS 管相比，在导电时前者 $u_{GS} > 0$，而后者 u_{GS} 可正、可零、可负；P 沟道增强型与耗尽型 MOS 管相比，在导通时前者 $u_{GS} < 0$，而后者 u_{GS} 可正、可零、可负。各种场效应管的电路符号和伏安特性曲线见表 2-2。

表 2-2　各种场效应管的电路符号和伏安特性曲线

种类		电路符号	输出特性曲线	转移特性曲线
结型 N 沟道	耗尽型			
结型 P 沟道	耗尽型			

种类		电路符号	输出特性曲线	转移特性曲线
绝缘栅型 N 沟道	增强型			
	耗尽型			
绝缘栅型 P 沟道	增强型			
	耗尽型			

2.4.6 场效应管和三极管比较

（1）三极管是两种载流子（多子和少子）参与导电，故称双极型晶体管。而场效应管是由一种载流子（多子）参与导电，N 沟道管是电子，P 沟道管是空穴，故称单极型晶体管。场效应管的温度稳定性好，因此，若使用条件恶劣，宜选用场效应管。

（2）三极管的集电极电流 I_C 受基极电流 I_B 的控制，若工作于放大区可视为电流控制的电流源（CCCS）。场效应管的漏极电流 I_D 受栅-源电压 U_{GS} 的控制，是电压控制器件。若工作于放大区，则可视之为电压控制的电流源（VCCS）。

（3）三极管的输入电阻低（$10^2\Omega \sim 10^4\Omega$），而场效应管的输入电阻可高达 $10^6\Omega \sim 10^{15}\Omega$。

（4）三极管的制造工艺较复杂，场效应管的制造工艺较简单，因而成本低，适用于大规模和超大规模集成电路中。

有些场效应管的漏极和源极可以互换使用，而三极管正常工作时集电极和发射极不能互换使用，这是结构和工作原理所致。

场效应管产生的电噪声比三极管小，所以低噪声放大器的前级常选用场效应管。

（5）三极管分 NPN 型和 PNP 型两种，有硅管和锗管之分。场效应管分结型和绝缘栅型两大类，每类又可分为 N 沟道和 P 沟道两种，都是由硅片制成的。

复习思考题

2.4.1 场效应管（FET）有两种主要类型，即_____和_____，目前绝缘栅型场效应管用得最多的是_____。场效应管是利用_____来控制其输出端电流的，故称场效应管为_____器件；而三极管是利用_____来控制输出端电流的，因此称三极管为_____器件。

2.4.2 在 MOSFET 中，从导电载流子的带电极性来看，有____沟道管和____沟道管之分；而按照导电沟道形成机理不同，NMOS 管和 PMOS 管又各有_____型和_____型两种。因此，MOSFET 有四种：_____、_____、_____和_____。

2.4.3 增强型 PMOS 管的开启电压_____零。（大于/小于）

2.4.4 已知某结型场效应管的 $I_{DSS}=2mA$，$U_{GS(off)}=-4V$，试画出它的转移特性曲线。

本 章 小 结

1．半导体材料是制造半导体器件的物理基础，利用半导体的掺杂性，控制其导电能力，从而把无用的本征半导体变成有用的 P 型和 N 型两种杂质半导体。

2．PN 结是制造半导体器件的基础。它的最重要的特性之一是单向导电性。因此，正确地理解它的特性对于了解和使用各种半导体器件有着十分重要的意义。

3．半导体二极管由一个 PN 结构成。它的伏安特性形象地反映了二极管的单向导电性和反向击穿性。普通二极管工作于正向导通区，而稳压管工作于反向击穿区。

4．三极管由两个 PN 结构成，当发射结正偏、集电结反偏时，三极管的基极电流对集电极电流具有控制作用，即电流放大作用。三个电极电流具有以下关系：$I_C \approx \beta I_B$，$I_E = I_B + I_C \approx (1+\beta)I_B$。

三极管有截止、放大、饱和三种工作状态。注意其不同的外部偏置条件。

5．场效应管是一种新型晶体管，它的工作原理与三极管不同，具有很高的输入电阻和较低的噪声系数，适合作为放大器的前置级。

习题 2

2-1 二极管电路如题图 2-1 所示，试判断图中的二极管是导通还是截止，并求输出电压 U_o。设二极管为理想二极管。

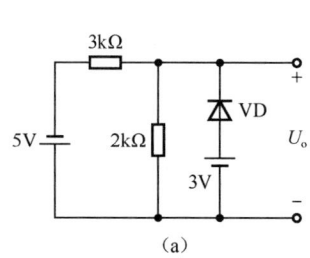 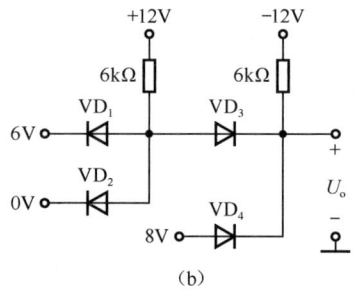

题图 2-1

2-2 已知在题图 2-2（a）中，信号源电压 $u_i = 10\sin(\omega t)V$，负载电阻 $R_L = 1k\Omega$，试对应地画出二极管的电流 i_D、电压 u_D 以及输出电压 u_o 的波形，要求在波形上标出信号幅值。设二极管为理想二极管。

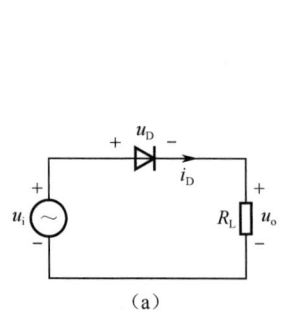 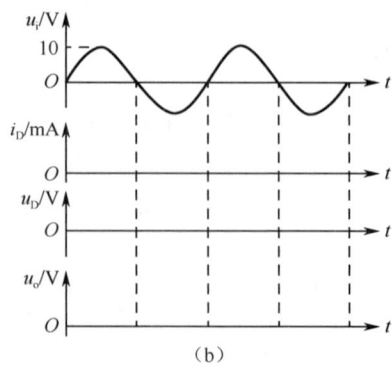

题图 2-2

2-3　在题图 2-3 所示电路中，VD_1、VD_2 都是理想二极管，求电阻 R 中的电流 I 和电压 U。已知 $R = 6k\Omega$，$U_1 = 6V$，$U_2 = 12V$。

2-4　在题图 2-4 所示电路中，VD_1、VD_2 都是理想二极管，直流电压 $U_1 > U_2$，U_i、U_o 是交流电压信号的瞬时值。试求：（1）当 $U_i > U_1$ 时 U_o 的值；（2）当 $U_i < U_2$ 时 U_o 的值。

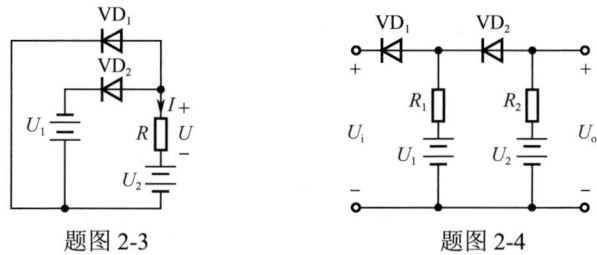

题图 2-3　　　　　　　　题图 2-4

2-5　在题图 2-5 所示电路中，二极管均为理想二极管，请判断它们是否导通，并求出 U_o。

2-6　在题图 2-6 所示电路中，已知二极管为理想二极管，u_i 为峰值 $U_{im} = 5V$ 的正弦波。试画出电压 u_o 的波形，并标明幅值。

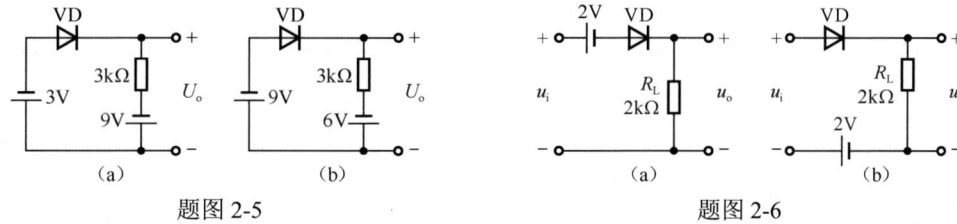

题图 2-5　　　　　　　　题图 2-6

2-7　在题图 2-7 所示电路中，试判断三极管导通还是截止，并求出 A、O 两端的电压 U_{AO}。设二极管为理想二极管。

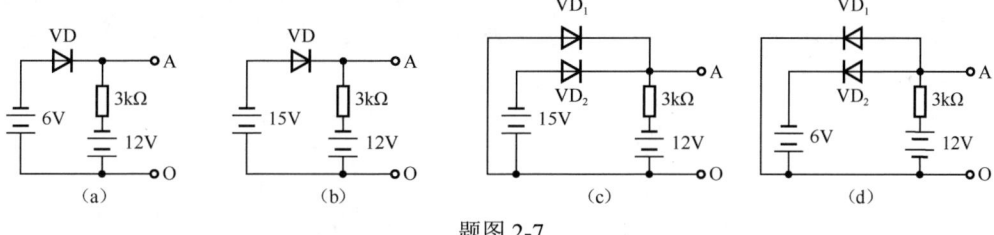

题图 2-7

2-8　在题图 2-8 所示电路中，二极管为理想器件，输入电压 u_i 由 0V 变化到 140V。试画出电路的电压传输特性。

2-9　现有两只稳压管，它们的稳定电压分别为 6V 和 8V，正向导通电压为 0.7V。试问：

（1）将它们串联，可得到几种稳压值？各为多少？

（2）将它们并联，又可得到几种稳压值？各为多少？

2-10　已知稳压管的稳压值 $U_Z = 6V$，最小稳定电流 $I_{Zmin} = 5mA$，$U_i = 10V$。试求题图 2-10 所示电路中输出电压 U_o 的值。若将图中限流电阻 R 的阻值改为 $5k\Omega$，负载电阻 R_L 的阻值也改为 $5k\Omega$，再求输出电压 U_o 的值。

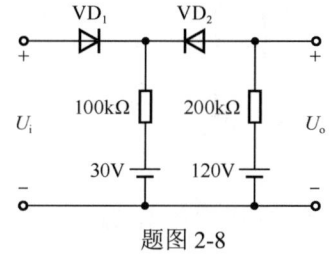　　　　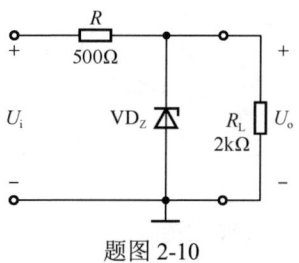

题图 2-8　　　　　　　　题图 2-10

2-11 有两只三极管，其中一只管子的 $\beta = 150$，$I_{CBO} = 200\mu A$，另一只管子的 $\beta = 50$，$I_{CBO} = 10\mu A$，其他参数一样。应选择哪只管子？为什么？

2-12 题图 2-12 所示为工作于放大状态的三极管，其各电极直流电位分别如图中所示。试在图中画出三极管的符号，并分别说明它们是硅管还是锗管。

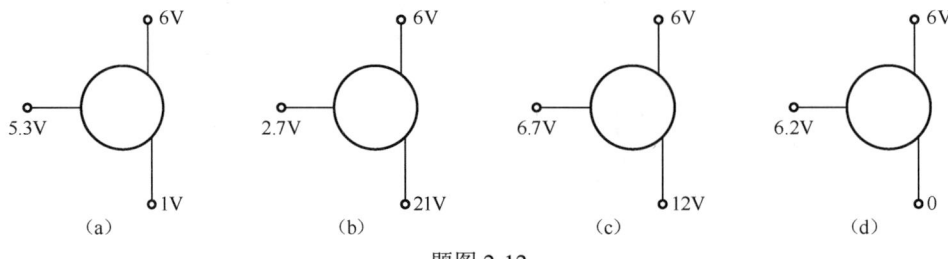

题图 2-12

2-13 题表 2-13 中列出了几只 NPN 型三极管各电极直流电位的值，试判断各三极管分别工作于截止区、放大区还是饱和区。

题表 2-13

	VT$_1$	VT$_2$	VT$_3$	VT$_4$	VT$_5$	VT$_6$	VT$_7$	VT$_8$
基极电位 V_B/V	0.7	2	−5.3	10.75	0.3	4.7	−1.3	11.7
发射极电位 V_E/V	0	12	−6	10	0	5	−1	12
集电极电位 V_C/V	5	12	0	10.3	−5	4.7	−10	8
工作区域								

2-14 分别测得放大电路中两只三极管的各电极电位，如题图 2-14（a）和（b）所示，试判别它们的引脚，分别标上 e、b、c，并判断这两只三极管是 NPN 型还是 PNP 型，是硅管还是锗管。

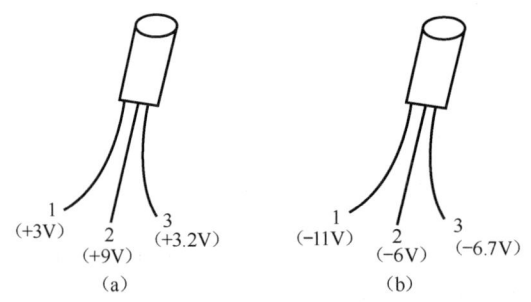

题图 2-14

2-15 设题图 2-15 中的 MOSFET 的开启电压 $|U_{GS(th)}|$ 均为 1V，问它们各工作于什么区？

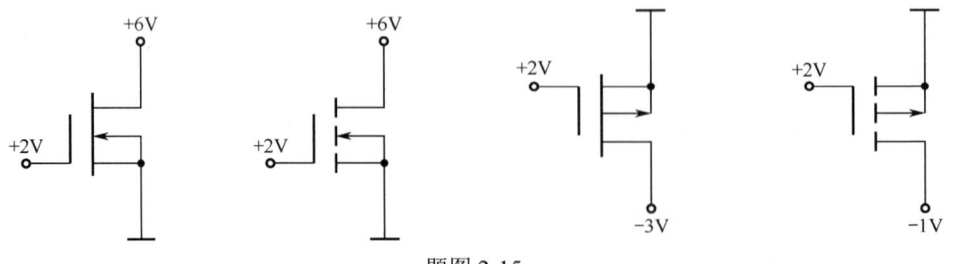

题图 2-15

2-16 已知一个 N 沟道增强型 MOS 管的漏极特性曲线如题图 2-16（a）所示，试在图 2-16（b）

中画出 $U_{DS} = 15V$ 时的转移特性曲线，并由该曲线求出该场效应管的开启电压 $U_{GS(th)}$，以及当 $U_{DS} = 15V$，$U_{GS} = 4V$ 时的跨导 g_m。

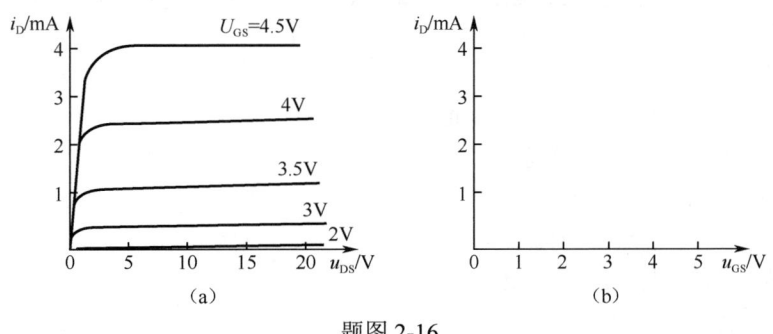

题图 2-16

第3章　放大电路基础

内容提要

- 放大的概念及放大电路的主要性能指标
- 基本放大电路的组成、工作原理及分析方法
- 放大电路静态工作点的稳定
- 三极管单管放大电路的三种组态
- 多级放大电路的耦合方式及动态分析

3.1　放大的概念及放大电路的主要性能指标

3.1.1　放大的概念

在电子设备中，经常要把微弱的电信号放大，以便推动执行机构工作。例如，在测量或自动控制的过程中，常常需要检测和控制一些与设备运行有关的非电量，如温度、湿度、流量、转速、声、光、力和机械位移等，虽然这些非电量的变化可以用传感器转换成相应的电信号，但这样获得的电信号一般都比较微弱，必须经过放大电路放大以后，才能驱动继电器、控制电机、显示仪表或其他执行机构动作，以达到测量或控制的目的。所以说，放大电路是自动控制、检测装置、通信设备、计算机以及扩音机、电视机等电子设备中最基本的组成部分。

放大电路，又称放大器，其功能是把微弱的电信号不失真地放大到所需的数值。

所谓放大，从表面上看是将输入信号的幅值增大了，但实质上是实现**能量的控制和转换**。即在输入信号作用下，通过放大电路将直流电源的能量转换成负载所获得的能量。能够控制能量的元器件称为**有源元件**，因此放大电路中必须包含有源元件，才能实现信号的放大作用。三极管和场效应管就是这种有源元件，它们是构成放大电路的核心元件。

此外，放大电路所放大的对象是输入信号的变化量。即当输入端加入一个较小的变化量时，在输出端的负载上得到一个比较大的变化量。由此可知，所谓放大作用，其**放大的对象是变化量**。

3.1.2　放大电路的性能指标

为了评价一个放大电路质量的优劣，通常需要规定若干项性能指标。由于任何稳态信号都可分解为若干个不同频率正弦信号（谐波）的叠加，因此放大电路常以正弦电压作为测试信号，如图 3-1 所示。放大电路的主要技术指标有以下几项。

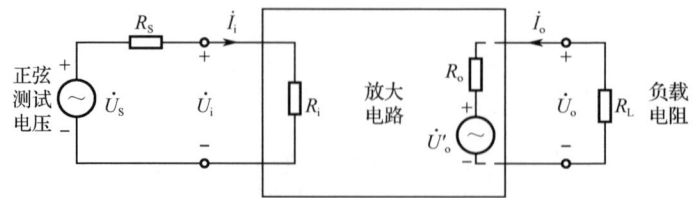

图 3-1　放大电路性能指标测试电路

1．放大倍数

放大倍数是衡量一个放大电路放大能力的指标。放大倍数越大，放大电路的放大能力越强。放大倍数定义为输出信号与输入信号的变化量之比。根据输入端、输出端所取的是电压信号

还是电流信号，放大倍数又分为电压放大倍数、电流放大倍数等。

（1）电压放大倍数。

测试电压放大倍数指标时，通常在放大电路的输入端加上一个正弦电压信号，假设其相量为 $\dot{U}_i$，然后在输出端测得输出电压的相量为 $\dot{U}_o$，此时可用 $\dot{U}_o$ 与 $\dot{U}_i$ 之比表示放大电路的电压放大倍数 $\dot{A}_u$，即

$$\dot{A}_u = \frac{\dot{U}_o}{\dot{U}_i} \qquad (3-1)$$

一般情况下，放大电路工作于中频段，此时输入信号与输出信号近似为同相，因此可用电压有效值之比表示电压放大倍数，即 $A_u = U_o/U_i$。

（2）电流放大倍数。

同理，可用输出电流与输入电流的相量之比表示电流放大倍数，即

$$\dot{A}_i = \frac{\dot{I}_o}{\dot{I}_i} \qquad (3-2)$$

也可用有效值之比 $A_i = I_o/I_i$ 表示电流放大倍数。

电压放大倍数和电流放大倍数都是无量纲的常数，最常用的是电压放大倍数 A_u。

2．输入电阻

输入电阻用于衡量一个放大电路向信号源索取信号大小的能力。输入电阻越大，表明放大电路从信号源索取的电流越小，放大电路所得到的输入电压 U_i 就越接近信号源电压 U_S。因此，为使放大电路从信号源索取到更大的电压信号，就要增大输入电阻。

放大电路的输入电阻是指从输入端看进去的等效电阻，用 R_i 表示。R_i 是输入电压有效值 U_i 与输入电流有效值 I_i 之比，即

$$R_i = \frac{U_i}{I_i} \qquad (3-3)$$

当信号源接到放大电路输入端时，信号源相当于接了一个大小为 R_i 的负载电阻。此时，放大电路的输入电压 $\dot{U}_i$ 与信号源电压 $\dot{U}_S$ 之比为

$$\frac{\dot{U}_i}{\dot{U}_S} = \frac{R_i}{R_S + R_i} \qquad (3-4)$$

可见，R_i 越大，$\dot{U}_i$ 与 $\dot{U}_S$ 越接近，电路对于信号源电压的放大倍数为

$$\dot{A}_{uS} = \frac{\dot{U}_o}{\dot{U}_S} = \frac{\dot{U}_i}{\dot{U}_S} \cdot \frac{\dot{U}_o}{\dot{U}_i} = \frac{R_i}{R_S + R_i} \cdot \dot{A}_u \qquad (3-5)$$

因此，R_i 越大，$\dot{A}_{uS}$ 与 $\dot{A}_u$ 越接近。

3．输出电阻

输出电阻是衡量放大电路带负载能力的指标。输出电阻越小，表明放大电路的带负载能力越强。

任何放大电路的输出回路均可等效为一个有内阻的电压源，从放大电路输出端看进去的等效内阻就是输出电阻。它的定义是：当输入端信号源电压 U_S 等于零（但保留信号源内阻 R_S），输出端开路，即负载电阻 R_L 为无穷大时，外加的输出电压 U_o 与相应的输出电流 I_o 之比，即

$$R_o = \frac{U_o}{I_o}\bigg|_{U_S=0, R_L=\infty} \qquad (3-6)$$

上述结论的理论依据是戴维南定理。实际测试放大电路的输出电阻时，常常在输入端加上一个正弦信号电压 U_S，首先测出负载开路（空载）时的输出电压 U_o'，然后接上阻值已知的负载电阻

R_L，再测出此时的输出电压 U_o，由图 3-1 可得

$$U_o = \frac{R_L}{R_o + R_L} U'_o \qquad (3-7)$$

于是可计算出放大电路的输出电阻为

$$R_o = \left(\frac{U'_o}{U_o} - 1 \right) R_L \qquad (3-8)$$

由式（3-7）可知，当输出电阻较小时，在放大电路带上负载电阻 R_L 后，其输出电压 U_o 的值下降较小，即 U_o 值比较接近于负载开路时的输出电压 U'_o，说明该放大电路的带负载能力比较强。在理想情况下，假设输出电阻 $R_o = 0$，则无论带上多大的负载电阻 R_L，输出电压 U_o 总是等于 U'_o。

4．通频带

通频带是衡量放大电路对不同频率的输入信号适应能力的指标。

一般来说，由于放大电路中耦合电容、三极管极间电容以及其他电抗元件的存在，使放大倍数在信号频率比较低或比较高时，不但数值下降，还产生相移。可见，放大倍数是频率的函数。通常在中间一段频率范围内（中频段），由于各种电抗元件的作用可以忽略，因此放大倍数基本不变，而当频率过高或过低时，放大倍数都将下降，当信号频率趋近于零或无穷大时，放大倍数的数值将趋近于零。放大倍数 A_u 与频率 f 的这种关系如图 3-2 所示。

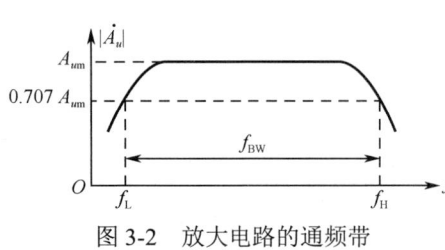

图 3-2 放大电路的通频带

我们把放大倍数下降到中频放大倍数 A_{um} 的 0.707 时的两个点所限定的频率范围定义为放大电路的通频带，用符号 f_{BW} 表示，如图 3-2 所示，其中 f_L 称为**下限频率**，f_H 称为**上限频率**，f_L 与 f_H 之间的频率范围即通频带，用式子表示为

$$f_{BW} = f_H - f_L \qquad (3-9)$$

5．最大输出幅值

最大输出幅值用于衡量一个放大电路输出电压（或电流）的幅值能够达到的最大限度，如果超出这个限度，输出波形将产生明显失真。

最大输出幅值一般用电压的有效值表示，符号为 U_{omax}。也可用电压的峰-峰值表示，电压的峰-峰值是有效值的 $2\sqrt{2}$ 倍。

6．最大输出功率与效率

放大电路的最大输出功率表示在输出波形基本上不失真的情况下，能够向负载提供的最大交变功率，用符号 P_{om} 表示。

前面曾提到，放大电路的输出功率是通过三极管的控制作用把电源的直流功率转化为随信号变化的交变功率而得到的，因此就存在一个功率转化的效率问题。我们把最大输出功率 P_{om} 与直流电源消耗的额定功率 P_V 之比定义为放大电路的效率，用 η 表示，即

$$\eta = \frac{P_{om}}{P_V} \qquad (3-10)$$

以上介绍了放大电路的几项主要技术指标，此外，针对不同的使用场合，还可能涉及其他一些指标，如电源的容量、抗干扰能力、信号噪声比、允许工作温度范围等。

复习思考题

3.1.1 放大电路的放大倍数反映放大电路_____能力；输入电阻反映放大电路_____

_____能力；而输出电阻则反映出放大电路_____能力。

3.1.2 放大电路的频率特性表明放大电路对_____适应程度。表征频率特性的主要指标是_____和_____。

3.1.3 某放大电路在负载开路时的输出电压为 5V，接入 12kΩ 的负载电阻后，输出电压降为 2.5V，这说明放大电路的输出电阻为_____kΩ。

3.1.4 有两个放大倍数相同，输入电阻和输出电阻不同的放大电路 A 和 B，对同一个具有内阻的信号源电压进行放大。在负载开路的条件下，测得 A 的输出电压小，这说明 A 的输入电阻_____（大/小）。

3.1.5 两个放大电路 A 与 B，它们空载（$R_{L1} = R_{L2} = \infty$）时，输出电压相同，其值为 $u'_{o1} = u'_{o2} = 4V$。当都接上相同的负载电阻 $R_{L1} = R_{L2} = 3kΩ$ 时，$u_{o1} = 3.9V$，$u_{o2} = 3V$。试分析说明 A 和 B 哪个带负载能力强。

3.2 基本放大电路的组成及工作原理

基本放大电路又称单管放大电路，是指由一只放大管构成的简单放大电路，它是构成多级放大电路的基础。本章首先分析基本放大电路有关问题。

3.2.1 基本放大电路的组成

下面以最常用的单管共射放大电路为例介绍基本放大电路的组成及工作原理。为了实现不失真地放大变化的信号，放大电路的组成必须遵循以下原则。

（1）直流电源的极性必须使三极管处于放大状态，即发射结正偏，集电结反偏，否则管子无电流放大作用。

（2）输入回路的接法应使输入电压的变化量 Δu_i 能够传送到三极管的基极回路，并使基极电流产生相应的变化量 Δi_B。

（3）输出回路的接法应保证集电极电流的变化量 Δi_C 能够转化为集电极电压的变化量 Δu_{CE}，并传送到放大电路的输出端。

一个正常工作的放大电路必须同时满足这几项原则。图 3-3 就是按以上原则组成的放大电路。图中，VT 是一只 NPN 型三极管，担负着放大作用，是放大电路的核心器件；V_{CC} 是集电极回路的电源，用来保证集电结反偏，同时也为输出信号提供能量；R_c 是集电极负载电阻，通过它可以将集电极电流的变化量 Δi_C 转换为集电极-发射极电压的变化量 Δu_{CE}，然后传送到放大电路的输出端。基极直流电源 V_{BB} 和基极电阻 R_b 为三极管的发射结提供正偏电压，同时二者共同决定了当不加输入电压时三极管基极回路的电流 I_B，这个电流称为静态基极电流 I_{BQ}，以后将会看到，I_B 的大小与放大电路质量的优劣以及放大电路的其他性能有着密切的关系。同时还要指出，为了使三极管

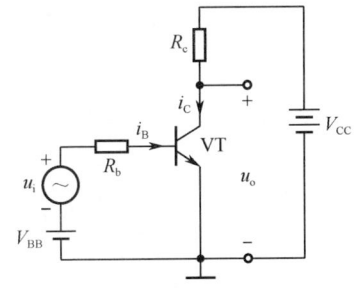

图 3-3 单管共射放大电路

能够工作于正常的放大状态，如前所述，必须保证集电结反偏，发射结正偏，为此，V_{CC}、R_c、V_{BB} 和 R_b 等参数值应与电路中三极管的输入、输出特性有适当的配合关系。

图 3-3 所示的单管共射放大电路作为实际应用有两个缺点：一是需要两路直流电源 V_{CC} 和 V_{BB}，不方便也不经济；二是输入电压 u_i 与输出电压 u_o 不共地，实际应用时不可取。为此，需对此电路进行改进。

针对上述缺点，首先要去掉直流电源 V_{BB}，利用 V_{CC} 的极性保证发射结正偏。其次，将输入电压 u_i 的一端接至公共端，与 u_o 共地。改进后的电路如图 3-4（a）所示，图 3-4（b）是简化画法。

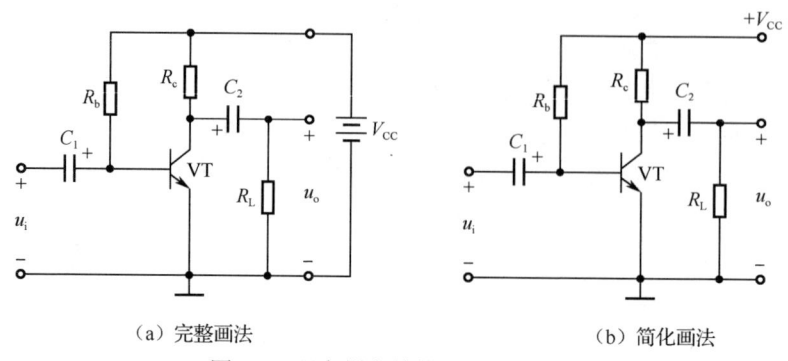

（a）完整画法　　　　　　　　　　　　（b）简化画法

图 3-4　阻容耦合单管共射放大电路

图 3-4 中电容 C_1 和 C_2 的作用是隔直通交，称其为**隔直电容或耦合电容**。C_1 接三极管的基极，在一定的信号频率时，输入电压中的交流成分能够基本上没有衰减地通过电容到达基极，但其中的直流成分则不能通过。同样，集电极通过电容 C_2 接输出端，使放大后的交流成分得以输出，而直流成分被隔断。此处 C_1、C_2 采用的是电解电容，电解电容是有极性的，使用时其正极（标 "+" 号）接高电位端，如图 3-4 所示，该电路通常称为阻容耦合单管共射放大电路。

【例 3-1】　试判断图 3-5 所示各电路能否对输入信号不失真地进行放大，并简述理由。

解：本题练习根据放大电路的组成原则判断电路能否正常放大。

图 3-5（a）无放大作用，发射结没有正偏电压，静态基极电流 $I_{BQ} = 0A$。

图 3-5（b）无放大作用，基极直流电源 V_{BB} 对交流信号短路，输入信号 u_i 无法送入三极管。

图 3-5（c）有放大作用，符合组成原则。

图 3-5（d）无放大作用，三极管发射结反偏。

图 3-5（e）有放大作用，三极管为 PNP 型，偏置符合要求，其他组成也符合原则。

图 3-5（f）无放大作用，C_b 将输入交流信号短路，输入信号 u_i 无法送入三极管。

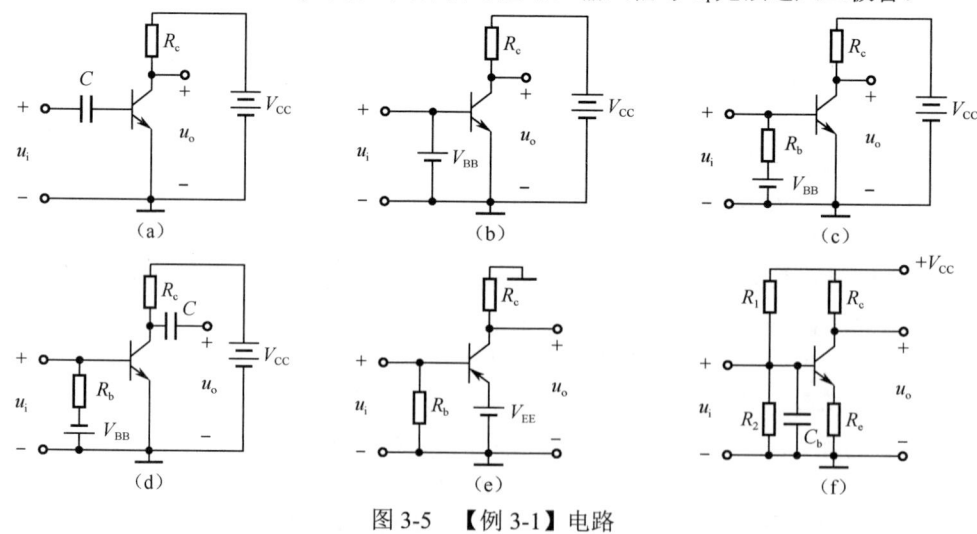

图 3-5　【例 3-1】电路

3.2.2　基本放大电路的工作原理

由图 3-4（b）所示单管共射放大电路可以看出，放大电路在正常放大信号时，电路中既有直流电源 V_{CC}，同时也有动态信号源 u_i，即电路中的电压、电流信号是 "**交、直流并存**" 的，直流是基础，交流是被放大的对象。为了便于分析，通常将直流和交流分开来讨论，即所谓的放大电路的**静态分析**和**动态分析**。

1. 放大电路的静态

当放大电路的输入信号 $u_i = 0$ 时，电路中只有直流电源 V_{CC} 作用，此时电路中的电压和电流只有直流成分，放大电路的这种状态称为**静态**。

在静态情况下，当直流电源 V_{CC}、基极电阻 R_b 和集电极电阻 R_c 等主要参数确定后，电路中的直流电压和直流电流的数值便唯一地被确定下来。这些确定的静态电流和静态电压的数值将在三极管的特性曲线上唯一确定一个点，这个点称为放大电路的**静态工作点**，用 Q（Quiescent）表示。静态工作点的位置即对应着唯一的 I_B、U_{BE}、I_C 和 U_{CE} 的值，常把静态工作点处的静态电流和静态电压表示为 I_{BQ}、U_{BEQ}、I_{CQ} 和 U_{CEQ}。

为了不失真（或基本不失真）地放大信号，必须首先给放大电路设置合适的静态工作点，否则就会出现非线性失真。这里包括两个含义：一是必须设置静态工作点，即给电路加上直流量；二是静态工作点要合适，即所加直流量的大小要适中。如果设置了静态工作点，但大小不合适，则在特性曲线上表现为静态工作点的位置太高或太低，都将会发生失真。静态工作点位置太高，u_i 中幅值较大的部分将进入饱和区；静态工作点位置太低，u_i 中幅值较小的部分将进入截止区。无论是饱和区还是截止区，对信号均没有放大作用，最终都会使输出信号发生失真。在以上两种情况下所发生的失真分别称为**饱和失真**和**截止失真**，统称为**非线性失真**。因此，只有设置合适的静态工作点，才能保证输入的交流信号叠加在大小合适的直流量上，处于三极管的近似线性区（即放大区）。

为了更直观地说明这个问题，我们看一下放大电路正常工作时各信号的波形。在图 3-4（b）所示放大电路中，当加上正弦输入电压 u_i 时，放大电路中相应的 u_{BE}、i_B、i_C、u_{CE} 和 u_o 的波形如图 3-6 所示。由波形可以看出：（1）当输入一个正弦电压 u_i 时，放大电路中三极管的各极电压和电流都围绕各自的静态值，即 u_{BE}、i_B、i_C 和 u_{CE} 的波形均为在原来静态直流量的基础上，再叠加一个正弦交流成分，成为**交、直流并存**的状态；（2）当输入电压有一个微小的变化量时，通过放大电路，在输出端可得到一个比较大的电压变化量，可见单管共射放大电路能够实现**电压放大作用**；（3）输出电压 u_o 的相位与输入电压 u_i 相反，即单管共射放大电路具有**倒相作用**。

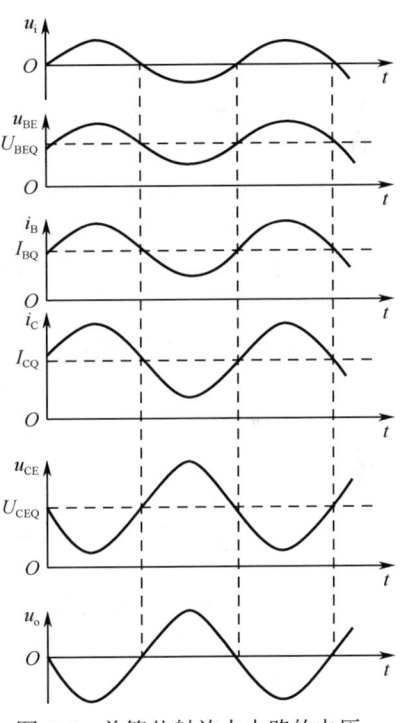

图 3-6 单管共射放大电路的电压、电流波形

由以上分析可知，放大电路中的信号是交、直流并存的，交流信号是"驮载"在直流分量上进行放大的，直流是交流的"基石"，这块"基石"的高低都将影响交流信号能否进入线性放大区进行正常的放大。也就是说，静态工作点必须合适，以保证交流信号 u_i 叠加上直流量后，整个周期的波形都能处于三极管的放大区。

应当指出，虽然静态工作点的设置首先要解决的问题是不失真，但是由于静态工作点还会影响放大电路的多项动态参数，所以静态工作点的设置应全面考虑各方面的问题，既要保证减小失真，同时还要考虑到对放大电路各项性能指标的影响，这些将在后面几节中加以讨论和说明。

2. 放大电路的动态

若只考虑放大电路输入信号 u_i 的作用，此时电路中的电流、电压是纯交流信号，没有直流成分，则电路的这种工作状态称为**动态**。

为了清楚地表示放大电路中的各电量，对其表示的符号进行如下说明。

（1）直流量：字母大写，下标大写。如 I_B、I_C、U_{BE}、U_{CE}。

（2）交流量：字母小写，下标小写。如 i_b、i_c、u_{be}、u_{ce}。

（3）交、直流叠加量：字母小写，下标大写。如 i_B、i_C、u_{BE}、u_{CE}。

（4）交流量的有效值：字母大写，下标小写。如 I_b、I_c、U_{be}、U_{ce}。

复习思考题

3.2.1　在由 NPN 型管组成的单管共射放大电路中，当静态工作点_____（太高/太低）时，将产生饱和失真，其输出电压的波形被削掉_____（波峰/波谷）；当静态工作点_____（太高或太低）时，将产生截止失真，其输出电压的波形被削掉_____（波峰/波谷）。

3.2.2　简要回答。

（1）基本放大电路的组成原则是什么？

（2）如何理解单管共射放大电路的倒相作用？

（3）请借助三极管的特性曲线，分析为何三极管的放大区可称为近似线性区？为何饱和失真和截止失真统称为非线性失真？

（4）根据两种非线性失真产生的原理，请回答如何用实验的方法调试出放大电路的最佳工作点？需要用到哪些仪器设备？

（5）为何直流电源对交流信号相当于短路？

（6）以基极电流和发射结两端电压这两个物理量为例，写出其纯直流量、纯交流量、交直流叠加量、交流量有效值、交流量相量的不同表示符号。

3.3　基本放大电路的分析方法

分析放大电路就是求解其静态工作点及各项动态性能指标，通常遵循"**先静态，后动态**"的原则。只有静态工作点合适，电路没产生失真，动态分析才有意义。

3.3.1　直流通路与交流通路

由基本共射放大电路工作原理的分析可知，直流量与交流量共存于放大电路中，前者是直流电源 V_{CC} 作用的结果，后者是交流输入信号 u_i 作用的结果；而且由于电容、电感等电抗元件的存在，使直流量与交流量所流经的通路有所不同。因此，为了研究问题方便，要画出放大电路的直流通路和交流通路。所谓直流通路，就是直流电源作用所形成的电流通路；所谓交流通路，就是交流信号作用所形成的电流通路。为了正确画出放大电路的直流通路和交流通路，需要了解放大电路中的电抗元件对直流信号和交流信号不同的电抗作用。

（1）电容：根据电容元件容抗表达式 $X_C = \dfrac{1}{\omega C}$ 可知，电容对直流信号的阻抗无穷大，不允许直流信号通过，可以视为开路；但对交流信号来说，当电容量 C 足够大时，电容的阻抗非常小，可以视为短路。

（2）电感：根据电感元件感抗表达式 $X_L = \omega L$ 可知，电感对直流信号的阻抗很小，几乎为零，相当于短路；但对交流信号而言，电感的阻抗很大，这一特点与电容正好相反。

（3）理想电压源：由于其电压值恒定不变（如 V_{CC} 等），故对于交流信号相当于短路。

（4）理想电流源：由于其电流值恒定不变，故对于交流信号相当于开路。

现以图 3-4（b）所示单管共射放大电路为例，画出其直流通路和交流通路，如图 3-7 所示。

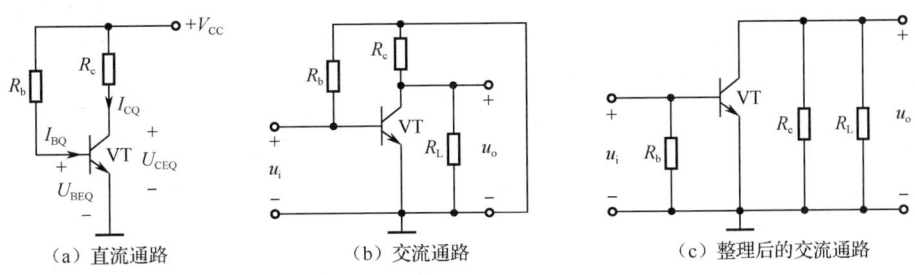

|（a）直流通路|（b）交流通路|（c）整理后的交流通路|

图 3-7　单管共射放大电路的直流通路和交流通路

3.3.2　静态分析

放大电路静态分析的目的是求解静态工作点，实际是求 4 个直流量：I_{BQ}、U_{BEQ}、I_{CQ} 和 U_{CEQ}，如图 3-7（a）所示。通常 U_{BEQ} 作为已知量，硅管取 $U_{BEQ}=0.7V$，锗管取 $U_{BEQ}=0.2V$。因此，只需求 I_{BQ}、I_{CQ} 和 U_{CEQ} 这 3 个物理量。静态分析通常可以采用近似估算法（也称公式法）和图解法两种。

1. 近似估算法（公式法）求静态工作点

在图 3-7（a）所示直流通路中，各直流量及其参考方向已标出，首先可求得单管共射放大电路的静态基极电流 I_{BQ} 为

$$I_{BQ}=\frac{V_{CC}-U_{BEQ}}{R_b} \tag{3-11}$$

由三极管内部载流子的运动分析可知，三极管在放大状态时，基极电流和集电极电流之间的关系是 $I_C \approx \overline{\beta} I_B$，且 $\beta \approx \overline{\beta}$，所以静态集电极电流为

$$I_{CQ} \approx \beta I_{BQ} \tag{3-12}$$

然后由图 3-7（a）所示的直流通路可得

$$U_{CEQ}=V_{CC}-I_{CQ}R_c \tag{3-13}$$

【例 3-2】　在图 3-8 所示单管共射放大电路中，已知 $V_{CC}=$ 12V，$R_c=3k\Omega$，$R_b=280k\Omega$，三极管的 $\beta=50$，$U_{BEQ}=0.7V$。试估算其静态工作点。

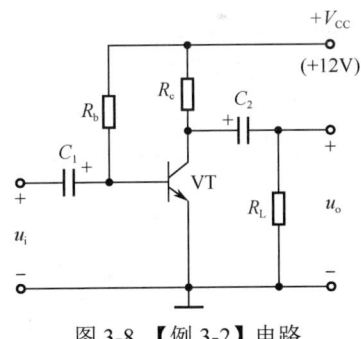

图 3-8　【例 3-2】电路

解：根据式（3-11）、式（3-12）、式（3-13）可得

$$I_{BQ}=\frac{V_{CC}-U_{BEQ}}{R_b}=\frac{12-0.7}{280}mA=0.04mA=40\mu A$$

$$I_{CQ} \approx \beta I_{BQ}=50\times 0.04mA=2mA$$

$$U_{CEQ}=V_{CC}-I_{CQ}R_c=12V-2\times 3V=6V$$

2. 图解法求静态工作点

图解法是利用三极管的特性曲线，用作图的方法来分析放大电路的基本性能，图解法能直观地反映放大电路的工作原理。由于器件手册通常不给出三极管的输入特性曲线，且输入特性也不易准确测出，因此，一般不在输入特性曲线上用图解法求 I_{BQ} 和 U_{BEQ}，而是利用公式法估算 I_{BQ}，这样一般是可以满足实际工作要求的。用图解法确定静态工作点的方法如下。

（1）根据公式 $I_{BQ}=\dfrac{V_{CC}-U_{BEQ}}{R_b}$ 求出 I_{BQ}，并在三极管的输出特性曲线上找出对应 I_{BQ} 的那条曲线。

（2）根据 $u_{CE}=V_{CC}-i_C R_c$，在三极管的输出特性曲线上画出与之对应的线段，该线段称为**直流负载线**。可见，直流负载线的斜率为 $-1/R_c$。

（3）在输出特性曲线上找出直流负载线与 I_{BQ} 的那条曲线的交点，此交点就是需要确定的静态工作点，然后根据静态工作点找出 I_{CQ} 和 U_{CEQ} 的值。

【例 3-3】 在图 3-4（b）所示的单管共射放大电路中，已知 $R_b = 280\text{k}\Omega$，$R_c = 3\text{k}\Omega$，$V_{CC} = 12\text{V}$，$\beta = 50$，$U_{BEQ} = 0.7\text{V}$。三极管的输出特性曲线如图 3-9 所示。试用图解法确定其静态工作点。

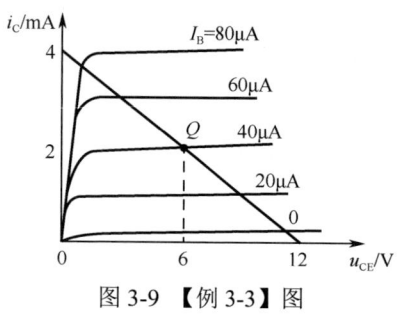

图 3-9 【例 3-3】图

解： 首先利用近似估算法估算出 I_{BQ}。

$$I_{BQ} = \frac{V_{CC} - U_{BEQ}}{R_b} = \frac{12 - 0.7}{280}\text{mA} = 0.04\text{mA} = 40\mu\text{A}$$

然后根据方程 $u_{CE} = V_{CC} - i_C R_c$，在输出特性曲线上作直流负载线。此处可以通过找出直流负载线上两个特殊的点，画出直流负载线，即当 $i_C = 0$ 时，$u_{CE} = 12\text{V}$；当 $u_{CE} = 0$ 时，$i_C = 4\text{mA}$，连接这两点，即可画出直流负载线，如图 3-9 所示。直流负载线与 $I_B = 40\mu\text{A}$ 的那条输出特性曲线的交点就是静态工作点 Q。

找出静态工作点后，由图 3-9 可得在静态工作点处，$I_{CQ} = 2\text{mA}$，$U_{CEQ} = 6\text{V}$。

3．用图解法分析电路参数对静态工作点的影响

利用图解法并借助三极管的输出特性曲线还可以直观地看出，当放大电路中的各参数变化时，静态工作点位置的变化情况。

（1）R_b 变化对静态工作点的影响，如图 3-10（a）所示。R_b 增大时，I_{BQ} 相应减小，由于 V_{CC}、R_c 不变，直流负载线不变，静态工作点沿直流负载线向截止区移动，I_{CQ} 减小，U_{CEQ} 增大；反之，R_b 减小时，I_{BQ} 相应增大，静态工作点沿直流负载线向饱和区移动，I_{CQ} 增大，U_{CEQ} 减小。

（2）V_{CC} 变化对静态工作点的影响，如图 3-10（b）所示。V_{CC} 增大，因为 R_c 不变，直流负载线的斜率不变，所以直流负载线向右平移。而 I_{BQ} 增大，则静态工作点向右上方移动，I_{CQ} 增大，U_{CEQ} 也增大。

（3）R_c 变化对静态工作点的影响，如图 3-10（c）所示。R_c 增大，根据直流负载线公式 $U_{CEQ} = V_{CC} - I_{CQ}R_c$，直流负载线与横轴的交点 V_{CC} 不变，与纵轴的交点 V_{CC}/R_c 下降，因此直流负载线比原来的平坦，静态工作点沿对应 I_{BQ} 的那条曲线向左移动，I_{CQ} 基本不变，U_{CEQ} 减小；反之，R_c 减小，直流负载线变陡，静态工作点沿 I_{BQ} 的那条曲线向右移动，I_{CQ} 基本不变，U_{CEQ} 增大。

（4）β 变化对静态工作点的影响，如图 3-10（d）所示。β 值变化主要是因为更换管子或温度变化引起的 β 值增大，伏安特性曲线间距加大。如果 I_{BQ} 不变，但由于同一个 I_{BQ} 值所对应的输出特性曲线上移，使 I_{CQ} 增大，则静态工作点接近饱和区。

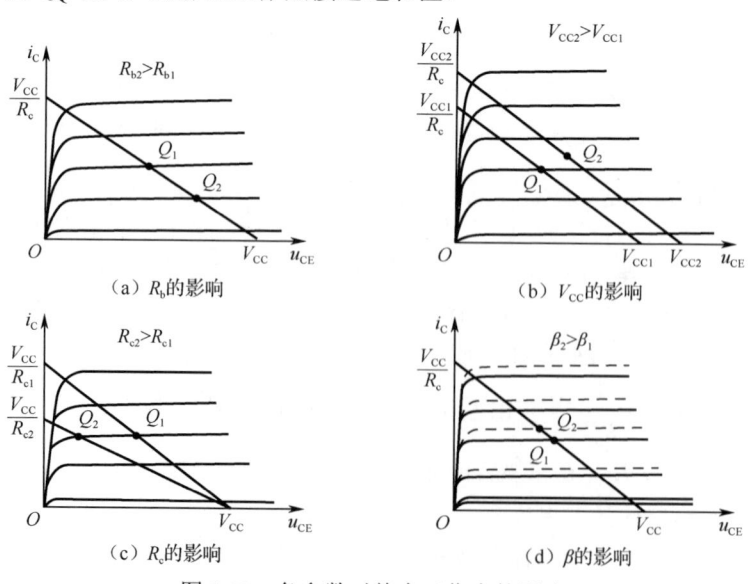

（a）R_b 的影响   （b）V_{CC} 的影响

（c）R_c 的影响   （d）β 的影响

图 3-10 各参数对静态工作点的影响

3.3.3 动态分析

放大电路动态分析的目的是求解放大电路的各项性能指标，如电压放大倍数 A_u、输入电阻 R_i、输出电阻 R_o。动态分析也可采用图解法，此外还有微变等效电路法。

1. 图解法分析动态

放大电路的动态分析应根据它的交流通路，将图 3-7（c）中的交流通路画在图 3-11 中。因为是动态的，所以图 3-11 中集电极电流和集电极电压分别用变化量 Δi_C 和 Δu_{CE} 来表示。

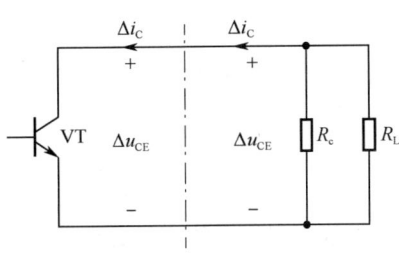

图 3-11　交流通路的输出回路

由交流通路的外电路伏安特性可画出**交流负载线**。交流通路的外电阻有两个，R_c 和 R_L，两者并联，用 R_L' 表示，即 $R_L' = R_c /\!/ R_L$。因此交流负载线与直流负载线的不同是，其斜率不是 $-1/R_c$，而是 $-1/R_L'$，因为 $R_L' = R_c /\!/ R_L < R_c$，所以交流负载线比直流负载线更陡。

画交流负载线时，一方面交流负载线一定经过静态工作点。这是因为输入电压 $u_i = 0$ 时，放大电路相当于静态的情况，所以交流负载线和直流负载线都过静态工作点。另一方面，又知其斜率是 $-1/R_L'$，因此，只要过静态工作点作斜率是 $-1/R_L'$ 的直线，即可得到交流负载线。

需要指出的是，当放大电路外加一个正弦输入信号 u_i 时，静态工作点将沿交流负载线运动。所以只有交流负载线才能描述动态时 Δi_C 和 Δu_{CE} 的关系，而直流负载线只能用于确定静态工作点。

当放大电路外加一个正弦输入信号 u_i 时，在线性范围内，三极管的 u_{BE}、i_B、i_C 和 u_{CE} 都将围绕其静态值按正弦规律变化。放大电路输入回路和输出回路的动态工作情况如图 3-12 所示。

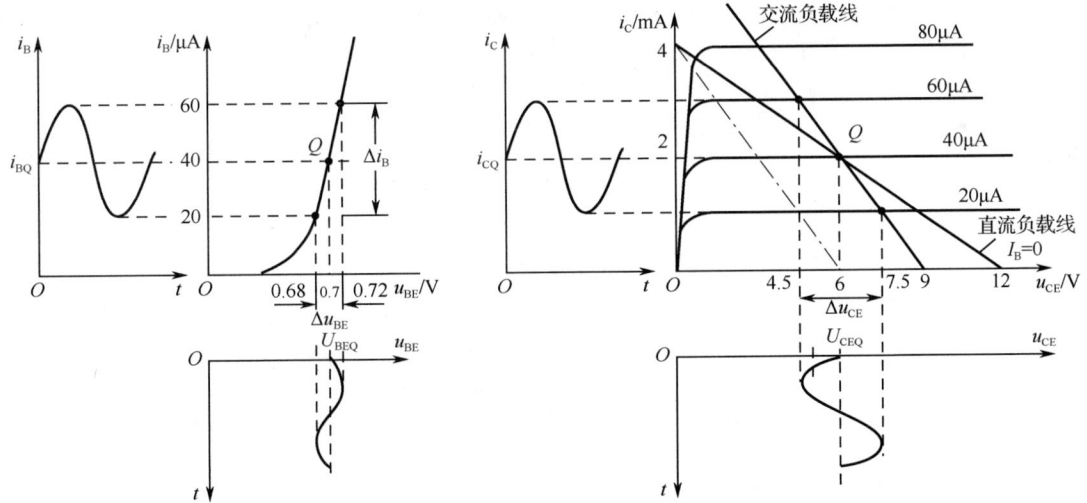

（a）输入回路的动态工作情况　　　　　　　（b）输出回路的动态工作情况

图 3-12　在正弦信号作用下放大电路的动态工作情况

可利用图解法求放大电路电压放大倍数。下面对照图 3-12 介绍其具体求解步骤。

（1）在三极管的输出特性曲线上，根据放大电路直流通路的输出回路画出直流负载线。

（2）利用公式估算静态基极电流 I_{BQ}，直流负载线与 $i_B = I_{BQ}$ 的那条输出线的交点即静态工作点，由图 3-12（b）可得到 I_{CQ}、U_{CEQ} 的值。

（3）由放大电路的交流通路，计算等效交流负载电阻 $R_L' = R_c /\!/ R_L$，在三极管输出特性曲线上，过静态工作点作斜率是 $-1/R_L'$ 的直线，即可得到交流负载线。

（4）在三极管的输入特性曲线上，假设基极电流在静态值附近有一个变化量 Δi_B，并找到相应

的 Δu_{BE}，如图 3-12（a）所示；然后再根据 Δi_B，在输出特性的交流负载线上找到对应的 Δu_{CE}，如图 3-12（b）所示。

（5）求出放大电路电压放大倍数为

$$A_u = \frac{\Delta u_o}{\Delta u_i} = \frac{\Delta u_{CE}}{\Delta u_{BE}} \tag{3-14}$$

需要说明的是，利用图解法定量计算放大电路的电压放大倍数时，由于作图误差等原因，很难得出准确的结果。

2．图解法的应用

利用图解法，除了对放大电路的静态和动态分析外，在实际工作中还有其他一些重要作用。

（1）利用图解法分析非线性失真。

静态工作点的位置必须设置得合适，否则，放大电路的输出波形容易产生非线性失真。

在图 3-13（a）中，静态工作点设置过低，在输入信号的负半周，工作点进入截止区，使 i_b、i_c 等于零，致使 i_b、i_c、u_{ce} 的波形发生失真，这种失真叫**截止失真**。对于由 NPN 型三极管组成的共射放大电路，当发生截止失真时，输出信号 u_{ce} 的波形出现顶部失真。

在图 3-13（b）中，静态工作点设置过高，在输入信号的正半周，工作点进入饱和区，此时，当 i_b 增大时，i_c 不再随之增大，致使 i_c、u_{ce} 的波形发生失真，这种失真叫**饱和失真**。对于由 NPN 型三极管组成的共射放大电路，当发生饱和失真时，输出信号 u_{ce} 的波形出现底部失真。

关于 PNP 型三极管的非线性失真问题，同样可利用图解法进行分析，请读者自行分析。

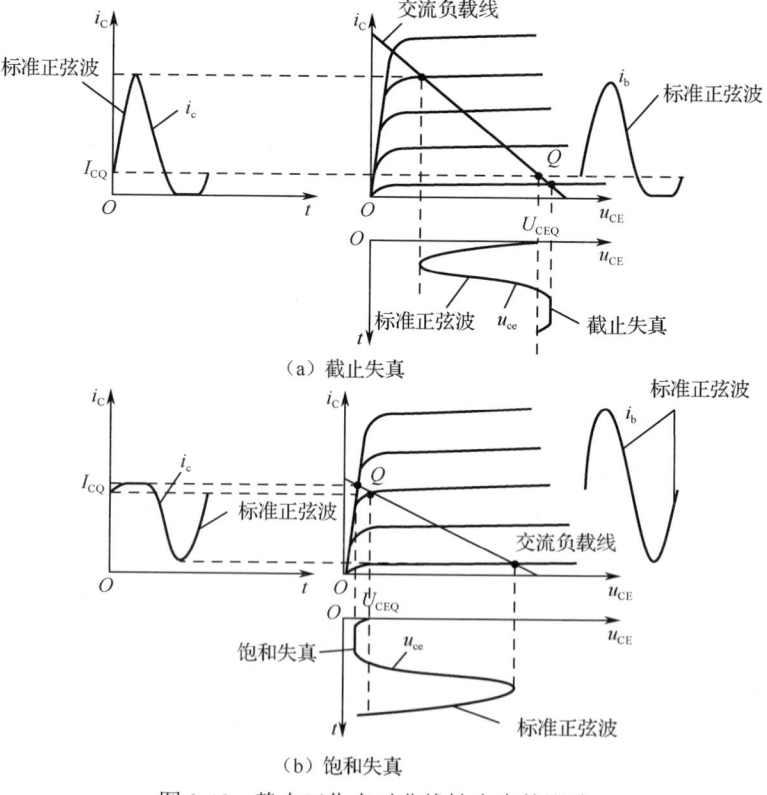

图 3-13　静态工作点对非线性失真的影响

（2）利用图解法估算最大输出幅值。

放大电路在参数给定的条件下，输出端不产生饱和失真和截止失真时，输出电压的最大幅值称为**最大输出幅值**，记为 U_{OM}。

由图 3-14 可见，A、B 两点分别处于饱和区和截止区的临界处，所以，输出波形不产生明显失真的工作范围可由交流负载线上的 A、B 两点决定。

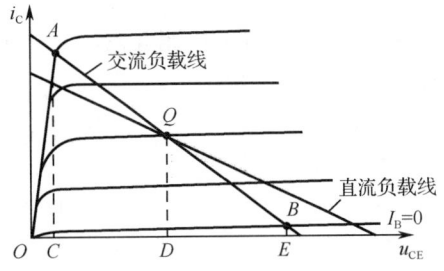

图 3-14　用图解法估算最大输出幅值

静态工作点应尽量设置在线段 AB 的中点，即尽量保证 $AQ = QB$，$CD = DE$。此时最大不失真输出幅值为

$$U_{OM} = \frac{CD}{\sqrt{2}} = \frac{DE}{\sqrt{2}}$$

如果静态工作点没有设置在线段 AB 的中点，则 U_{OM} 由 CD 和 DE 中的较小者决定。

3. 微变等效电路法分析动态

如果放大电路的输入信号较小，就可以保证三极管工作于输入特性曲线和输出特性曲线的线性放大区（严格地说，应该是近似线性区）。因此，对微变量（小信号）来说，三极管可以近似看成是线性的，可以用一个与之等效的线性电路来表示。这样，放大电路的交流通路就可以等效为一个线性电路。此时，可以用线性电路的分析方法来分析放大电路。使用这种分析方法得出的结果与实际测量结果基本一致，此方法称为**微变等效电路法**。

（1）三极管的近似线性等效电路。

三极管特性曲线的局部线性化如图 3-15 所示。当三极管工作于放大区时，在静态工作点 Q 附近，输入特性曲线基本上是一条直线，如图 3-15（a）所示。即 Δi_B 与 Δu_{BE} 成正比，因而可以用一个等效电阻 r_{be} 来代表输入电压和输入电流之间的关系，即 $r_{be} = \dfrac{\Delta u_{BE}}{\Delta i_B}$。

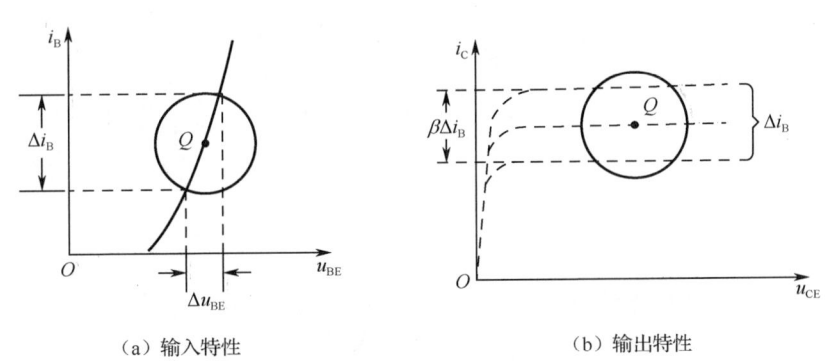

（a）输入特性　　　　　　　　　　　　　（b）输出特性

图 3-15　三极管特性曲线的局部线性化

从图 3-15（b）所示的输出特性曲线中可以看出，在 Q 点附近的一个微小范围内，特性曲线基本上是水平的，而且相互之间平行等距，即 Δi_C 仅由 Δi_B 决定而与 u_{CE} 无关，满足 $\Delta i_C \approx \beta \Delta i_B$。所以三极管的集电极、发射极间可以等效为一个线性的受控电流源，其电流大小为 $\beta \Delta i_B$。于是，得到图 3-16（a）所示三极管的等效模型，如图 3-16（b）所示。

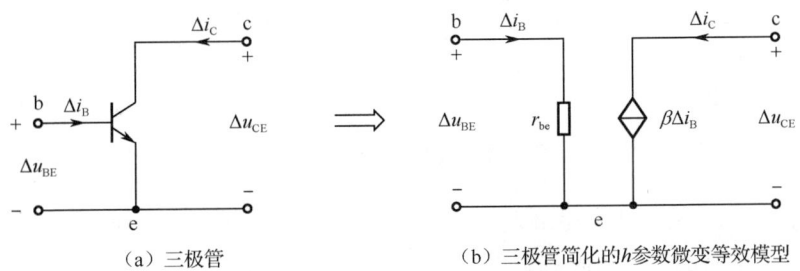

（a）三极管　　　　　　　　　（b）三极管简化的 h 参数微变等效模型

图 3-16　三极管的线性等效模型

由于在低频小信号作用下，将三极管看成一个双口网络，利用网络的 h 参数来表示输入端口和输出端口的电压、电流关系，即可得出三极管的等效电路，故称之为共射 h 参数微变等效模型。又因该等效模型忽略了 u_{CE} 对 i_B、i_C 的影响，因此将其称为简化的 h 参数微变等效模型，如图 3-16（b）所示。

（2）r_{be} 的计算。

由于输入特性曲线往往手册上不给出，而且也较难测准确，所以对于 r_{be}，一般可使用下面的简便公式进行计算

$$r_{be} = r_{bb'} + (1+\beta)\frac{26mV}{I_{EQ}} \approx r_{bb'} + (1+\beta)\frac{26mV}{I_{CQ}} \tag{3-15}$$

式中，I_{EQ} 和 I_{CQ} 分别是发射极和集电极的静态电流；$r_{bb'}$ 是三极管的基区体电阻。三极管的三个区对载流子的运动呈现一定的电阻，称为半导体的体电阻，阻值较小。$r_{bb'}$ 是其中的一个体电阻。对于小功率管，$r_{bb'} \approx 300\Omega$。今后如无特别说明，$r_{bb'}$ 均取 300Ω。

（3）用微变等效电路法对放大电路进行动态分析。

微变等效电路法是进行动态分析常用的方法。动态分析的目的是求解放大电路的几个主要性能参数，如电压放大倍数 $\dot{A}_u$、输入电阻 R_i、输出电阻 R_o。

用微变等效电路法分析放大电路时，首先需要画出交流通路的微变等效电路，在微变等效电路中进行几个动态指标的求解。由交流通路画微变等效电路时，只需将交流通路中的三极管用其线性等效模型代替，其余部分按照交流通路原样画上即可。所以，关键还是画对交流通路。

单管共射放大电路如图 3-17（a）所示。根据以上分析可画出其微变等效电路，如图 3-17（b）所示。现将输入端加上一个正弦输入电压 $\dot{U}_i$，图中 $\dot{U}_i$、$\dot{U}_o$、$\dot{I}_b$ 和 $\dot{I}_c$ 等分别表示相关电压和电流的正弦相量。

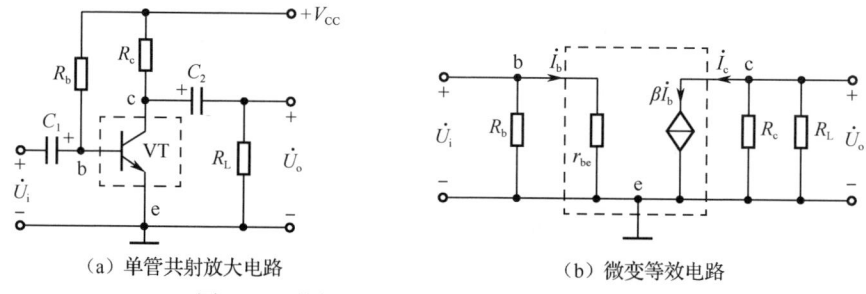

（a）单管共射放大电路　　　　　　（b）微变等效电路

图 3-17　单管共射放大电路及其微变等效电路

根据图 3-17（b）所示微变等效电路，对放大电路进行动态分析如下。

由输入回路求得输入电压

$$\dot{U}_i = \dot{I}_b r_{be}$$

由输出回路求得输出电压

$$\dot{U}_o = -\dot{I}_c R'_L = -\beta \dot{I}_b R'_L = -\frac{\beta \dot{U}_i}{r_{be}} R'_L$$

式中，$R'_L = R_c /\!/ R_L$。

所以电压放大倍数为

$$\dot{A}_u = \frac{\dot{U}_o}{\dot{U}_i} = -\beta \frac{R'_L}{r_{be}} \tag{3-16}$$

式（3-16）中的负号表明输出电压与输入电压反相，由此可知，单管共射放大电路具有倒相作用。

单管共射放大电路的输入电阻 R_i 为

$$R_i = r_{be} /\!/ R_b \tag{3-17}$$

通常情况下，$R_b \gg r_{be}$，所以 $R_i \approx r_{be}$。

若不考虑三极管的 r_{ce}[①]，则输出电阻为

$$R_o \approx R_c \qquad\qquad (3-18)$$

【例 3-4】 在图 3-18 所示的放大电路中，已知 $R_b = 280\text{k}\Omega$，$R_c = 3\text{k}\Omega$，$V_{CC} = 12\text{V}$，$R_L = 3\text{k}\Omega$，三极管的 $\beta = 50$，$U_{BEQ} = 0.7\text{V}$。试估算三极管的 r_{be} 以及 $\dot{A}_u$、R_i 和 R_o。如欲提高电路的 $|\dot{A}_u|$，可采取什么措施，应调整电路中的哪些参数？

解： 由例题 3-2 的结果可知，$I_{EQ} \approx I_{CQ} = 2\text{mA}$。则

$$r_{be} = 300\Omega + (1+\beta)\frac{26\text{mV}}{I_{EQ}} = 300\Omega + 51 \times \frac{26\text{mV}}{2\text{mA}} = 963\Omega$$

$$R_L' = R_c // R_L = \frac{3\times 3}{3+3}\text{k}\Omega = 1.5\text{k}\Omega$$

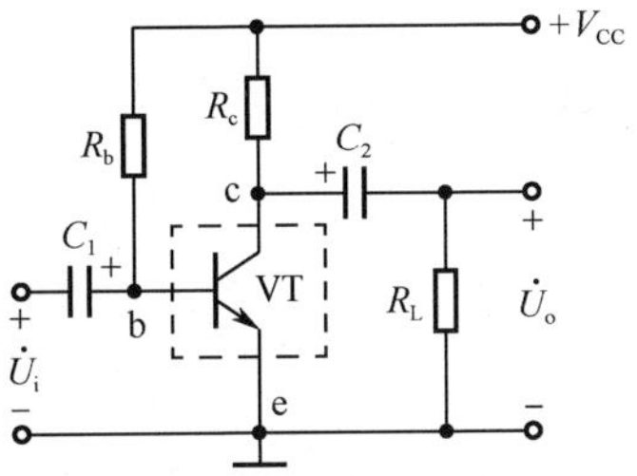

由式（3-16）求得电压放大倍数

$$\dot{A}_u = \frac{\dot{U}_o}{\dot{U}_i} = -\beta\frac{R_L'}{r_{be}} = -\frac{50\times 1.5}{0.963} = -78$$

由式（3-17）求得输入电阻

$$R_i = r_{be} // R_b \approx r_{be} = 963\Omega$$

由式（3-18）求得输出电阻

$$R_o \approx R_c = 3\text{k}\Omega$$

图 3-18 【例 3-4】电路

如欲提高电路的 $|\dot{A}_u|$，可调整 Q 点使 I_{EQ} 增大，r_{be} 减小，从而提高 $|\dot{A}_u|$。如将 I_{EQ} 增大至 3mA，则此时

$$r_{be} = 300\Omega + 51\times\frac{26\text{mV}}{3\text{mA}} = 742\Omega$$

$$\dot{A}_u = -\beta\frac{R_L'}{r_{be}} = -\frac{50\times 1.5}{0.742} = -101$$

为了增大 I_{EQ}，在 V_{CC}、R_c 等电路参数不变的情况下，减小基极电阻 R_b，则 I_{BQ}、I_{CQ}、I_{EQ} 将随之增大。但应注意，在调节 $|\dot{A}_u|$ 大小的同时，要考虑 Q 点的位置（Q 点应在放大区的中心区域），二者应兼顾。

【例 3-5】 图 3-19（a）所示为发射极带电阻的单管共射放大电路，已知 $R_b = 470\text{k}\Omega$，$R_e = 1\text{k}\Omega$，$R_c = 3.9\text{k}\Omega$，$R_L = 3.9\text{k}\Omega$，$U_{BEQ} = 0.7\text{V}$，$V_{CC} = 12\text{V}$，三极管的 $\beta = 50$。（1）画出其直流通路和微变等效电路；（2）用估算法求静态工作点；（3）求电压放大倍数 $\dot{A}_u$、输入电阻 R_i、输出电阻 R_o。

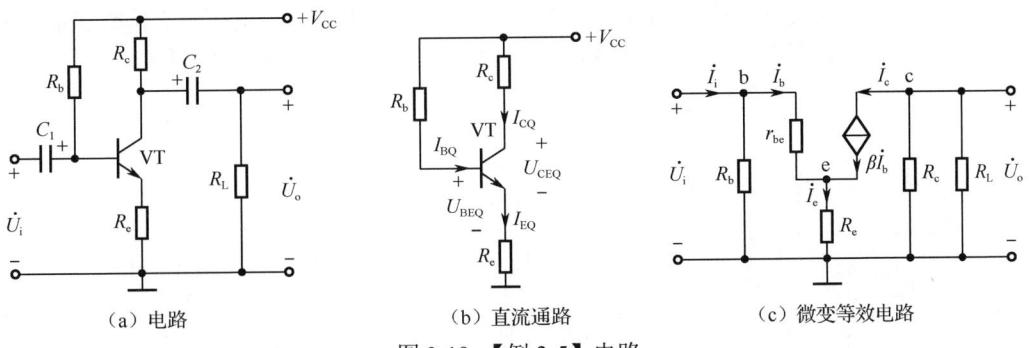

（a）电路　　　　　（b）直流通路　　　　　（c）微变等效电路

图 3-19 【例 3-5】电路

① r_{ce} 是三极管 c-e 之间的等效电阻。当三极管工作于放大区时，u_{CE} 变化，i_C 几乎不变，因此 Δu_{CE} 与 Δi_C 的比值，即 c-e 之间的等效电阻 $r_{ce} \approx \infty$。所以 r_{ce} 与 R_c 并联时可以将其忽略。

解：（1）画出直流通路和微变等效电路分别如图3-19（b）和（c）所示。

（2）根据直流通路的基极回路可得下列方程

$$V_{CC} = I_{BQ}R_b + U_{BEQ} + I_{EQ}R_e$$

而 $I_{EQ} = (1+\beta)I_{BQ}$，所以可解出 I_{BQ} 为

$$I_{BQ} = \frac{V_{CC} - U_{BEQ}}{R_b + (1+\beta)R_e} = \frac{12V - 0.7V}{470k\Omega + 51 \times 1k\Omega} \approx \frac{12V}{521k\Omega} = 0.023mA \qquad (3\text{-}19)$$

$$I_{CQ} \approx \beta I_{BQ} = 50 \times 0.023mA = 1.15mA$$

根据直流通路的集电极回路可得到下列方程

$$V_{CC} = I_{CQ}R_c + U_{CEQ} + I_{EQ}R_e$$

所以

$$U_{CEQ} \approx V_{CC} - I_{CQ}(R_c + R_e) = 12V - 1.15(3.9+1)V = 6.4V \qquad (3\text{-}20)$$

所以，静态工作点为 $I_{BQ} = 23\mu A$，$U_{BEQ} = 0.7V$，$I_{CQ} = 1.15mA$，$U_{CEQ} = 6.4V$。

（3）由图3-19（c）可以列出以下关系式

$$\dot{U}_i = \dot{I}_b r_{be} + \dot{I}_e R_e$$

式中，$\dot{I}_e = (1+\beta)\dot{I}_b$。

所以

$$\dot{U}_i = [r_{be} + (1+\beta)R_e]\dot{I}_b$$

式中，$r_{be} \approx 300\Omega + (1+\beta)\dfrac{26mV}{I_{CQ}} = 300\Omega + 51 \times \dfrac{26}{1.15}\Omega = 1.5k\Omega$。

而

$$\dot{U}_o = -\dot{I}_c R_L' = -\beta \dot{I}_b R_L'$$

式中，$R_L' = R_c // R_L = \dfrac{1}{2} \times 3.9k\Omega = 1.95k\Omega$。

则电压放大倍数为

$$\dot{A}_u = \frac{\dot{U}_o}{\dot{U}_i} = -\beta \frac{R_L'}{r_{be} + (1+\beta)R_e} = -\frac{50 \times 1.95}{1.5 + 51 \times 1} = -1.86 \qquad (3\text{-}21)$$

可见，引入发射极电阻 R_e 之后，电压放大倍数降低了。

放大电路的输入电阻为

$$R_i = R_b // [r_{be} + (1+\beta)R_e] = 470k\Omega // (1.5 + 51 \times 1)k\Omega = 47.2k\Omega \qquad (3\text{-}22)$$

由计算结果可知，引入 R_e 之后，虽然电压放大倍数降低了，但提高了输入电阻。

放大电路的输出电阻为

$$R_o \approx R_c = 3.9k\Omega$$

【例3-6】 试用微变等效电路法估算图3-20（a）所示放大电路的电压放大倍数和输入电阻、输出电阻。已知三极管的 $\beta = 50$，$U_{BEQ} = 0.7V$，$r_{bb'} = 100\Omega$。假设电容 C_1、C_2 和 C_e 足够大。

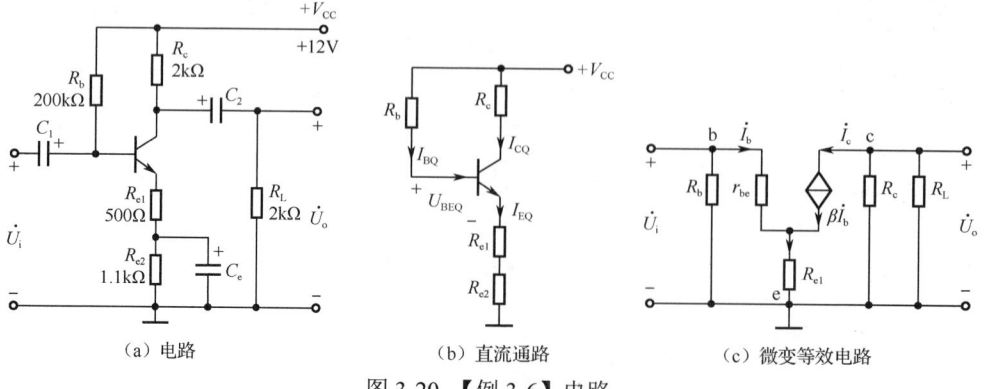

（a）电路　　　　　（b）直流通路　　　　　（c）微变等效电路

图3-20 【例3-6】电路

解： 图 3-20（a）所示为发射极带电阻和旁路电容的单管共射放大电路。

画出放大电路的直流通路和微变等效电路，分别如图 3-20（b）和（c）所示。

根据直流通路的基极回路可列出以下方程

$$I_{BQ}R_b + U_{BEQ} + I_{EQ}(R_{e1} + R_{e2}) = V_{CC}$$

则静态基极电路为

$$I_{BQ} = \frac{V_{CC} - U_{BEQ}}{R_b + (1+\beta)(R_{e1} + R_{e2})} = \frac{12 - 0.7}{200 + 51 \times (0.5 + 1.1)} \text{mA} = 0.04\text{mA} = 40\mu\text{A} \quad (3\text{-}23)$$

$$I_{CQ} \approx \beta I_{BQ} = 50 \times 0.04\text{mA} = 2\text{mA} \approx I_{EQ}$$

根据 I_{EQ} 可估算三极管的 r_{be}

$$r_{be} = r_{bb'} + (1+\beta)\frac{26\text{mV}}{I_{EQ}} = 100\Omega + \frac{51 \times 26}{2}\Omega = 763\Omega$$

由图 3-20（c）所示微变等效电路，可求得电压放大倍数为

$$\dot{A}_u = -\beta \frac{R_L'}{r_{be} + (1+\beta)R_{e1}} = -\frac{50 \times 1}{0.76 + 51 \times 0.5} = -1.9$$

输入电阻为

$$R_i = R_b // [r_{be} + (1+\beta)R_{e1}] = 200\text{k}\Omega // (0.76 + 51 \times 0.5)\text{k}\Omega = 23.2\text{k}\Omega$$

输出电阻为

$$R_o \approx R_c = 2\text{k}\Omega$$

复习思考题

3.3.1 放大电路的分析分为_____分析和_____分析两个方面，分别在_____通路和_____通路中进行，前者分析的目的是_____，后者分析的目的是_____。

3.3.2 题图 3.3.2 所示为某单管共射放大电路中三极管的输出特性和直流、交流负载线。由此可以得出：

（1）电源电压 V_{CC}=_____V；

（2）静态集电极电流 I_{CQ} =_____mA；集电极电压 U_{CEQ} = _____V；

（3）集电极电阻 R_c =_____kΩ；负载电阻 R_L=_____kΩ；

（4）三极管的电流放大系数 β =_____，进一步计算可得电压放大倍数 A_u =_____（$r_{bb'}$ 取 200Ω）；

（5）放大电路最大不失真输出正弦电压有效值约为_____V；

（6）要使放大电路不失真，基极正弦电流的振幅应小于_____μA。

3.3.3 在题图 3.3.3 电路中，放大电路处于放大状态下调整电路参数，试分析电路状态和性能的变化（在相应的空格内填"增大"、"减小"或"不变"）。

（1）若 R_b 阻值减小，则静态的 I_{BQ} 将_____，U_{CEQ} 将_____，电压放大倍数 $|\dot{A}_u|$ 将_____。

（2）若减小三极管的 β 值，则静态的 I_{BQ} 将_____，U_{CEQ} 将_____，电压放大倍数 $|\dot{A}_u|$ 将_____。

（3）若 R_c 阻值增大，则静态的 I_{BQ} 将_____，U_{CEQ} 将_____，电压放大倍数 $|\dot{A}_u|$ 将_____。

3.3.4 放大电路如题图 3.3.4 所示。已知 $V_{CC} = 15\text{V}$，$R_{b1} = 10\text{k}\Omega$，$R_{b2} = 40\text{k}\Omega$，$R_c = R_L = 3\text{k}\Omega$，

$R_e = 1.2\text{k}\Omega$，$\beta = 100$，$|U_{\text{BEQ}}| = 0.7\text{V}$。（1）画出直流通路和微变等效电路；（2）计算静态工作点 I_{CQ} 和 U_{CEQ}；（3）计算电压放大倍数 $\dot{A}_u$、输入电阻 R_i、输出电阻 R_o；（4）当 R_{b2} 断开时 I_{CQ} 的值。

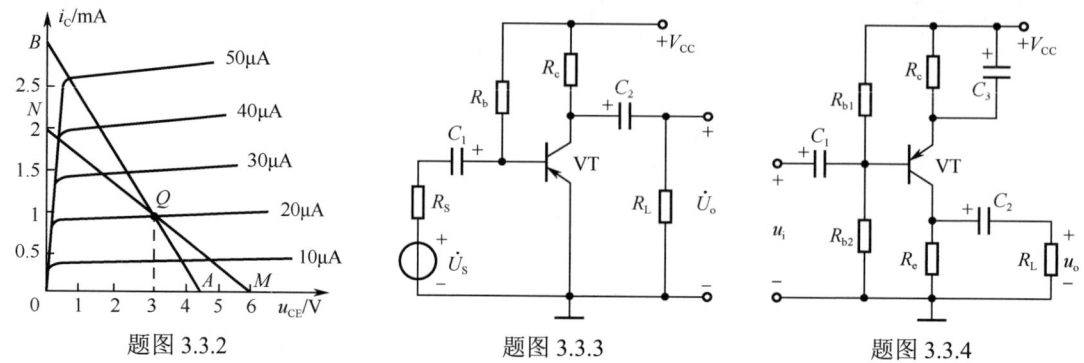

题图 3.3.2　　　　　　　　题图 3.3.3　　　　　　　　题图 3.3.4

3.4　放大电路静态工作点的稳定

放大电路的多项重要技术指标均与静态工作点的位置直接相关。如果静态工作点不稳定，则放大电路的某些性能也将发生变化。因此，如何保持静态工作点稳定，是一个十分重要的问题。

3.4.1　温度对静态工作点的影响

一般来说，放大电路中电源电压的变化、元器件老化引起参数的变化、三极管特性随温度的变化等，都将使静态工作点发生变化。前两种因素引起的静态工作点变化可通过采用高稳定度电源和在使用元器件前进行老化实验加以消除，所以半导体器件对温度的敏感性成为静态工作点不稳定的主要因素。

当温度变化时，三极管的特性参数（如 I_{CBO}、U_{BE}、β 等）将随之变化。温度对静态工作点的影响主要体现在以下三个方面。

（1）从输入特性曲线看，温度升高，U_{BE} 将减小。在共射放大电路中，由于 $I_{\text{BQ}} = (V_{\text{CC}} - U_{\text{BEQ}})/R_b$，使 I_{BQ} 增大，则 I_{CQ} 也增大。

（2）从输出特性曲线看，温度升高，输出特性曲线间距增大，即 β 增大，在相同的 I_{BQ} 条件下，I_{CQ} 也增大。

（3）温度升高，三极管的反向饱和电流 I_{CBO} 增大，穿透电流 I_{CEO} 更大，使 I_{CQ} 增大。

还需要说明的是，I_{CBO}、U_{BE}、β 对硅管和锗管的影响是不完全相同的。硅管的 I_{CBO} 小，因此静态工作点不稳定的主要内因是 U_{BE}、β 随温度变化。而锗管的 I_{CBO} 大，静态工作点不稳定的主要原因是 I_{CBO} 随温度变化。因此对于同类电路，硅管静态工作点比锗管稳定。

综上所述，温度升高对三极管的影响最终将导致 I_{CQ} 增大。为此，只要能设法使 I_{CQ} 近似维持稳定，问题就可以解决。

3.4.2　静态工作点稳定电路

1. 电路组成

图 3-21（a）所示电路便是实现 3.4.1 节设想的电路，图 3-21（b）和图 3-21（c）分别是它的直流通路和微变等效电路。在图 3-21（a）所示电路中，发射极接有电阻 R_e 和电容 C_e；直流电源 V_{CC} 经电阻 R_{b1}、R_{b2} 分压接到三极管的基极，所以通常称之为**分压式静态工作点稳定电路**。

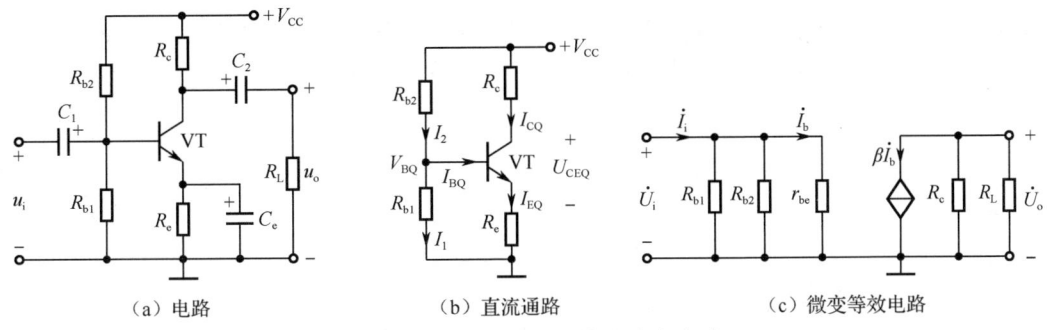

| （a）电路 | （b）直流通路 | （c）微变等效电路 |

图 3-21 分压式静态工作点稳定电路

图 3-21（b）所示直流通路中，由于三极管的基极电位 V_{BQ} 是由 V_{CC} 分压后得到的，故可以认为它不受温度变化的影响，基本是恒定的。当集电极电流 I_{CQ} 随温度的升高而增大时，发射极电流 I_{EQ} 也将相应增大，此电流流过 R_e，使发射极电位 V_{EQ} 升高，则三极管的发射结电压 $U_{BEQ} = V_{BQ} - V_{EQ}$ 将降低，从而使静态基极电流 I_{BQ} 减小，于是 I_{CQ} 也随之减小，结果使静态工作点稳定。简述上面过程如下：

$$T \uparrow \to I_{CQ}(I_{EQ}) \uparrow \to V_{EQ} \uparrow （因为V_{BQ}基本不变） \to U_{BEQ} \downarrow \to I_{BQ} \downarrow$$
$$I_{CQ} \downarrow \longleftarrow$$

同理可分析出，当温度降低时，各物理量与上述过程变化相反，即

$$T \downarrow \to I_{CQ}(I_{EQ}) \downarrow \to V_{EQ} \downarrow （因为V_{BQ}基本不变） \to U_{BEQ} \uparrow \to I_{BQ} \uparrow$$
$$I_{CQ} \uparrow \longleftarrow$$

上述过程是通过发射极电流的负反馈作用牵制集电极电流的变化的，使静态工作点稳定。因此，此电路也称为电流反馈式静态工作点稳定电路。

显然，R_e 越大，同样的 I_{EQ} 变化量所产生的 V_{EQ} 变化量也越大，则电路的稳定性越好。但是，R_e 增大后，V_{EQ} 随之增大。为了得到同样的输出电压幅值，必须增大 V_{CC}，需兼顾考虑。

另外，接入 R_e 后，电压放大倍数大大下降，为此，在 R_e 两端并联一个大电容 C_e，此时电阻 R_e 和电容 C_e 的接入对电压放大倍数基本没有影响。C_e 称为**旁路电容**。

2．电路分析

（1）静态分析。

由图 3-21（b）所示的直流通路，可进行分压式电路的静态分析。首先从估算 V_{BQ} 入手。由于电路设计使 I_{BQ} 很小，可以忽略，所以 $I_1 \approx I_2$，R_{b1}、R_{b2} 近似为串联，根据串联分压，可得

$$V_{BQ} \approx \frac{R_{b1}}{R_{b1} + R_{b2}} V_{CC} \tag{3-24}$$

静态发射极电流

$$I_{EQ} = \frac{V_{EQ}}{R_e} = \frac{V_{BQ} - U_{BEQ}}{R_e} \tag{3-25}$$

静态集电极电流

$$I_{CQ} \approx I_{EQ} = \frac{V_{BQ} - U_{BEQ}}{R_e} \tag{3-26}$$

三极管集电极、发射极之间的静态电压

$$U_{CEQ} = V_{CC} - I_{CQ}R_c - I_{EQ}R_e \approx V_{CC} - I_{CQ}(R_c + R_e) \tag{3-27}$$

三极管静态基极电流

$$I_{BQ} \approx \frac{I_{CQ}}{\beta} \tag{3-28}$$

（2）动态分析。

由于旁路电容 C_e 足够大，使发射极对地交流短路，这样，分压式工作点稳定电路实际上也是一

个共射放大电路，通过对图 3-21（c）所示微变等效电路进行分析，可知电压放大倍数与图 3-4（b）所示共射放大电路电压放大倍数相同，即

$$\dot{A}_u = -\beta \frac{R'_{\text{L}}}{r_{\text{be}}} \tag{3-29}$$

式中，$R'_{\text{L}} = R_{\text{c}} // R_{\text{L}}$。

输入电阻为

$$R_{\text{i}} = r_{\text{be}} // R_{\text{b1}} // R_{\text{b2}} \tag{3-30}$$

输出电阻为

$$R_{\text{o}} \approx R_{\text{c}} \tag{3-31}$$

【例 3-7】 在图 3-21（a）所示电路中，已知三极管的 $\beta = 50$，$U_{\text{BEQ}} = 0.7\text{V}$，电阻 $R_{\text{b1}} = 10\text{k}\Omega$，$R_{\text{b2}} = 20\text{k}\Omega$，$R_{\text{c}} = 2\text{k}\Omega$，$R_{\text{e}} = 2\text{k}\Omega$，$R_{\text{L}} = 4\text{k}\Omega$，电容 C_1、C_2、C_{e} 足够大。求：（1）静态工作点；（2）电压放大倍数 $\dot{A}_u$、输入电阻 R_{i}、输出电阻 R_{o}；（3）更换管子使 $\beta = 100$，计算静态工作点，并与（1）的结果比较。

解：（1）根据图 3-21（b）所示的直流通路，估算静态工作点

$$V_{\text{BQ}} = \frac{R_{\text{b1}}}{R_{\text{b1}} + R_{\text{b2}}} V_{\text{CC}} = \frac{10 \times 12}{10 + 20}\text{V} = 4\text{V}$$

$$V_{\text{EQ}} = V_{\text{BQ}} - U_{\text{BEQ}} = 4\text{V} - 0.7\text{V} = 3.3\text{V}$$

$$I_{\text{EQ}} = \frac{V_{\text{EQ}}}{R_{\text{e}}} = \frac{3.3}{2}\text{mA} = 1.65\text{mA}$$

$$I_{\text{BQ}} \approx I_{\text{EQ}} / (1 + \beta) = (1.65 / 51)\mu\text{A} = 32.3\mu\text{A}$$

$$I_{\text{CQ}} \approx \beta I_{\text{BQ}} = 32.3 \times 50\text{mA} = 1.62\text{mA}$$

$$U_{\text{CEQ}} \approx V_{\text{CC}} - I_{\text{CQ}}(R_{\text{c}} + R_{\text{e}}) = 12\text{V} - 1.62 \times 4\text{V} = 5.5\text{V}$$

（2）求 $\dot{A}_u$、R_{i}、R_{o}。

根据图 3-21（c）所示微变等效电路，可求得电压放大倍数为

$$\dot{A}_u = -\beta \frac{R'_{\text{L}}}{r_{\text{be}}}$$

式中，$R'_{\text{L}} = R_{\text{c}} // R_{\text{L}} = 1.33\text{k}\Omega$。

$$r_{\text{be}} = 300\Omega + (1 + \beta)\frac{26\text{mV}}{I_{\text{EQ}}} = 300\Omega + 51 \times \frac{26}{1.65}\Omega = 1.1\text{k}\Omega$$

$$\dot{A}_u = -\frac{50 \times 1.33}{1.1} = -60.4$$

$$R_{\text{i}} = R_{\text{b1}} // R_{\text{b2}} // r_{\text{be}} = 0.94\text{k}\Omega$$

$$R_{\text{o}} \approx R_{\text{c}} = 2\text{k}\Omega$$

（3）当 $\beta = 100$ 时

$$V_{\text{BQ}} = \frac{R_{\text{b1}}}{R_{\text{b1}} + R_{\text{b2}}} V_{\text{CC}} = \frac{10 \times 12}{10 + 20}\text{V} = 4\text{V}$$

$$V_{\text{EQ}} = V_{\text{BQ}} - U_{\text{BEQ}} = 4\text{V} - 0.7\text{V} = 3.3\text{V}$$

$$I_{\text{EQ}} = \frac{V_{\text{EQ}}}{R_{\text{e}}} = \frac{3.3}{2}\text{mA} = 1.65\text{mA}$$

$$I_{\text{BQ}} = I_{\text{EQ}} / (1 + \beta) = (1.65 / 101)\mu\text{A} = 16.3\mu\text{A}$$

$$I_{\text{CQ}} = \beta I_{\text{BQ}} = 100 \times 16.3\mu\text{A} = 1.63\text{mA}$$

$$U_{\text{CEQ}} \approx V_{\text{CC}} - I_{\text{CQ}}(R_{\text{c}} + R_{\text{e}}) = 12\text{V} - 6.52\text{V} = 5.48\text{V}$$

与（1）的结果比较，说明该电路达到了稳定静态工作点的目的，稳定效果的取得是由于 I_{BQ} 自动调节的结果。当 $\beta = 50$ 时，$I_{\text{CQ}} = 1.62\text{mA}$。当 $\beta = 100$ 时，根据三极管的性能，I_{CQ} 应增大，但由

于 R_e 的作用，I_{BQ} 由 32.3μA 降到 16.3μA，其结果使 I_{CQ} 基本保持不变。

复习思考题

3.4.1　简述分压式静态工作点稳定电路稳定工作点的工作原理。

3.4.2　在图 3-21（a）所示电路中，对于发射极电阻 R_e 的变化是否会影响电压放大倍数 A_u 和输入电阻 R_i 的问题，有三种不同看法，试判断其正确与否。

甲：当 R_e 增大时，负反馈增强，因此 $|\dot{A}_u|$ 减小、R_i 增大。（　　　）

乙：当 R_e 增大时，静态电流 I_{CQ} 减小，因此 $|\dot{A}_u|$ 减小、R_i 减小。（　　　）

丙：因为电容 C_e 对交流有旁路作用，所以 R_e 的变化对交流量不会有丝毫影响，当 R_e 增大时，$|\dot{A}_u|$ 和 R_i 均无变化。（　　　）

3.5　三极管单管放大电路的三种组态及其性能比较

三极管的三个电极均可作为输入回路和输出回路的公共端。前面介绍的共射（CE）放大电路是以发射极为公共端的；如果以基极或集电极为公共端，则分别称为共基（CB）放大电路、共集（CC）放大电路。这三种放大电路也叫三极管单管放大电路的三种组态，其示意图如图 3-22 所示。判断放大电路以哪个电极为公共端，主要看交流信号的通路，也可以通过找出三极管输入端电极和输出端电极来判断其组态。

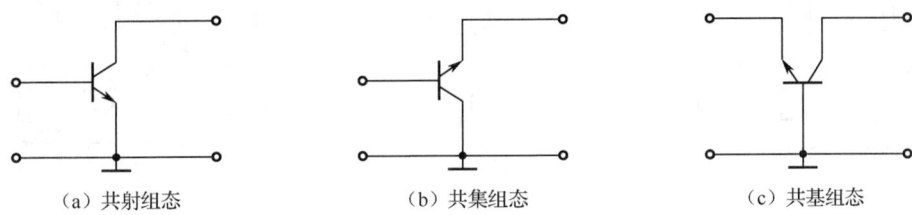

（a）共射组态　　　　　　　（b）共集组态　　　　　　（c）共基组态

图 3-22　三极管放大电路的三种组态示意图

3.5.1　共集放大电路

共集放大电路的基本结构如图 3-23（a）所示。可以看出，对交流信号而言，集电极是输入和输出的公共端，所以称为共集放大电路。另外，信号是通过发射极输出到负载的，因此它又称为**射极输出器**。

1．静态分析

图 3-23（a）所示共集放大电路的直流通路如图 3-23（b）所示。对该电路可求得静态基极电流为

$$I_{BQ} = \frac{V_{CC} - U_{BE}}{R_b + (1 + \beta)R_e} \tag{3-32}$$

静态集电极电流为
$$I_{CQ} \approx \beta I_{BQ} \tag{3-33}$$

发射极电压为
$$U_{CEQ} = V_{CC} - I_{EQ}R_e \approx V_{CC} - I_{CQ}R_e \tag{3-34}$$

2．动态分析

图 3-23（c）所示为共集放大电路的微变等效电路。由该等效电路对放大电路进行动态分析如下。

（1）电压放大倍数。

由图 3-23（c）可得

$$\dot{U}_{\text{o}} = \dot{I}_{\text{e}} R'_{\text{L}} = (1+\beta)\dot{I}_{\text{b}} R'_{\text{L}}$$

$$\dot{U}_{\text{i}} = \dot{I}_{\text{b}} r_{\text{be}} + \dot{I}_{\text{e}} R'_{\text{L}} = \dot{I}_{\text{b}} r_{\text{be}} + (1+\beta)\dot{I}_{\text{b}} R'_{\text{L}}$$

因此，电压放大倍数为

$$\dot{A}_u = \frac{\dot{U}_{\text{o}}}{\dot{U}_{\text{i}}} = \frac{(1+\beta)R'_{\text{L}}}{r_{\text{be}} + (1+\beta)R'_{\text{L}}} \tag{3-35}$$

式中，$R'_{\text{L}} = R_{\text{e}} /\!/ R_{\text{L}}$。

从式（3-35）中可以看出，共集放大电路的电压放大倍数 $\dot{A}_u$ 大于 0 且小于 1，即 $\dot{U}_{\text{o}}$ 与 $\dot{U}_{\text{i}}$ 同相且 $U_{\text{o}} < U_{\text{i}}$。当 $(1+\beta)R'_{\text{L}} \gg r_{\text{be}}$ 时，$\dot{A}_u \approx 1$，即 $\dot{U}_{\text{o}} \approx \dot{U}_{\text{i}}$，而且输出电压和输入电压同相。因此，共集放大电路也被称为**射极跟随器或电压跟随器**。

（2）输入电阻。

由图 3-23（c）可得输入电阻为

$$R_{\text{i}} = R_{\text{b}} /\!/ [r_{\text{be}} + (1+\beta)R'_{\text{L}}] \tag{3-36}$$

由于 R_{b} 和 $(1+\beta)R'_{\text{L}}$ 的值都较大，因此，共集放大电路的输入电阻很高，可达几十千欧到几百千欧。

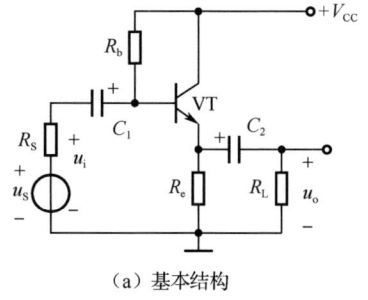 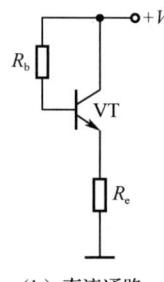 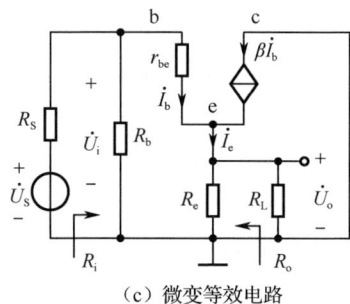

（a）基本结构　　　　　　　　（b）直流通路　　　　　　　　（c）微变等效电路

图 3-23　共集放大电路

（2）输出电阻。

根据输出电阻的定义和输出电阻的计算方法，下面推导图 3-23（a）所示共集放大电路输出电阻 R_{o}。首先，令输入信号源电压 $U_{\text{S}} = 0$，并将负载断开；然后在输出端加正弦电压 U_{o}，求出因其产生的输出端电流 I_{o}，则输出电阻 $R_{\text{o}} = U_{\text{o}}/I_{\text{o}}$，如图 3-24 所示。

由图 3-24 所示电路结构可以看出，输出电流 I_{o} 与发射极电流 I_{e} 和电阻 R_{e} 上的电流 I_{Re} 满足：$I_{\text{o}} = I_{\text{Re}} - I_{\text{e}}$。而电阻 R_{e} 上的电流 I_{Re} 及发射极电流 I_{e} 分别满足

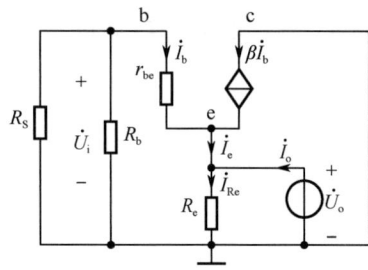

$$I_{\text{Re}} = \frac{U_{\text{o}}}{R_{\text{e}}}, \quad I_{\text{e}} = (1+\beta)I_{\text{b}}$$

由图 3-24 还可得到输出电压 U_{o} 为

$$U_{\text{o}} = -(r_{\text{be}} + R_{\text{S}} /\!/ R_{\text{b}})I_{\text{b}}$$

可推得基极电流 I_{b} 等于

$$I_{\text{b}} = \frac{-U_{\text{o}}}{r_{\text{be}} + R_{\text{S}} /\!/ R_{\text{b}}}$$

图 3-24　共集放大电路求输出电阻

所以输出电阻的表达式为

$$R_{\text{o}} = \frac{U_{\text{o}}}{I_{\text{o}}} = \frac{U_{\text{o}}}{I_{\text{Re}} - I_{\text{e}}} = \frac{U_{\text{o}}}{\dfrac{U_{\text{o}}}{R_{\text{e}}} - (1+\beta)\dfrac{-U_{\text{o}}}{r_{\text{be}} + R_{\text{S}} /\!/ R_{\text{b}}}} = \frac{1}{\dfrac{1}{R_{\text{e}}} + (1+\beta)\dfrac{1}{r_{\text{be}} + R_{\text{S}} /\!/ R_{\text{b}}}}$$

故

$$R_o = R_e // \frac{r_{be} + R_S'}{1+\beta} \tag{3-37}$$

式中，$R_S' = R_b // R_S$。

一般情况下，R_e 取值较小，r_{be} 和 R_S' 也多为几百欧到几千欧，由上式可知，因为 β 至少为几十，所以输出电阻 R_o 可小到几十欧。

通过以上对共集放大电路的分析可知，共集放大电路输入电阻大，输出电阻小，因而从信号源索取的电流小且带负载能力强，常用于多级放大电路的输入级和输出级；也可用它连接两个电路，以减少电路间直接相连所带来的影响，起缓冲作用。

【例 3-8】 在图 3-23（a）共集放大电路中，已知 $V_{CC} = 12V$，$\beta = 80$，$U_{BEQ} = 0.7V$，$R_b = 300k\Omega$，$R_e = 5k\Omega$，$R_L = 0.5k\Omega$，$R_S = 1k\Omega$。电容 C_1、C_2、C_e 足够大。求：（1）静态工作点；（2）输入电阻 R_i、输出电阻 R_o、电压放大倍数 $\dot{A}_u$；（3）如果信号源电压 $U_S = 2V$，求输出电压 U_o。

解：（1）静态分析如下。

$$I_{BQ} = \frac{V_{CC} - U_{BEQ}}{R_b + (1+\beta)R_e} = \frac{12 - 0.7}{300 + (1+80)\times 5} mA = 0.016mA$$

$$I_{EQ} = (1+\beta)I_{BQ} = (1+80)\times 0.016mA = 1.3mA$$

$$U_{CEQ} = V_{CC} - I_{EQ}R_e = 12V - 1.3\times 5V = 5.5V$$

（2）先求 r_{be}

$$r_{be} = r_{bb'} + (1+\beta)\frac{26mV}{I_{EQ}} = 300\Omega + (1+80)\times \frac{26}{1.3}\Omega = 1.92k\Omega$$

由式（3-36）可求得输入电阻为

$$R_i = R_b // [r_{be} + (1+\beta)R_L'] \approx r_{be} + (1+\beta)R_L' = 1.92k\Omega + (1+80)\times \frac{5\times 0.5}{5+0.5}k\Omega = 38.37k\Omega$$

由式（3-37）求得输出电阻为

$$R_o = \frac{\dot{U}_o}{\dot{I}_o} = R_e // \frac{r_{be} + R_S'}{1+\beta} = 5k\Omega // \frac{1.92k\Omega + (R_S // R_b)}{1+80} = 36\Omega$$

由式（3-35）求得电压放大倍数为

$$\dot{A}_u = \frac{\dot{U}_o}{\dot{U}_i} = \frac{(1+\beta)R_L'}{r_{be} + (1+\beta)R_L'} = \frac{(1+80)\times (5//0.5)}{1.92 + (1+80)\times (5//0.5)} = 0.95$$

（3）根据 $\dot{A}_{uS}$ 的定义可得

$$\dot{A}_{uS} = \frac{\dot{U}_o}{\dot{U}_S} = \frac{\dot{U}_i}{\dot{U}_S}\cdot \frac{\dot{U}_o}{\dot{U}_i} = \frac{R_i}{R_S + R_i}\cdot \dot{A}_u = \frac{38.37}{1+38.37}\times 0.95 = 0.926$$

当信号源电压 $U_S = 2V$ 时，可求得输出电压 U_o 的值为

$$U_o = U_S \cdot A_{uS} = 2\times 0.926V = 1.852V$$

3．共集放大电路的应用

共集放大电路具有输入电阻高、输出电阻低的特点，因此，它在与共射放大电路共同组成多级放大电路时，可用作输入级、中间级或输出级，借以提高放大电路的性能。

（1）用作输入级。

由于共集放大电路的输入电阻很高，当其用作多级放大电路的输入级时，可以提高整个放大电路的输入电阻，因此输入电流很小，减轻了信号源的负担，在测量仪器中应用，可提高测量的精度。

（2）用作输出级。

由于其输出电阻很小，当其用作多级放大电路的输出级时，可以大大提高多级放大电路的带负载能力。

（3）用作中间级。

在多级放大电路中，有时前后两级间的阻抗匹配不当，会直接影响放大倍数的提高。若在两级之间加入一级共集放大电路，则可起到阻抗变换的作用，具体而言，前一级放大电路的外接负载正是共集放大电路的输入电阻，这样前级的等效负载提高了，从而使前一级电压放大倍数也随之提高；同时，共集放大电路的输出是后一级的信号源，由于输出电阻很小，使后一级接收信号能力提高，即源电压放大倍数增加，从而整个放大电路的电压放大倍数提高。

3.5.2　共基放大电路

图 3-25（a）是共基放大电路的原理性电路图。由于发射极电源 V_{EE} 的极性保证三极管的发射结正偏，集电极电源 V_{CC} 的极性保证三极管的集电结反偏，因此可以使三极管工作于放大区。因为输入信号与输出信号的公共端是基极，所以它是共基放大电路。图 3-25（b）是共基放大电路的实际电路。用单电源 V_{CC} 取代 V_{EE}，保证电路能够正常工作。

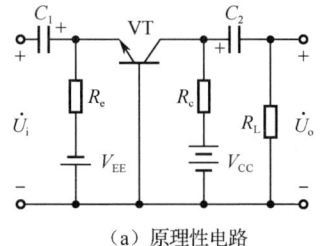 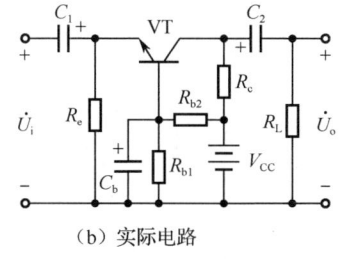 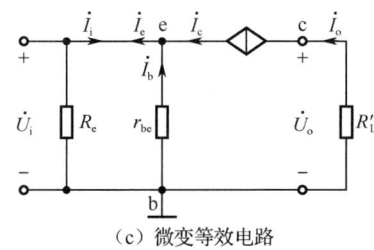

（a）原理性电路　　　　　　　（b）实际电路　　　　　　　（c）微变等效电路

图 3-25　共基放大电路

1．静态分析

由图 3-25（b）得

$$I_{EQ} = \frac{V_{BQ} - U_{BEQ}}{R_e} \approx \frac{1}{R_e}\left(\frac{R_{b1}}{R_{b1} + R_{b2}} V_{CC} - U_{BEQ}\right) \approx I_{CQ} \qquad (3\text{-}38)$$

$$I_{BQ} = \frac{I_{EQ}}{1 + \beta} \qquad (3\text{-}39)$$

$$U_{CEQ} = V_{CC} - I_{CQ}R_c - I_{EQ}R_e \approx V_{CC} - I_{CQ}(R_c + R_e) \qquad (3\text{-}40)$$

2．动态分析

（1）电流放大倍数。

由图 3-25（c）所示共基放大电路的微变等效电路可得

$$\dot{I}_i = -\dot{I}_e \qquad\qquad \dot{I}_o = \dot{I}_c$$

所以电流放大倍数为

$$\dot{A}_i = \frac{\dot{I}_o}{\dot{I}_i} = -\frac{\dot{I}_c}{\dot{I}_e} = -\alpha \qquad (3\text{-}41)$$

α 是三极管的共基电流放大系数，由于 α 小于 1 而近似等于 1，所以共基放大电路没有电流放大作用，具有电流跟随的特点。

（2）电压放大倍数。

由于

$$\dot{U}_i = -\dot{I}_b r_{be}$$

$$\dot{U}_o = -\beta \dot{I}_b R'_L$$

式中，$R'_L = R_c // R_L$。

所以电压放大倍数为

$$\dot{A}_u = \frac{\dot{U}_o}{\dot{U}_i} = \beta \frac{R'_L}{r_{be}} \tag{3-42}$$

式（3-42）表明，共基放大电路电压放大倍数与共射放大电路电压放大倍数数值相等，但没有负号，表明共基放大电路的输出电压与输入电压相位一致，为同相放大。

（3）输入电阻。

$$R_i = \frac{\dot{U}_i}{\dot{I}_i} = \frac{-\dot{I}_b r_{be}}{-(1+\beta)\dot{I}_b} = \frac{r_{be}}{1+\beta} \tag{3-43}$$

式（3-43）说明共基接法的输入电阻比共射接法的低，是它的 $\dfrac{1}{1+\beta}$。

（4）输出电阻。

由于三极管的 r_{cb} 非常大，满足 $r_{cb} \gg R_c$，所以输出电阻为

$$R_o = R_c // r_{cb} \approx R_c \tag{3-44}$$

综上所述，共基放大电路有如下特点。

（1）信号源为三极管提供的电流为 I_e，而输出回路电流为 I_c，$I_c < I_e$，因而共基放大电路无电流放大作用。但是，共基放大电路有较强的电压放大能力，且 u_o 与 u_i 同相。

（2）输入电阻小，只有几十欧。

（3）输出电阻大，与共射放大电路相同，均为 R_c。

（4）由于共基电流放大系数为 α，α 的截止频率远大于 β 的截止频率，所以共基放大电路的通频带是三种接法中最宽的，适合用作宽频带放大电路。

【例 3-9】 在图 3-25（b）所示共基放大电路中，已知 $R_c = 5.1\text{k}\Omega$，$R_e = 2\text{k}\Omega$，$R_{b1} = 3\text{k}\Omega$，$R_{b2} = 10\text{k}\Omega$，$R_L = 5.1\text{k}\Omega$，$V_{CC} = 12\text{V}$，三极管的 $\beta = 50$，$U_{BEQ} = 0.7\text{V}$。试估算静态工作点以及 $\dot{A}_i$、$\dot{A}_u$、R_i 和 R_o。

解： 由以上计算公式可得

$$I_{EQ} = \frac{U_{BQ} - U_{BEQ}}{R_e} \approx \frac{1}{R_e}\left(\frac{R_{b1}}{R_{b1}+R_{b2}}V_{CC} - U_{BEQ}\right) = \frac{1}{2} \times \left(\frac{3}{3+10} \times 12 - 0.7\right)\text{mA} = 1.03\text{mA} \approx I_{CQ}$$

$$I_{BQ} = \frac{I_{EQ}}{1+\beta} = \frac{1.03}{1+50}\text{mA} = 20\mu\text{A}$$

$$U_{CEQ} = V_{CC} - I_{CQ}R_c - I_{EQ}R_e \approx V_{CC} - I_{CQ}(R_c + R_e) = 12\text{V} - 1.03 \times (5.1+2)\text{V} = 4.7\text{V}$$

电流放大倍数、电压放大倍数、输入电阻和输出电阻分别计算如下

$$\dot{A}_i = -\alpha = -\frac{\beta}{1+\beta} = -\frac{50}{51} = -0.98$$

为了计算 $\dot{A}_u$，需要首先计算出 R'_L 和 r_{be}，其中

$$R'_L = R_c // R_L = \frac{5.1 \times 5.1}{5.1+5.1}\text{k}\Omega = 2.55\text{k}\Omega$$

$$r_{be} = r_{bb'} + (1+\beta)\frac{26\text{mV}}{I_{EQ}} = 300\Omega + (1+50) \times \frac{26}{1.03}\Omega = 1587\Omega \approx 1.6\text{k}\Omega$$

则

$$\dot{A}_u = \beta \frac{R'_L}{r_{be}} = 50 \times \frac{2.55}{1.6} = 79.7$$

$$R_i = \frac{-\dot{I}_b r_{be}}{-(1+\beta)\dot{I}_b} = \frac{r_{be}}{1+\beta} = \frac{1.6}{1+50} k\Omega = 30\Omega$$

$$R_o = R_c // r_{cb} \approx R_c = 5.1 k\Omega$$

3.5.3 三极管单管放大电路三种组态的性能比较

根据前面的分析,现对共射、共集和共基三种基本组态的放大电路进行性能比较,如表 3-1 所示。

表 3-1 三极管单管放大电路三种组态的性能比较

接法	共射组态	共集组态	共基组态
电路图	图 3-4（b）	图 3-23（a）	图 3-25（b）
A_u	大（几十～100 以上）	小（小于 1）	大（几十～100 以上）
A_i	大（β）	大（$1+\beta$）	小（α，小于 1）
R_i	中（几百欧～几千欧）	大（几十千欧～几百千欧）	小（几十欧）
R_o	大（几千欧～十几千欧）	小（几十欧～几百欧）	大（几千欧～十几千欧）
通频带	窄	较宽	宽
u_o 与 u_i 相位关系	反相	同相	同相

由表 3-1 可知,共射放大电路既放大电流,又放大电压;共集放大电路只放大电流,不放大电压;共基放大电路只放大电压,不放大电流;三种电路中输入电阻最大的是共集放大电路,最小的是共基放大电路;输出电阻最小的是共集放大电路;通频带最宽的是共基放大电路。使用时,应根据需求选择合适的接法。

复习思考题

3.5.1 判断三极管基本放大电路是哪种组态的依据是什么?

3.5.2 由三极管组成的共射、共集、共基三种组态放大电路中,试回答:

（1）有功率放大作用的是_____组态的放大电路;

（2）有电压放大作用的是_____组态放大电路;

（3）有电流放大作用的是_____组态放大电路;

（4）同时满足输入电阻大、输出电阻小的是_____组态放大电路;

（5）输出电压与输入电压满足同相关系的是_____组态放大电路;

（6）能够实现电压跟随的是_____组态放大电路,能够实现电流跟随的是_____组态放大电路。

3.6 场效应管放大电路

本节介绍由场效应管（FET）构成的基本放大电路。与三极管放大电路类似,场效应管构成的放大电路也有三种组态,即共源（CS）组态、共漏（CD）组态和共栅（CG）组态,如图 3-26 所示。图 3-26 中给出了三种组态的输入和输出端口。同样,场效应管放大电路的分析也分静态和动态两个方面,本节首先以 N 沟道结型场效应管为例分析场效应管放大电路的静态工作点,然后采用等效电路法分析常用共源组态和共漏组态的动态指标。在学习过程中,应注意与三极管放大电路进行比较,比较它们在分析方法和性能等方面的异同。

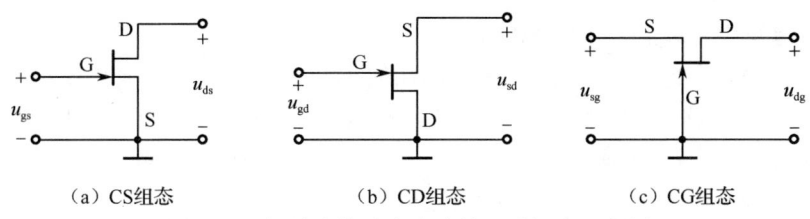

（a）CS组态　　　　　　　（b）CD组态　　　　　　（c）CG组态

图 3-26　场效应管放大电路的三种组态示意图

3.6.1　静态分析

双极型三极管是电流控制器件，组成放大电路时，应给三极管设置偏流。而场效应管是电压控制器件，故组成放大电路时，应给场效应管设置偏压，以保证放大电路具有合适的静态工作点，避免输出波形产生严重的非线性失真。常用的场效应管放大电路的直流偏置电路有两种形式，即**自偏压放大电路和分压式偏置放大电路**。现以 N 沟道结型场效应管共源放大电路为例分析场效应管放大电路的静态工作点。

1．自偏压放大电路的静态分析

N 沟道结型场效应管自偏压放大电路如图 3-27（a）所示。场效应管的栅极通过电阻 R_G 接地，源极通过电阻 R_S 接地。电容 C_1、C_2 为耦合电容，C_S 为旁路电容。将电容开路就可得直流通路，如图 3-27（b）所示。N 沟道结型场效应管工作于恒流区时，栅-源电压为负值，其值大于夹断电压 $U_{GS(off)}$ 且小于或等于零；漏-源电压，即管压降应足够大。

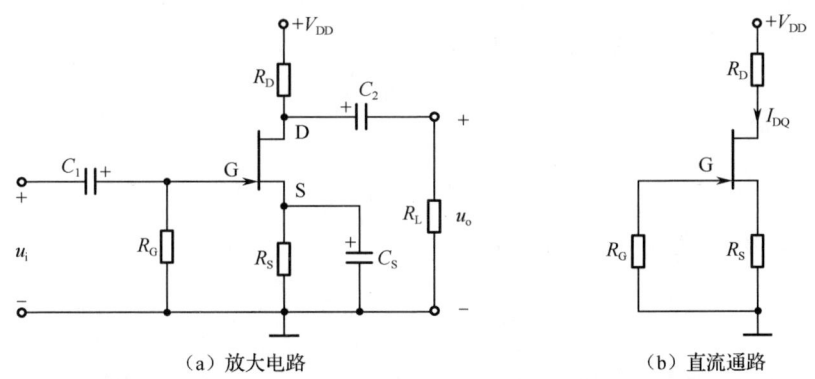

（a）放大电路　　　　　　　　　　　　　　（b）直流通路

图 3-27　N 沟道结型场效应管自偏压放大电路及直流通路

通过图 3-27（b）可以求出静态工作点。由于场效应管的输入电阻很大，因此静态栅极电流几乎为零，即 R_G 中电流为零，所以静态栅极电位 $V_{GQ} = 0\text{V}$。静态源极电位等于静态源极电流（也是静态漏极电流 I_{DQ}）在源极电阻 R_S 上的压降，即 $V_{SQ} = I_{DQ}R_S$，因此栅-源静态电压为

$$U_{GSQ} = V_{GQ} - V_{SQ} = 0 - I_{DQ}R_S = -I_{DQ}R_S \tag{3-45}$$

式（3-45）表明，在正直流电源 V_{DD} 作用下，电路靠 R_S 上的电压使栅极、源极之间获得负偏压，故将这种方式称为自偏压。

I_{DQ} 与 U_{GSQ} 应符合结型场效应管的电流方程，即

$$I_{DQ} = I_{DSS}\left(1 - \frac{U_{GSQ}}{U_{GS(off)}}\right)^2 \tag{3-46}$$

式中，I_{DSS} 为饱和漏极电流。将式（3-45）和式（3-46）联立，求解二元方程，即可得出 I_{DQ} 与 U_{GSQ}。

根据电路的输出回路，可得漏-源静态电压为

$$U_{DSQ} = V_{DD} - I_{DQ}(R_D + R_S) \tag{3-47}$$

自偏压放大电路仅适用于耗尽型场效应管。

2. 分压式偏置放大电路的静态分析

N 沟道增强型 MOS 管分压式偏置放大电路如图 3-28（a）所示，这种电路适用于由任何类型场效应管构成的放大电路。图 3-28 中场效应管为 N 沟道增强型 MOS 管，为使其工作于恒流区，应使其栅-源电压 U_{GS} 大于开启电压 $U_{GS(th)}$（$U_{GS(th)}$ 为正值）；漏-源加正电压，且数值足够大。将耦合电容 C_1 和 C_2 以及旁路 C_S 断开，就得到直流通路，如图 3-28（b）所示。

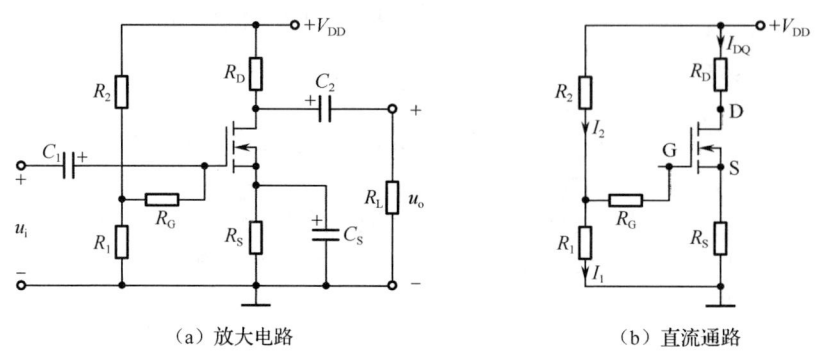

（a）放大电路　　　　　　　　　　　（b）直流通路

图 3-28　N 沟道增强型 MOS 管分压式偏置放大电路及直流通路

在图 3-28（b）所示电路中，由于栅极电流为零，即电阻 R_G 中的电流为零，所以静态栅极电位 V_{GQ} 等于电阻 R_1 和 R_2 对电源+V_{DD} 的分压，即

$$V_{GQ} = \frac{R_1}{R_1 + R_2} \cdot V_{DD}$$

静态源极电位等于电流 I_{DQ} 在 R_S 上的压降，即

$$V_{SQ} = I_{DQ} \cdot R_S$$

因此，栅-源静态电压

$$U_{GSQ} = V_{GQ} - V_{SQ} = \frac{R_1}{R_1 + R_2} \cdot V_{DD} - I_{DQ} R_S \tag{3-48}$$

I_{DQ} 与 U_{GSQ} 应符合 MOS 管的电流方程，即

$$I_{DQ} = I_{DO} \left(\frac{U_{GSQ}}{U_{GS(th)}} - 1 \right)^2 \tag{3-49}$$

式中，I_{DO} 为 $U_{GS}=2U_{GS(th)}$ 时的 I_D 的值。将式（3-48）和式（3-49）联立，求解二元方程，即可得出 I_{DQ} 与 U_{GSQ}。漏-源静态电压为

$$U_{DSQ} = V_{DD} - I_{DQ}(R_D + R_S) \tag{3-50}$$

当实测出场效应管的转移特性曲线和输出特性曲线时，也可采用图解法分析图 3-27（a）和图 3-28（a）所示两电路的静态工作点，其过程与三极管放大电路的图解法相似，这里不再介绍。

3.6.2　动态分析

在场效应管放大电路中，除偏置电路元器件及电源外，还有隔直电容和旁路电容等，它们的作用与双极型三极管中耦合电容相同。在正确偏置的基础上，根据动态信号的传输方式，场效应管放大电路也有三种基本组态，即共源、共漏和共栅。对场效应管放大电路动态工作情况的分析也可采用图解法和微变等效电路法。这里只介绍微变等效电路法。

和三极管一样，可以将场效应管看成一个双口网络，如图 3-29（a）所示。由于场效应管的栅-源间动态电阻很大（结型场效应管可达 $10^7\Omega$ 以上，绝缘栅型场效应管可达 $10^9\Omega$ 以上），因此在近似分析时可认为栅-源间开路（即 $r_{GS}=\infty$），基本不从信号源索取电流，即 $i_G = 0$。对于输出回路，

当场效应管工作于恒流区时，动态漏极电流 i_D 几乎仅仅取决于栅-源电压 u_{GS}，于是可将输出回路等效成一个电压控制的电流源。因此，场效应管的微变等效电路如图 3-29（b）所示。

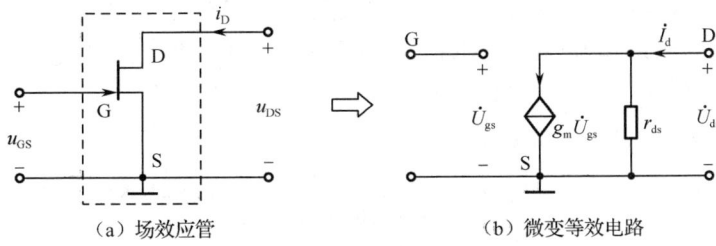

（a）场效应管　　　　　　　（b）微变等效电路

图 3-29　场效应管及其微变等效模型

根据场效应管的电流方程可以求出 g_m。对于结型场效应管

$$g_m = \frac{\partial i_D}{\partial u_{GS}}\bigg|_{U_{DS}} = \frac{2I_{DSS}}{-U_{GS(off)}}\left(1 - \frac{u_{GS}}{U_{GS(off)}}\right)\bigg|_{U_{DS}}$$

当小信号作用时，可以用 I_{DQ} 来近似 i_D，所以

$$g_m = \frac{2}{-U_{GS(off)}}\sqrt{I_{DSS}I_{DQ}} \tag{3-51}$$

同理，对于增强型 MOS 管

$$g_m = \frac{2}{U_{GS(th)}}\sqrt{I_{DO}I_{DQ}} \tag{3-52}$$

1. 共源放大电路的动态分析

N 沟道增强型 MOS 管分压式偏置共源放大电路如图 3-30（a）所示。其分析步骤与三极管放大电路相同，用场效应管的简化模型代替器件，电路的其余部分按交流通路画出。这样，即可得到其微变等效电路，如图 3-30（b）所示。

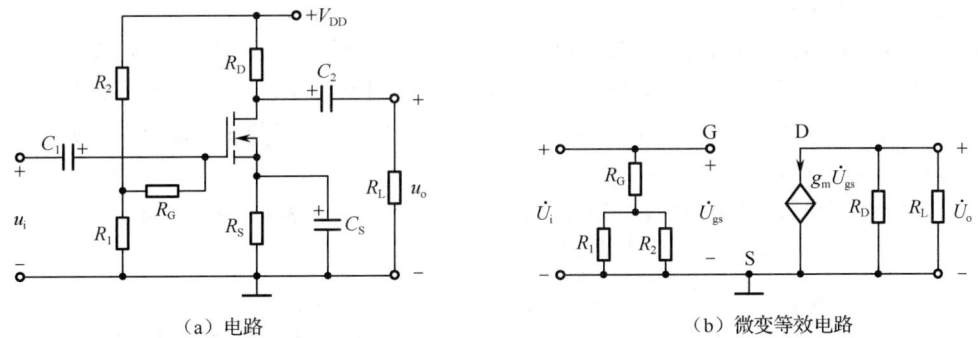

（a）电路　　　　　　　　　　（b）微变等效电路

图 3-30　N 沟道增强型 MOS 管分压式偏置共源放大电路及其微变等效电路

当输入电压 $\dot{U}_i$ 作用时，栅-源电压为

$$\dot{U}_{gs} = \dot{U}_i$$

漏极电流 $\dot{I}_d = g_m\dot{U}_{gs} = g_m\dot{U}_i$，$\dot{I}_d$ 在漏极电阻 R_D 和负载电阻 R_L 并联总电阻上的压降是输出电压，其极性与电路中假设的参考方向相反，即 $\dot{U}_o = -\dot{I}_d(R_D//R_L) = -g_m\dot{U}_iR_L'$。

因此放大倍数为

$$\dot{A}_u = \frac{\dot{U}_o}{\dot{U}_i} = -g_mR_L' \qquad (R_L' = R_D//R_L) \tag{3-53}$$

根据输入电阻和输出电阻的定义，可求得

$$R_i = R_G + R_1 // R_2 \tag{3-54}$$

$$R_o = R_D \tag{3-55}$$

【例3-10】 在图3-30（a）所示分压式偏置共源放大电路中，设 $V_{DD} = 15V$，$R_D = 5k\Omega$，$R_S = 2.5k\Omega$，$R_1 = 200k\Omega$，$R_2 = 300k\Omega$，$R_G = 10M\Omega$，负载电阻 $R_L = 5k\Omega$；MOS管的 $U_{GS(th)} = 2V$，$I_{DO} = 1.9mA$，并设 C_1、C_2 和 C_S 足够大。（1）求静态工作点；（2）求 $\dot{A}_u$、R_i 和 R_o。

解：（1）根据以上公式计算静态工作点。

$$\begin{cases} U_{GSQ} = \dfrac{R_1}{R_1 + R_2} \cdot V_{DD} - I_{DQ}R_S = \dfrac{200 \times 10^3}{200 \times 10^3 + 300 \times 10^3} \times 15 - 2.5I_{DQ} = 6 - 2.5I_{DQ} \\ I_{DQ} = I_{DO}\left(\dfrac{U_{GSQ}}{U_{GS(th)}} - 1\right)^2 = 2 \times \left(\dfrac{U_{GSQ}}{2} - 1\right)^2 \end{cases}$$

解联立方程，首先得出 U_{GSQ} 的两个解分别为+3.43V 和−0.23V，舍去负值，得出合理解为 U_{GSQ}= 3.43V，I_{DQ}=1mA，则

$$U_{DSQ} = V_{DD} - I_{DQ}(R_D + R_S) = [15 - 1 \times 10^{-3} \times (5 + 2.5) \times 10^3]V = 7.5V$$

（2）

$$g_m = \frac{2}{U_{GS(th)}}\sqrt{I_{DO}I_{DQ}} = \frac{2}{2} \times \sqrt{2 \times 10^{-3} \times 1 \times 10^{-3}}\,S = 1.41mS$$

$$\dot{A}_u = -g_m R_L' = -g_m \cdot (R_D // R_L) = -1.41 \times \frac{5 \times 10^3 \times 5 \times 10^3}{5 \times 10^3 + 5 \times 10^3} = -3.53$$

$$R_i = R_G + R_1 // R_2 = \left(10 \times 10^6 + \frac{200 \times 10^3 \times 300 \times 10^3}{200 \times 10^3 + 300 \times 10^3}\right)\Omega = 10.1M\Omega$$

$$R_o = R_D = 5k\Omega$$

从例3-10的分析可以看出，场效应管共源放大电路的输入电阻远大于共射放大电路的输入电阻，但它的电压放大能力远不如共射放大电路。

2．共漏放大电路的动态分析

共漏放大电路又称为**源极输出器或源极跟随器**，它与双极型三极管组成的射极输出器具有类似的特点，如输入电阻高、输出电阻低，放大倍数小于并且接近1等，所以应用比较广泛。

图3-31（a）所示为源极输出器的放大电路。其静态分析可参阅分压式偏置共源放大电路，方法与其类似，此处不再重复。

为了进行动态分析，画出源极输出器的微变等效电路，如图3-31（b）所示。

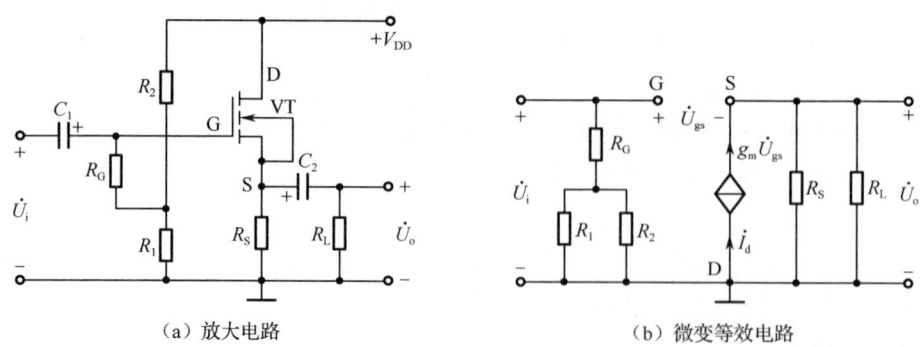

（a）放大电路 　　　　　　　　　　（b）微变等效电路

图3-31　源极输出器的放大电路及微变等效电路

由图3-31（b）可得

$$\dot{U}_o = g_m\dot{U}_{gs}R_S' \quad (R_S' = R_S // R_L)$$

$$\dot{U}_i = \dot{U}_{gs} + \dot{U}_o = (1 + g_m R_S')\dot{U}_{gs}$$

所以电压放大倍数为

$$\dot{A}_u = \frac{\dot{U}_o}{\dot{U}_i} = \frac{g_m R'_S}{1 + g_m R'_S} \quad (3\text{-}56)$$

可见，源极输出器的电压放大倍数 $A_u < 1$，当 $g_m R'_S \gg 1$ 时，$A_u \approx 1$。

输入电阻为

$$R_i = R_G + (R_1 // R_2) \quad (3\text{-}57)$$

分析输出电阻时，令 $\dot{U}_i = 0$，并使 R_L 开路，外加输出电压 $\dot{U}_o$，如图 3-32 所示。

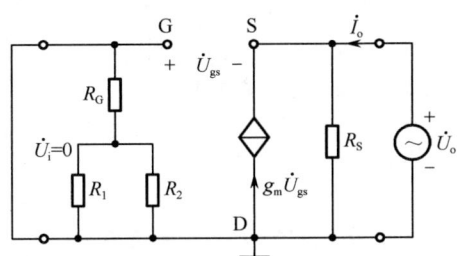

图 3-32 求源极输出器 R_o 的等效电路

由图 3-32 可得输出电流为

$$\dot{I}_o = \frac{\dot{U}_o}{R_S} - g_m \dot{U}_{gs}$$

因输入端短路，故

$$\dot{U}_{gs} = -\dot{U}_o$$

于是可得

$$\dot{I}_o = \frac{\dot{U}_o}{R_S} + g_m \dot{U}_o = \left(\frac{1}{R_S} + g_m \right) \dot{U}_o$$

所以输出电阻为

$$R_o = \frac{\dot{U}_o}{\dot{I}_o} = \frac{1}{g_m + \frac{1}{R_S}} = \frac{1}{g_m} // R_S \quad (3\text{-}58)$$

【例 3-11】 在图 3-31（a）所示源极输出器放大电路中，已知 $V_{DD} = 12\text{V}$，$R_S = 2\text{k}\Omega$，$R_1 = 5\text{M}\Omega$，$R_2 = 3\text{M}\Omega$，$R_G = 2\text{M}\Omega$，负载电阻 $R_L = 10\text{k}\Omega$；MOS 管的跨导 $g_m = 1\text{mS}$。试求解放大电路的 $\dot{A}_u$、R_i 和 R_o。

解：由式（3-56）、式（3-57）、式（3-58）可得

$$\dot{A}_u = \frac{g_m R'_S}{1 + g_m R'_S} = \frac{g_m (R_S // R_L)}{1 + g_m (R_S // R_L)} = \frac{1 \times \frac{2 \times 10}{2 + 10}}{1 + 1 \times \frac{2 \times 10}{2 + 10}} = 0.625$$

$$R_i = R_G + (R_1 // R_2) = \left(2 + \frac{5 \times 3}{5 + 3} \right) \text{M}\Omega = 3.875 \text{M}\Omega$$

$$R_o = \frac{1}{g_m} // R_S = \frac{1 \times 2}{1 + 2} \text{k}\Omega = 0.667 \text{k}\Omega$$

复习思考题

3.6.1 由于场效应管的三个电极 G、S、D 与双极型三极管的三个电极 b、e、c 具有一一对应

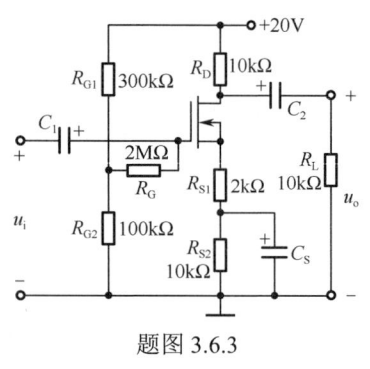

题图 3.6.3

的关系，因此由它们构成的放大电路的三种组态也具有一一对应关系。试比较共射放大电路和共源放大电路、共集放大电路和共漏放大电路的异同。

3.6.2　在图 3-30（a）所示的共源放大电路中，已知 $V_{DD} = 20\text{V}$，$R_D = 5\text{k}\Omega$，$R_S = 1.5\text{k}\Omega$，$R_1 = 47\text{k}\Omega$，$R_2 = 100\text{k}\Omega$，$R_G = 2\text{M}\Omega$，$R_L = 10\text{k}\Omega$，$g_m = 2\text{mS}$，$I_{DQ} = 1.5\text{mA}$。试求：（1）静态电压 U_{GSQ} 和 U_{DSQ}；（2）电压放大倍数 A_u。

3.6.3　场效应管放大电路如题图 3.6.3 所示，场效应管的 $g_m = 1\text{mS}$。要求：（1）画出该电路的直流通路和微变等效电路；（2）求放大倍数 A_u、输入电阻 R_i、输出电阻 R_o。

3.7　多级放大电路

在实际应用中，有时需要放大非常微弱的信号，单级放大电路的电压放大倍数往往不够高，因此常采取多级放大电路。将第一级的输出接到第二级的输入，第二级的输出作为第三级的输入……这样使信号逐级放大，以此得到所需的输出信号。不仅是电压放大倍数，对于放大电路的其他性能指标，如输入电阻、输出电阻等，通过采用多级放大电路，也能达到所需要求。

3.7.1　多级放大电路的耦合方式

在多级放大电路中，级与级之间的连接方式称为**耦合**。多级放大电路有 4 种常见的耦合方式：**阻容耦合**、**直接耦合**、**变压器耦合**和**光电耦合**。

1．阻容耦合

图 3-33 所示是一个两级阻容耦合放大电路。两级之间用电容 C_2 连接起来，C_2 称为耦合电容。前一级的输出电压经 C_2 接到下一级的输入端。耦合电容的取值较大，一般为数微法到数十微法。对交流信号而言，电容相当于短路，信号可以畅通流过；对直流信号而言，电容相当于开路，从而使前后两级的工作点相互独立，互不影响，给分析、设计和调试带来很大方便。但它也有局限性，因为耦合电容对缓慢变化的信号容抗很大，不利于流畅传输。所以，它不能放大缓慢变化的信号，更不能反映直流成分的变化，而只能放大交流信号。另外，耦合电容不易集成化。

2．直接耦合

图 3-34 所示是一个两级直接耦合放大电路。为了避免耦合电容对低频信号的影响，把前一级的输出信号直接接到下一级的输入端。直接耦合的优点是：既能放大交流信号，也能放大直流信号，同时还便于集成化。但直接耦合前后级之间存在直流通路，造成各级静态工作点相互影响，分析、设计和调试比较烦琐。另外，直接耦合带来的另一个问题是**零点漂移**，这是直接耦合电路最突出的问题。

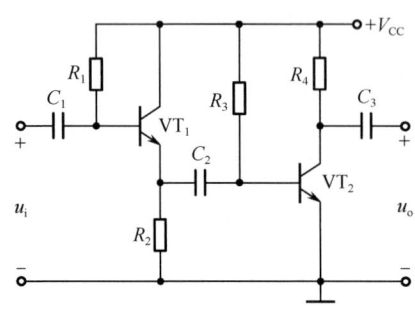

图 3-33　两级阻容耦合放大电路

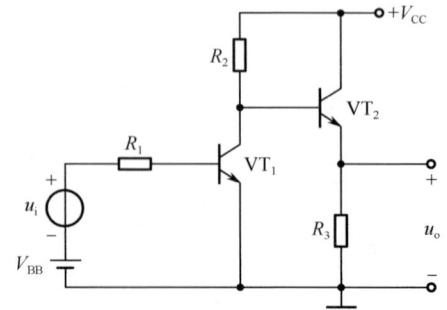

图 3-34　两级直接耦合放大电路

如果将一个直接耦合放大电路的输入端对地短路，即令输入电压 $u_i = 0$，并调整电路使输出电压 $u_o = 0$。从理论上讲，输出电压 u_o 应一直为零并保持不变，但实际上输出电压将离开零点，缓慢地发生不规则的变化，如图 3-35 所示，这种现象称为**零点漂移**，简称**零漂**。产生零点漂移的主要原因是当放大电路中器件的参数受温度的影响而发生波动（因此零漂又叫**温漂**）时，导致放大电路静态工作点不稳定，而放大级之间又采用直接耦合方式，使静态工作点的变化逐级传递并放大。因此，一般说来，直接耦合放大电路的级数越多，放大倍数越高，零漂就越严重。零漂对放大电路的影响主要有两个方面：（1）零漂使静态工作点偏离原设计值，使放大电路无法正常工作；（2）零漂信号在输出端叠加在被放大的信号上，干扰有效信号甚至"淹没"有效信号，使有效信号无法判别，这时放大电路已经没有使用价值了。可见，控制多级直接耦合放大电路中第一级的零漂是至关重要的问题。通常采取抑制零漂的措施有：（1）采用分压式放大电路；（2）利用热敏元件补偿；（3）将两个参数对称的单管放大电路接成差分放大电路的结构形式，使输出端的零漂互相抵消。这种措施十分有效而且比较容易实现，实际上，集成运算放大电路的输入级基本上采用差分放大电路的结构形式。

3．变压器耦合

因为变压器能够通过磁路的耦合将一次绕组的交流信号传送到二次绕组，所以变压器也可以作为多级放大电路的耦合元件。图 3-36 所示为变压器耦合放大电路的一个实例，变压器 T_{r1} 将第一级的输出信号传送给第二级，T_{r2} 将第二级的输出信号传送给负载并进行阻抗变换。在第二级，三极管 VT_2 和 VT_3 组成推挽式放大电路。

变压器耦合方式的优点：具有阻抗变换作用，能使交流信号通畅传输，还具有各级静态工作点相互独立的特点。其主要缺点：体积大，笨重，有些性能较差，不易集成化，而且与阻容耦合一样，只能放大交流信号，不能放大缓慢变化的信号，因此一般很少使用。

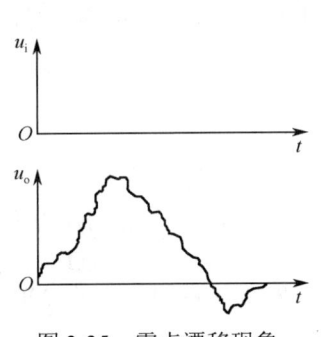

图 3-35　零点漂移现象

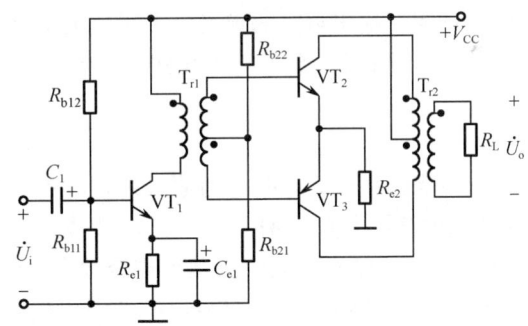

图 3-36　变压器耦合放大电路

4．光电耦合

光电耦合是以光信号为媒介来实现电信号的耦合和传递的，因其抗干扰能力强而得到越来越广泛的应用。图 3-37 所示为光电耦合放大电路，它将发光元件（发光二极管）与光敏元件（光电三极管）相互绝缘地组合在一起，利用光电转换实现电气隔离。

光电耦合方式的优点：光电耦合器可以将输入端和输出端完全电隔离开，在抗干扰、降低噪声以及电路安全性方面具有很大优越性；体积小，重量轻，便于集成。缺点是：光电耦合器传输比的数值比较小，输出电压还需进一步放大；精度低，动态范围小。

【例 3-12】 电路如图 3-38 所示，其中稳压管 VD_Z 的作用是保证三极管 VT_1 不饱和，设其工作电压 $U_Z = 4V$，求各级静态工作点。

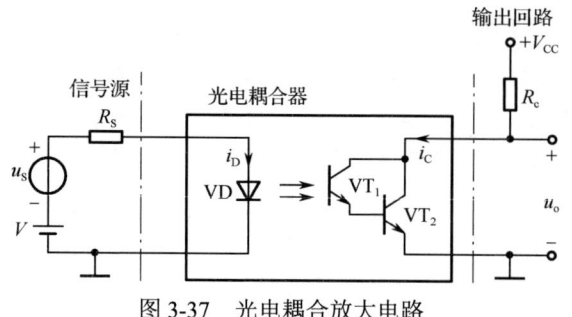

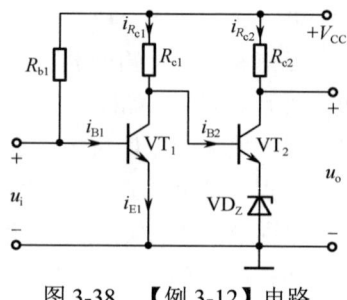

图 3-37　光电耦合放大电路　　　　　　图 3-38　【例 3-12】电路

解：

$$U_{CQ1} = U_{BEQ2} + U_Z = U_{CEQ1}$$

$$I_{R_{c1}} = \frac{V_{CC} - U_{C1}}{R_{c1}}$$

而

$$I_{CQ1} = \beta_1 I_{BQ1} = \beta_1 \frac{V_{CC} - U_{BEQ1}}{R_{b1}}$$

所以

$$I_{BQ2} = I_{R_{c1}} - I_{CQ1}$$

$$I_{CQ2} = \beta_2 I_{BQ2}$$

$$U_{CEQ2} = V_{CC} - I_{CQ2} \cdot R_{c2} - U_Z$$

3.7.2　多级放大电路的动态分析

多级放大电路的动态性能指标与单级放大电路相同，即有电压放大倍数、输入电阻和输出电阻。在分析交流性能时，各级间是相互联系的，第一级的输出电压是第二级的输入电压，而第二级的输入电阻又是第一级的负载电阻。对于一个 n 级放大电路，其电压放大倍数为

$$\dot{A}_u = \dot{A}_{u1} \cdot \dot{A}_{u2} \cdot \dot{A}_{u3} \cdots\cdots \dot{A}_{un} \tag{3-59}$$

根据输入电阻、输出电阻的定义，多级放大电路的输入电阻等于第一级（即输入级）的输入电阻，输出电阻等于最后一级（即输出级）的输出电阻，即

$$R_i = R_{i1} \tag{3-60}$$

$$R_o = R_{on} \tag{3-61}$$

应当指出，当共集放大电路作为输入级时，R_i 将与第二级的输入电阻（为输入级的负载）有关；当共集放大电路作为输出级时，R_o 将与倒数第二级的输出电阻（为输出级的信号源内阻）有关。

【例 3-13】　图 3-39 所示为三级阻容耦合放大电路。已知：$V_{CC} = 15\text{V}$，$R_{b1} = 150\text{k}\Omega$，$R_{e1} = 20\text{k}\Omega$，$R_{b22} = 100\text{k}\Omega$，$R_{b21} = 15\text{k}\Omega$，$R_{c2} = 5\text{k}\Omega$，$R'_{e2} = 100\Omega$，$R_{e2} = 750\Omega$，$R_{b32} = 100\text{k}\Omega$，$R_{b31} = 22\text{k}\Omega$，$R_{c3} = 3\text{k}\Omega$，$R_{e3} = 1\text{k}\Omega$，$R_L = 1\text{k}\Omega$，三只三极管的电流放大系数均为 $\beta = 50$，$U_{BEQ} = 0.7\text{V}$，$r_{bb'} = 200\Omega$。试求电路的静态工作点、电压放大倍数、输入电阻和输出电阻。

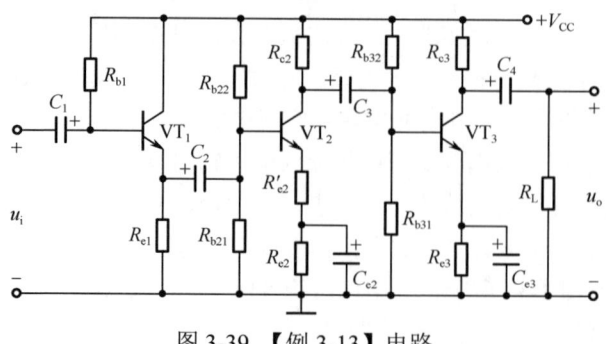

图 3-39　【例 3-13】电路

解：第一级是射极输出器，第二级和第三级是具有电流反馈的静态工作点稳定电路，均是阻容耦合，所以各级静态工作点均可单独计算。

（1）静态工作点的计算。

第一级：

$$I_{BQ1} = \frac{V_{CC} - U_{BEQ}}{R_{b1} + (1+\beta)R_{e1}} = \frac{15 - 0.7}{150 + (1+50) \times 20}\text{mA} = 12\mu\text{A}$$

$$I_{CQ1} \approx I_{EQ1} = \beta I_{BQ1} = 50 \times 12\mu\text{A} = 0.6\text{mA}$$

$$U_{CEQ1} = V_{CC} - I_{CQ1}R_{e1} = (15 - 0.6 \times 20)\text{V} = 3\text{V}$$

第二级：

$$U_{B2} = \frac{R_{b21}}{R_{b21} + R_{b22}}V_{CC} = \frac{15}{15 + 100} \times 15\text{V} = 1.96\text{V}$$

$$U_{E2} = U_{B2} - U_{BEQ2} = (1.96 - 0.7)\text{V} = 1.26\text{V}$$

$$I_{CQ2} \approx I_{EQ2} = \frac{U_{E2}}{R_{e2} + R'_{e2}} = \frac{1.26}{750 + 100}\text{A} = 1.48\text{mA}$$

$$I_{BQ2} = \frac{I_{CQ2}}{\beta} = \frac{1.48}{50}\text{mA} = 30\mu\text{A}$$

$$U_{CEQ2} = V_{CC} - I_{CQ2}(R_{c2} + R'_{e2} + R_{e2}) = [15 - 1.48(5 + 0.1 + 0.75)]\text{V} = 6.3\text{V}$$

第三级：

$$U_{B3} = \frac{R_{b31}}{R_{b31} + R_{b32}}V_{CC} = \frac{22}{22 + 100} \times 15\text{V} = 2.7\text{V}$$

$$U_{E3} = U_{B3} - U_{BEQ3} = (2.7 - 0.7)\text{V} = 2\text{V}$$

$$I_{CQ3} \approx I_{EQ3} = \frac{U_{E3}}{R_{e3}} = \frac{2}{1}\text{mA} = 2\text{mA}$$

$$I_{BQ3} = \frac{I_{CQ3}}{\beta} = \frac{2}{50}\text{mA} = 40\mu\text{A}$$

$$U_{CEQ3} = V_{CC} - I_{CQ3}(R_{c3} + R_{e3}) = [15 - 2 \times (3 + 1)]\text{V} = 7\text{V}$$

（2）电压放大倍数的计算。

第一级：

第一级是射极输出级，其电压放大倍数

$$A_{u1} = \frac{(1+\beta)R'_{e1}}{r_{be1} + (1+\beta)R'_{e1}} = 1$$

第二级：

$$r_{be2} = 200\Omega + (1+\beta)\frac{26\text{mV}}{I_{EQ2}} = \left[200 + (1+50)\frac{26}{1.48}\right]\Omega = 1.1\text{k}\Omega$$

$$r_{be3} = 200\Omega + (1+\beta)\frac{26\text{mV}}{I_{EQ3}} = \left[200 + (1+50)\frac{26}{2}\right]\Omega = 0.86\text{k}\Omega$$

$$R_{i3} = R_{b31}//R_{b32}//r_{be3} = 22\text{k}\Omega//100\text{k}\Omega//0.86\text{k}\Omega = 0.86\text{k}\Omega$$

$$A_{u2} = \frac{(1+\beta)(R_{c2}//R_{i3})}{r_{be2} + (1+\beta)R'_{e2}} = -\frac{51 \times (5//0.86)}{1.1 + 51 \times 0.1} = -6.1$$

第三级：

$$A_{u3} = -\frac{\beta(R_{c3}//R_L)}{r_{be3}} = -\frac{50 \times (3//1)}{0.86} = -43.6$$

所以多级放大电路总电压放大倍数为

$$A_u = A_{u1} \cdot A_{u2} \cdot A_{u3} = 1 \times (-6.1) \times (-43.6) = 266$$

（3）输入电阻和输出电阻的计算。

输入电阻即为第一级的输入电阻

$$r_{be1} = 200\Omega + (1+\beta)\frac{26\text{mV}}{I_{EQ1}} = \left[200 + (1+50)\frac{26}{0.6}\right]\Omega = 2.38\text{k}\Omega$$

$$R_{i2} = R_{b21}//R_{b22}//[r_{be2} + (1+\beta)R'_{e2}] = 15\text{k}\Omega//100\text{k}\Omega//[1.1+(1+50)\times0.1]\text{k}\Omega = 4.2\text{k}\Omega$$

$$R'_{e1} = R_{e1}//R_{i2} = 20\text{k}\Omega//4.2\text{k}\Omega = 3.47\text{k}\Omega$$

$$R'_{i1} = r_{be1} + (1+\beta)R_{e1} = [2.38+(1+50)\times3.47]\text{k}\Omega = 179\text{k}\Omega$$

$$R_i = R_{i1} = R_{b1}//R'_{i1} = 150\text{k}\Omega//179\text{k}\Omega = 81.6\text{k}\Omega$$

输出电阻即为第三级的输出电阻

$$R_o = R_{o3} = R_{c3} = 3\text{k}\Omega$$

复习思考题

3.7.1　多级放大电路与组成它的各个单级放大电路相比，其通频带变_____，电压增益_____，高频区附加相移_____。

3.7.2　今有共射、共集、共源三种基本放大电路，用它们组成一个多级放大电路，要求该多级放大电路满足输入电阻大于 5MΩ，输出电阻小于 100Ω，电压放大倍数大于 3000。请画出方框图，并标出每一个单级放大电路的名称。

3.7.3　题图 3.7.3 是两级阻容耦合放大电路，已知 $V_{CC} = 12\text{V}$，$R_S = 5\text{k}\Omega$，$R_{b1} = 20\text{k}\Omega$，$R_{b2} = 47\text{k}\Omega$，$R_{c1} = 3\text{k}\Omega$，$R_{e1} = 1.5\text{k}\Omega$，$R_b = 300\text{k}\Omega$，$R_{e2} = 5\text{k}\Omega$，$R_L = 0.5\text{k}\Omega$，三极管的电流放大系数均为 $\beta = 80$，$U_{BEQ} = 0.7\text{V}$，$r_{be1} = 1.4\text{k}\Omega$，$r_{be2} = 1.92\text{k}\Omega$。要求：（1）画出微变等效电路；（2）计算电压放大倍数、输入电阻和输出电阻。

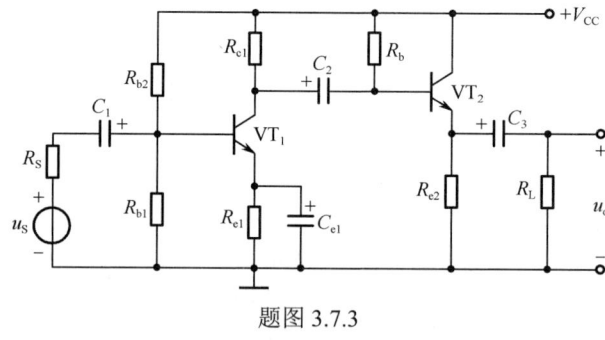

题图 3.7.3

本 章 小 结

1．基本共射放大电路、分压式静态工作点稳定电路和基本共集放大电路是常用的单管放大电路。它们的组成原则是：直流通路必须保证三极管有合适的静态工作点；交流通路必须保证输入信号能传送到放大电路的输入回路，同时保证放大后的信号传送到放大电路的输出端。

2．由于放大电路中交、直流信号并存，含有非线性器件，出现受控电流（压）源，因此增加了分析电路的难度。

一般分析放大电路的方法是先静态、后动态。静态分析是为确定静态工作点，即 I_{BQ}、I_{CQ}、I_{EQ} 和 U_{CEQ}；动态分析包括波形和动态指标，即 A_u、R_i 和 R_o。

3．图解分析法主要是利用在三极管的特性曲线上作图的方法求解静态工作点，分析信号的动态范围和失真情况。它直观、形象，很容易分析波形失真、输出幅值以及电路参数对静态工作点的影响等。但是，作图过程比较烦琐、容易产生作图误差，若电路稍复杂就无法用图解法直接求 A_u，也不能分析频率特性等。

4．微变等效电路法是在小信号的条件下，把三极管等效成线性电路的分析方法。该方法只能分析动态，不能分析静态，也不能分析失真和动态范围等。

5．多级放大电路有 4 种耦合方式：阻容耦合、直接耦合、变压器耦合和光电耦合。多级放大电路的电压放大倍数等于各级放大倍数之积；输入电阻为第一级电路的输入电阻；输出电阻等于末级电路的输出电阻。

习题 3

3-1　分别改正题图 3-1 所示各电路中的错误，使它们有可能放大正弦波信号。要求保留电路原来的共射接法和耦合方式。

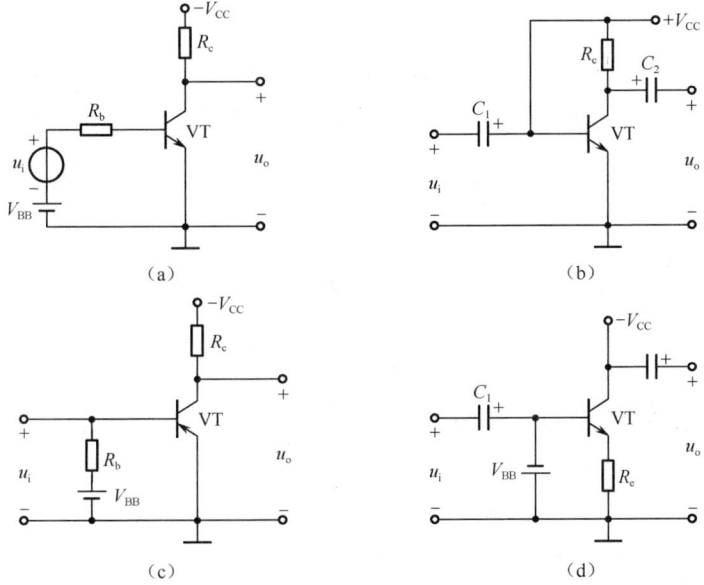

题图 3-1

3-2　电路如题图 3-2 所示，已知三极管 $\beta=50$，在下列情况下，用直流电压表测三极管的集电极电位，应分别为多少？设 $V_{CC}=12V$，三极管饱和管压降 $U_{CES}=0.5V$。

（1）正常情况；（2）R_{b1} 短路；（3）R_{b1} 开路；（4）R_{b2} 开路；（5）R_c 短路。

3-3　电路如题图 3-3 所示，三极管的 $\beta=80$，$r_{bb'}=100\Omega$。计算 $R_L=\infty$ 时的静态工作点及 $\dot{A}_u$、R_i 和 R_o。

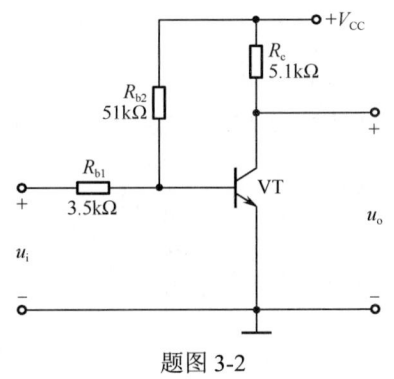

题图 3-2

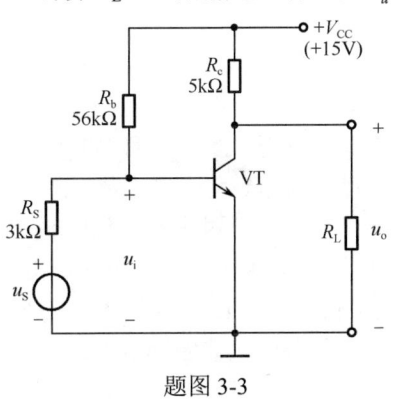

题图 3-3

3-4 电路如题图 3-4（a）所示，三极管的特性曲线如题图 3-4（b）和（c）所示。已知 V_{CC} = 18V，R_b = 238kΩ，R_c = 1.5kΩ，R_e = 500Ω。

（1）求电路的静态工作点，设 U_{BEQ} = 0.7V。

（2）在特性曲线上作直流负载线，并标出静态工作点的位置及有关参数。

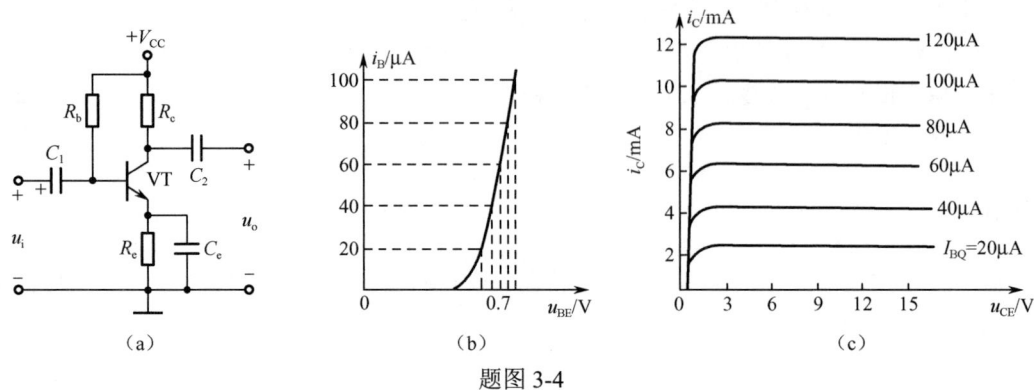

题图 3-4

3-5 在题图 3-3 所示电路中，由于电路参数不同，在信号源电压为正弦波时，测得输出波形分别如题图 3-5（a）、（b）、（c）所示，试说明电路分别产生了什么失真，如何消除。

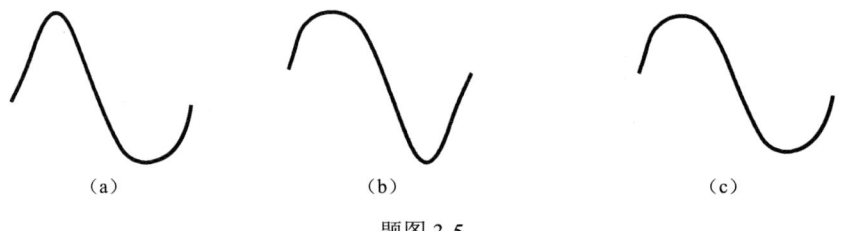

题图 3-5

3-6 电路如题图 3-6（a）所示，图 3-6（b）是三极管的输出特性曲线，静态时 U_{BEQ}=0.7V。利用图解法分别求出 R_L=∞ 和 R_L=3kΩ 时的静态工作点和最大不失真输出电压 U_{OM}（有效值）。

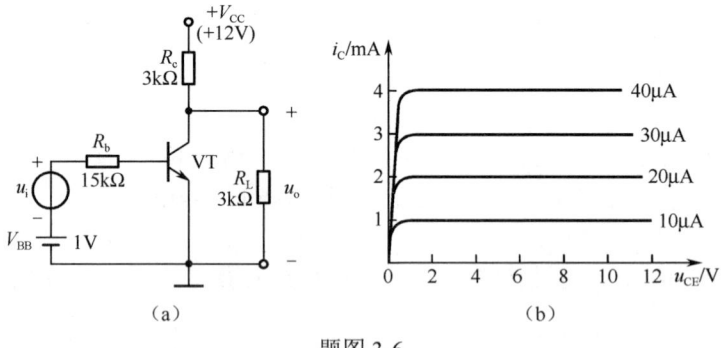

题图 3-6

3-7 在题图 3-7 所示电路中，设电容 C_1、C_2、C_3 对交流信号可视为短路。（1）写出静态电流 I_{CQ} 及电压 U_{CEQ} 的表达式。（2）写出电压放大倍数 A_u、输入电阻 R_i、输出电阻 R_o 的表达式。（3）若将电容 C_3 开路，对电路将会产生什么影响？

3-8 共射放大电路如题图 3-8 所示。已知 U_{BEQ} = 0.7V，β= 100，$r_{bb'}$=300Ω，U_{CES} = 0.7V。试计算（1）电位器 R_P 处在什么位置时，电压放大倍数 $|A_u|$ 最大？（2）R_b 取什么值时，电路可得到最大的输出幅值，此时 U_{OM} 为多大？（3）当 R_b = 715kΩ 时，要保证输出电压信号不失真，则输入正弦信号 U_S 的最大幅值应为多少？

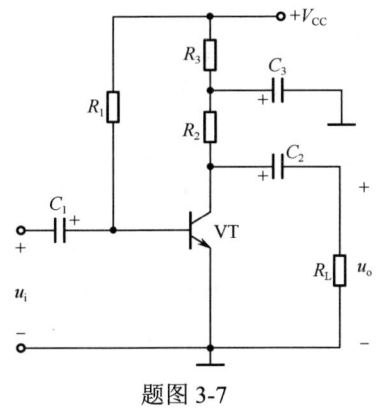

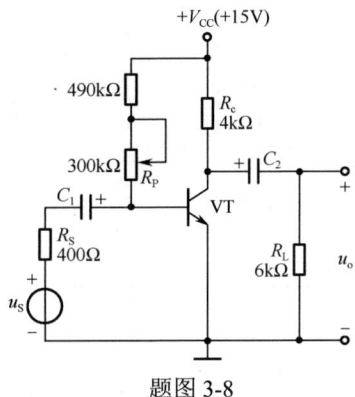

题图 3-7　　　　　　　　　　　　　　　题图 3-8

3-9　已知题图 3-9 所示电路中三极管的 $\beta=100$，$r_{be}=1\mathrm{k}\Omega$。

（1）现已测得静态管压降 $U_{CEQ}=6\mathrm{V}$，估算 R_b 的值。

（2）若测得 $\dot{U}_i$ 和 $\dot{U}_o$ 的有效值分别为 1mV 和 100mV，则负载电阻 R_L 为多大？

3-10　电路如题图 3-10 所示，三极管的 $\beta=100$，$r_{bb'}=100\Omega$。

（1）求电路的静态工作点、$\dot{A}_u$、R_i 和 R_o。

（2）若电容 C_e 开路，则将引起电路的哪些动态参数发生变化？如何变化？

3-11　电路如题图 3-11 所示，三极管的 $\beta=80$，$r_{be}=1\mathrm{k}\Omega$。试求：（1）散态工作点；（2）$R_L=\infty$ 和 $R_L=3\mathrm{k}\Omega$ 时电路的 $\dot{A}_u$ 和 R_i；（3）R_o。

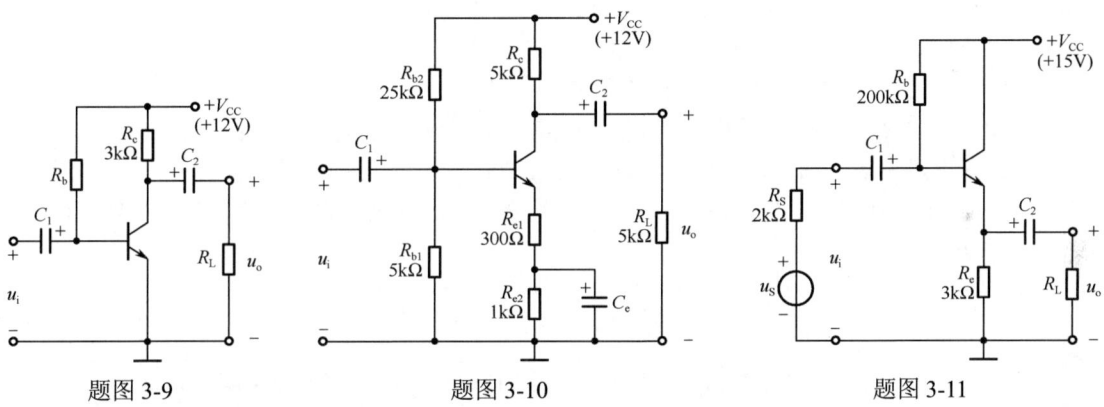

题图 3-9　　　　　　　　题图 3-10　　　　　　　　题图 3-11

3-12　电路如题图 3-12 所示，三极管的 $\beta=60$，$r_{bb'}=100\Omega$。

（1）求解静态工作点、$\dot{A}_u$、R_i 和 R_o。

（2）设 $U_S=10\mathrm{mV}$（有效值），求 U_i 和 U_o；若 C_3 开路，求 U_i 和 U_o。

3-13　在题图 3-13 给出的两级直接耦合放大电路中，已知：$R_{b1}=240\mathrm{k}\Omega$，$R_{c1}=3.9\mathrm{k}\Omega$，$R_{c2}=500\Omega$，稳压管 VD_Z 的工作电压 $U_Z=4\mathrm{V}$，三极管 VT_1 的 $\beta_1=45$，VT_2 的 $\beta_2=40$，$V_{CC}=24\mathrm{V}$，试计算各级的静态工作点。如果 I_{CQ1} 由于温度的升高而增加 1%，试计算输出电压的变化。

3-14　两个放大电路 A 与 B，它们空载（$R_{L1}=R_{L2}=\infty$）时，输出电压相同，其值为 $u'_{o1}=u'_{o2}=4\mathrm{V}$。当其都接上相同的负载电阻 $R_{L1}=R_{L2}=3\mathrm{k}\Omega$ 时，$u_{o1}=3.9\mathrm{V}$，$u_{o2}=3\mathrm{V}$。试分析说明 A 和 B 两个放大电路哪个带负载能力强，哪个输出电阻小。

3-15　有两个放大倍数相同的放大电路 A 和 B，分别对同一信号源电压 U_S 进行放大，其输出电压分别为 $U_{OA}=5.2\mathrm{V}$，$U_{OB}=5\mathrm{V}$。由此可得出放大电路_____优于放大电路_____。其原因是它的_____。

3-16　_____耦合放大电路各级静态工作点相互独立，_____耦合放大电路零漂小，_____耦合放大电路能放大直流信号。

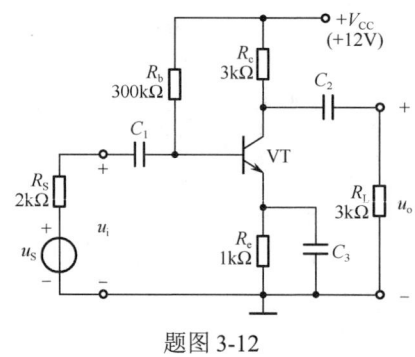

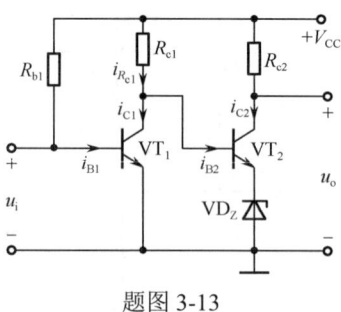

| 题图 3-12 | 题图 3-13 |

3-17 现有基本放大电路如下：

A．共射放大电路　　　　　　B．共集放大电路　　　　　　C．共基放大电路

选择正确答案填入空内，只需填 A、B、C。

（1）输入电阻最小的电路是 _____ ，最大的电路是 _____ ；

（2）输出电阻最小的电路是 _____ ；

（3）有电压放大作用的电路是 _____ ；

（4）有电流放大作用的电路是 _____ ；

（5）输入电压与输出电压同相的电路是 _____ ；反相的电路是 _____ 。

3-18 现有基本放大电路：① 共射放大电路，② 共集放大电路，③ 共源放大电路。分别按下列要求选择合适电路形式组成两级放大电路。

（1）电压放大倍数 $|\dot{A}_u| \geqslant 4000$；

（2）输入电阻 $R_i \geqslant 5\text{M}\Omega$，电压放大倍数 $|\dot{A}_u| \geqslant 400$；

（3）输入电阻 $R_i \geqslant 5\text{M}\Omega$，输出电阻 $R_o \leqslant 200\Omega$，电压放大倍数 $|\dot{A}_u| \geqslant 10$；

（4）输入电阻 $R_i \geqslant 100\text{k}\Omega$，电压放大倍数 $|\dot{A}_u| \geqslant 100$。

3-19 设题图 3-19 所示各电路的静态工作点均合适。（1）画出它们的交流等效电路。（2）写出 $\dot{A}_u$、R_i 和 R_o 的表达式。

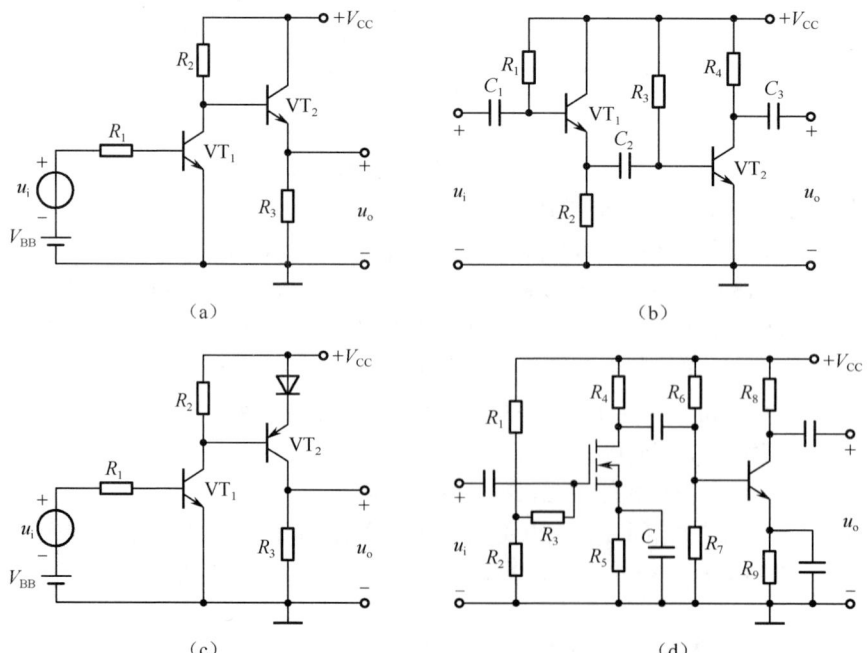

题图 3-19

3-20　电路如题图 3-20 所示，设各级静态工作点均合适，试求电压放大倍数、输入电阻和输出电阻的表达式。

3-21　题图 3-21 所示为两级直接耦合放大电路。已知：$V_{CC} = 9V$，$R_{b1} = 5.8k\Omega$，$R_{b2} = 500\Omega$，$R_{c1} = 1k\Omega$，$R_{e2} = 500\Omega$，$R_{c2} = 5.1k\Omega$，$\beta_1 = 25$，$\beta_2 = 100$，$U_{BEQ1} = 0.7V$，$U_{BEQ2} = -0.3V$，两只三极管的 $r_{bb'}$ 均为 200Ω。试求（1）当 $u_i = 0$ 时，输出直流电位 U_o，并求两管的静态工作点。（2）电压放大倍数 A_u。

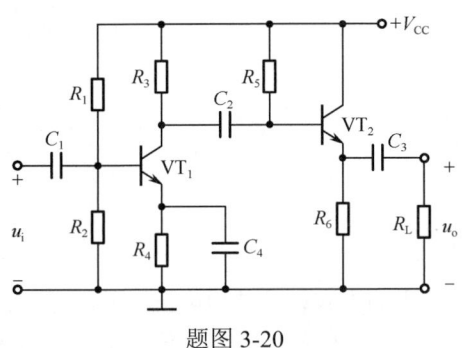

题图 3-20

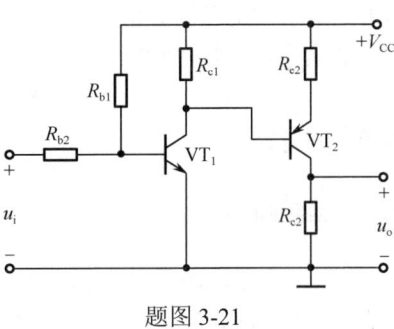

题图 3-21

第 4 章　放大电路的频率响应

内容提要
- 频率响应的基本概念
- 三极管的频率参数
- 单管共射放大电路的频率响应
- 多级放大电路的频率响应

4.1　基本概念

4.1.1　频率响应

对于一个放大电路，由于其中耦合电容、三极管极间电容以及其他电抗元件的存在，使放大倍数在信号频率比较低或比较高时，不但数值下降，还会产生相移。可见放大倍数是随频率变化的，是频率的函数，这种函数关系称为放大电路的**频率响应**或**频率特性**。

4.1.2　幅频特性和相频特性

在放大电路中，当输入不同频率正弦信号时，电压放大倍数可表示为

$$\dot{A}_u = |\dot{A}_u|(f)\angle\varphi(f) \tag{4-1}$$

式（4-1）表明，电压放大倍数的幅值 $|\dot{A}_u|$ 和相角 φ 都是频率 f 的函数。放大倍数与频率的关系称为**幅频特性**，用 $|\dot{A}_u|(f)$ 表示，相角 φ 与频率的关系称为**相频特性**，用 $\varphi(f)$ 表示。一个典型单管共射放大电路的幅频特性和相频特性分别用曲线表示，如图 4-1 所示。

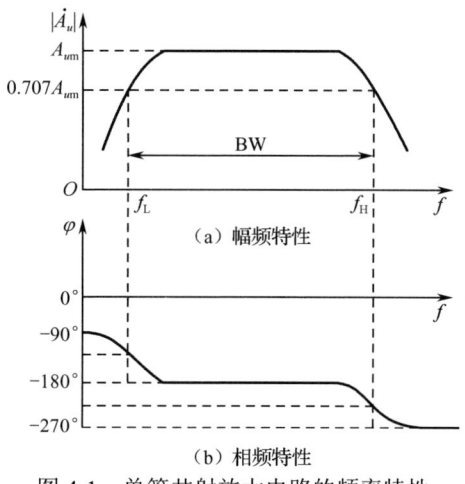

图 4-1　单管共射放大电路的频率特性

4.1.3　波特图

1. 波特图的定义

在研究放大电路的频率响应时，输入信号（即加在放大电路输入端的测试信号）的频率范围常常设置为几赫兹到上百兆赫兹，甚至更宽；而放大电路的放大倍数可从几倍到上百万倍。为了在同一坐标系中表示如此宽的变化范围，在画频率特性曲线时常采用对数坐标，这样画出的曲线称为**对数频率特性**，又称**波特图**。

波特图由对数幅频特性和对数相频特性两部分组成，它们的横轴采用对数刻度 $\lg f$，对数幅频特性的纵轴采用 $20\lg|\dot{A}_u|$ 表示，单位是分贝（dB）；对数相频特性的纵轴仍用 φ 表示，不取对数。

采用对数频率特性（波特图）的主要优点是可以拓宽视野，在范围有限的坐标系内表示出宽广频率范围的变化情况，同时将低频段和高频段的特性都表示得很清楚，而且作图方便，尤其对于多级放大电路更是如此。因为我们知道，多级放大电路的放大倍数是各级放大倍数的乘积，故在画波特图时，只需将各级对数增益相加即可。多级放大电路总的相移等于各级相移之和，所以波特图中对数相频特性的纵坐标不再取对数。

2．波特图的画法

这里以最简单的无源单级 RC 高通电路（简称高通电路）和 RC 低通电路（简称低通电路）为例，说明波特图的画法。

（1）高通电路的波特图。

在图 4-2（a）所示高通电路中，设输出电压 $\dot{U}_{\mathrm{o}}$ 与输入电压 $\dot{U}_{\mathrm{i}}$ 之比为 $\dot{A}_u$，则

$$\dot{A}_u = \frac{\dot{U}_{\mathrm{o}}}{\dot{U}_{\mathrm{i}}} = \frac{R}{R + \dfrac{1}{\mathrm{j}\omega C}} = \frac{1}{1 + \dfrac{1}{\mathrm{j}\omega RC}}$$

式中，ω 为输入信号的角频率；RC 为回路的时间常数 τ；令 $\omega_{\mathrm{L}} = \dfrac{1}{RC} = \dfrac{1}{\tau}$，则

$$f_{\mathrm{L}} = \frac{\omega_{\mathrm{L}}}{2\pi} = \frac{1}{2\pi\tau} = \frac{1}{2\pi RC}$$

因此

$$\dot{A}_u = \frac{1}{1 + \dfrac{\omega_{\mathrm{L}}}{\mathrm{j}\omega}} = \frac{1}{1 + \dfrac{f_{\mathrm{L}}}{\mathrm{j}f}} = \frac{\mathrm{j}\dfrac{f}{f_{\mathrm{L}}}}{1 + \mathrm{j}\dfrac{f}{f_{\mathrm{L}}}}$$

将 $\dot{A}_u$ 用其幅值与相角表示，得出

$$|\dot{A}_u| = \frac{\dfrac{f}{f_{\mathrm{L}}}}{\sqrt{1 + \left(\dfrac{f}{f_{\mathrm{L}}}\right)^2}} \tag{4-2}$$

$$\varphi = 90^\circ - \arctan\frac{f}{f_{\mathrm{L}}} \tag{4-3}$$

根据式（4-2）、式（4-3）即可分别画出图 4-2（a）所示的高通电路的对数幅频特性和对数相频特性，如图 4-2（b）、（c）所示。

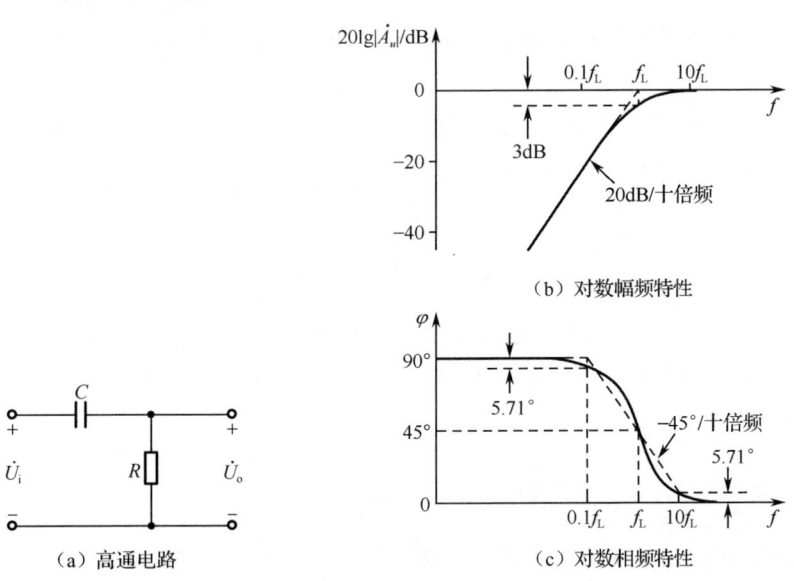

（a）高通电路 （b）对数幅频特性 （c）对数相频特性

图 4-2　高通电路及其波特图

由式（4-2）、式（4-3）可以看出，当 $f \gg f_{\mathrm{L}}$ 时，$|\dot{A}_u| \approx 1$，$\varphi \approx 0^\circ$；当 $f = f_{\mathrm{L}}$ 时，$|\dot{A}_u| = \dfrac{1}{\sqrt{2}}$，$\varphi = 45^\circ$；

当 $f \ll f_L$ 时，$|\dot{A}_u| \approx \dfrac{f}{f_L} \approx 0$，$\varphi \approx 90°$。以上分析表明，频率 f 每下降为原值的 1/10，$|\dot{A}_u|$ 也下降为原值的 1/10；当 f 趋于 0 时，$|\dot{A}_u|$ 也趋于 0，φ 趋于 90°。由此可见，对于高通电路，信号频率越低，衰减越大，相移越大，只有当信号频率远高于 f_L 时，$\dot{U}_o$ 才约等于 $\dot{U}_i$，f_L 称为 $\dot{A}_u$ 的**下限截止频率**，简称下限频率。

为了画出对数幅频特性，首先对式（4-2）取对数，可得

$$20\lg|\dot{A}_u| = 20\lg\frac{f}{f_L} - 20\lg\sqrt{1+\left(\frac{f}{f_L}\right)^2} \tag{4-4}$$

由式（4-4）可以看出，当 $f \gg f_L$ 时，$20\lg|\dot{A}_u| \approx 0\mathrm{dB}$；当 $f \ll f_L$ 时，$20\lg|\dot{A}_u| \approx 20\lg\dfrac{f}{f_L}$；当 $f = f_L$ 时，$20\lg|\dot{A}_u| = -20\lg\sqrt{2} = -3\mathrm{dB}$。

根据以上分析可知，高通电路的对数幅频特性，可近似用由两条直线构成的折线来表示。其中一条直线是，当 $f > f_L$ 时，用零分贝线即横坐标轴表示；当 $f < f_L$ 时，用斜率等于 20dB/十倍频的一条直线表示，即每当频率增加 10 倍，对数幅频特性的纵坐标 $20\lg|\dot{A}_u|$ 增加 20dB。两条直线交于横坐标上 $f = f_L$ 的一点。利用折线近似方法画出的对数幅频特性如图 4-2（b）所示。

可以证明，由于折线近似而产生的最大误差为 3dB，发生在 $f = f_L$ 处，如图 4-2（b）所示。

同理，由式（4-3）可以分析出高通电路的对数相频特性，可用三条直线构成的折线来近似。当 $f > 10f_L$ 时，对数相频特性近似为 $\varphi \approx 0°$，即横坐标轴；当 $f < 0.1f_L$ 时，其近似为 $\varphi \approx 90°$ 的一条水平直线；当 $0.1f_L < f < 10f_L$ 时，其近似为斜率等于 $-45°$/十倍频的直线，在此直线上，当 $f = f_L$ 时，$\varphi = 45°$，此折线在图 4-2（c）中用虚线表示。

由式（4-3）画出的高通电路的对数相频特性如图 4-2（c）中实线所示。可以证明，折线近似带来的最大误差为 $\pm 5.71°$，分别发生在 $f = 0.1f_L$ 和 $f = 10f_L$ 处，见图 4-2（c）。

（2）低通电路的波特图。

图 4-3（a）所示为低通电路，与高通电路相比，只是电阻、电容的位置进行了互换。同样应用正弦电路相量分析的有关知识，可以推出低通电路的 $|\dot{A}_u|$ 以及 φ 随信号频率 f 的变化函数关系式为

$$|\dot{A}_u| = \frac{1}{\sqrt{1+\left(\dfrac{f}{f_H}\right)^2}} \tag{4-5}$$

$$\varphi = -\arctan\frac{f}{f_H} \tag{4-6}$$

式（4-5）、式（4-6）表明，对于低通电路，信号频率越高，衰减越大，相移越大；只有当信号频率远远低于 f_H 时，$\dot{U}_o$ 才约等于 $\dot{U}_i$，f_H 称为 $\dot{A}_u$ 的**上限截止频率**，简称上限频率。

根据式（4-5），低通电路的对数幅频特性为

$$20\lg|\dot{A}_u| = -20\lg\sqrt{1+\left(\frac{f}{f_H}\right)^2} \tag{4-7}$$

根据式（4-7）可画出低通电路的对数幅频特性，如图 4-3（b）所示。图 4-3（c）所示为其对数相频特性。

与高通电路相近似，低通电路的对数幅频特性也可用由两条直线构成的折线来近似，如图 4-3（b）中虚线所示。同样可以证明，折线近似引起的最大误差为 3dB，发生在 $f = f_H$ 处。

在本节的分析中，具有普遍意义的结论如下。

（1）电路的截止频率取决于电容所在回路的时间常数 τ，图 4-2（a）所示高通电路的下限频率为 $f_L = \dfrac{\omega_L}{2\pi} = \dfrac{1}{2\pi\tau} = \dfrac{1}{2\pi RC}$，而图 4-3（a）所示低通电路的上限频率为 $f_H = \dfrac{\omega_H}{2\pi} = \dfrac{1}{2\pi\tau} = \dfrac{1}{2\pi RC}$。

（2）当信号源等于下限频率 f_L 或上限频率 f_H 时，放大电路的增益下降 3dB，并且产生 +45° 或 −45° 的相移。

（3）在近似分析中，可以用折线的近似波特图表示放大电路的频率特性。

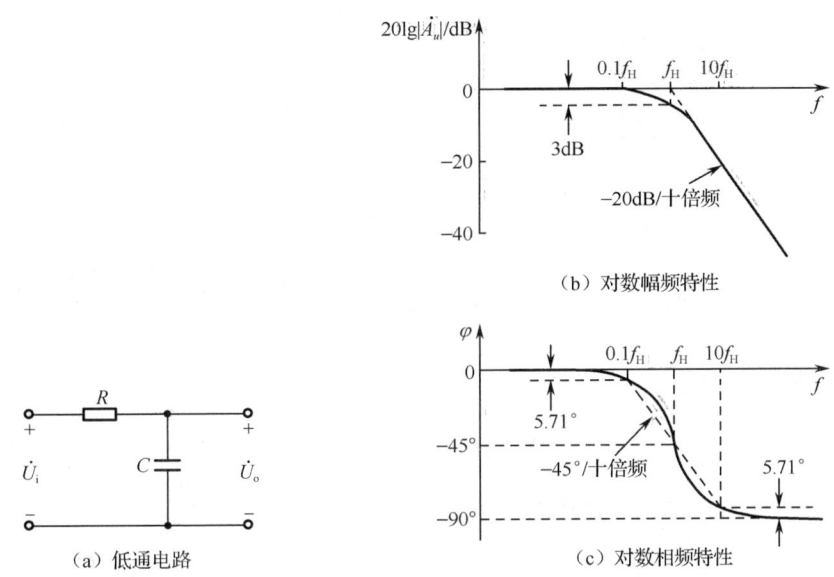

（b）对数幅频特性

（a）低通电路

（c）对数相频特性

图 4-3　低通电路及其波特图

复习思考题

4.1.1　什么是放大电路的频率特性？什么是幅频特性和相频特性？

4.1.2　波特图在表现放大电路的频率特性时有何优势？

4.1.3　请解释"20dB/十倍频""−20dB/十倍频""−45°/十倍频"的含义。

4.1.4　某放大电路的电压增益为 60dB，其电压放大倍数为多少？

4.2　三极管的频率参数

影响放大电路的频率特性，除外电路的耦合电容和旁路电容外，还有三极管内部的极间电容或其他参数。前者主要影响低频特性，后者主要影响高频特性。

在中频段内，认为三极管的共射电流放大系数 β 是常数。实际上，当频率升高时，由于管子内部的电容效应，其放大作用下降。所以电流放大系数是频率的函数，可表示为

$$\dot{\beta} = \frac{\beta_0}{1 + j\dfrac{f}{f_\beta}} \tag{4-8}$$

式中，β_0 是三极管中频时的共射电流放大系数；f_β 为三极管的 $|\dot{\beta}|$ 值下降至 $\dfrac{1}{\sqrt{2}}\beta_0$ 时的频率。

式（4-8）也可分别用 $\dot{\beta}$ 的模和相角来表示，即

$$\begin{cases} |\dot{\beta}| = \dfrac{\beta_0}{\sqrt{1+\left(\dfrac{f}{f_\beta}\right)^2}} & (4\text{-}9) \\ \\ \varphi_\beta = -\arctan\dfrac{f}{f_\beta} & (4\text{-}10) \end{cases}$$

将式（4-9）取对数，可得

$$20\lg|\dot{\beta}| = 20\lg\beta_0 - 20\lg\sqrt{1+\left(\frac{f}{f_\beta}\right)^2} \quad (4\text{-}11)$$

根据式（4-10）、式（4-11），可以画出 $\dot{\beta}$ 的对数幅频特性和对数相频特性，如图 4-4 所示。由图 4-4 可以看出，在低频段和中频段，$|\dot{\beta}|=\beta_0$，当频率升高时，$|\dot{\beta}|$ 值随之下降。

为了描述三极管对高频信号的放大能力，引出以下几个频率参数。

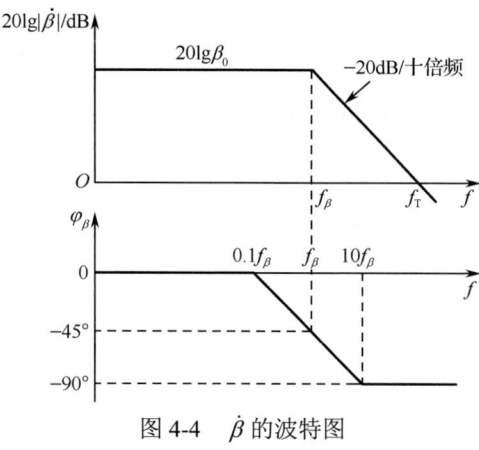

图 4-4 $\dot{\beta}$ 的波特图

4.2.1 共射截止频率

一般将 $|\dot{\beta}|$ 值下降到 β_0 的 0.707 倍时的频率定义为三极管的**共射截止频率** f_β。按式（4-9）可计算出，当 $f = f_\beta$ 时，$|\dot{\beta}| = \dfrac{1}{\sqrt{2}}\beta_0 \approx 0.707\beta_0$。

4.2.2 特征频率

定义 $|\dot{\beta}|$ 值下降为 1 时的频率为三极管的**特征频率** f_T。很显然，当 $f = f_T$ 时，$|\dot{\beta}| = 1$，$20\lg|\dot{\beta}| = 0$，所以 $\dot{\beta}$ 的对数幅频特性与横坐标轴交点处的频率即为 f_T，如图 4-4 所示。

特征频率是三极管的一个重要参数。当 $f > f_T$ 时，$|\dot{\beta}|$ 值将小于 1，表明三极管此时已失去放大作用，所以不允许三极管工作在如此高的频率范围内。

将 $f = f_T$ 和 $|\dot{\beta}| = 1$ 代入式（4-9），可得

$$1 = \frac{\beta_0}{\sqrt{1+\left(\dfrac{f_T}{f_\beta}\right)^2}}$$

由于通常情况下，$\dfrac{f_T}{f_\beta} \gg 1$，所以上式可简化为

$$f_T \approx \beta_0 f_\beta \quad (4\text{-}12)$$

式（4-12）表明了三极管的特征频率与共射截止频率之间的关系。

4.2.3 共基截止频率

第 2 章曾介绍过，共基电流放大系数 $\dot{\alpha}$ 与共射电流放大系数 $\dot{\beta}$ 的关系为

$$\dot{\alpha} = \frac{\dot{\beta}}{1+\dot{\beta}} \quad (4\text{-}13)$$

显然，考虑三极管的电容效应，$\dot{\alpha}$ 也是频率的函数，表示为

$$\dot{\alpha} = \frac{\alpha_0}{1 + \mathrm{j}\dfrac{f}{f_\alpha}} \tag{4-14}$$

定义当 $|\dot{\alpha}|$ 下降为中频放大系数 α_0 的 0.707 倍时的频率为**共基截止频率** f_α。

为了得到 f_α、f_β、f_T 三者之间的关系，可将式（4-8）代入式（4-13），得

$$\dot{\alpha} = \frac{\dfrac{\beta_0}{1 + \mathrm{j}f/f_\beta}}{1 + \dfrac{\beta_0}{1 + \mathrm{j}f/f_\beta}} = \frac{\dfrac{\beta_0}{1 + \beta_0}}{1 + \mathrm{j}\dfrac{f}{(1 + \beta_0)f_\beta}} \tag{4-15}$$

比较式（4-14）和式（4-15）可得

$$f_\alpha = (1 + \beta_0)f_\beta$$

一般 $\beta_0 \gg 1$，所以

$$f_\alpha \approx \beta_0 f_\beta = f_\mathrm{T}$$

上式即表示 f_α、f_β、f_T 三者之间的关系：f_α 比 f_β 高得多，等于 f_β 的（$1+\beta_0$）倍。由此不难理解，与共射组态相比，共基组态的频率响应比较好。

通过以上分析应该明确，三极管的三个频率参数不是独立的，而是互相联系的，它们之间满足以下大小关系：

$$f_\beta < f_\mathrm{T} < f_\alpha$$

三极管的频率参数也是选用三极管的重要依据之一。通常，在要求通频带比较宽的放大电路中，应选用高频管，即频率参数值较高的三极管。倘若对通频带没有特殊要求，则可选用低频管。一般低频小功率三极管的 f_α 值约为几十千赫兹至几百千赫兹，高频小功率三极管的 f_T 约为几十兆赫兹至几百兆赫兹。f_α、f_β、f_T 的值可从器件手册中查到。

复习思考题

4.2.1　为什么在频率升高时，三极管的放大作用会下降？

4.2.2　三极管特征频率 f_T 的物理意义是什么？

4.2.3　在由三极管构成的三种组态放大电路中，哪种组态的频率特性最好？为什么？

4.3　单管共射放大电路的频率响应

4.3.1　混合 π 型等效电路

我们知道，三极管的极间存在电容效应，由于电容效应的存在，当输入正弦信号的频率变化时，h 参数微变等效电路中的参数将是随着频率变化的复数（如 $\dot{\beta}$ 等），分析时很不方便。为此，需要引出其他形式的交流微变等效电路，即**混合 π 型等效电路**。混合 π 型等效电路是从三极管的物理结构出发，将各极间存在的电容效应包含在内而形成的一种既实用又方便的模型。

在高频时，考虑了三极管的极间电容后，三极管的结构如图 4-5（a）所示。其中，C_π 为发射结等效电容，C_μ 为集电结等效电容。由此得到三极管的混合 π 型等效电路，如图 4-5（b）所示。

等效电路中 g_m 为跨导，单位为西门子（S）。由于集电结反向偏置，所以 $r_{\mathrm{b'c}}$ 很大，可以视作开路；又由于 r_{ce} 值也很大，故在等效电路中已将上述两个电阻忽略。

在低频时，可以不考虑极间电容的作用，此时混合 π 型等效电路与我们熟知的 h 参数等效电路相仿，如图 4-6（a）所示。只要将图 4-6（a）与（b）中的 h 参数等效电路进行对比，即可找到

混合 π 参数与 h 参数之间的关系。

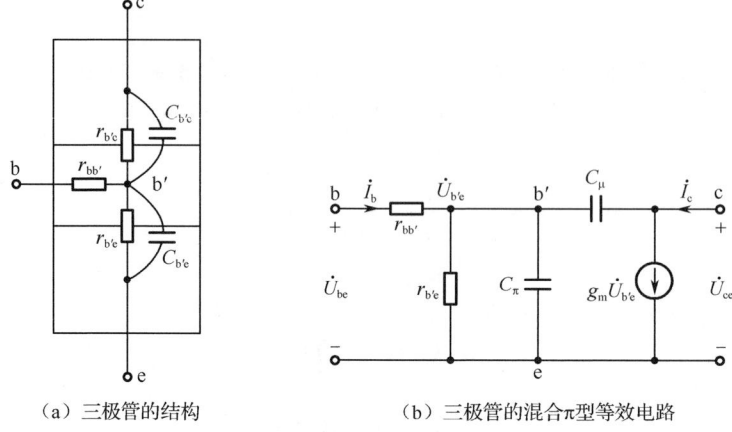

（a）三极管的结构　　　　（b）三极管的混合 π 型等效电路

图 4-5　三极管的结构及三极管的混合 π 型等效电路

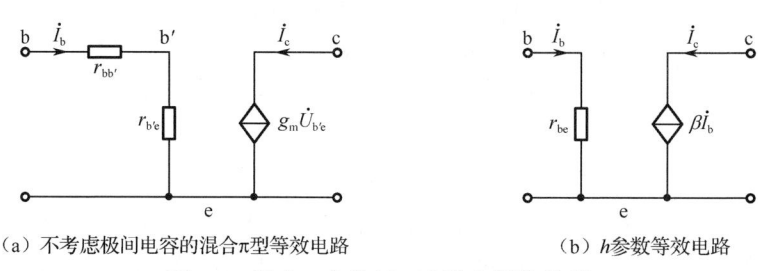

（a）不考虑极间电容的混合π型等效电路　　　　（b）h参数等效电路

图 4-6　混合 π 参数与 h 参数之间的关系

通过对比可得

$$r_{b'b} + r_{b'e} = r_{be} = r_{bb'} + (1+\beta)\frac{26\text{mV}}{I_{EQ}}$$

所以混合 π 参数 $r_{b'e}$ 和 $r_{bb'}$ 分别为

$$r_{b'e} = r_{be} - r_{bb'} = (1+\beta)\frac{26\text{mV}}{I_{EQ}} \tag{4-16}$$

$$r_{bb'} = r_{be} - r_{b'e} \tag{4-17}$$

通过对比还可得到

$$g_m \dot{U}_{b'e} = g_m \dot{I}_b r_{b'e} = \beta \dot{I}_b$$

则

$$g_m = \frac{\beta}{r_{b'e}} = \frac{\beta}{(1+\beta)\frac{26\text{mV}}{I_{EQ}}} \approx \frac{I_{EQ}}{U_T} \tag{4-18}$$

在常温下，$U_T = 26\text{mV}$。

在混合 π 型等效电路的两个电容中，一般 C_π 比 C_μ 大得多。通常 C_μ 的值可从器件手册上查到，而 C_π 的值在一般手册中未标明。但可根据手册中查出的三极管的特征频率 f_T，然后根据下式估算出来。

$$C_\pi \approx \frac{g_m}{2\pi f_T} \tag{4-19}$$

在图 4-5（b）所示的三极管的混合 π 型等效电路中，电容 C_μ 跨接在 b′ 和 c 之间，将输入回路与输出回路直接联系起来，将使求解电路的过程变得十分麻烦。为此，可以利用密勒定理将问题简化，用两个电容来等效代替 C_μ，它们分别接在 b′、e 和 c、e 两端，各自的电容参数为 $(1-K)C_\mu$

和 $\dfrac{K-1}{K}C_\mu$，其中 $K \approx \dfrac{\dot{U}_{ce}}{\dot{U}_{b'e}}$。经过简化，得到图 4-7 所示的单向化的混合 π 型等效电路。图中 $C'_\pi = C_\pi + (1-K)C_\mu$。在此等效电路中，输入回路与输出回路不再在电路中直接发生联系，为频率响应的分析带来了很大的方便。

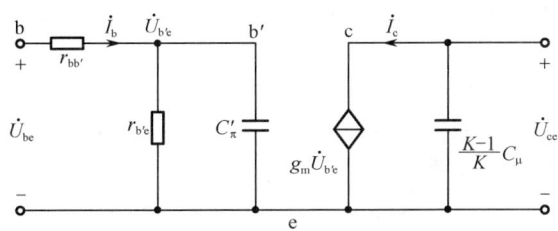

图 4-7　单向化的混合 π 型等效电路

下面利用混合 π 型等效电路来分析单管共射放大电路的频率响应。

4.3.2　阻容耦合单管共射放大电路的频率响应

图 4-8（a）所示为单管共射放大电路，考虑到输入信号频率从零到无穷大，其交流等效电路如图 4-8（b）所示。

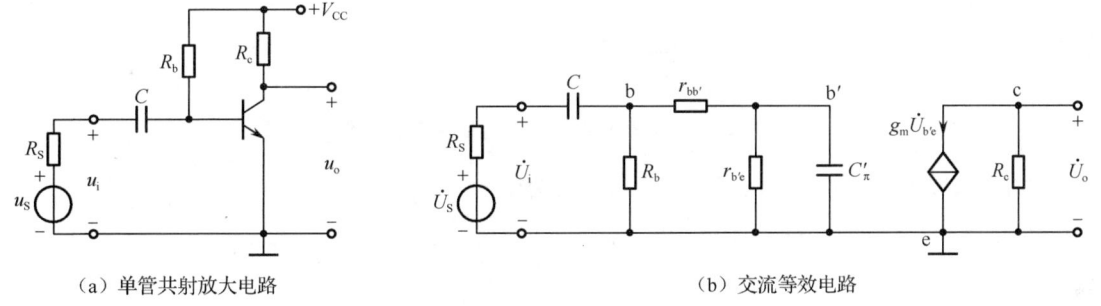

（a）单管共射放大电路　　　　　　　　　　　（b）交流等效电路

图 4-8　单管共射放大电路及其交流等效电路

1．中频电压放大倍数

在中频段，耦合电容 C 可视为短路，极间电容 C'_π 可视为开路，因而图 4-8（a）所示电路的等效电路如图 4-9 所示。

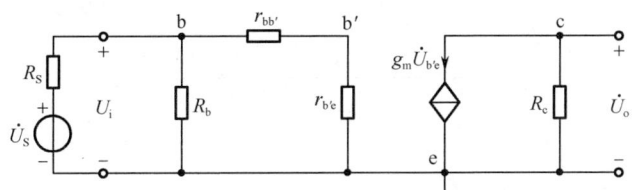

图 4-9　单管共射放大电路中频等效电路

中频段电压放大倍数为

$$A_{uSm} = \frac{\dot{U}_o}{\dot{U}_S} = \frac{\dot{U}_i}{\dot{U}_S} \cdot \frac{\dot{U}_{b'e}}{\dot{U}_i} \cdot \frac{\dot{U}_o}{\dot{U}_{b'e}} = \frac{R_i}{R_S + R_i} \cdot \frac{r_{b'e}}{r_{be}}(-g_m R_c) \tag{4-20}$$

$$A_{um} = \frac{\dot{U}_o}{\dot{U}_i} = \frac{\dot{U}_{b'e}}{\dot{U}_i} \cdot \frac{\dot{U}_o}{\dot{U}_{b'e}} = \frac{r_{b'e}}{r_{be}} \cdot (-g_m R_c) \tag{4-21}$$

2．低频电压放大倍数

在低频段，C'_π 可视为开路，考虑耦合电容 C 的影响，因而图 4-8（a）所示电路的等效电路如

图 4-10 所示，可将其画成图 4-11（a）所示的方框图。在信号进入低频段，由于电容 C 的容抗增大，使 $\dot{U}_i' \neq \dot{U}_i$。当信号源 $\dot{U}_S$ 作用时，由于 C 的存在，输入电流 $\dot{I}_i$ 将超前 $\dot{U}_S$；$\dot{U}_i'$ 是 $\dot{I}_i$ 在 R_i 上的压降，因而与 $\dot{I}_i$ 同相；所以 $\dot{U}_S$、$\dot{I}_i$、$\dot{U}_i'$ 的相量图如图 4-11（b）所示，$\dot{U}_i'$ 超前 $\dot{U}_S$。信号频率越低，C 的容抗越大，$\dot{U}_i'$ 越小，且 $\dot{U}_i'$ 超前 $\dot{U}_S$ 的相角越大；由于 $\dot{U}_o$ 与 $\dot{U}_i'$ 的关系不变，也就使得电压放大倍数 $|\dot{A}_{uS}|$ 越小，且相移越大。当信号频率 f 趋于零时，$|\dot{U}_i'|$ 将趋于零，$\dot{U}_i'$ 超前 $\dot{U}_S$ 的相角趋于 $+90°$，$\dot{A}_{uS}$ 的变化趋势与 $\dot{U}_i'$ 相同。

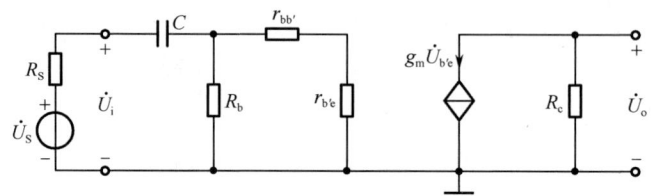

图 4-10　单管共射放大电路的低频等效电路

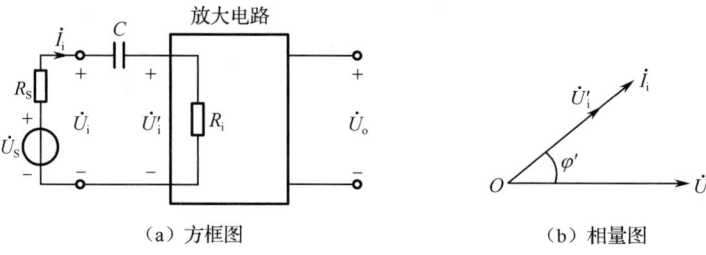

（a）方框图　　　　　　　　　　（b）相量图

图 4-11　低频等效电路的方框图及相量图

根据电压放大倍数的定义，低频段电压放大倍数为

$$\dot{A}_{uSL} = \frac{\dot{U}_i'}{\dot{U}_S} \cdot \frac{\dot{U}_o}{\dot{U}_i'}$$

式中，$\dot{U}_o / \dot{U}_i'$ 与式（4-21）中的相同，而

$$\frac{\dot{U}_i'}{\dot{U}_S} = \frac{R_i}{R_S + \dfrac{1}{j\omega C} + R_i} = \frac{R_i}{R_S + R_i} \cdot \frac{1}{1 + \dfrac{1}{j\omega (R_S + R_i)C}}$$

所以

$$\dot{A}_{uSL} = \frac{R_i}{R_S + R_i} \cdot \frac{1}{1 + \dfrac{1}{j\omega (R_S + R_i)C}} = \frac{A_{uSm}}{1 + \dfrac{1}{j\omega (R_S + R_i)C}}$$

输入回路的时间常数 $\tau_L = (R_S + R_i)C$，令 $\omega_L = \dfrac{1}{\tau_L}$，则

$$f_L = \frac{1}{2\pi\tau_L} = \frac{1}{2\pi(R_S + R_i)C} \tag{4-22}$$

f_L 为下限频率。由于 $\omega = 2\pi f$，所以

$$\dot{A}_{uSL} = \frac{A_{uSm}}{1 + \dfrac{f_L}{jf}} = \frac{j\dfrac{f}{f_L}}{1 + j\dfrac{f}{f_L}} \cdot A_{uSm} \tag{4-23}$$

将式（4-23）写成模与相角两部分

$$\begin{cases} |\dot{A}_{uSL}| = \dfrac{|A_{uSm}|}{\sqrt{1 + \left(\dfrac{f_L}{f}\right)^2}} & (4\text{-}24) \\[4mm] \varphi = -180° + \arctan\dfrac{f_L}{f} & (4\text{-}25) \end{cases}$$

式中，$-180°$ 表示中频段 $\dot{U}_o$ 与 $\dot{U}_S$ 反相。

3. 高频电压放大倍数

在高频段，耦合电容 C 可视为短路，考虑 C'_π 的影响，图 4-8（a）所示单管共射放大电路的高频等效电路如图 4-12 所示。

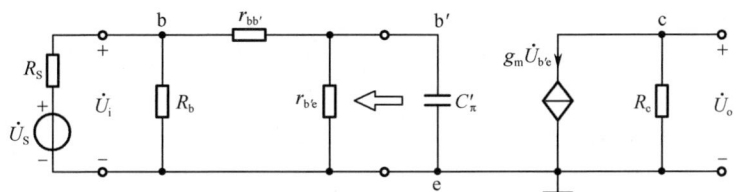

图 4-12　单管共射放大电路的高频等效电路

从 C'_π 两端，即从 b′-e 向左看去，利用戴维南定理，可等效成内阻为 R 的电压源 $\dot{U}'_S$，故可将图 4-12 所示电路用图 4-13（a）所示方框图表示。$\dot{U}'_S$ 为 C'_π 两端的开路电压，R 为 $\dot{U}'_S$ 短路时的等效电阻。

$$\dot{U}'_S = \dot{U}_S \cdot \frac{\dot{U}_i}{\dot{U}_S} \cdot \frac{\dot{U}_{b'e}}{\dot{U}_i} = \frac{R_i}{R_S + R_i} \cdot \frac{r_{b'e}}{r_{be}} \cdot \dot{U}_S \tag{4-26}$$

$$R = r_{b'e} // (r_{bb'} + R_S // R_b) \tag{4-27}$$

当信号源 $\dot{U}'_S$ 作用时，由于 C'_π 的存在，输入电流 $\dot{I}_i$ 超前 $\dot{U}'_S$，由于 $\dot{U}_{b'e}$ 为 C'_π 上的电压，故 $\dot{U}_{b'e}$ 滞后 $\dot{I}_i$ 90°，$\dot{U}'_S$、$\dot{I}_i$、$\dot{U}_{b'e}$ 的相量图如图 4-13（b）所示，$\dot{U}_{b'e}$ 滞后于 $\dot{U}'_S$。信号频率越高，C'_π 的容抗越小，$|\dot{U}_{b'e}|$ 越小，$\dot{U}_{b'e}$ 滞后于 $\dot{U}'_S$ 的相角越大；当 f 趋于无穷大时，$|\dot{U}_{b'e}|$ 趋于零，相角趋于 $-90°$；电压放大倍数的变化趋势与 $\dot{U}_{b'e}$ 相同。

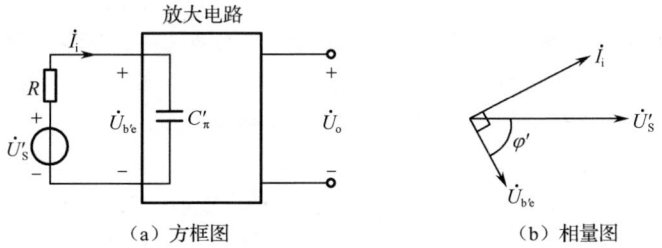

（a）方框图　　　　　　　　　（b）相量图

图 4-13　高频等效电路的方框图及相量图

根据电压放大倍数的定义，高频电压放大倍数为

$$\dot{A}_{uSH} = \frac{\dot{U}_o}{\dot{U}_S} = \frac{\dot{U}'_S}{\dot{U}_S} \cdot \frac{\dot{U}_{b'e}}{\dot{U}'_S} \cdot \frac{\dot{U}_o}{\dot{U}_{b'e}}$$

式中，$\dot{U}'_S / \dot{U}_S$ 见式（4-26），而

$$\frac{\dot{U}_{b'e}}{\dot{U}'_S} = \frac{\dfrac{1}{\mathrm{j}\omega C'_\pi}}{R + \dfrac{1}{\mathrm{j}\omega C'_\pi}} = \frac{1}{R + \mathrm{j}\omega R C'_\pi}$$

$$\frac{\dot{U}_{o}}{\dot{U}_{b'e}} = -g_{m}R_{c}$$

所以

$$\dot{A}_{uSH} = \frac{R_{i}}{R_{S}+R_{i}} \cdot \frac{r_{b'e}}{r_{be}}(-g_{m}R_{c}) \cdot \frac{1}{1+j\omega RC'_{\pi}} = \frac{A_{uSm}}{1+j\omega RC'_{\pi}} \qquad (4\text{-}28)$$

输入回路的时间常数 $\tau_{H} = RC$，令 $\omega_{H} = \dfrac{1}{\tau_{H}}$，则

$$f_{H} = \frac{1}{2\pi\tau_{H}} = \frac{1}{2\pi[r_{b'e}//(r_{bb'}+R_{S}//R_{b})]C'_{\pi}} \qquad (4\text{-}29)$$

f_{H} 为上限频率，将 f_{H} 和 $\omega = 2\pi f$ 代入式（4-29），得出

$$\dot{A}_{uSH} = \frac{A_{uSm}}{1+j\dfrac{f}{f_{H}}} \qquad (4\text{-}30)$$

将式（4-30）写成模及相角两部分

$$\begin{cases} |\dot{A}_{uSH}| = \dfrac{|A_{uSm}|}{\sqrt{1+\left(\dfrac{f}{f_{H}}\right)^{2}}} & (4\text{-}31) \\[4mm] \varphi = -180° - \arctan\dfrac{f}{f_{H}} & (4\text{-}32) \end{cases}$$

式中，-180°表示中频段 $\dot{U}_{o}$ 与 $\dot{U}_{S}$ 反相。

4. 电压放大倍数的波特图

综合以上讨论结果，若考虑耦合电容及结电容的影响，对于频率从零到无穷大的输入电压，电压放大倍数的表达式为

$$\dot{A}_{uS} = \frac{A_{uSm}}{\left(1+\dfrac{f_{L}}{jf}\right)\left(1+j\dfrac{f}{f_{H}}\right)} = \frac{A_{uSm}\,j\dfrac{f}{f_{L}}}{\left(1+j\dfrac{f}{f_{L}}\right)\left(1+j\dfrac{f}{f_{H}}\right)} \qquad (4\text{-}33)$$

采用对数坐标画出 $\dot{A}_{uS}$ 的特性曲线，即电压放大倍数的波特图，如图 4-14 所示。在图 4-14（a）所示波特图中，以 f_{L}、f_{H} 为拐点将曲线分为三部分线段，在 $f_{L} \leqslant f \leqslant f_{H}$ 时，曲线是平行于横轴的直线，纵坐标值为 $20\lg|\dot{A}_{uSm}|$；在 $f < f_{L}$ 时，曲线是按 20dB/十倍频变化的直线；在 $f > f_{H}$ 时，曲线是按-20dB/十倍频变化的直线。

在对数相频特性中，若 $10f_{L} \leqslant f \leqslant 0.1f_{H}$，则没有因耦合电容、极间电容等引起的附加相移，输出与输入同相或反相；在低频段，从 $f = 10f_{L}$ 开始产生相移，到 $f = 0.1f_{L}$ 相移达到最大，为+90°；在高频段，从 $f = 0.1f_{H}$ 开始产生相移，到 $f = 10f_{H}$ 相移达到最大，为-90°；与实际情况相比，在低频段和高频段的最大相移误差分别约为±5.71°。折线化的波特图如图 4-14（b）所示。

在实际应用中，若已知电路低频段、中频段和高频段的放大倍数，则可按上述波特图三个线段的特点画出折线化波特图；必要时，再按放大倍数的表达式修正折线化波特图，使其更接近实际情况，得到较为准确的波特图。

从以上内容可知，分析放大电路的频率响应的一般方法和步骤如下。

（1）画出放大电路适用于信号频率从零到无穷大的交流等效电路，或者分别画出适用于中频段、低频段、高频段的交流等效电路。

（2）求解中频段放大倍数。

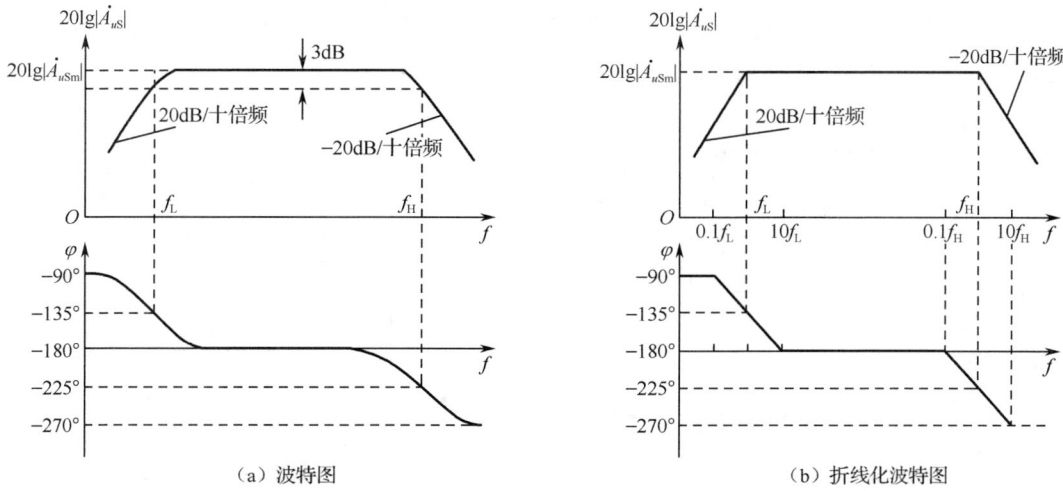

（a）波特图　　　　　　　　　（b）折线化波特图

图 4-14　单管共射放大电路的波特图及折线化波特图

（3）求解截止频率。下限频率和上限频率分别取决于耦合电容（或旁路电容）和极间等效电容所在回路的时间常数，下限频率 $f_L = \dfrac{1}{2\pi\tau_L}$，上限频率 $f_H = \dfrac{1}{2\pi\tau_H}$。求解截止频率的关键是能够正确求解时间常数。

（4）根据式（4-33）写出适用于频率从零到无穷大输入信号的放大倍数的表达式。

（5）画出折线化波特图或波特图。

【例 4-1】　在图 4.8（a）所示单管共射放大电路中，已知 $R_S = 1\text{k}\Omega$，$R_b = 500\text{k}\Omega$，$R_c = 3\text{k}\Omega$，$V_{CC} = 12\text{V}$，$C = 10\mu\text{F}$；三极管的 $\beta = 80$，$r_{bb'} = 100\Omega$，$C'_\pi = 800\text{pF}$，$U_{BEQ} = 0.6\text{V}$。（1）求解电路的下限频率和上限频率；（2）求解电路近似的波特图（即折线化波特图）。

解：为了求解 f_L、f_H 和波特图，首先要求出发射极静态电流，进而求出 $r_{b'e}$、r_{be}、R_i、A_{um}。

$$I_{BQ} = \frac{V_{CC} - U_{BEQ}}{R_b} \approx \frac{V_{CC}}{R_b} = \frac{12}{500}\text{mA} = 0.024\text{mA} = 24\mu\text{A}$$

$$I_{EQ} = (1+\beta)I_{BQ} \approx 80 \times 0.024\text{mA} = 1.92\text{mA}$$

$$r_{b'e} = (1+\beta)\frac{U_T}{I_{EQ}} = \frac{U_T}{I_{BQ}} = \frac{26}{0.024}\Omega = 1080\Omega = 1.08\text{k}\Omega$$

$$r_{be} = r_{bb'} + r_{b'e} = 100\Omega + 1080\Omega = 1180\Omega = 1.18\text{k}\Omega$$

$$R_i = R_b // r_{be} \approx r_{be} = 1.18\text{k}\Omega$$

$$\dot{A}_{um} = -\frac{\beta R_c}{r_{be}} = -\frac{80 \times 3}{1.18} = -203$$

$$20\lg|\dot{A}_{um}| = 46\text{dB}$$

（1）求解 f_L 和 f_H。

$$f_L = \frac{1}{2\pi(R_S + R_i)C} = \left[\frac{1}{2\pi(1+1.18)\times10^3 \times 10\times10^{-6}}\right]\text{Hz} = 7.3\text{Hz}$$

$$f_H = \frac{1}{2\pi[r_{b'e}//(r_{bb'} + R_S//R_b)]C'_\pi} = \left[\frac{1}{2\pi\dfrac{1.08\times(0.1+1)}{1.08+0.1+1}\times10^3 \times 800\times10^{-12}}\right]\text{kHz} = 365\text{kHz}$$

（2）折线化波特图如图 4-15 所示。

【例 4-2】　已知共射放大电路波特图中的幅频特性如图 4-16 所示，问：（1）电路中频电压放大倍数的数值为多少？（2）电路属于哪种耦合方式？（3）电路的上限频率为多少？（4）写出 $\dot{A}_u$ 的表达式。

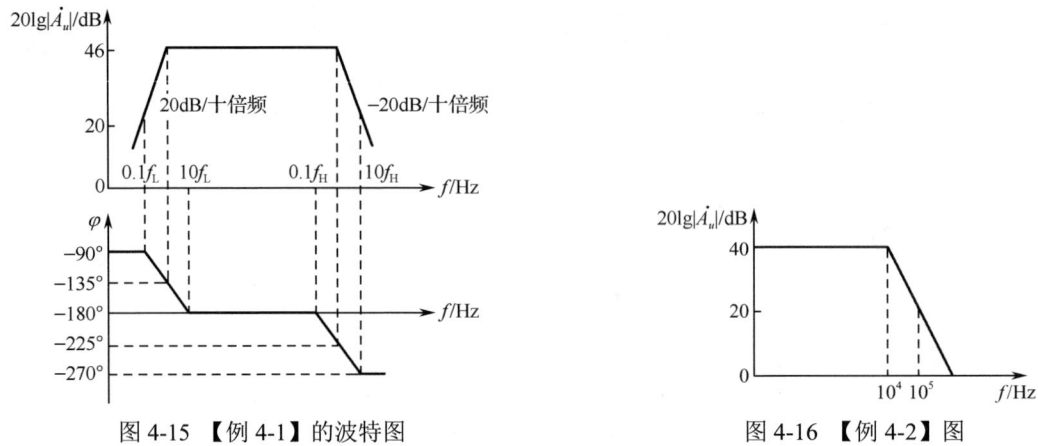

图 4-15　【例 4-1】的波特图　　　　　　图 4-16　【例 4-2】图

解：（1）根据波特图可知 $20\lg|3.19| = 40\text{dB}$，所以 $|\dot{A}_{um}| = 100$。

（2）因为在频率接近零时，放大倍数的数值仍未减小，所以说明电路中没有耦合电容、旁路电容等，所以该电路为直接耦合放大电路。

（3）根据波特图可知，上限频率为 10^4Hz。

（4）$\dot{A}_u = \dfrac{-100}{1 + \text{j}\dfrac{f}{10^4}}$。

【例 4-3】　电路如图 4-17（a）所示，已知 $R_c = R_L = 3\text{k}\Omega$，$C = 0.02\mu\text{F}$。试求出电路的下限频率。

解：首先画出图 4-17（a）所示电路的低频段等效电路，如图 4-17（b）所示，然后求出电容 C 所在回路的时间常数 τ_L。从 C 两端看外电路的总电阻为 $(R_c + R_L)$，故 $\tau_L = (R_c + R_L)C$。因此下限频率为

$$f_L = \frac{1}{2\pi\tau_L} = \frac{1}{2\pi(R_c + R_L)C} = \frac{1}{2\pi(3\times10^3 + 3\times10^3)\times0.02\times10^{-6}}\text{Hz} = 1326.96\text{Hz}$$

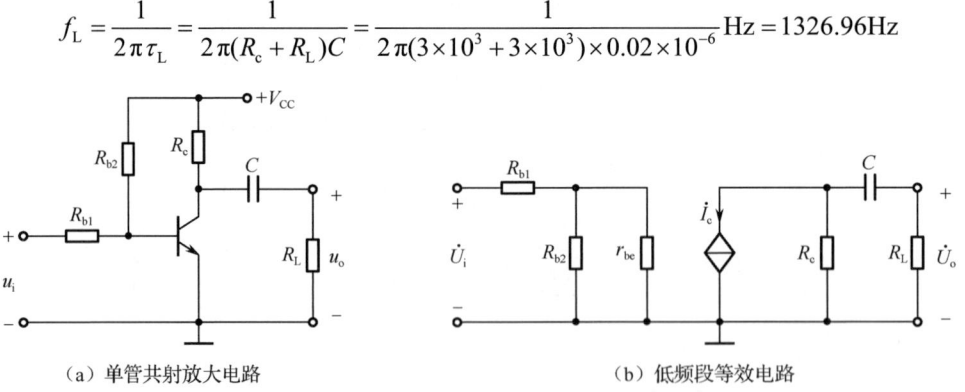

（a）单管共射放大电路　　　　　　　　（b）低频段等效电路

图 4-17　【例 4-3】电路

4.3.3　直接耦合单管共射放大电路的频率响应

在集成放大电路中，基本上采用直接耦合的方式。对于直接耦合放大电路，由于无隔直电容，因此其低频效应好，其下限频率 $f_L = 0$。但是在高频段，由于三极管极间电容的影响，使得电压放大倍数和相位都随频率而变化，其中，中频电压放大倍数 $\dot{A}_{um}$ 和上限频率 f_H 的计算与前述内容相同，参见 4.2 节。

复习思考题

4.3.1　简述画出单管共射放大电路的低频、中频、高频等效电路的依据。

4.3.2　分析放大电路的频率响应的一般方法。

4.3.3　折线化波特图是怎样画出的？

4.4　多级放大电路的频率响应

现有一个两级放大电路，由于第二级电路为第一级电路的负载，因此设它们具有相同的频率特性，即中频电压放大倍数 $A_{um1} = A_{um2}$，下限频率 $f_{L1} = f_{L2}$，上限频率 $f_{H1} = f_{H2}$，那么电路的波特图如图 4-18 所示。其纵轴为 $20\lg|\dot{A}_u| = 20\lg|\dot{A}_{u1}| + 20\lg|\dot{A}_{u2}|$，中频段增益为

$$20\lg|A_{um}| = 20\lg|A_{um1}| + 20\lg|A_{um2}| = 40\lg|A_{um1}|$$

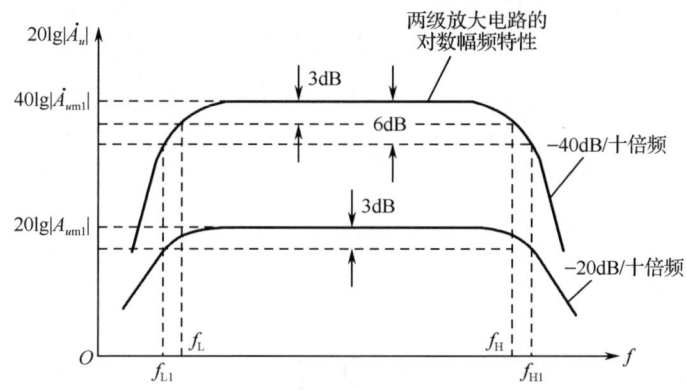

图 4-18　两级放大电路的波特图

当 $f = f_{L1} = f_{L2}$ 或 $f = f_{H1} = f_{H2}$ 时，由于每级增益均下降 3dB，所以整个电路的增益下降 6dB。按照下限频率和上限频率的定义，在低频段，使总增益下降 3dB 的频率，即两级放大电路的下限频率 f_L 必然大于 f_{L1}（f_{L2}）；在高频段，使总增益下降 3dB 的频率，即两级放大电路上限频率 f_H 必然小于 f_{H1}（f_{H2}）；因此两级放大电路的通频带小于组成它的每一级电路的通频带。

上述结论具有普遍意义，对于一个 n 级放大电路，如果从第一级至第 n 级电路的下限频率分别为 $f_{L1}, f_{L2}, \cdots, f_{Ln}$，上限频率分别为 $f_{H1}, f_{H2}, \cdots, f_{Hn}$，通频带分别为 $f_{BW1}, f_{BW2}, \cdots, f_{BWn}$，那么这个 n 级放大电路的下限频率

$$f_L > f_{Li} \qquad (i = 1, 2, \cdots, n) \tag{4-34}$$

上限频率

$$f_H < f_{Li} \qquad (i = 1, 2, \cdots, n) \tag{4-35}$$

因而通频带

$$f_{BW} < f_{BWi} \qquad (i = 1, 2, \cdots, n) \tag{4-36}$$

放大电路的级数越多，所用各类电容越多，其通频带越窄。

复习思考题

4.4.1　为什么说多级放大电路的级数越多，所用电容越多，通频带越窄？

4.4.2　如何求解多级放大电路总的电压增益？

本 章 小 结

1. 对于一个放大电路，由于其中耦合电容、三极管极间电容以及其他电抗元件的存在，使放大倍数在信号频率比较低或比较高时，不但数值下降，还会产生相移。可见放大倍数是频率的函数，这种函数关系称为放大电路的频率响应。

2. 为了描述三极管对高频信号的放大能力，引出了 3 个频率参数，它们是共射截止频率 f_β、特征频率 f_T、共基截止频率 f_α。三者之间存在以下关系：$f_\beta < f_T < f_\alpha$。这 3 个频率参数也是实际应用中选用三极管的重要依据。

3. 对于阻容耦合单管共射放大电路，由于电路中存在耦合电容、旁路电容等，因此其电压放大倍数在信号频率较低时数值下降，且产生超前相移；由于三极管极间电容的存在，电压放大倍数在信号频率较高时数值下降，且产生滞后相移。在低频段，使增益下降 3dB 的频率为下限频率 f_L；在高频段，使增益下降 3dB 的频率为上限频率 f_H；放大电路的通频带 $f_{BW}=(f_H-f_L)$。

直接耦合放大电路级和级之间没有隔直电容，因此其下限频率 $f_L = 0$，低频响应好。

4. 多级放大电路总的对数增益等于各级对数增益之和，总的相移等于各级相移之和，因此，多级放大电路的波特图可以通过将各级幅频特性和相频特性分别进行叠加而得到。而且，多级放大电路的级数越多，所用电容越多，通频带越窄。多级放大电路的通频带总是小于组成它的任何一级放大电路的通频带。

习题 4

4-1 某放大电路及其幅频特性如题图 4-1 所示。试分析当增大耦合电容 C_1 后，其 f_L 将_____，f_H 将_____；当换用具有更小的极间电容的三极管后，其 f_L 将_____，f_H 将_____。（填增大、减小、不变）

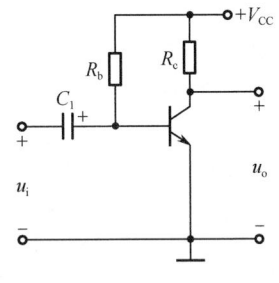

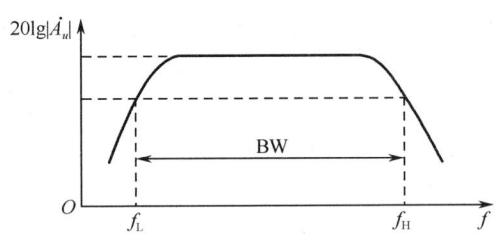

题图 4-1

4-2 要求能放大带宽为 0.1Hz~10MHz 的信号，选用_____耦合方式的多级放大电路更合适，这是因为_____。

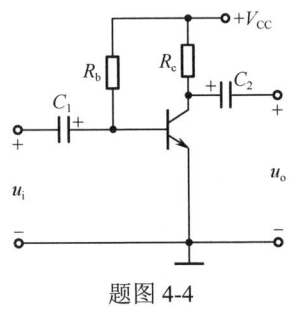

题图 4-4

4-3 已知某放大电路的电压放大倍数为 $\dot{A}_u(f) = \dfrac{10^4}{\left(1+\mathrm{j}\dfrac{f}{10^7}\right)^3}$，由此可确定该放大电路的上限频率 f_H 约等于_____。

4-4 在题图 4-4 所示放大电路中，当 $f = f_L$ 时，u_o 与 u_i 的相位差为_____。

4-5 放大电路在高频信号作用下放大倍数下降的原因是_____。（A. 耦合电容与旁路电容的存在；B. 半导体的极间电容与分布电容的存

在；C. 半导体的非线性特性；D. 放大电路的静态工作点变化）

4-6 由 3 个参数完全相同的基本放大电路级联组成一个多级放大电路，不考虑负载效应，设单级时其带宽是 1MHz，则构成的多级放大电路的带宽_____1MHz。（A. 大于；B. 小于；C. 等于；D. 以上均有可能）

4-7 幅值失真和相位失真统称为_____失真，它属于_____失真。饱和失真、截止失真、交越失真都属于_____失真。

4-8 已知某放大电路电压放大倍数的频率特性为 $\dot{A}_u = \dfrac{100\mathrm{j}\dfrac{f}{10}}{\left(1+\mathrm{j}\dfrac{f}{10}\right)\left(1+\mathrm{j}\dfrac{f}{10^6}\right)}$ （式中 f 的单位为

Hz），由此可知其下限频率为_____，上限频率为_____，中频电压增益为_____dB，输出电压与输入电压在中频段的相位差为_____。

4-9 已知某电路电压放大倍数

$$\dot{A}_u = \frac{-10\mathrm{j}f}{\left(1+\mathrm{j}\dfrac{f}{10}\right)\left(1+\mathrm{j}\dfrac{f}{10^5}\right)}$$

（1）求 $\dot{A}_{um}$、f_L、f_H；（2）画出波特图。

4-10 已知两级共射放大电路的电压放大倍数

$$\dot{A}_u = \frac{200\mathrm{j}f}{\left(1+\mathrm{j}\dfrac{f}{5}\right)\left(1+\mathrm{j}\dfrac{f}{10^4}\right)\left(1+\mathrm{j}\dfrac{f}{2.5\times10^5}\right)}$$

（1）求 $\dot{A}_{um}$、f_L、f_H；（2）画出波特图。

4-11 已知某放大电路的波特图如题图 4-11 所示，填空：

（1）电路的中频电压增益 $20\lg|A_{um}|=$ _____dB，$\dot{A}_{um}=$ _____。

（2）电路的下限频率 $f_L\approx$ _____Hz，上限频率 $f_H\approx$ _____kHz。

（3）电路的电压放大倍数的表达式 $\dot{A}_u=$ _____。

4-12 已知某电路的波特图如题图 4-12 所示，试写出 $\dot{A}_u$ 的表达式。

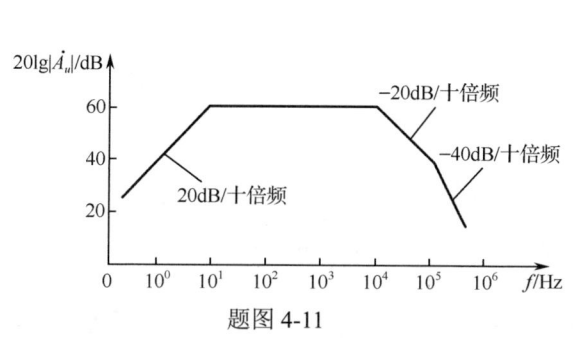

题图 4-11

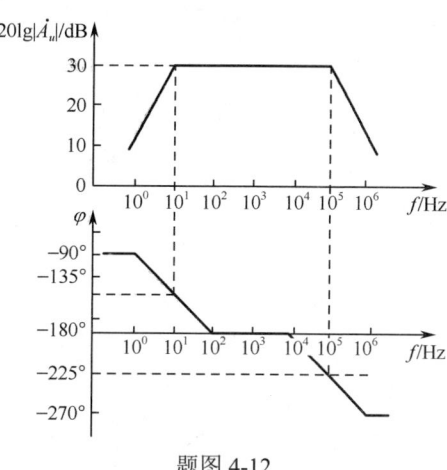

题图 4-12

4-13 在题图 4-13 所示电路中，若 C_e 突然断开，则中频电压放大倍数 $\dot{A}_{uSm}$、f_H、f_L 各发生什么变化（增大、减小或基本不变）？为什么？

4-14 在题图 4-14 所示电路中，已知三极管的 $r_{bb'}=100\Omega$，$r_{be}=1\mathrm{k}\Omega$，静态电流 $I_{EQ}=2\mathrm{mA}$，$C'_{\pi}=$

800pF，$R_S = 2k\Omega$，$R_b = 500k\Omega$，$R_c = 3.3k\Omega$，$C = 10\mu F$，试求解电路的下限频率 f_L 和上限频率 f_H，并画出波特图。

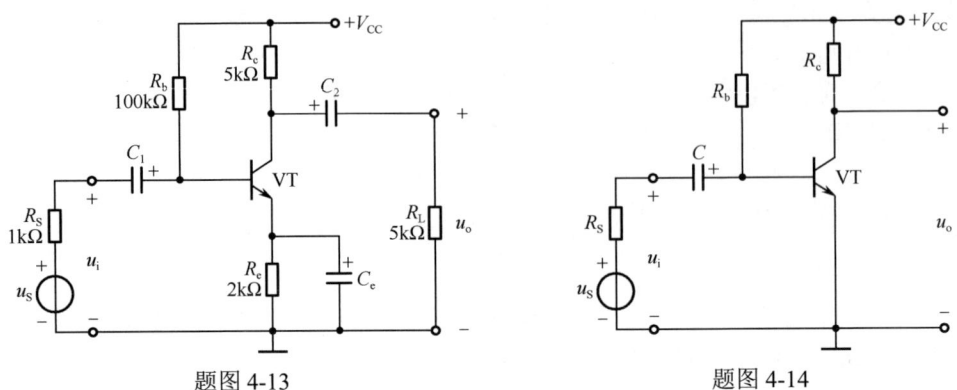

题图 4-13   题图 4-14

4-15　在题图 4-15 所示放大电路中，已知 $V_{CC} = 12V$，$C = 5\mu F$，$f_T = 50MHz$，$r_{bb'} = 100\Omega$，$\beta_0 = 80$。（1）求中频电压放大倍数 $\dot{A}_{uSm}$；（2）求 C_{π}'；（3）求 f_H 和 f_L；（4）画出波特图。

4-16　在题图 4-16 所示放大电路中，已知三极管的 $U_{BEQ} = 0.6V$，$\beta = 50$，$C_{\pi} = 4pF$，$f_T = 150MHz$，$R_S = 2k\Omega$，$R_c = 2k\Omega$，$R_b = 220k\Omega$，$R_L = 10k\Omega$，$C_1 = 0.1\mu F$，$V_{CC} = 5V$，试估算中频电压放大倍数、上限频率、下限频率和通频带，并画出波特图。

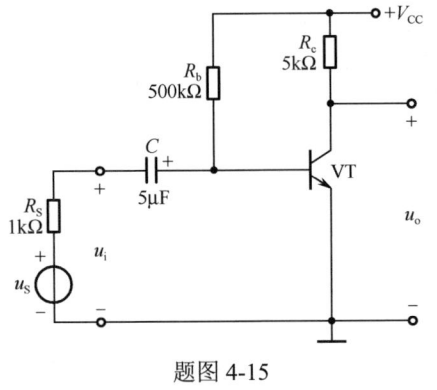　　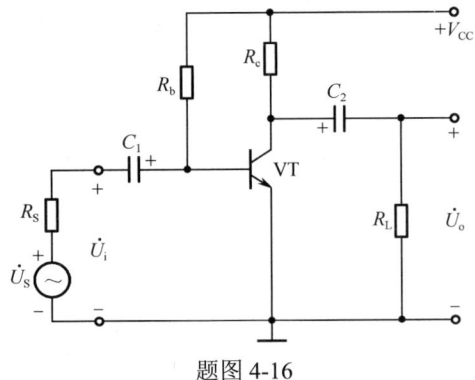

题图 4-15   题图 4-16

第 5 章　集成运算放大电路

内容提要
- 集成电路概述
- 集成运算放大电路（简称集成运放）的基本组成
- 集成运放的典型电路及性能指标
- 集成运放的使用
- 理想运放的概念及特点

5.1　集成电路概述

前面介绍的都是**分立元件电路**。所谓分立元件电路是指由单个电阻、电容、二极管和三极管等连接起来组成的电路。由于分立元件电路中的元器件都裸露在外，因此体积大，工作可靠性差。

电子技术发展的一个重要方向和趋势就是实现集成化，因此，集成运算放大电路（简称**集成运放或运放**）是本章的重点内容之一。本章首先介绍集成电路的一些基本知识，然后着重讨论模拟集成电路中发展最早、应用最广泛的集成运放。

5.1.1　集成电路及其发展

集成电路（Integrated Circuits，IC），是 20 世纪 60 年代初期发展起来的一种半导体器件。它是在半导体制造工艺的基础上，将电路的有源元件（三极管、场效应管等）、无源元件（电阻、电感、电容）及其布线集中制作在同一块半导体基片上并加以封装，形成紧密联系的一个整体电路。

人们经常以电子元器件的每一次重大变革作为衡量电子技术发展的标志。1904 年出现的半导体器件（如真空三极管）称为第一代，1948 年出现的半导体器件（如半导体三极管）称为第二代，1958 年出现的集成电路称为第三代，而 1974 年出现的大规模集成电路称为第四代。可以预料，随着集成工艺的发展，电子技术将日益广泛地应用于人类社会的各个方面。

5.1.2　集成电路的特点

与分立元件电路相比，集成电路具有以下 4 个突出特点。

（1）体积小，重量轻。1946 年，美国制成了世界上第一台电子管电子计算机，用了 18000 多只电子管，重量约 30 吨，需要面积为 170 多平方米的房屋才能放得下，但它的运算速度只有每秒 5000 次左右。目前采用超大规模集成电路工艺制成的 PC 的 CPU 芯片，重量才几十克，体积和一个火柴盒的大小差不多（包括散热电机），但它的运算速度可达每秒百万次。

（2）可靠性高，寿命长。半导体集成电路的可靠性与普通晶体管相比，可以说提高了几十万倍。例如，1964 年的晶体管电子计算机的平均故障间隔时间（MTBF）为 73 小时，而 1964 年的半导体集成电路电子计算机的 MTBF 为 4650 小时；到了 1970 年，计算机的 MTBF 达到了 12400 小时；1985 年 Intel 公司生产的 8398 单片机，MTBF 为 3.8×10^7 小时（片内含有 12 万个晶体管）。显而易见，集成化程度越高，可靠性越高。

（3）速度快，功耗低。晶体管电子计算机运算速度为每秒几十万次，普通集成电路的运算速度每秒可达几百万次。目前，我国用大规模和超大规模集成电路组装的计算机，其运算速度每秒已达十亿次。

在功耗方面，一台晶体管收音机（交流电源供电）所消耗的功率不到 1W，而集成单元电路的功耗只有几十微瓦，相当于一个晶体管功耗的千分之一。一般的半导体集成电路每次的逻辑运算所需的能量为 10nJ 左右，近年来，由于新技术的采用，已使每次逻辑运算所需的能量降低到 1nJ以下。

（4）成本低。在应用上，如果要达到电路的同样功能，采用集成电路与采用分立元件电路相比，前者的成本要低许多。原因有二：第一，集成电路的元器件价格比组成电路的分立元件低，一块集成电路中不论含有多少只晶体管，最后只需一个外壳来封装，而对分立元件，有多少只晶体管就要有多少个外壳封装，有时外壳的成本比管芯的成本还高；第二，分立元件电路投入安装调试的劳动力成本又高出了集成电路很多。随着科学技术水平的不断提高，集成电路集成化程度将不断提高，制造成本也会不断降低。

5.1.3　集成电路的分类

1．集成电路的分类

（1）按制造工艺分类。

按照集成电路不同的制造工艺可将其分为半导体集成电路（又分为双极型集成电路和 MOS集成电路）、薄膜集成电路和混合集成电路。

（2）按功能分类。

集成电路按其功能的不同，可分为数字集成电路、模拟集成电路和微波集成电路。

（3）按集成规模分类。

集成规模又称**集成度**，是指集成电路内所含元器件的个数。按集成度的大小，集成电路可分为小规模集成电路（SSI），内含元器件数小于 100 个；中规模集成电路（MSI），内含元器件数为100～1000 个；大规模集成电路（LSI），内含元器件数为1000～10000 个；超大规模集成电路（VLSI），内含元器件数为 10000～100000 个。集成电路的集成化程度仍在不断地提高，目前，已经出现了内含上亿个元器件的集成电路。

2．集成运放的分类

自 1964 年 FSC 公司研制出第一块集成运放 μA702 以来，经过几十年的发展，集成运放已成为一种类别与品种系列繁多的模拟集成电路。为了在工作中能够正确地选取使用，必须了解集成运放的分类。

集成运放有四种分类方法。

（1）按用途分类。

集成运放按其用途分为**通用型**和**专用型**两大类。

① 通用型集成运放。

通用型集成运放的参数指标比较均衡全面，适用于一般的工程设计。一般认为，在没有特殊参数要求情况下工作的集成运放均可列为通用型。由于通用型应用范围宽、产量大，因而价格便宜。作为一般应用，首先考虑选择通用型。

② 专用型集成运放。

这类集成运放是为满足某些特殊要求而设计的，其参数中往往有一项或几项非常突出。下面简要介绍几种专用型集成运放的性能特点和应用场合。

- 低功耗或微功耗型集成运放：电源电压在±15V 时，功耗小于 6mW，甚至是 μW 级。
- 高速型集成运放：在快速 A/D 和 D/A 转换器、视频放大器中，要求集成运放的转换速率一定要高，有的可达 2kV/μs～3kV/μs；单位增益带宽一定要足够大。高速型集成运放的主要特点是具有高的转换速率和宽的频率响应。

- 宽频带集成运放：一般增益带宽积应大于 10MHz，常用于宽频带放大电路中。
- 高精度型集成运放：特点是高增益、高共模抑制比、低偏流、低零漂、低噪声等。
- 高电压集成运放：正常输出电压 U_o 的范围大于−22V～+22V。
- 功率型集成运放：输出级可向负载提供较大的输出功率。例如，有些单片音频放大器可输出十几瓦的功率。
- 高输入阻抗集成运放：输入阻抗非常大，输入电流非常小。输入级往往采用 MOS 管。
- 低零漂型集成运放：在精密仪器、弱信号检测等自动控制仪表中，需要集成运放的失调电压小且不随温度的变化而变化，低零漂型集成运放就是为此而设计的。

此外，专用型集成运放还有跨导型、程控型、低噪声型、集成电压跟随器等。

（2）按供电电源分类。

集成运放按供电电源分类，可分为双电源集成运放和单电源集成运放。绝大部分集成运放在设计中都是正、负对称的双电源供电，以保证其优良性能。而单电源集成运放采用特殊设计，在单电源下能实现零输入、零输出，交流放大时，失真较小。

（3）按制作工艺分类。

集成运放按制作工艺可分为三类：双极型集成运放、单极型集成运放和双极-单极兼容型集成运放。

（4）按级数分类。

集成运放按级数可分为四类：单运放、双运放、三运放和四运放。

5.1.4　集成电路制造工艺简介

在集成电路的生产过程中，在直径为 3mm～10mm 的硅片上，同时制造几百甚至几千个电路。人们称这个硅晶片为基片，称每一块电路为管芯，如图 5-1 所示。

基片制成后，再经划片、压焊、测试、封装后成为产品。图 5-2（a）、（b）所示为圆壳式集成电路的剖面图及外形，图 5-2（c）、（d）所示为双列直插式集成电路的剖面图及外形。

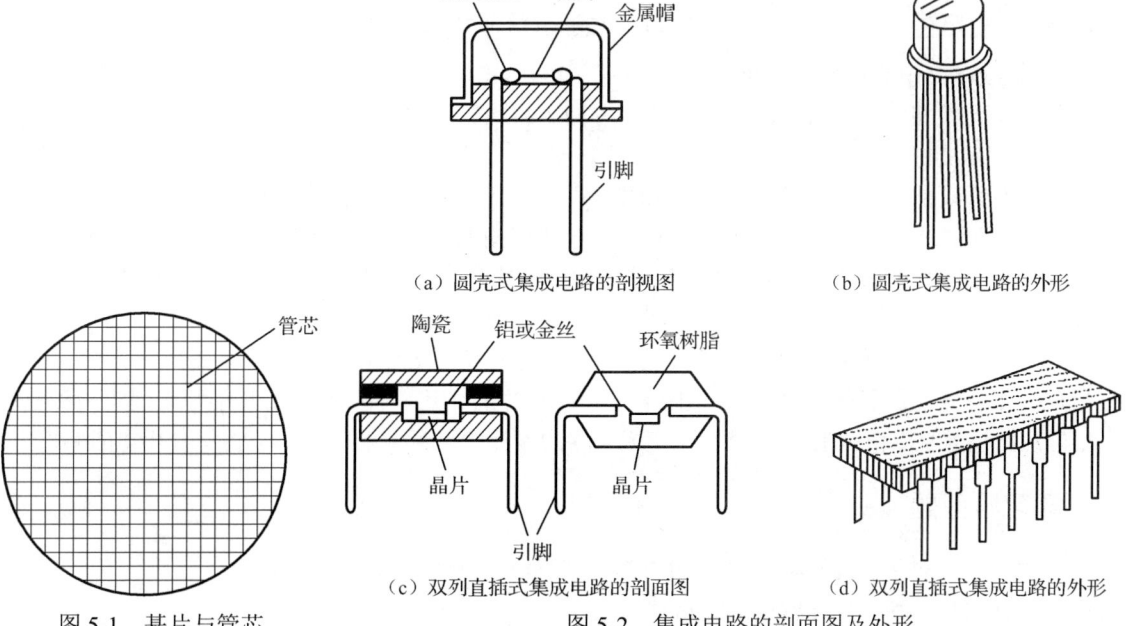

（a）圆壳式集成电路的剖视图　　　　（b）圆壳式集成电路的外形

（c）双列直插式集成电路的剖面图　　　（d）双列直插式集成电路的外形

图 5-1　基片与管芯　　　　　　　图 5-2　集成电路的剖面图及外形

1. 主要制造工序

集成电路的制造工艺较为复杂，在制造过程中需要多道工序，现将制造过程中的几个主要工序介绍如下。

（1）氧化：在温度为 800℃～1200℃的氧气中使半导体表面形成 SiO₂ 薄层，以防止外界杂质的污染。

（2）光刻与掩模：制作过程中所需的版图称为掩模，利用照相制版技术将掩模刻在硅片上称为光刻。

（3）扩散：在 1000℃ 左右的炉温下，将磷、砷、硼等元素的气体引入扩散炉，经一定时间形成杂质浓度一定的 N 型半导体或 P 型半导体。

每次扩散完毕都要进行一次氧化，以保护硅片的表面。

（4）外延：在半导体基片上形成一个与基片结晶轴同晶向的半导体薄层，称为外延生长技术。所形成的薄层称为外延层，其作用是保证半导体表面性能均匀。

（5）蒸铝：在真空中将铝蒸发，沉积在硅片表面，为制造连线或引线做准备。

2. 隔离技术及电路元器件的制造

虽然集成电路各元器件均制作在一块硅片上，但各元器件之间必须是相互绝缘的，这就需要隔离。常用的隔离技术有 PN 结隔离和介质隔离两种。PN 结隔离技术是利用 PN 结反向偏置时具有很高电阻的特点，把元器件所在 N 区或 P 区四周用 PN 结包围起来，使元器件之间绝缘。

PN 结隔离的优点是制造工艺简单，缺点是隔离岛（N 型区围成的一块区域，该区域周围是 P 型区）之间所能承受的电压不高，存在较大的寄生电容效应，影响电路的高频效应，因此只适用于工作电压不高、结构不太复杂的模拟和数字集成电路。

介质隔离是用 SiO₂ 等介质材料将隔离岛与衬底、隔离岛与隔离岛之间隔离。介质隔离的最大特点是不需外加偏置电压，且寄生电容小，但制造工艺复杂、成本高，一般用于电源电压较高、对隔离性能要求较高的模拟集成电路中。

隔离岛形成后，即可在其中制造所需的元器件，制造过程与 PN 结隔离的制造过程完全相同。

各种无源元件并不需要特殊工艺，例如，用 NPN 型管的发射结作为二极管和稳压管，用 NPN 型管基区体电阻作为电阻，用 PN 结势垒电容或 MOS 管栅极与沟道间等效电容作为电容等。

3. 集成电路中元器件的特点

与分立元件相比，集成电路中的元器件有如下特点。

（1）具有良好的对称性。由于元器件在同一硅片上用相同的工艺制造，且因元器件很密集而环境温度差别很小，所以元器件的性能比较一致，而且同类元器件温度对称性也较好。

（2）电阻与电容的数值有一定的限制。由于集成电路中电阻和电容要占用硅片的面积，且参数值越大，占用面积也越大，所以不易制造大电阻和大电容。因此，电阻范围为几十欧至几千欧，电容一般小于 100pF。

（3）纵向三极管的 β 值大；横向三极管的 β 值小，但 PN 结耐压高。

（4）用有源元件取代无源元件。由于纵向 NPN 型管占用硅片面积小且性能好，而电阻和电容占用硅片面积大且取值范围小，因此，在集成电路的设计中尽量多采用 NPN 型管，少用电阻和电容。

复习思考题

5.1.1 将二极管、三极管、电阻、电容等元器件及连接导线同时制作在 _____ 上，构成一个具有某种功能的完整电路，这就是 _____。

5.1.2 集成电路按照集成度如何进行分类？

5.1.3 集成电路中，为何用有源元件取代无源元件？

5.1.4 简述通用型集成运放和专用型集成运放的特点。

5.1.5 集成电路的诞生，为电子技术的发展带来哪些突出的改变？

5.2 集成运放的基本组成及功能

从原理上说，集成运放的内部实质上是一个高放大倍数的多级直接耦合放大电路。它通常包含 4 个基本组成部分，即输入级、中间级、输出级和偏置电路，如图 5-3 所示。

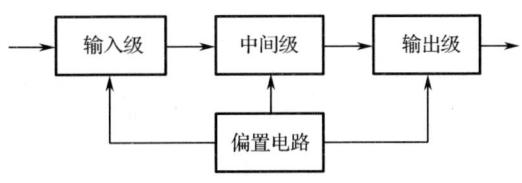

图 5-3 集成运放的基本组成

输入级由差分放大电路组成。它具有很高的输入电阻，并能很好地抑制零漂。

中间级由一到多级直接耦合的共发射极电路构成。信号的放大主要是在这一级完成的，因此它的电压放大倍数非常高。

输出级大多采用互补对称功率放大电路（将在第 9 章介绍）。因此，电路的输出电阻很低、输出功率大、带负载能力强。

偏置电路的作用是向各级放大电路提供合适的偏置电流，确定各级静态工作点。各个放大级对偏置电流的要求各不相同。对于输入级，通常要求提供一个比较小（一般为微安级）的偏置电流，而且非常稳定，以便提高集成运放的输入电阻，降低输入偏置电流、输入失调电流及其零漂等。在集成电路中，大多采用电流源的形式作为偏置电路。

5.2.1 偏置电路——电流源

在电子电路中，特别是在模拟集成电路中，广泛使用不同类型的电流源（也称恒流源）。它的第一个用途是为各种基本放大电路提供稳定的偏置电流；第二个用途是用作放大电路的有源负载。下面介绍几种常见的电流源。

1. 基本恒流源电路

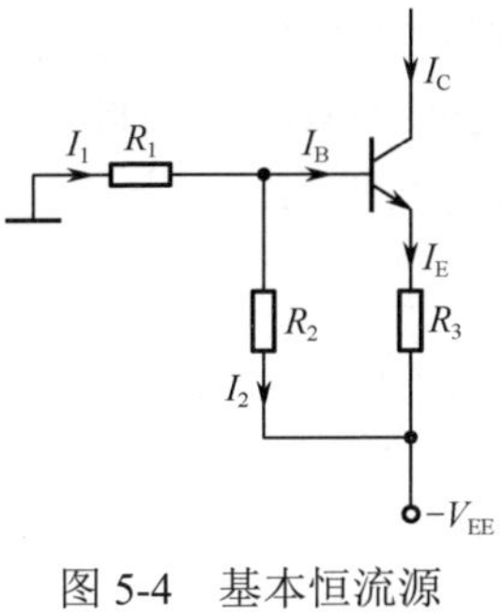

用三极管实现恒流源，可采用静态工作点稳定电路，如图 5-4 所示。

当 $I_1 \gg I_B$ 时，$I_1 \approx I_2 \approx \dfrac{V_{EE}}{R_1 + R_2}$，则 $I_C \approx I_E \approx \dfrac{I_2 R_2 - U_{BEQ}}{R_3}$，因而

$$I_C \approx I_E \approx \left(\frac{R_2}{R_1 + R_2} V_{EE} - U_{BEQ} \right) / R_3 \qquad (5-1)$$

图 5-4 基本恒流源

I_C 就是电流源的输出电流。由式（5-1）可知，当电阻 R_1、R_2、R_3 及电源 V_{EE} 选定后，I_C 即被确定。

例如，$R_1 = R_2 = R_3 = 5k\Omega$，$-V_{EE} = -12V$，$U_{BEQ} = 0.7V$，则

$$I_C \approx \left(\frac{R_2}{R_1 + R_2} V_{EE} - U_{BEQ} \right) / R_3 = 1.06mA$$

2. 镜像电流源

基本恒流源电路中由于用了三个电阻，不利于集成化，因此经常采用镜像电流源，如图 5-5 所示。图 5-5 中三极管 VT$_1$ 和 VT$_2$ 具有完全相同的输入特性和输出特性，且由于两管的 b、e 极分别相连，$U_{BE1} = U_{BE2}$，$I_{B1} = I_{B2}$，$I_{C1} = I_{C2}$，就像照镜子一样，所以该电路称为**镜像电流源**。由图 5-5 可知，VT$_1$ 的 b、c 极相连，VT$_1$ 处于临界放大状态，电阻 R 中电流 I_R 为基准电流，表达式为

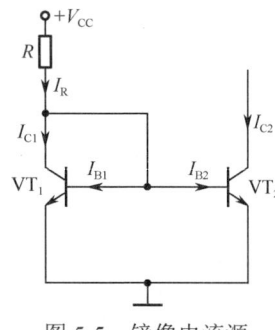

图 5-5 镜像电流源

$$I_R = \frac{V_{CC} - U_{BEQ}}{R} \tag{5-2}$$

且 $I_R = I_{C1} + I_{B1} + I_{B2} = I_{C2} + 2I_{B2} = (1 + 2/\beta)I_{C2}$，所以当 $\beta \gg 2$ 时，有

$$I_{C2} \approx I_R = \frac{V_{CC} - U_{BEQ}}{R} \tag{5-3}$$

可见，只要电源 V_{CC} 和电阻 R 确定，则 I_{C2} 就确定。恒定的 I_{C2} 可作为提供给某个放大级的静态偏置电流。另外，在镜像电流源中，VT_1 的发射结对 VT_2 具有温度补偿作用，可有效地抑制 I_{C2} 的零漂。例如，当温度升高使 VT_2 的 I_{C2} 增大的同时，也使 VT_1 的 I_{C1} 增大，从而使 U_{BE1}（U_{BE2}）减小，致使 I_{B2} 减小，从而抑制了 I_{C2} 的增大。

镜像电流源的优点是结构简单，而且具有一定的温度补偿作用。缺点是在电源电压 V_{CC} 一定的情况下，若要求 I_{C2} 较大，则根据式（5-3），I_R 势必增大，R 的功耗也就增大，这是集成电路中应当避免的；若要求 I_{C2} 很小，则 I_R 势必也小，R 的数值必然很大，这在集成电路中是很难做到的。

3．比例电流源

比例电流源改变了镜像电流源中 $I_{C2} \approx I_R$ 的关系，而使 I_{C2} 可以大于或小于 I_R，与 I_R 成比例，从而克服了镜像电流源的上述不足，如图 5-6 所示。它是在镜像电流源的基础上，在三极管 VT_1、VT_2 的发射极分别接入两个电阻 R_1 和 R_2。

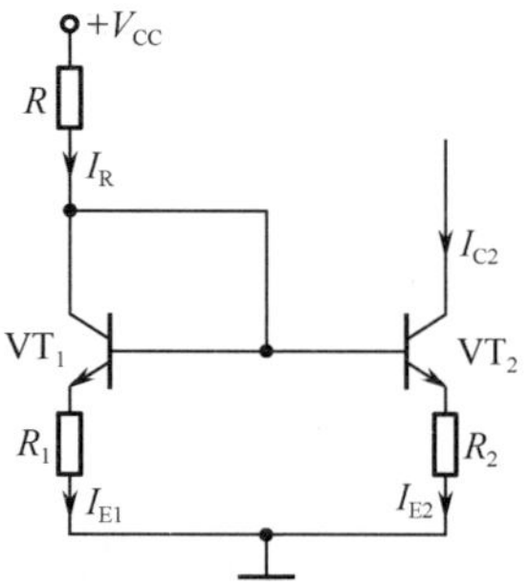

可得

$$U_{BE1} + I_{E1}R_1 = U_{BE2} + I_{E2}R_2$$

由于 VT_1、VT_2 的特性完全相同，因此可以认为 $U_{BE1} = U_{BE2}$，则

$$I_{E1}R_1 = I_{E2}R_2$$

若两只三极管的基极电流可以忽略，则由上式可得

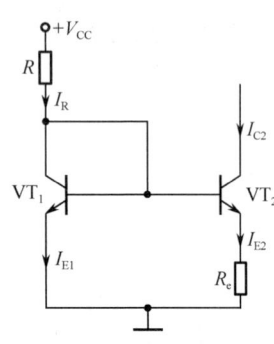

图 5-6　比例电流源

$$I_{C2} = \frac{R_1}{R_2}I_{C1} \approx \frac{R_1}{R_2}I_R \tag{5-4}$$

可见，两只三极管的集电极电流之比近似与发射极电阻的阻值成反比，故称之为**比例电流源**。

与镜像电流源一样，比例电流源也具有结构简单的特点，而且，由于发射极接入电阻 R_1 和 R_2，因此具有很好的温度补偿作用。但是，这两种电流源有共同的缺点，就是当直流电源 V_{CC} 变化时，输出电流 I_{C2} 几乎按同样的规律波动，不适用于直流电源在大范围内变化的集成运放。此外，若输入级需要提供微安级的偏置电流，则所用电阻将达到兆欧级，这在集成电路中几乎无法实现。

4．微电流源

为了得到微安级的输出电流，同时又希望电阻值不太大，可以在镜像电流源的基础上，在三极管 VT_2 的发射极电路中接入电阻 R_e，如图 5-7 所示。这种电流源称为微电流源。

当基准电流 I_R 一定时，I_{C1} 可确定。因为

$$U_{BE1} - U_{BE2} = \Delta U_{BE} = I_{E2}R_e$$

所以

$$I_{C2} \approx I_{E2} = \frac{\Delta U_{BE}}{R_e} \tag{5-5}$$

图 5-7　微电流源

由式（5-5）可知，利用两只三极管发射结电压差 ΔU_{BE} 可以控制输出电流 I_{C2}。由于 ΔU_{BE} 的数值较小，所以用阻值不大的 R_e 即可获得微小的工作电流，故称此电流源为**微电流源**。该电路由于 VT_1、VT_2 是对管，两管基极又连在一起，当 V_{CC}、R 和 R_e 为已知时，基准电流 $I_R \approx V_{CC}/R$，在 U_{BE1}、U_{BE2} 为一定时，

I_{C2} 也就确定了。在电路中，当电源电压 V_{CC} 发生变化时，I_R 以及 ΔU_{BE} 也将发生变化，由于 R_e 的值一般为数千欧，使得 $U_{BE2} \ll U_{BE1}$，以致 VT_2 的 U_{BE2} 很小而工作于输入特性的弯曲部分，I_{C2} 的变化远小于 I_R 的变化，故电源电压波动对工作电流 I_{C2} 的影响不大。

5.2.2　输入级——差分放大电路

差分放大电路（也称差动放大电路），就其功能来说，是放大两个输入信号之差。

由于集成运放的内部实质上是一个高放大倍数的多级直接耦合放大电路，因此必须解决零漂问题，电路才能实用。虽然集成电路中元器件参数分散性大，但是相邻元器件参数的对称性比较好。差分放大电路正是利用这一特点，采用参数相同的三极管来进行补偿，从而有效抑制零漂。在集成运放中多以差分放大电路作为输入级。

差分放大电路常见的形式有三种：基本形式、长尾式和恒流源式。

1．基本形式差分放大电路

（1）输入信号类型。

将两个电路结构、参数均相同的单管共射放大电路组合在一起，就构成基本形式差分放大电路，如图 5-8 所示。

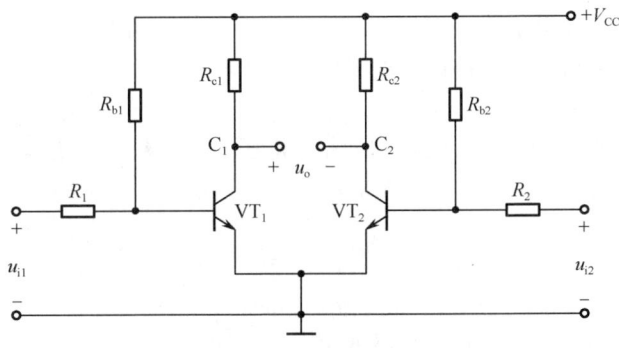

图 5-8　基本形式差分放大电路

在差分放大电路的两个输入端分别输入大小相等、极性相反的信号，即 $u_{i1} = -u_{i2}$，这种输入方式称为差模输入。在差模输入方式下，差动放大电路总的输入信号称为**差模输入信号**，用 u_{id} 表示，u_{id} 为两个输入端输入信号之差，即

$$u_{id} = u_{i1} - u_{i2} \tag{5-6}$$

或者

$$u_{i1} = -u_{i2} = \frac{1}{2} u_{id} \tag{5-7}$$

差模输入电路如图 5-9 所示。

在差分放大电路的两个输入端分别输入大小相等、极性相同的信号，即 $u_{i1} = u_{i2}$，这种输入方式称为共模输入，所输入的信号称为**共模输入信号**，用 u_{ic} 表示。u_{ic} 与两个输入端的输入信号有以下关系

$$u_{ic} = u_{i1} = u_{i2} \tag{5-8}$$

共模输入电路如图 5-10 所示。

当差分放大电路的两个输入端输入的信号大小不等时，可将其分解为差模信号和共模信号。由于差模信号 $u_{id} = u_{i1} - u_{i2}$，共模信号 u_{ic} 可以写为

$$u_{ic} = \frac{u_{i1} + u_{i2}}{2} \tag{5-9}$$

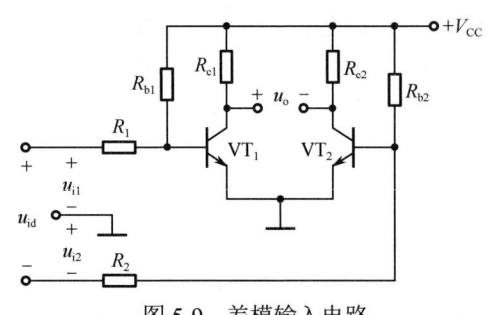

图 5-9 差模输入电路   图 5-10 共模输入电路

于是，加在两个输入端上的信号可分解为

$$u_{i1} = u_{ic} + \frac{u_{id}}{2} \tag{5-10}$$

$$u_{i2} = u_{ic} - \frac{u_{id}}{2} \tag{5-11}$$

例如，$u_{i1} = 8\text{mV}$，$u_{i2} = 2\text{mV}$，则此时

$$u_{id} = u_{i1} - u_{i2} = (8 - 2)\text{mV} = 6\text{mV}, \quad u_{ic} = \frac{u_{i1} + u_{i2}}{2} = \frac{8 + 2}{2}\text{mV} = 5\text{mV}$$

因此，只要分析清楚差分放大电路对差模输入信号和共模输入信号的响应，利用叠加定理即可完整地描述差分放大电路对所有各种输入信号的响应。

（2）电压放大倍数。

差分放大电路对差模信号的放大倍数称为**差模电压放大倍数**，用 A_{ud} 表示。以图 5-9 所示差模输入电路为例，假设两边单管放大电路完全对称，且每边单管放大电路的电压放大倍数均为 A_{u1}，可以推出当输入差模信号时，A_{ud} 为

$$A_{ud} = \frac{u_o}{u_{id}} = \frac{u_{C1} - u_{C2}}{u_{i1} - u_{i2}} = \frac{2u_{C1}}{2u_{i1}} = \frac{u_{C1}}{u_{i1}} = A_{u1} \tag{5-12}$$

式（5-12）表明，差分放大电路的差模电压放大倍数和单管放大电路的电压放大倍数相同。可以看出，差分放大电路的特点是，多用一只放大管后，虽然电压放大倍数没有增加，但是换来了对零漂的抑制。

差分放大电路对共模信号的放大倍数称为**共模电压放大倍数**，用 A_{uc} 表示。以图 5-10 所示共模输入电路为例，可以推出当输入共模信号时，A_{uc} 为

$$A_{uc} = \frac{u_o}{u_{ic}} = \frac{u_{C1} - u_{C2}}{u_{i1}} = \frac{0}{u_{i1}} = 0 \tag{5-13}$$

式（5-13）表明，差分放大电路对共模信号没有放大作用，这正是我们希望的结果。因为共模信号就是由于外界干扰而产生的有害信号，如零漂信号，必须加以抑制。可以这样解释，差分放大电路具有对称结构，当有外界干扰时，如温度变化，对两只管子的影响完全相同，因此在两个输入端产生的输入信号也完全相同，这就是共模输入信号。

综上所述，差分放大电路对有效的差模信号有放大作用，而对无效的共模信号有抑制作用，也就是说，要想放大输入信号，必须使两个输入端的信号有差别，正所谓"输入有差别，输出才有变动"，差动放大电路由此得名。

（3）共模抑制比。

差分放大电路的**共模抑制比**用符号 K_{CMR} 表示，它定义为差模电压放大倍数与共模电压放大倍数之比，一般用对数表示，单位为分贝（dB），即

$$K_{CMR} = 20\lg\left|\frac{A_{ud}}{A_{uc}}\right| \tag{5-14}$$

共模抑制比描述差分放大电路对共模信号即零漂的抑制能力。K_{CMR} 越大，说明抑制零漂的能力越强。在理想情况下，差分放大电路两侧的参数完全对称，两管输出端的零漂完全抵消，则共模电压放大倍数 $A_{uc} = 0$，共模抑制比 $K_{CMR} = \infty$。

对基本形式差分放大电路而言，由于实际中内部参数不可能绝对匹配，所以输出电压 u_o 仍然存在零漂，共模抑制比很低。而且从每只三极管的集电极对地电压来看，其零漂与单管放大电路相同，丝毫没有改善。因此，实际工作中一般不采用这种基本形式差分放大电路，而是在此基础上稍加改进，组成了长尾式差分放大电路。

2. 长尾式差分放大电路

（1）电路组成。

在图 5-8 所示的基本形式差分放大电路的基础上，在两只三极管的发射极接入一个发射极电阻 R_e，如图 5-11 所示。这个电阻 R_e 像一条"长尾"，所以这种电路称为**长尾式差分放大电路**。

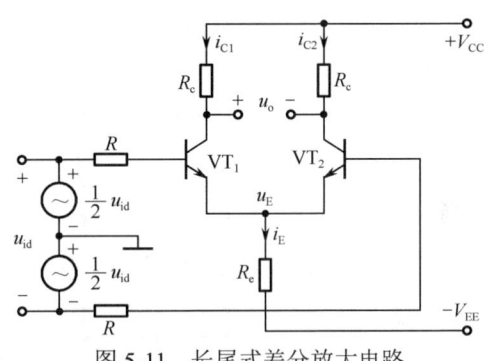

图 5-11　长尾式差分放大电路

长尾电阻 R_e 对共模信号具有抑制作用。假设在电路输入端加上正的共模信号，则两只管子的集电极电流 i_{C1}、i_{C2} 同时增加，使流过发射极电阻 R_e 的电流 i_E 增加，于是发射极电位 u_E 升高，从而两管的 u_{BE1}、u_{BE2} 降低，进而限制了 i_{C1}、i_{C2} 的增加。

但是对差模输入信号，由于两管的输入信号幅值相等而极性相反，所以 i_{C1} 增加多少，i_{C2} 就减少同样的数量，因而流过 R_e 的电流总量保持不变，即 $\Delta u_E = 0$，所以长尾电阻 R_e 对差模输入信号无影响。

由以上分析可知，长尾电阻 R_e 的接入使共模电压放大倍数减小，降低了每只管子的零漂，但对差模电压放大倍数没有影响，因此提高了电路的共模抑制比。R_e 越大，抑制零漂的效果越好。但是，随着 R_e 的增大，R_e 上的直流压降将越来越大。为此，在电路中引入一个负电源 V_{EE} 来补偿 R_e 上的直流压降，以免输出电压变化范围太小。引入 V_{EE} 后，静态基极电流可由 V_{EE} 提供，因此可以不接基极电阻 R_b，如图 5-11 所示。

（2）静态分析。

当输入电压等于零时，由于电路结构对称，故设 $I_{BQ1} = I_{BQ2} = I_{BQ}$，$I_{CQ1} = I_{CQ2} = I_{CQ}$，$U_{BEQ1} = U_{BEQ2} = U_{BEQ}$，$U_{CQ1} = U_{CQ2} = U_{CQ}$，$\beta_1 = \beta_2 = \beta$。由三极管的基极回路可得

$$I_{BQ}R + U_{BEQ} + 2I_{EQ}R_e = V_{EE}$$

则静态基极电流为

$$I_{BQ} = \frac{V_{EE} - U_{BEQ}}{R + 2(1+\beta)R_e} \tag{5-15}$$

静态集电极电流和电位为

$$I_{CQ} \approx \beta I_{BQ} \tag{5-16}$$

$$V_{CQ} = V_{CC} - I_{CQ}R_c \quad \text{（对地）} \tag{5-17}$$

静态基极电位为

$$V_{BQ} = -I_{BQ}R \quad \text{（对地）} \tag{5-18}$$

（3）动态分析。

当输入差模信号时，由于两管的输入电压大小相等、方向相反，流过两管的电流也大小相等、

方向相反，结果使得长尾电阻 R_e 上的电流 $\Delta i_E = 0A$，则 $\Delta u_E = 0V$，可以认为 R_e 对差模信号呈短路状态。图 5-11 所示长尾式差分放大电路差模输入的交流通路和微变等效电路如图 5-12 所示。

图 5-12（a）中，R_L 为接在两只三极管集电极之间的负载电阻。当输入差模信号时，一管集电极电位降低，另一管集电极电位升高，而且升高与降低的数值相等，于是可以认为 R_L 中点处的电位为零。也就是说，在 $R_L/2$ 处相当于交流接地。

根据图 5-12（b）可得差模电压放大倍数为

$$A_{ud} = \frac{u_o}{u_{id}} = \frac{u_{C1} - u_{C2}}{u_{i1} - u_{i2}} = \frac{2u_{C1}}{2u_{i1}} = A_{u1} = -\frac{\beta R_L'}{r_{be} + R} \tag{5-19}$$

式中，$R_L' = R_c//(R_L/2)$。

从两管输入端向里看，差模输入电阻为

$$R_{id} = 2(R + r_{be}) \tag{5-20}$$

两管集电极之间的输出电阻为

$$R_o = 2R_c \tag{5-21}$$

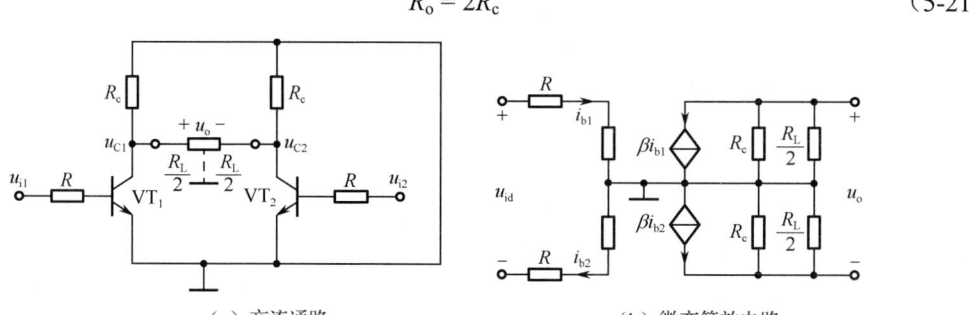

（a）交流通路　　　　　　　　　　　　（b）微变等效电路

图 5-12　长尾式差分放大电路差模输入的交流通路和微变等效电路

在长尾式差分放大电路中，为了在两边参数不完全对称的情况下能使静态时的 u_o 为零，常常接入调零电位器 R_P，如图 5-13（a）所示，图 5-13（b）是其差模输入的交流通路。

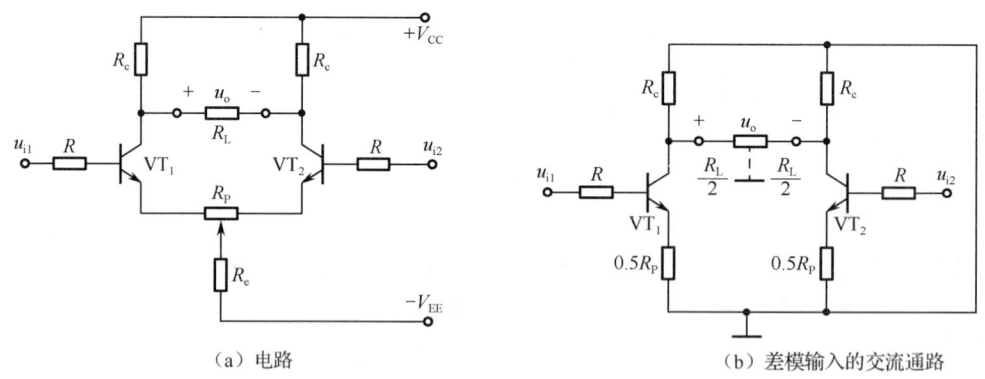

（a）电路　　　　　　　　　　　　（b）差模输入的交流通路

图 5-13　接入调零电位器的长尾式差分放大电路

【例 5-1】　在图 5-13（a）所示的电路中，已知 $V_{CC} = V_{EE} = 12V$，三极管的 $\beta = 50$，$U_{BEQ} = 0.7V$，$R_c = 30k\Omega$，$R_e = 27k\Omega$，$R = 10k\Omega$，$R_P = 500\Omega$，设 R_P 的活动端调在中间位置，负载电阻 $R_L = 20k\Omega$。试估算放大电路的静态工作点 Q、差模电压放大倍数 A_{ud}、差模输入电阻 R_{id} 和输出电阻 R_o。

解：由三极管的基极回路可知

$$I_{BQ} = \frac{V_{EE} - U_{BEQ}}{R + (1+\beta)(2R_e + 0.5R_P)} = \left[\frac{12 - 0.7}{10 + 51 \times (2 \times 27 + 0.5 \times 0.5)}\right]mA = 0.004mA = 4\mu A$$

则

$$I_{CQ} \approx \beta I_{BQ} = 50 \times 0.004mA = 0.2mA$$

$$V_{CQ} = V_{CC} - I_{CQ}R_c = (12-0.2\times30)V = 6V$$

$$V_{BQ} = -I_{BQ}R = -0.004\times10V = -0.04V = -40mV$$

放大电路中引入 R_e 对差模电压放大倍数没有影响，但调零电位器只流过一只管子的电流，因此将使差模电压放大倍数降低。

差模电压放大倍数为

$$A_{ud} = -\frac{\beta R'_L}{R + r_{be} + (1+\beta)\dfrac{R_P}{2}}$$

式中

$$R'_L = R_c // \frac{R_L}{2} = \frac{30\times(20/2)}{30+(20/2)}k\Omega = 7.5k\Omega$$

$$r_{be} = r_{bb'} + (1+\beta)\frac{26mV}{I_{EQ}} = 300\Omega + 51\times\frac{26}{0.2}\Omega = 6930\Omega = 6.93k\Omega$$

则

$$A_{ud} = -\frac{50\times7.5}{10+6.93+51\times0.5\times0.5} = -12.6$$

输入电阻

$$R_{id} = 2\left[R + r_{be} + (1+\beta)\frac{R_P}{2}\right] = 2\times(10+6.93+51\times0.5\times0.5)k\Omega = 59.36k\Omega$$

输出电阻

$$R_o = 2R_c = 2\times30k\Omega = 60k\Omega$$

3．恒流源式差分放大电路

在长尾式差分放大电路中，R_e 越大，抑制零漂的能力越强。但 R_e 的增大是有限的，原因有两个：一是在集成电路中难于制作大电阻；二是在同样的工作电流下 R_e 越大，所需 V_{EE} 越高。为此，可以考虑采用一只三极管代替原来的长尾电阻 R_e。

在三极管输出特性的恒流区，当集电极电压有一个较大的变化量Δu_{CE} 时，集电极电流 i_C 基本不变。此时三极管集电极、发射极之间的等效电阻 $r_{CE} = \dfrac{\Delta u_{CE}}{\Delta i_C}$ 的值很大。用恒流三极管充当一个阻值很大的长尾电阻 R_e，既可在不用大电阻的条件下有效地抑制零漂，又适合在集成电路制造工艺中用三极管代替大电阻的特点，因此，这种方法在集成运放中被广泛采用。

恒流源式差分放大电路如图 5-14 所示。恒流三极管 VT_3 的基极电位由 R_{b1}、R_{b2} 分压后得到，可认为其基本不受温度变化的影响，即当温度变化时 VT_3 的发射极电位和发射极电流也基本保持稳定，而两只三极管的集电极电流 i_{C1} 和 i_{C2} 之和近似等于 i_{C3}，所以 i_{C1} 和 i_{C2} 不会因温度的变化而同时增大或减小，可见，接入恒流三极管后，抑制了共模信号的变化。

有时，为了简化起见，常常不把恒流源式差分放大电路中恒流三极管 VT_3 的具体电路画出，而采用一个简化的恒流源符号来表示，如图 5-15 所示。

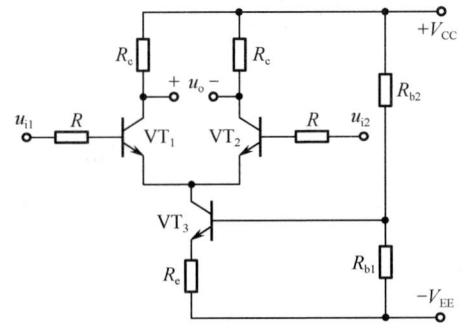

图 5-14 恒流源式差分放大电路

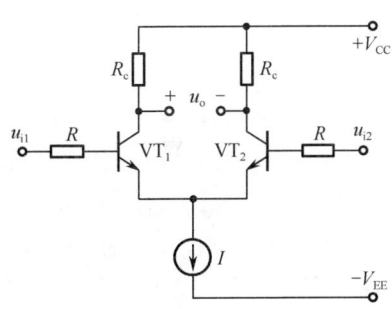

图 5-15 图 5-14 的简化画法

4．差分放大电路的 4 种接法

差分放大电路有两个放大三极管，它们的基极和集电极分别是放大电路的两个输入端和两个输出端。差分放大电路的输入端、输出端有 4 种不同的接法，即双端输入-双端输出、双端输入-单端输出、单端输入-双端输出，单端输入-单端输出。下面以长尾式差动放大电路为例介绍不同接法的性能。

（1）双端输入-双端输出。

前面是以双端输入-双端输出的形式进行分析的，其差分放大电路如图 5-16 所示。根据前面的分析可得差模电压放大倍数 A_{ud} 为

$$A_{ud} = -\frac{\beta\left(R_c // \dfrac{R_L}{2}\right)}{R_b + r_{be}}$$

共模电压放大倍数 A_{uc} 为

$$A_{uc} = 0$$

共模抑制比 K_{CMR} 为

$$K_{CMR} \rightarrow \infty$$

差模输入电阻 R_{id} 为

$$R_{id} = 2(R_b + r_{be})$$

共模输入电阻 R_{ic} 为

$$R_{ic} = \frac{1}{2}[R_b + r_{be} + (1+\beta)\cdot 2R_e]$$

输出电阻 R_o 为

$$R_o = 2R_c$$

双端输入-双端输出适用于输入、输出都无须接地，对称输入、对称输出的场合。

（2）单端输入-双端输出。

单端输入-双端输出差分放大电路如图 5-17 所示。输入信号仅加在 VT_1 输入端，VT_2 输入端接地，这种输入方式称为单端输入，是实际电路中常用的一种。

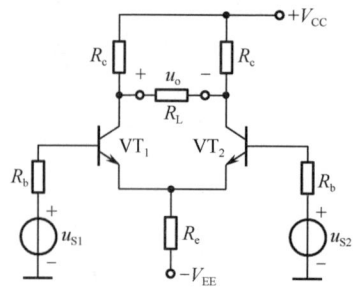
图 5-16　双端输入-双端输出差分放大电路

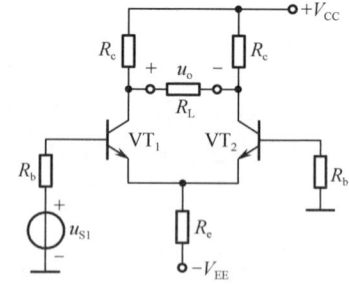
图 5-17　单端输入-双端输出差分放大电路

当忽略电路对共模信号的放大作用时，单端输入就可以等效为双端输入，故双端输入-双端输出的结论均适用于单端输入-双端输出。

这种接法的特点是可以把单端输入的信号转换成双端输出，作为下一级的差分输入，适用于负载两端任何一端不接地，而且输出正负对称性好的情况。

（3）双端输入-单端输出。

双端输入-单端输出差分放大电路如图 5-18 所示。由于仅从 VT_2 的集电极输出，所以输出电

压只有双端输出的一半。同样根据图 5-18，可以求出主要性能指标。

差模电压放大倍数 A_{ud} 为

$$A_{ud} = \frac{\beta(R_c /\!/ R_L)}{2(R_b + r_{be})}$$

共模电压放大倍数 A_{uc} 为

$$A_{uc} \approx -\frac{R_c /\!/ R_L}{2R_e}$$

共模抑制比 K_{CMR} 为

$$K_{CMR} \approx \frac{\beta R_e}{R_b + r_{be}}$$

差模输入电阻 R_{id} 为

$$R_{id} = 2(R_b + r_{be})$$

共模输入电阻 R_{ic} 为

$$R_{ic} = \frac{1}{2}[R_b + r_{be} + (1 + \beta) \cdot 2R_e]$$

输出电阻 R_o 为

$$R_o = R_c$$

双端输入-单端输出适用于将双端输入转换为单端输出的场合。

（4）单端输入-单端输出。

单端输入-单端输出差分放大电路如图 5-19 所示。按前面同样的方法，可得出它与双端输入-单端输出等效。

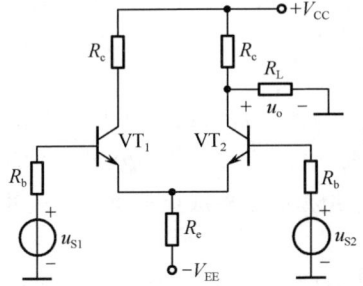
图 5-18 双端输入-单端输出差分放大电路

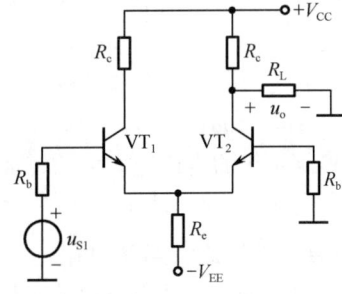
图 5-19 单端输入-单端输出差分放大电路

这种接法的特点是，它比单管基本放大电路具有较强的抑制零漂的能力，而且可根据不同的输出端，得到输出电压与输入电压的同相或反相关系。

由以上分析可知，差分放大电路的主要性能指标仅与输出方式有关，而与输入方式无关。差分放大电路双端输出时的差模电压放大倍数就是半边差模等效电路的电压放大倍数，而单端输出时，则是半边差模等效电路的电压放大倍数的一半（不接负载电阻）。差模输入电阻不管是双端输入还是单端输入，都是半边差模等效电路输入电阻的两倍。而输出电阻在单端输出时，$R_o = R_c$；在双端输出时，$R_o = 2R_c$。

差分放大电路 4 种接法的性能比较如表 5-1 所示。（因为单端输出 A_{ud} 公式前面的符号是正还是负，取决于电路的输出端是从哪一只三极管输出的，本书中单端输出的接法，A_{ud} 公式前面没有负号。）

表 5-1　差分放大电路 4 种接法的性能比较

性能	接法			
	双端输入-双端输出	双端输入-单端输出	单端输入-双端输出	单端输入-单端输出
A_{ud}	$-\dfrac{\beta\left(R_c//\dfrac{R_L}{2}\right)}{r_{be}+R_b}$	$-\dfrac{1}{2}\times\dfrac{\beta(R_c//R_L)}{r_{be}+R_b}$	$-\dfrac{\beta\left(R_c//\dfrac{R_L}{2}\right)}{r_{be}+R_b}$	$-\dfrac{1}{2}\times\dfrac{\beta(R_c//R_L)}{r_{be}+R_b}$
R_{id}	$2(R_b+r_{be})$	$2(R_b+r_{be})$	$\approx2(R_b+r_{be})$	$\approx2(R_b+r_{be})$
R_o	$2R_c$	R_c	$2R_c$	R_c
K_{CMR}	很高	较高	很高	较高
特点	A_{ud} 与单管放大电路的 A_u 基本相同；适用于输入信号和负载两端均不接地的情况	A_{ud} 约为双端输出时的一半；适用于将双端输入转换为单端输出的情况	A_{ud} 与单管放大电路的 A_u 基本相同；适用于将单端输入转换为双端输出的情况	A_{ud} 约为双端输出时的一半；适用于输入、输出两端均要求接地的情况；选择从不同的管子输出，可使输出电压、输入电压反相或同相

5.2.3　中间级——采用有源负载的共射放大电路

中间级的主要任务是提供足够大的电压放大倍数，为此，不仅要求中间级本身具有较高的电压增益，同时为了减少对前级的影响，中间级还应具有较高的输入电阻。共射放大电路（或共源放大电路，此处以共射放大电路为例）具有较高的电压放大倍数，而且，为了提高电压放大倍数，比较有效的方法是增大集电极电阻 R_c。然而，一方面集成电路的工艺不便于制造大电阻；另一方面，为了维持三极管的静态电流不变，在增大 R_c 的同时必须提高电源电压，当电源电压增大到一定程度时，电路的设计就变得不合理了。由前面对恒流源式差分放大电路的介绍可知，当三极管工作于放大区时，集电极、发射极之间的等效电阻 r_{ce} 的值很大。因此，在集成运放中，常采用由三极管构成的电流源取代 R_c，这样在电源电压不变的情况下，既可获得合适的静态电流，对于交流信号，又可得到很大的等效电阻 R_c。由于三极管和场效应管均为有源元件，而上述电路中又以它们作为负载，故称之为**有源负载**。

另外，中间级的放大电路有时采用复合管的结构形式，这样不仅可以得到很高的电流放大系数 β，以提高本级的电压放大倍数，而且能够大大提高本级的输入电阻，以免对前级电压放大倍数产生不良的影响，特别是在前级采用有源负载时，其效果是提高了集成运放总的电压放大倍数。

1. 复合管的接法及其 β 和 r_{be}

复合管可由两只或两只以上的三极管组合而成，也可由场效应管与三极管组合而成，此处重点介绍由三极管组成的复合管。三极管复合管的接法有多种，它们可以由相同类型的三极管组成，也可以由不同类型的三极管组成。例如，图 5-20（a）和图 5-20（b）分别由两个同为 NPN 型或同为 PNP 型的三极管组成，但图 5-20（c）和图 5-20（d）中的复合管由不同类型的三极管组成。

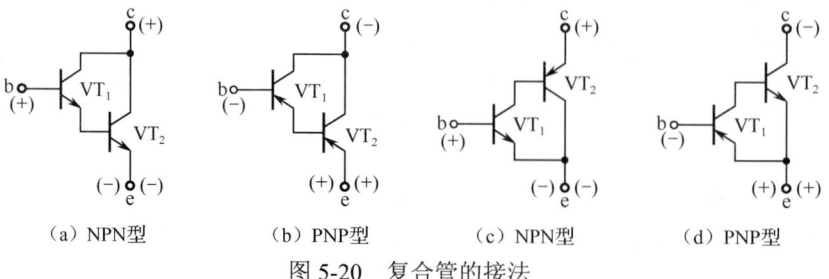

（a）NPN型　　　（b）PNP型　　　（c）NPN型　　　（d）PNP型

图 5-20　复合管的接法

对于由相同或不同类型的三极管组成复合管，首先，在前、后两只三极管的连接关系上，应保证前级三极管的输出电流与后级三极管的输入电流的实际方向一致，以便形成适当的电流通路，否则电路不能形成通路，复合管无法正常工作。其次，为了实现电流放大，应将前级三极管的集电极电流或发射极电流作为后级三极管的基极电流，外加电压的极性应保证前后两只三极管均为发射结正偏，集电结反偏，使两管都工作于放大区。

图 5-20（a）和图 5-20（b）前级的 i_{E1} 就是后级的 i_{B2}，二者的实际方向一致。而在图 5-20（c）和图 5-20（d）中，前级的 i_{C1} 就是后级的 i_{B2}，二者的实际方向也一致。对于基极回路和集电极回路的外加电压，应为括号内所示的正、负极性，则前、后两只三极管均工作于放大区。

综合图 5-20 所示的几种复合管，可以得出以下结论。

（1）由两只相同类型的三极管组成的复合管，其类型与原来的相同。复合管的 $\beta \approx \beta_1\beta_2$，复合管的 $r_{be} = r_{be1} +(1 + \beta_1)r_{be2}$。

（2）由两只不同类型的三极管组成的复合管，其类型与前级三极管相同。复合管的 $\beta = \beta_1(1 + \beta_2) \approx \beta_1\beta_2$，复合管的 $r_{be} = r_{be1}$。

通过介绍可以看出，复合管与单只三极管相比，其电流放大系数 β 大大提高，因此，复合管常用于集成运放的中间级，以提高整个电路的电压放大倍数，不仅如此，复合管也常常用于输入级和输出级。

2. 由复合管构成的有源负载共射放大电路

图 5-21 所示为由复合管构成的有源负载共射放大电路。其中三极管 VT_1 和 VT_2 组成的 NPN 型复合管是放大电路，VT_3 是复合管的有源负载。VT_3 与 VT_4 又组成镜像电流源，作为偏置电路，负责为放大电路提供合适的集电极直流偏置电流 I_{CQ}。由图 5-21 可得，基准电流 I_{REF} 由 V_{CC}、VT_4 和 R 支路产生，其表达式为

$$I_{REF} = \frac{V_{CC} - U_{BE4}}{R}$$

根据基准电流 I_{REF}，即可确定三极管的静态集电极电流 I_{CQ}。当 $\beta \gg 2$ 时，$I_{CQ} \approx I_{REF}$。

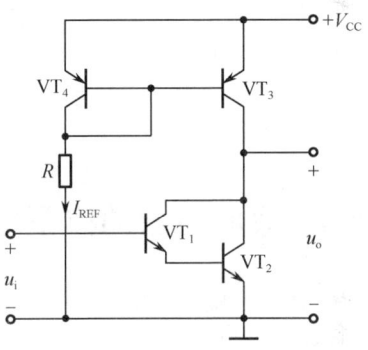

图 5-21　由复合管构成的有源负载共射放大电路

5.2.4　输出级——功率放大电路

集成运放的输出级向负载提供一定的功率，属于功率放大，一般采用互补对称的功率放大电路。关于功率放大电路将在第 9 章学习，此处暂不介绍。

复习思考题

5.2.1　集成运放的内部实质上是一个_____放大电路。它通常包含 4 个基本组成部分，即_____、_____、_____和_____。

5.2.2　设置差分放大电路的目的是什么？

5.2.3　什么是差模信号？什么是共模信号？为何说差分放大电路要放大的是差模信号，要抑制的是共模信号？任意输入信号如何分解为差模信号和共模信号？

5.2.4　共模抑制比的物理意义是什么？其对数表达式如何写？

5.2.5　在差分放大电路中，若 $u_{i1} = 40mV$，$u_{i2} = 20mV$，$A_{ud} = -100$，$A_{uc} = -0.5$，则可知该电路的共模输入信号 $u_{ic} =$_____mV，差模输入电压 $u_{id} =$_____mV，输出电压 $u_o =$_____V。

5.2.6　典型的差分放大电路是利用 _____来克服零漂的。在差分放大电路中，用恒流源代替其公共发射极电阻 R_e 是_____。

5.2.7　在放大电路中，采用电流源作为有源负载的目的是_____电压放大倍数，在含有电流源的放大电路中，判断电路是放大电路还是电流源电路的方法是：电流源是一个_____网络，而放大电路是一个_____网络。

5.2.8　放大电路中采用复合管的目的是什么？复合管的类型如何判断？复合管在连接时需要满足什么要求？

5.2.9　题图 5.2.9 所示为由 PNP 型管构成的威尔逊电流源电路，I_{C3} 为输出电流，I_{REF} 为基准电流，试推导输出电流 I_o（I_{C3}）的表达式。

5.2.10　题图 5.2.10 所示为恒流源式差分放大电路，设电路参数完全对称，请分别写出电位器的滑动端位于最左端、最右端和中点时的差模电压放大倍数 A_{ud} 的表达式。

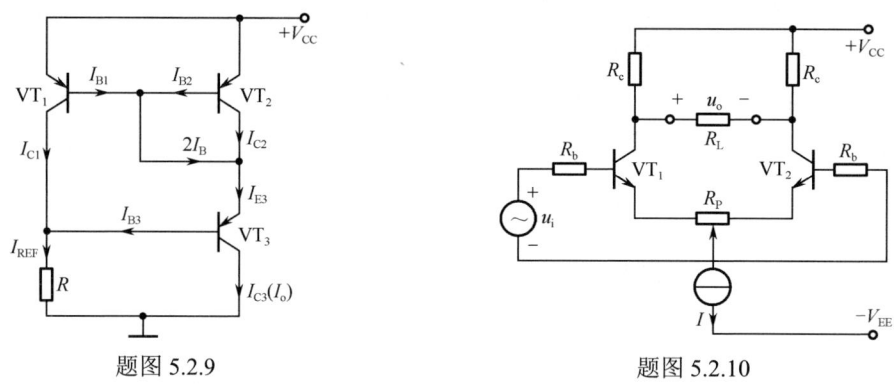

题图 5.2.9　　　　　　　　　　　　　题图 5.2.10

5.3　集成运放的典型电路及性能指标

在了解集成运放基本组成部分的基础上，本节将简要介绍一种典型的集成运放电路，即双极型集成运放 F007。

5.3.1　集成运放的典型电路

F007 属于第二代通用型集成运放，目前应用比较广泛。F007 的外形常见的为圆壳式，共有 12 个引脚。图 5-22 所示为 F007 的电路原理图，包括以下 4 个组成部分。

（1）偏置电路。F007 的偏置电路由图 5-22 中的 $VT_8 \sim VT_{13}$ 以及电阻 R_4、R_5 等组成，其作用是为各级放大电路设置合适的静态工作点。

（2）输入级。F007 的输入级由 VT_1、VT_2、VT_3 和 VT_4 组成共集-共基差分放大电路，以及由 VT_5 和 VT_6 构成的有源负载（代替负载电阻 R_c）。差分输入信号由 VT_1、VT_2 的基极送入，从 VT_4 的集电极送出单端输出信号至中间级。输入级的主要作用是减小零漂，提高共模抑制比。

（3）中间级。F007 中间级的放大电路是由 VT_{16}、VT_{17} 组成的复合管，VT_{13} 作为其有源负载。所以中间级不仅能提供很高的电压放大倍数，而且具有很高的输入电阻，避免降低前级的电压放大倍数。

（4）输出级。F007 的输出级由 VT_{14}、VT_{18} 和 VT_{19} 组成。NPN 型三极管 VT_{14} 与由 VT_{18}、VT_{19} 组成的 PNP 型复合管构成准互补对称电路。其中 VT_{14} 与 VT_{19} 同为 NPN 型管，特性比较容易匹配。输出级采用这种准互补对称结构，主要是为了提高集成运放的输出功率和带负载能力。

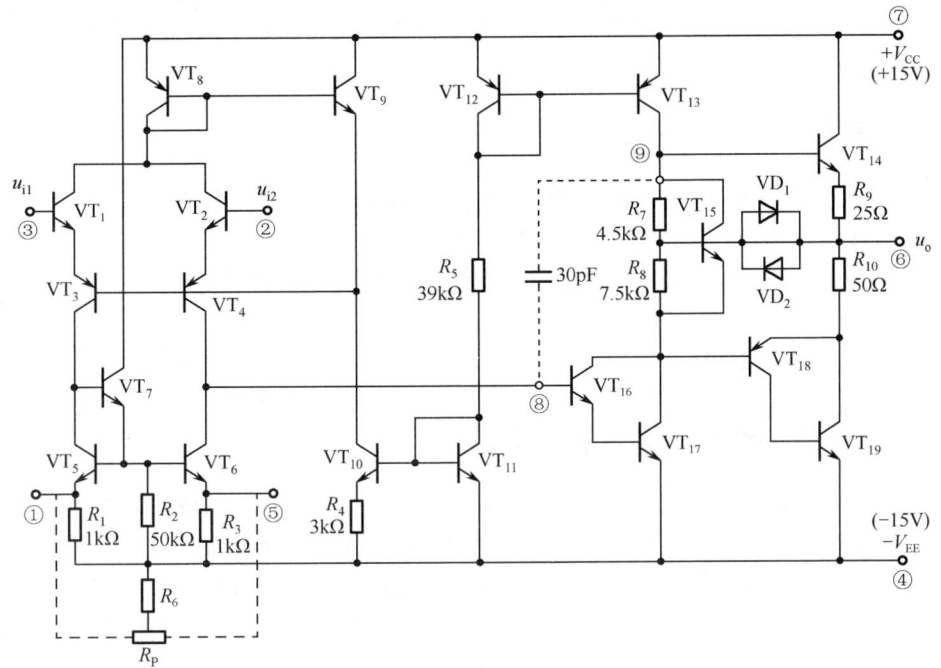

图 5-22　F007 的电路原理图

5.3.2　集成运放的性能指标

集成运放性能的好坏，可用其性能指标来衡量。为了合理、正确地选择和使用集成运放，必须明确其性能指标的意义。

（1）开环差模电压放大倍数 A_{od}。A_{od} 是集成运放在无外加反馈情况下的直流差模电压放大倍数。一般用对数表示，即 $20\lg A_{od}$，单位为分贝（dB），称为开环差模电压增益。A_{od} 是频率的函数，也是影响运算精度的重要参数。一般集成运放的开环差模电压增益为 60dB～120dB，性能较好的集成运放，其开环差模电压增益大于 140dB。

（2）共模抑制比。共模抑制比是指集成运放的差模电压放大倍数 A_{ud} 与共模电压放大倍数 A_{uc} 之比，一般也用对数表示。一般集成运放的 K_{CMR} 为 80dB～160dB，该指标用于衡量集成运放抑制零漂的能力。

（3）差模输入电阻 R_{id}。该指标是指在开环情况下，输入差模信号时集成运放的输入电阻。其定义为差模输入电压 U_{id} 与相应的输入电流 I_{id} 的变化量之比。R_{id} 用来衡量集成运放向信号源索取电流的大小。该指标越大越好，一般集成运放的 R_{id} 为 10kΩ～3MΩ。

（4）输入失调电压 U_{io}。它的定义是，为了使集成运放在零输入时零输出，在输入端需要加的补偿电压。U_{io} 实际上就是输出失调电压折合到输入端电压的负值，其大小反映了集成运放电路的对称程度。U_{io} 越小越好，一般为 ±（0.1～10）mV。

（5）最大差模输入电压 U_{idm}。这是集成运放反相输入端与同相输入端之间能够承受的最大电压。若超过这个限度，则输入级差分对管中的一只管子的发射结可能被反向击穿。若输入级由 NPN型管构成，则其 U_{idm} 约为 ±5V，若输入级含有横向 PNP 型管，则 U_{idm} 可达 ±30V 以上。

（6）单位增益带宽 BW_G 和开环带宽 BW_{Hf}。BW_G 是指开环差模电压放大倍数 A_{od} 下降到 0dB（即 $A_{od} = 1$）时的信号频率，它与三极管的特征频率类似。BW_G 用来衡量集成运放的一项重要品质因素——增益带宽积的大小。BW_{Hf} 则是指 A_{od} 下降 3dB 时的信号频率。BW_{Hf} 一般不高，约几十赫兹至几百千赫兹，而低的只有几赫兹。

除上述指标外，还有转换速率 S_R、输入偏置电流 I_{iB}、静态功耗 P_C、最大输出电压 U_{omax} 等，这里不再一一介绍。

复习思考题

5.3.1　F007 中的偏置电路由哪些元器件组成？分别构成哪种电流源？

5.3.2　试比较电压放大倍数与电压增益的异同。

5.3.3　为什么说集成运放的输入失调电压越小越好？

5.4　集成运放的使用

5.4.1　集成运放使用中要注意的问题

随着电子工业的发展，集成运放除通用型芯片外，还有种类繁多的特殊型芯片，用于各种具有特殊要求的场合。其封装方式有金属壳封装和双列直插式塑料封装两种，且每个芯片上集成运放个数有一个、两个或四个之分。因此，在使用集成运放之前，使用者应首先搞清主要参数的物理意义；然后，根据厂家提供的详细资料，选择符合具体要求、封装方式和个数合适的芯片。

在使用集成运放时，必须注意以下几个问题。

1．引脚的识别

目前集成运放的常见封装方式有金属壳封装和双列直插式封装，且以后者居多。双列直插式有 8、10、12、14、16 引脚等种类，虽然它们的外引线排列日趋标准化，但各制造厂略有区别。因此，使用集成运放前必查阅有关手册，辨认引脚，以便正确连线。

2．参数测量

使用集成运放往往要用简易测试法判断其好坏，如用万用表的欧姆挡对照引脚测试有无短路和断路现象，必要时还可以采用专门的测试集成设备测量集成运放的主要参数。

3．调零或调整偏置电压

由于失调电压及失调电流的存在，输入为零时输出往往不为零。对于内部无自动稳零措施的集成运放需外加调零电路，使之在零输入时零输出。

对于单电源供电的集成运放，有时还需要在输入端加直流偏置电压，设置合适的静态输出电压，以便能放大正、负两个方向变化的信号。

4．消除自激振荡

自激振荡是经常出现的异常现象，表现为当输入信号等于零时，利用示波器可观察到集成运放的输出端存在一个频率较高、近似为正弦波的输出信号。但是这个信号不稳定，当人体或金属物体靠近时，输出波形将产生显著的变化。产生自激振荡的原理将在第 8 章讲述。

为防止电路产生自激振荡，应在集成运放的电源端加上去耦电容。集成运放还需外加频率补偿电容 C，应注意接入容量合适的电容。

5.4.2　集成运放的保护

在使用集成运放时，为了防止损坏元器件，保证安全，除了应选用具有保护环节、质量合格的元器件，还常在电路中采取一定的保护措施，常用的有以下几种。

1．输入保护

如果集成运放的输入端差模或共模信号过大，则会造成输入级损坏或集成运放不能正常工作，这时可采用二极管和限流电阻来进行保护，如图 5-23 所示。

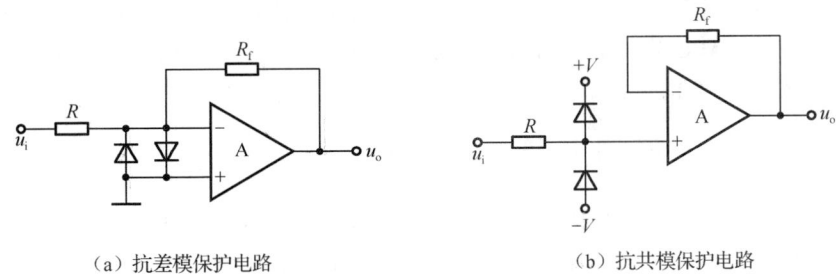

（a）抗差模保护电路　　　　　　　　　　　（b）抗共模保护电路

图 5-23　输入保护电路

2．输出保护

当集成运放输出端对地短路时，如果没有保护措施，集成运放内部输出级的管子将会因电流过大而损坏。为防止输出端因接外部电压而过流或击穿，可采用稳压管来保护，如图 5-24 所示，图 5-24 中用两个对接的稳压管来实现双向保护。

3．电源端保护

为了防止因电源极性接反而损坏集成运放，可利用二极管的单向导电性来保护，如图 5-25 所示。此外，一些集成运放还需调零，即在输入电压为零时，通过调整使其输出电压为零。

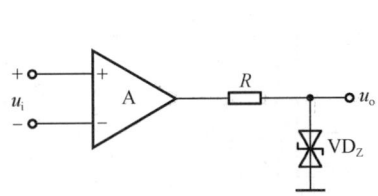

图 5-24　输出端稳压管保护电路

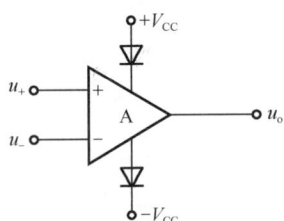

图 5-25　电源端保护

复习思考题

5.4.1　集成运放在使用时，除本书中介绍的几个注意事项外，还需注意哪些问题？

5.4.2　简述集成运放输入端保护、输出端保护、电源保护的保护原理。

5.5　理想运放

在分析集成运放的各种应用电路时，常常将其中的集成运放看作一个理想的运算放大器（理想运放）。理想运放是一个重要的概念，也是分析集成运放应用电路的一个有力工具。

5.5.1　理想运放的技术指标

所谓**理想运放**，就是将集成运放的各项技术指标理想化，即认为集成运放的各项指标如下：

开环差模电压放大倍数 $A_{od} = \infty$；

差模输入电阻 $R_{id} = \infty$；

输出电阻 $R_o = 0$；

共模抑制比 $K_{CMR} = \infty$；

上限截止频率 $f_H = \infty$；

输入失调电压、失调电流以及它们的零漂均为 0。

实际的集成运放当然达不到上述理想化的技术指标。但由于集成运放工艺水平的不断提高，集成运放产品的各项性能指标越来越好。因此，在一般情况下，在分析估算集成运放的应用电路时，将实际运放看成理想运放所造成的误差，这在工程上是允许的。在后面的分析中，如无特别说明，均将集成运放作为理想运放进行讨论。

5.5.2　理想运放的两种工作状态及其特点

在各种应用电路中，集成运放的工作状态可能有线性和非线性两种状态，在其传输特性上对应两个区域，即线性区和非线性区。集成运放的电路符号和电压传输特性如图 5-26 所示。由图 5-26（a）所示电路符号可以看出，集成运放有同相和反相两个输入端，分别对应其内部差分输入级的两个输入端，u_+ 代表同相输入端电压，u_- 代表反相输入端电压，输出电压 u_o 与 u_+ 具有同相关系，与 u_- 具有反相关系。集成运放的差模输入电压 $u_{id} = (u_+ - u_-)$。i_+ 和 i_- 分别为同相输入端电流和反相输入端电流。图 5-26（b）中，虚线代表实际运放的传输特性，实线代表理想运放的传输特性。可以看出，线性区非常窄，当输入端电压的幅值稍有增加时，集成运放的工作范围将超出线性区而到达非线性区。集成运放工作于不同的状态，其表现出的特性也不同，下面分别讨论。

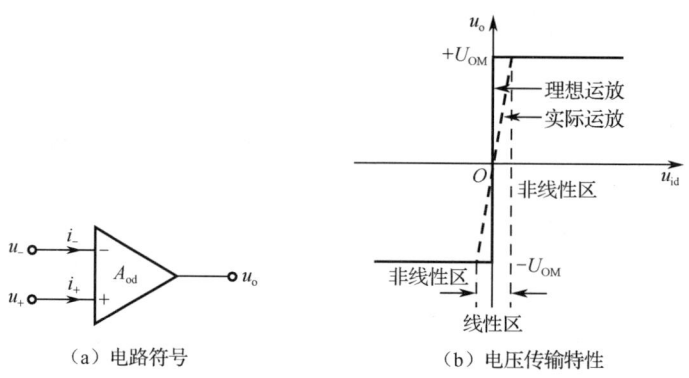

（a）电路符号　　　　　　（b）电压传输特性

图 5-26　集成运放

1. 线性状态

当集成运放工作于线性状态时，输出电压与其两个输入端的电压之间存在线性放大关系，即

$$u_o = A_{od}(u_+ - u_-) \tag{5-22}$$

式中：u_o 是集成运放的输出端电压；u_+ 和 u_- 分别是其同相输入端电压和反相输入端电压；A_{od} 是其开环差模电压放大倍数。

理想运放工作于线性状态时有两个重要特点。

（1）理想运放的差模输入电压等于零。

由于集成运放工作于线性状态，故输出、输入电压之间符合式（5-22）。而且，因为理想运放的 $A_{od} = \infty$，所以由式（5-22）可得

$$u_+ - u_- = u_o / A_{od} = 0$$

即

$$u_+ = u_- \tag{5-23}$$

式（5-23）表明同相输入端与反相输入端的电位相等，如同将该两点短路一样，但实际上该两点并未真正被短路，因此常将此特点简称为**虚短**。

实际运放的 $A_{od} \neq \infty$，因此 u_+ 与 u_- 不可能完全相等。但是当 A_{od} 足够大时，集成运放的差模输入电压 $(u_+ - u_-)$ 的值很小，可以忽略。例如，在线性区内，当 $u_o = 10V$ 时，若 $A_{od} = 10^5$，则 $u_+ - u_- = 0.1mV$；若 $A_{od} = 10^7$，则 $u_+ - u_- = 1\mu V$。可见，在一定的 u_o 值下，集成运放的 A_{od} 越大，则 u_+ 与 u_- 的差值越小，将两点视为短路所带来的误差也越小。

（2）理想运放的输入电流等于零。

由于理想运放的差模输入电阻 $R_{id}=\infty$，因此在其两个输入端均没有电流，即在图 5-26（a）中，有

$$i_+ = i_- = 0 \qquad\qquad (5\text{-}24)$$

此时理想运放的同相输入端和反相输入端的电流都等于零，如同该两点被断开一样，将此特点简称为**虚断**。

虚短和**虚断**是理想运放工作于线性状态时的两个重要特点。这两个特点常常作为今后分析理想运放应用电路的重要依据，因此必须牢固掌握。

2. 非线性状态

如果集成运放的工作信号超出了线性放大的范围，则输出电压与输入电压不再满足式（5-22），即 u_o 不再随差模输入电压（$u_+ - u_-$）线性增长，u_o 将达到饱和，如图 5-26（b）所示。

理想运放工作于非线性状态时，也有两个重要特点。

（1）理想运放的输出电压 u_o 只有两种取值。

工作于非线性状态时，理想运放的输出电压达到饱和，其取值或者等于其正向最大输出电压 $+U_{OM}$，或者等于其负向最大输出电压 $-U_{OM}$，如图 5-26（b）中的实线所示。

$$\left.\begin{array}{l}当 u_+ > u_- 时，\ u_o = +U_{OM}\\ 当 u_+ < u_- 时，\ u_o = -U_{OM}\end{array}\right\} \qquad (5\text{-}25)$$

在非线性区内，理想运放的差模输入电压（$u_+ - u_-$）可能很大，即 $u_+ \neq u_-$。也就是说，此时**虚短**现象不复存在。

（2）理想运放的输入电流等于零。

因为理想运放的 $R_{id}=\infty$，故在非线性区仍满足输入电流等于零，即式（5-24）对非线性区仍然成立。

如上所述，理想运放工作于不同状态时，其表现出的特点也不相同。因此，在分析各种应用电路时，首先必须判断其中的集成运放究竟工作于哪种状态。

集成运放的开环差模电压放大倍数 A_{od} 通常很大，如果不采取适当措施，即使在输入端加一个很小的电压，也有可能使集成运放超出线性工作范围。为了保证集成运放工作于线性区，一般情况下，必须在电路中引入深度负反馈，以减小直接施加在集成运放两个输入端的净输入电压。关于反馈的知识将在第 6 章介绍。

复习思考题

5.5.1　理想运放工作于线性和非线性状态时分别具有哪些特点？

5.5.2　简述"虚短"和"虚断"的含义。

5.5.3　如果集成运放的最大输出电压 $U_{OM}=\pm14V$，开环差模电压放大倍数 $A_{od}=7\times10^5$，则在线性区内，差模输入电压的范围为多少？

本 章 小 结

1. 利用半导体工艺将各种元器件集成在同一硅片上组成的电路就是集成电路。集成电路具有体积小、成本低、可靠性高等优点，是现代电子系统中常见的元器件之一。

2. 集成运放的内部实质上是一个高放大倍数的多级直接耦合放大电路。它的内部通常包含 4 个基本组成部分，即输入级、中间级、输出级和偏置电路。为了有效地抑制零漂，集成运放的输

入级常采用差分放大电路。集成运放的输出级基本上采用各种形式的互补对称电路，以降低输出电阻，提高电路的带负载能力。同时，也希望有较高的输入电阻，以免影响中间级共射放大电路的电压放大倍数。

3. 集成运放的技术指标是其各种性能的定量描述，也是选用集成运放产品的主要依据。本章对集成运放主要技术指标的含义进行了介绍。

4. 在分析集成运放的各种应用电路时，常常将其中的集成运放看作一个理想的运算放大器。所谓理想运放就是将集成运放的各项技术指标理想化。在各种应用电路中，集成运放的工作状态可能有线性和非线性两种状态，在其传输特性曲线上对应两个区域，即线性区和非线性区。在线性区工作时，理想运放满足"虚短"和"虚断"的特点，而在非线性区工作时，理想运放的输出为正、负两个饱和值。

习题 5

5-1　单项选择题。

（1）在多级放大电路中，既能放大直流信号，又能放大交流信号的是_____多级放大电路。

A．阻容耦合　　　　　　B．变压器耦合　　　　　C．直接耦合　　　　　　D．光电耦合

（2）在多级放大电路中，不能抑制零漂的_____多级放大电路。

A．阻容耦合　　　　　　B．变压器耦合　　　　　C．直接耦合　　　　　　D．光电耦合

（3）集成运放是一种高增益的、_____的多级放大电路。

A．阻容耦合　　　　　　B．变压器耦合　　　　　C．直接耦合　　　　　　D．光电耦合

（4）通用型集成运放的输入级大多采用_____。

A．共射放大电路　　　B．射极输出器　　　　C．差分放大电路　　　　D．互补推挽电路

（5）通用型集成运放的输出级大多采用_____。

A．共射放大电路　　　B．射极输出器　　　　C．差分放大电路　　　　D．互补推挽电路

（6）差分放大电路能够_____。

A．提高输入电阻　　　　　　　　　　　　B．降低输出电阻

C．克服零漂　　　　　　　　　　　　　　D．提高电压放大倍数

（7）典型的差分放大电路是利用_____来克服零漂的。

A．直接耦合　　　　　　　　　　　　　　B．电源

C．电路的对称性和发射极公共电阻　　　　D．调整元器件参数

（8）差分放大电路的差模信号是两个输入信号的_____。

A．和　　　　　　　　B．差　　　　　　　C．乘积　　　　　　D．平均值

（9）差分放大电路的共模信号是两个输入信号的_____。

A．和　　　　　　　　B．差　　　　　　　C．乘积　　　　　　D．平均值

（10）共模抑制比 K_{CMR} 越大，表明电路_____。

A．放大倍数越稳定　　　　　　　　　　　B．交流放大倍数越小

C．抑制零漂的能力越强　　　　　　　　　D．输入电阻越大

（11）差分放大电路由双端输出变为单端输出，则差模电压放大倍数_____。

A．增加　　　　　　　　B．减小　　　　　　　C．不变

（12）电流源电路的特点是_____。

A．端口电流恒定，交流等效电阻大，直流等效电阻小

B．端口电压恒定，交流等效电阻大

C．端口电流恒定，交流等效电阻大，直流等效电阻大

（13）在差分放大电路中，用恒流源代替其公共发射极电阻 R_e 是为了_____。

A．提高差模电压放大倍数 　　　　　　B．提高共模电压放大倍数

C．提高共模抑制比 　　　　　　　　　D．提高偏置电流

5-2　回答下列问题：

（1）何谓集成运放？它有哪些特点？

（2）为什么接有 R_e 的差分放大电路的零漂比未接 R_e 的差分放大电路小？

（3）什么是差模信号和共模信号，差分放大电路能放大哪种信号？抑制哪种信号？

（4）与实际运放相比，理想运放的性能指标有何特点？

5-3　电路如题图 5-3 所示。设 VT_1 和 VT_2 的性质完全相同，并且 β 的值很大。求 I_{C2} 和 U_{CE2} 的值（设 $U_{BEQ} = 0.7V$）。

5-4　电路如题图 5-4 所示。已知 $V_{EE} = V_{CC} = 6V$，$U_{BEQ} = 0.7V$，$R = 10k\Omega$，$\beta_1 = \beta_2 = 50$，$R_{c1} = R_{c2} = 5.1k\Omega$，$R_e = 5.1k\Omega$，$r_{bb'} = 300\Omega$，$R_L = 10.2k\Omega$。（1）求静态工作点处的 I_{BQ1}、I_{BQ2}、I_{CQ1}、I_{CQ2}、U_{CEQ1}、U_{CEQ2} 的值。（2）求差模电压放大倍数 A_{ud}、差模输入电阻 R_{id} 和输出电阻 R_o 的值。

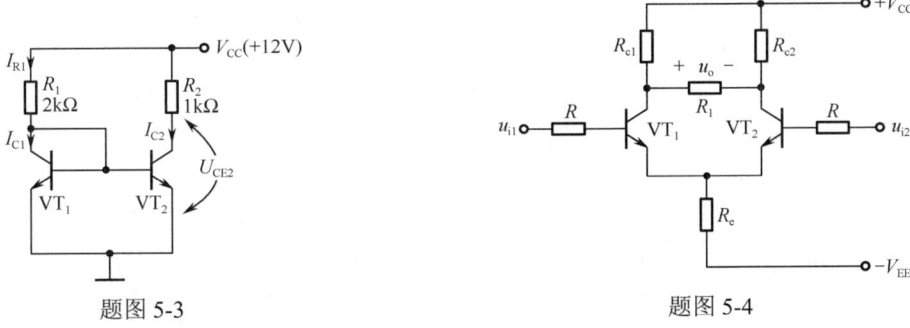

题图 5-3 　　　　　　　　　　　　　　　 题图 5-4

5-5　电路如题图 5-5 所示，求：（1）当 $\Delta U_S = 0V$ 时，$U_o = 5.1V$；当 $\Delta U_S = 16mV$ 时，$U_o = 9.2V$，问电压放大倍数是多少？（2）如果 $\Delta U_S = 0$，则由于温度的影响，U_o 由 5.1V 变为 4.5V，问折合到输入端的零漂电压 ΔU_i 为多少？

5-6　单入双出差分电路如题图 5-6 所示，已知 $V_{EE} = V_{CC} = 15V$，$R_b = 2k\Omega$，$R_c = 40k\Omega$，$R_e = 28.6k\Omega$，$r_{bb'} = 300\Omega$，$U_{BEQ} = 0.7V$，$U_{CES} = 0.7V$，$\beta = 100$。求：（1）VT_1 的 I_{CQ1}、U_{CEQ1}；（2）差模输入电阻 R_{id}、输出电阻 R_o；（3）差模电压放大倍数 A_{ud}；（4）最大差模输出电压 U_{odm}。

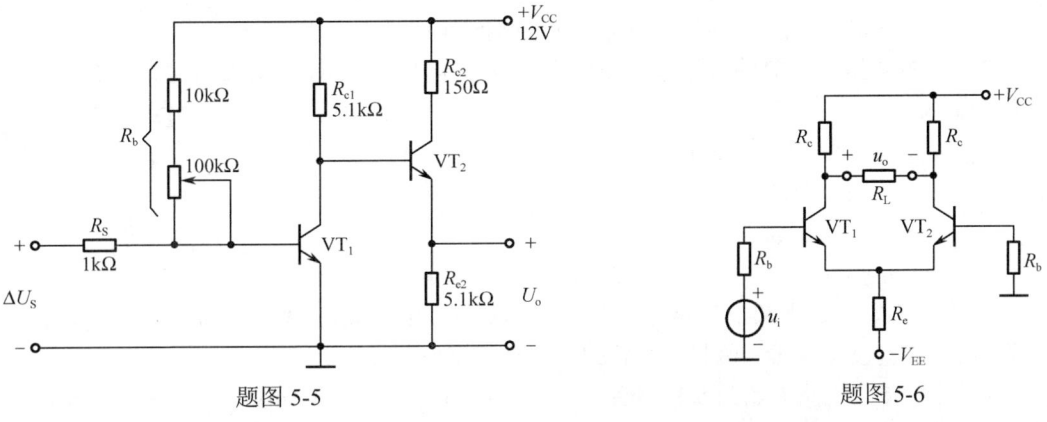

题图 5-5 　　　　　　　　　　　　　　　 题图 5-6

5-7　双入单出差分电路如题图 5-7 所示。已知 $V_{EE} = V_{CC} = 12V$，$R_b = 5k\Omega$，$R_c = 10k\Omega$，$R_e = 11.3k\Omega$，$R_L = 10k\Omega$，$r_{bb'} = 300\Omega$，$U_{BEQ} = 0.7V$，$\beta = 100$。求：（1）静态工作点；（2）差模输入电阻 R_{id}、输出电阻 R_o；（3）差模电压放大倍数 A_{ud}；（4）共模电压放大倍数 A_{uc}；（5）共模抑制比 K_{CMR}。

5-8 单入单出长尾式差分电路如题图 5-8 所示。已知 $V_{EE} = V_{CC} = 15V$，$R_b = 1kΩ$，$R_c = 15kΩ$，$R_e = 14.3kΩ$，$R_P = 300Ω$，$R_L = 30kΩ$，$r_{bb'} = 100Ω$，$U_{BEQ} = 0.7V$，$β = 80$。求：（1）静态工作点；（2）差模输入电阻 R_{id}、输出电阻 R_o；（3）差模电压放大倍数 A_{ud}；（4）共模电压放大倍数 A_{uc}；（5）共模抑制比 K_{CMR}。

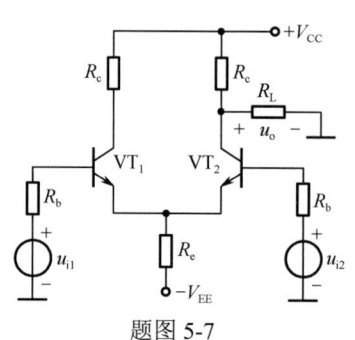
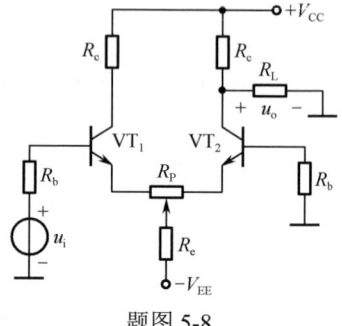

题图 5-7   题图 5-8

5-9 双入双出差分放大电路如题图 5-9 所示，已知 $V_{EE} = V_{CC} = 12V$，$β_1 = β_2 = 60$，$U_{BEQ1} = U_{BEQ2} = 0.7V$，试求：（1）静态工作点；（2）差模电压放大倍数 A_{ud}；（3）差模输入电阻 R_{id}、输出电阻 R_o；（4）共模抑制比 K_{CMR}。

5-10 恒流源差分放大电路如题图 5-10 所示，已知 $V_{EE} = V_{CC} = 12V$，$β_1 = β_2 = 80$，$U_{BEQ1} = U_{BEQ2} = 0.7V$，试求：（1）静态工作点；（2）差模电压放大倍数 A_{ud}；（3）差模输入电阻 R_{id}、输出电阻 R_o。

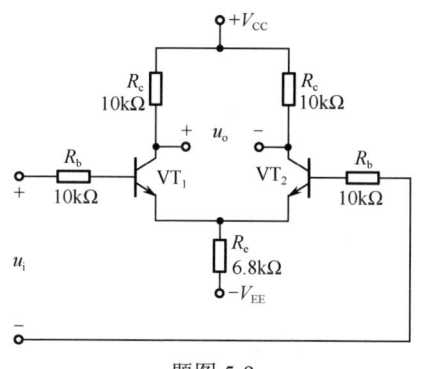
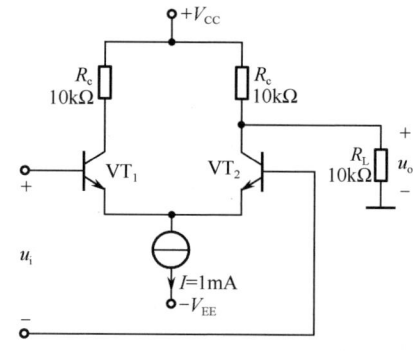

题图 5-9   题图 5-10

5-11 在题图 5-11 所示差分放大电路中，已知三极管的 $β_1 = β_2 = 60$，$r_{bb'} = 300Ω$，输入电压 $U_{i1} = 1V$，$U_{i2} = 1.01V$，求双端输出时的 U_o 和从 VT_1 单端输出时的 U_{o1}。

5-12 已知某集成运放的 A_{od} 为 80dB，最大输出电压为 ±10V，输入信号按照题图 5-12 所示的方式加入，设 $u_i = 0$ 时，$u_o = 0$，试问：（1）$U_i = 0.5mV$ 时，$U_o = $_____；（2）$U_i = -1mV$ 时，$U_o = $_____；（3）$U_i = 1.5mV$ 时，$U_o = $_____；（4）若输入失调电压 $U_{io} = 2mV$，则该集成运放能否正常放大？为什么？

5-13 差分放大电路如题图 5-11 所示，试回答：（1）静态时，两只三极管集电极电流的关系（$I_{CQ1} = I_{CQ2}$，$I_{CQ1} > I_{CQ2}$，$I_{CQ1} < I_{CQ2}$）；（2）加入差模信号时，两只三极管集电极电流的关系（$I_{CQ1} = I_{CQ2}$，$i_{c1} = i_{c2}$，$i_{c1} ≠ i_{c2}$）；（3）加入共模信号时，两只三极管的集电极电流关系（$i_{c1} = i_{c2}$，$i_{c1} > i_{c2}$，$i_{c1} < i_{c2}$）；（4）静态时，当温度增加时，两只三极管的集电极电流如何变化？

5-14 差分放大电路如题图 5-11 所示，试计算：（1）若 $u_{i1} = 1.5mV$，$u_{i2} = 0.5mV$，求差模输入电压 u_{id}、共模输入电压 u_{ic}；（2）若 $A_{ud} = 150$，求输出电压 u_{od} 的值；（3）当输入电压为 u_{id} 时，若从 VT_1 的集电极输出，求 u_{o1} 与 u_{id} 的相位关系，若从 VT_2 的集电极输出，再求 u_{o2} 与 u_{id} 的相位关系；（4）若输出电压 $U_o = 1000U_{i1} - 999U_{i2}$，求电路的 A_{ud}、A_{uc} 和 K_{CMR} 的值。

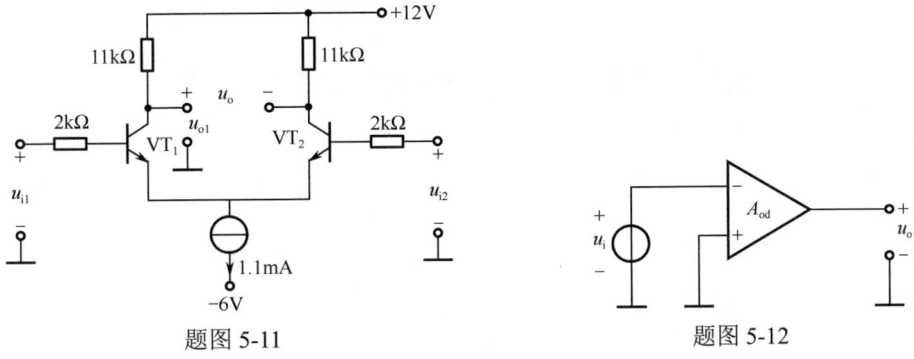

题图 5-11   题图 5-12

5-15　在题图 5-15 所示电路中，已知三极管的 $\beta=100$，$r_{be}=10.3\mathrm{k\Omega}$，$V_{EE}=V_{CC}=15\mathrm{V}$，$R_c=36\mathrm{k\Omega}$，$R_e=56\mathrm{k\Omega}$，$R=2.7\mathrm{k\Omega}$，$R_P=100\Omega$，$R_P$ 的滑动端处于中点，$R_L=18\mathrm{k\Omega}$。（1）估算电路的静态工作点；（2）求电路的差模电压放大倍数 A_{ud}；（3）求电路的差模输入电阻 R_{id}，输出电阻 R_o。

5-16　在题图 5-16 所示的放大电路中，已知 $V_{EE}=V_{CC}=9\mathrm{V}$，$R_c=47\mathrm{k\Omega}$，$R_e=13\mathrm{k\Omega}$，$R_{b1}=3.6\mathrm{k\Omega}$，$R_{b2}=16\mathrm{k\Omega}$，$R=10\mathrm{k\Omega}$，$R_L=20\mathrm{k\Omega}$，$\beta=30$，$U_{BEQ}=0.7\mathrm{V}$。（1）估算静态工作点；（2）估算差模电压放大倍数 A_{ud}。

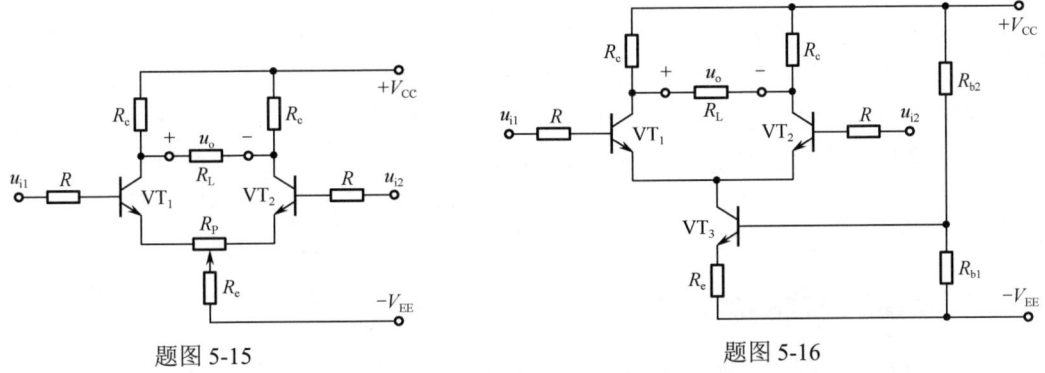

题图 5-15   题图 5-16

5-17　在题图 5-17 所示复合电路中，哪些接法不合理？不合理的请简要说明理由。接法合理的请指出它们等效管子类型及引脚，并列出复合电路的 β 和 r_{be} 的表达式。

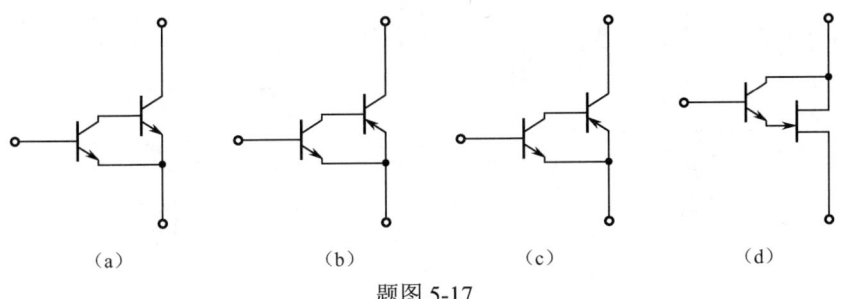

　　　（a）　　　　　　（b）　　　　　　（c）　　　　　　（d）

题图 5-17

第6章 放大电路中的反馈

内容提要

● 反馈的基本概念
● 反馈的分类及判别方法
● 交流负反馈的四种组态
● 反馈放大电路的一般表达式和近似估算
● 负反馈对放大电路性能的影响
● 负反馈放大电路的自激振荡及其消除方法

6.1 反馈的基本概念及判别方法

前面我们学习的各种类型的放大电路，大多数是将信号从输入端输入，经放大电路后从输出端送给负载。而在实际应用中，往往将输出量的一部分或者全部又送回放大电路的输入端，这就是反馈。反馈不仅是改善放大电路性能的重要手段，也是电子技术和自动调节原理中一个基本概念。本章首先以静态工作点稳定电路为例，引出反馈的基本概念，然后从四种常用的负反馈组态出发，阐明负反馈放大电路的表示方法、分析方法、负反馈对放大电路性能的影响以及引入负反馈的一般原则，最后讲述负反馈放大电路产生自激振荡的原因和消除自激振荡的方法。

由于集成运放是最常用的放大电路之一，所以本章以由集成运放组成的反馈放大电路为主进行讲解。

6.1.1 反馈的基本概念

反馈的现象和运用在第 2 章中已经提到过，图 6-1（a）所示的分压式静态工作点稳定电路就是一例，图 6-1（b）所示为其直流通路。

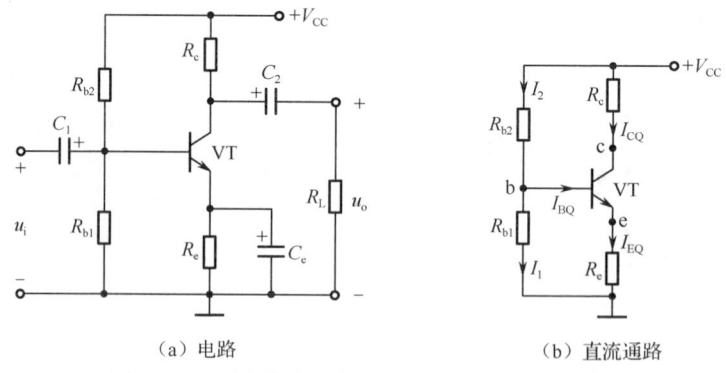

（a）电路　　　　　　　　　　（b）直流通路

图 6-1　分压式静态工作点稳定电路及其直流通路

在图 6-1（b）所示直流通路中，R_e 既在输出回路又在输入回路，电阻 R_{b1} 和 R_{b2} 串联分压，使基极的静态电位 V_{BQ} 固定，R_e 两端电压 U_{EQ} 的大小受集电极电流（输出电流）I_{CQ} 的影响，受影响的 U_{EQ} 又对发射结电压（输入电压）U_{BEQ} 的大小产生影响，U_{BEQ} 的大小反过来又影响输出电流 I_{CQ} 的大小。

通过以上具体例子，我们可以建立反馈的概念。所谓放大电路中的**反馈**，就是将放大电路的输出量（电压或电流）的一部分或全部，通过一定的电路形式（反馈网络）引回到它的输入端来影响输入量（电压或电流）的连接方式。

为了更好地理解反馈的概念，我们将引入反馈的放大电路用一个方框图表示，如图 6-2 所示。

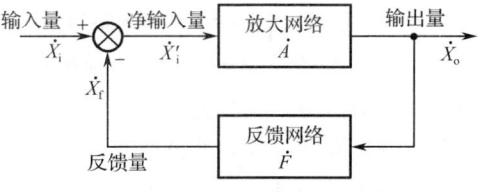

图 6-2　反馈放大电路的方框图

为了表示一般情况，在图 6-2 所示方框图中的输入信号、输出信号和反馈信号都用正弦相量表示，它们可能是电压量，也可能是电流量，此处用 X 代替。其中，上面的方框表示**放大网络**，无反馈时放大网络的放大倍数为 $\dot{A}$，下面的方框表示能够把输出信号的一部分或者全部送回输入端的电路，称为**反馈网络，反馈系数**用 $\dot{F}$ 表示。箭头线表示信号传输方向，信号在放大网络中为正向传递，在反馈网络中为反向传递。符号 $\otimes$ 表示信号求和（叠加）环节，外加输入信号 $\dot{X}_i$ 与反馈信号 $\dot{X}_f$ 经过求和环节后得到净输入信号 $\dot{X}'_i$，再送到放大网络。其中输入信号 $\dot{X}_i$ 由前级电路提供；反馈信号 $\dot{X}_f$ 是反馈网络从输出端取样后送回输入端的信号；$\dot{X}_o$ 为输出信号。通常，从输出端取出信号的过程称为**取样**；把 $\dot{X}_i$ 与 $\dot{X}_f$ 的叠加过程称为**比较**。

引入反馈后，放大网络与反馈网络构成一个闭合环路，所以有时把引入了反馈的放大电路称为**闭环放大电路**（或闭环系统），而未引入反馈的放大电路称为**开环放大电路**（或开环系统）。

6.1.2　反馈的分类

我们可以从不同的方面对反馈进行分类。在介绍反馈的分类之前，首先应搞清如何判断电路中是否引入了反馈。

1．有无反馈的判断

若放大电路中存在将输出回路与输入回路相连接的通路，即反馈网络，并由此影响了放大电路的净输入信号，则表明电路中引入了反馈；否则电路中没有反馈。

在图 6-3（a）所示电路中，集成运放的输出端与同相输入端、反相输入端均无通路，故电路中没有反馈。在图 6-3（b）所示电路中，电阻 R_2 将集成运放的输出端与反相输入端相连接，因而集成运放的净输入信号不仅取决于输入信号，还与输出信号有关，所以该电路中引入了反馈。在图 6-3（c）所示电路中，虽然电阻 R 跨接在集成运放的输出端与同相输入端之间，但是由于同相输入端接地，所以 R 只不过是集成运放的负载，而不会使 u_o 作用于输入回路，可见电路中没有引入反馈。

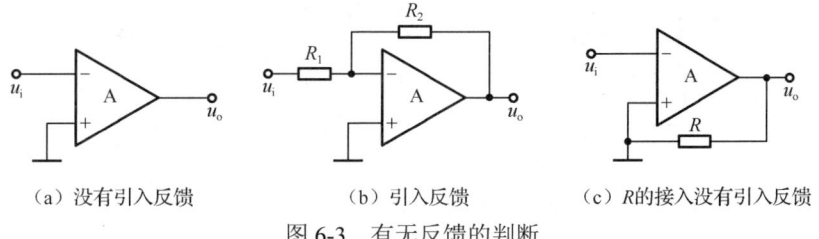

（a）没有引入反馈　　（b）引入反馈　　（c）R 的接入没有引入反馈

图 6-3　有无反馈的判断

由以上分析可知，寻找电路中有无反馈通路是判断电路中是否引入反馈的主要方法。只有首先判断出电路中存在反馈，才能进一步分析反馈的类型。

2．反馈的分类

（1）正反馈和负反馈。

按照反馈信号的极性的不同，可以分为正反馈和负反馈。以图 6-2 为例，如果反馈信号 $\dot{X}_f$ 增强了净输入信号 $\dot{X}'_i$，使输出信号有所增大，则称为**正反馈**。反之，如果反馈信号 $\dot{X}_f$ 削弱了净输

入信号 $\dot{X}_i'$，使输出信号有所减小，则称为**负反馈**。

（2）直流反馈和交流反馈。

按照反馈信号中包含交、直流的成分的不同，有直流反馈和交流反馈之分。如果反馈信号中只含有直流成分，则称为**直流反馈**。如果反馈信号中只含有交流成分，则称为**交流反馈**。在集成运放反馈电路中，往往两者兼有。直流负反馈的主要作用是稳定静态工作点；交流负反馈则影响电路的各项动态性能（如放大倍数、通频带、输入电阻和输出电阻等），是用以改善电路技术指标的主要手段，也是本章要讨论的主要内容。

（3）电压反馈和电流反馈。

按照反馈信号在放大电路输出端取样方式的不同，可以分为电压反馈和电流反馈。如果反馈信号取自输出电压，则称为**电压反馈**；如果反馈信号取自输出电流，则称为**电流反馈**。放大电路中引入电压负反馈，将使输出电压保持稳定，其效果是降低了电路的输出电阻；而电流负反馈将使输出电流保持稳定，因而提高了输出电阻。

（4）串联反馈和并联反馈。

按照反馈信号与输入信号在输入端叠加形式的不同，可以分为**串联反馈**和**并联反馈**。

若为串联反馈，则反馈量与输入量在输入端以电压方式叠加；若为并联反馈，则反馈量与输入量在输入端以电流方式叠加。这是后面用"瞬时极性法"判断正负反馈的重要前提和依据。

6.1.3 反馈类型的判别方法

正确判别电路中反馈的类型，是研究反馈电路的前提条件。根据反馈的概念以及各类反馈的定义，可总结出反馈类型判别的基本方法。

需要说明的是，由于各种反馈类型判别方法之间有先后关系，此处将最后介绍正、负反馈的判别方法。

1．交、直流反馈的判别

关于交、直流反馈的判别方法，主要看交流通路或直流通路中有无反馈通路，若存在反馈通路，则必有对应的反馈。例如，在图 6-4（a）所示放大电路中，只引入了直流反馈；图 6-4（b）放大电路中只引入了交流反馈。

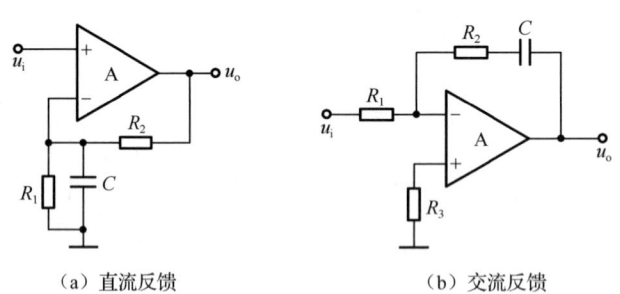

（a）直流反馈　　　　　　　　　（b）交流反馈

图 6-4　交、直流反馈的判断

2．电压、电流反馈的判别

判断电压、电流反馈主要看取样端反馈信号是取自输出电压还是输出电流。具体判别方法：令输出电压 $u_o = 0$（即将负载短路），然后观察此时反馈信号是否依然存在。如果反馈信号不复存在，则说明反馈信号取自输出电压，为电压反馈；反之，如果反馈信号依然存在，则说明反馈信号取自输出电流，为电流反馈。

按上述方法可以判定，在图 6-5（a）所示放大电路中引入的是电压反馈，在图 6-5（b）所示放大电路中引入的是电流反馈（注意，该图中反馈网络是由发射极电阻 R_e 构成的）。

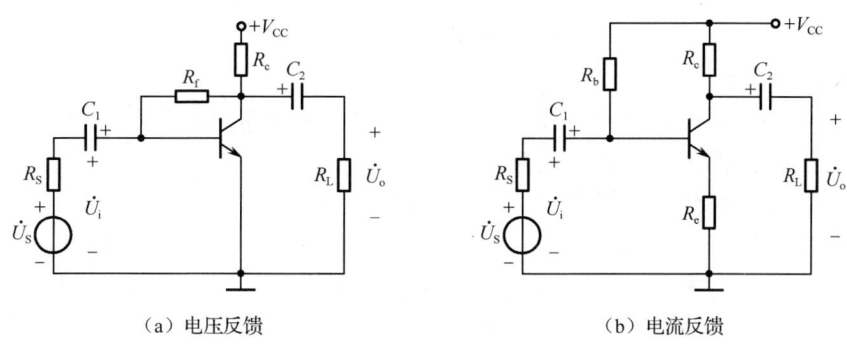

（a）电压反馈　　　　　　　　　　　（b）电流反馈

图 6-5　反馈电路举例

3．串联、并联反馈的判别

判别串联、并联反馈的方法：如果输入信号和反馈信号分别接到同一放大器件的同一个电极上，则为并联反馈；如果两个信号接到不同电极上，则为串联反馈。按此方法可以判定，图 6-5（a）中引入的是并联反馈，图 6-5（b）中引入的是串联反馈。

4．正、负反馈的判别

判断正、负反馈，一般用**瞬时极性法**。具体方法如下。

（1）假设输入信号某一时刻对地的瞬时极性为正（用"＋"号表示）或负（用"－"号表示），一般假设为"＋"。

（2）根据输入信号与输出信号的相位关系，逐步推断电路有关各点此时的瞬时极性，最终确定输出信号和反馈信号的瞬时极性。

（3）再根据反馈信号与输入信号在输入端的连接情况（串联或并联），明确该两种信号是以电压还是电流方式叠加的，从而分析出净输入量的变化。如果反馈信号使净输入增强，则为正反馈，反之为负反馈。

由此可以得出，用瞬时极性法判断正、负反馈时，首先要判断出电路引入的是串联反馈还是并联反馈，这样才能明确反馈量与输入量在输入端是以电压还是电流方式叠加的。

【例 6-1】　试判断在图 6-6 所示电路中引入的是正反馈还是负反馈。

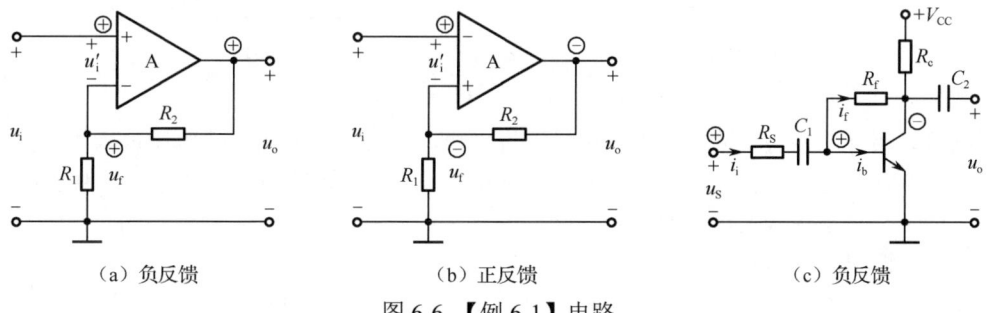

（a）负反馈　　　　　　　　　（b）正反馈　　　　　　　　　（c）负反馈

图 6-6　【例 6-1】电路

解： 在图 6-6（a）所示电路中，首先判断出电路引入的是串联反馈，故输入量和反馈量在输入端以电压方式叠加。下面用瞬时极性法进行判断：假设集成运放同相输入端输入信号 u_i 瞬时极性对地为"＋"，因而输出电压 u_o 的极性对地为"＋"，u_o 通过电阻 R_2 在电阻 R_1 上产生的反馈电压 u_f 的极性对地也为"＋"，所以净输入电压 u_i' 等于输入电压 u_i 减去反馈电压 u_f，即 $u_i' = u_i - u_f$，显然反馈的结果使净输入电压减小。这说明该电路引入的反馈是负反馈。

在图 6-6（b）所示电路中，电路引入的是串联反馈，故输入量和反馈量在输入端以电压方式叠加。假设集成运放反相输入端输入信号 u_i 瞬时极性对地为"＋"，因而输出电压 u_o 的极性对地为"－"，u_o 通过电阻 R_2 在电阻 R_1 上产生的反馈电压 u_f 的极性对地为"－"，所以净输入电压 u_i' 等于输

入电压 u_i 加上反馈电压 u_f，即 $u_i' = u_i -(- u_f)= u_i + u_f$，反馈的结果使净输入电压增加。这说明此电路引入的反馈是正反馈。

通过以上两例可知，**对于单个集成运放，若通过纯电阻网络将反馈引到集成运放的反相输入端，则为负反馈；引到同相输入端，则为正反馈。**

在图 6-6（c）所示电路中，电路引入的是并联反馈，故输入量和反馈量在输入端以电流方式叠加。假设交流信号源 u_S 瞬时极性对地为"+"，则基极电位也瞬时为"+"，因此基极电流 i_b 的方向如图所示，集电极电位对地瞬时为"−"，所以 u_o 在电阻 R_f 上产生的电流 i_f 的方向是从基极流向集电极，由此可得净输入电流 $i_b = i_i - i_f$，显然反馈的结果使净输入电流减小，所以此电路引入的是负反馈。

6.1.4 交流负反馈的四种组态

根据以上分析可知，实际放大电路中的反馈形式是多种多样的，本章将着重分析各种形式的交流负反馈。对交流负反馈来说，根据反馈信号在输出端取样方式以及在输入回路中叠加形式的不同，可以分析四种组态，分别是：**电压串联负反馈，电压并联负反馈，电流串联负反馈、电流并联负反馈。**下面逐一介绍。

1. 电压串联负反馈

在图 6-7（a）所示电路中，输出端与输入端之间通过电阻 R_f 连接，因此 R_f 便构成了反馈网络。不难看出，在输出端，反馈信号 $\dot{U}_f$ 取自输出电压 $\dot{U}_o$；在输入端，输入信号与反馈信号接到了集成运放的不同电极上，形成串联反馈，因此两者是以电压量进行叠加的。由于理想运放输入电流为零，故电阻 R_2 上没有压降，于是可得净输入电压为

$$\dot{U}_i' = \dot{U}_i - \dot{U}_f$$

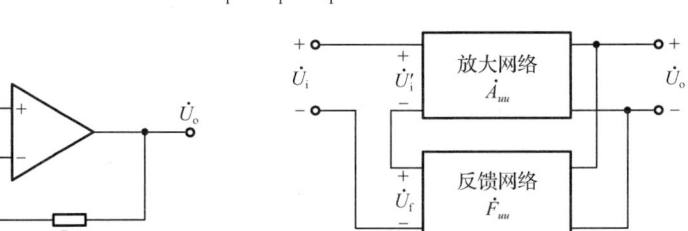

(a) 电路　　　　　　　　　　　　　　(b) 方框图

图 6-7　电压串联负反馈

根据瞬时极性法，假设输入电压瞬时极性为"+"，最终可判断出反馈电压也为"+"，即反馈电压将削弱净输入电压。综合以上分析可知，图 6-7（a）所示电路引入的是电压串联负反馈。

为了便于分析反馈放大电路的一般规律，通常利用方框图来表示各种组态的负反馈。电压串联负反馈的方框图如图 6-7（b）所示。

由方框图可以看出，放大网络的输入信号是净输入电压 $\dot{U}_i'$，输出信号是输出电压 $\dot{U}_o$，二者均为电压信号，故其放大倍数用符号 $\dot{A}_{uu}$ 表示，称为放大网络的**电压放大倍数**；反馈网络的输入信号是放大电路的输出电压 $\dot{U}_o$，它的输出信号是反馈电压 $\dot{U}_f$，二者同样都是电压信号，因此反馈网络的反馈系数用符号 $\dot{F}_{uu}$ 表示。$\dot{A}_{uu}$ 和 $\dot{F}_{uu}$ 的表达式分别为

$$\dot{A}_{uu} = \frac{\dot{U}_o}{\dot{U}_i'} \qquad\qquad \dot{F}_{uu} = \frac{\dot{U}_f}{\dot{U}_o}$$

在图 6-7（a）所示电路中，可以计算出反馈电压为

$$\dot{U}_f = \frac{R_1}{R_1 + R_f}\dot{U}_o \tag{6-1}$$

所以求得反馈系数为

$$\dot{F}_{uu} = \frac{\dot{U}_{\mathrm{f}}}{\dot{U}_{\mathrm{o}}} = \frac{R_{\mathrm{l}}}{R_{\mathrm{l}} + R_{\mathrm{f}}}$$

式（6-1）表明反馈信号 u_{f} 取自输出电压 u_{o}，且正比于 u_{o}，并将与输入电压 u_{i} 求差后放大，故引入的是电压串联负反馈。

2. 电压并联负反馈

在图 6-8（a）所示电路中，在输出端，反馈信号 $\dot{I}_{\mathrm{f}}$ 从放大电路的输出电压 $\dot{U}_{\mathrm{o}}$ 中取样，在输入端，输入信号与反馈信号形成并联反馈，因此将以电流量进行叠加，即净输入电流 $\dot{I}_{\mathrm{i}}'$ 为

$$\dot{I}_{\mathrm{i}}' = \dot{I}_{\mathrm{i}} - \dot{I}_{\mathrm{f}}$$

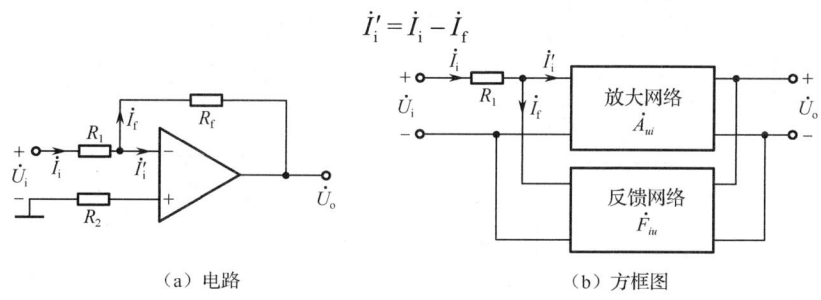

（a）电路　　　　　　　　　　　　　（b）方框图

图 6-8　电压并联负反馈

根据瞬时极性法，设输入电压瞬时极性为"+"，最终可判断出反馈电流有增大的趋势，这将削弱净输入电流。综合以上分析可知，图 6-8（a）所示电路引入的是电压并联负反馈。

电压并联负反馈的方框图如图 6-8（b）所示。放大网络的输入信号是净输入电流 $\dot{I}_{\mathrm{i}}'$，输出信号是放大电路的输出电压 $\dot{U}_{\mathrm{o}}$，它的放大倍数用符号 $\dot{A}_{ui}$ 表示，其表达式为

$$\dot{A}_{ui} = \frac{\dot{U}_{\mathrm{o}}}{\dot{I}_{\mathrm{i}}'}$$

由上式可知，$\dot{A}_{ui}$ 的量纲是电阻，故称 $\dot{A}_{ui}$ 为放大网络的**转移电阻**。

反馈网络的输入信号是放大电路的输出电压 $\dot{U}_{\mathrm{o}}$，输出信号是反馈电流 $\dot{I}_{\mathrm{f}}$。反馈网络的反馈系数为 $\dot{I}_{\mathrm{f}}$ 与 $\dot{U}_{\mathrm{o}}$ 之比，用符号 $\dot{F}_{iu}$ 表示，它的量纲是电导，可表示为

$$\dot{F}_{iu} = \frac{\dot{I}_{\mathrm{f}}}{\dot{U}_{\mathrm{o}}}$$

在图 6-8（a）所示电路中，可以计算出反馈电流 $\dot{I}_{\mathrm{f}} \approx -\dfrac{\dot{U}_{\mathrm{o}}}{R_{\mathrm{f}}}$，所以反馈系数为

$$\dot{F}_{iu} = \frac{\dot{I}_{\mathrm{f}}}{\dot{U}_{\mathrm{o}}} \approx -\frac{1}{R_{\mathrm{f}}}$$

3. 电流串联负反馈

在图 6-9（a）所示电路中，不难看出，反馈电压 $\dot{U}_{\mathrm{f}} = \dot{I}_{\mathrm{o}} R_{\mathrm{f}}$，即反馈电压与输出电流成正比。而在放大电路的输入端，外加输入信号与反馈信号形成串联反馈，因此以电压形式叠加，叠加的结果使净输入电压为 $\dot{U}_{\mathrm{i}}' = \dot{U}_{\mathrm{i}} - \dot{U}_{\mathrm{f}}$，根据瞬时极性法不难判断出反馈电压将削弱净输入电压。因此，图 6-9（a）所示反馈组态为电流串联负反馈。

电流串联负反馈的方框图如图 6-9（b）所示。放大网络的输入信号是净输入电压 $\dot{U}_{\mathrm{i}}'$，输出信号是放大电路的输出电流 $\dot{I}_{\mathrm{o}}$，因此其放大倍数用符号 $\dot{A}_{iu}$ 表示，$\dot{A}_{iu}$ 的量纲是电导，称为放大网络的**转移电导**，其表达式为

$$\dot{A}_{iu} = \frac{\dot{I}_{\mathrm{o}}}{\dot{U}_{\mathrm{i}}'}$$

反馈网络的输入信号是放大电路的输出电流 $\dot{I}_o$，输出信号是反馈电压 $\dot{U}_f$，反馈系数等于 $\dot{U}_f$ 与 $\dot{I}_o$ 之比，用符号 $\dot{F}_{ui}$ 表示，量纲为电阻，其表达式为

$$\dot{F}_{ui} = \frac{\dot{U}_f}{\dot{I}_o}$$

在图 6-9（a）所示电路中，反馈电压 $\dot{U}_f = \dot{I}_o R_f$，则反馈系数为 $\dot{F}_{ui} = \frac{\dot{U}_f}{\dot{I}_o} = R_f$。

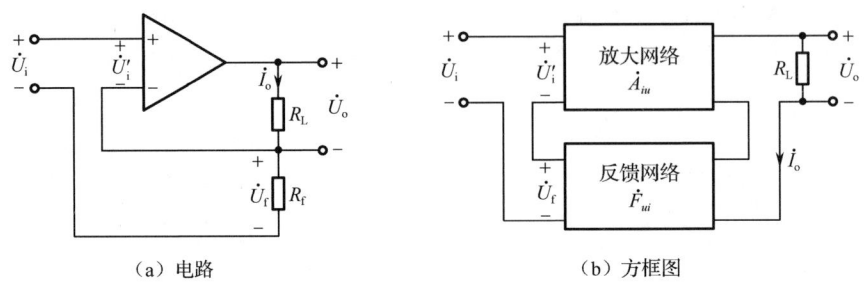

（a）电路　　　　　　　　　　　　　（b）方框图

图 6-9　电流串联负反馈

4. 电流并联负反馈

在图 6-10（a）所示电路中，反馈信号从放大电路输出端的电流 $\dot{I}_o$ 取样。而在输入端，反馈信号与外加输入信号形成并联反馈，是以电流形式叠加的，净输入电流为 $\dot{I}'_i = \dot{I}_i - \dot{I}_f$。根据瞬时极性法，设输入电压的瞬时极性为 "+"，最终可判断出流过 R_f 的反馈电流将增大，这将削弱净输入电流。可见，该电路中引入的是电流并联负反馈。

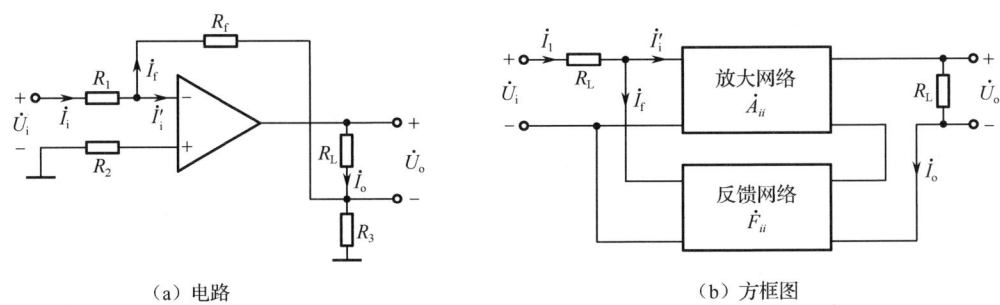

（a）电路　　　　　　　　　　　　　　（b）方框图

图 6-10　电流并联负反馈

电流并联负反馈的方框图如图 6-10（b）所示。放大网络的输入信号是净输入电流 $\dot{I}'_i$，输出信号是放大电路的输出电流 $\dot{I}_o$，放大网络的放大倍数用符号 $\dot{A}_{ii}$ 表示，称为放大网络的**电流放大倍数**。其表达式为

$$\dot{A}_{ii} = \frac{\dot{I}_o}{\dot{I}'_i}$$

反馈网络的输入信号是放大电路的输出电流 $\dot{I}_o$，输出信号是反馈电流 $\dot{I}_f$，反馈系数等于 $\dot{I}_f$ 与 $\dot{I}_o$ 之比，用符号 $\dot{F}_{ii}$ 表示，$\dot{F}_{ii}$ 无量纲，其表达式为

$$\dot{F}_{ii} = \frac{\dot{I}_f}{\dot{I}_o}$$

在图 6-10（a）所示电路中，反馈电流为 $\dot{I}_f \approx -\dfrac{\dot{I}_o R_3}{R_3 + R_f}$，则反馈系数为 $\dot{F}_{ii} = \dfrac{\dot{I}_f}{\dot{I}_o} \approx -\dfrac{R_3}{R_3 + R_f}$。

根据以上讨论可知，由于在反馈放大电路中，输入信号 $\dot{X}_i$、输出信号 $\dot{X}_o$、反馈信号 $\dot{X}_f$ 以及

净输入信号 $\dot{X}'_i$，都既可能是电压量，也可能是电流量，因此对于不同组态的反馈，其开环放大倍数 $\dot{A}$（$\dot{A} = \dfrac{\dot{X}'_o}{\dot{X}'_i}$）、反馈系数 $\dot{F}$（$\dot{F} = \dfrac{\dot{X}_f}{\dot{X}_o}$）、闭环放大倍数 $\dot{A}_f$（$\dot{A}_f = \dfrac{\dot{X}_o}{\dot{X}_i}$）的物理意义及量纲也不同。为了便于比较和记忆，现将四种交流负反馈组态进行比较，如表 6-1 所示。

表 6-1 四种交流负反馈组态比较

负反馈组态	$\dot{X}_i, \dot{X}_f, \dot{X}'_i$	$\dot{X}_o$	$\dot{A}$	$\dot{F}$	$\dot{A}_f$	功　能
电压串联	$\dot{U}_i, \dot{U}_f, \dot{U}'_i$	$\dot{U}_o$	$\dot{A}_{uu} = \dfrac{\dot{U}_o}{\dot{U}'_i}$	$\dot{F}_{uu} = \dfrac{\dot{U}_f}{\dot{U}_o}$	$\dot{A}_{uuf} = \dfrac{\dot{U}_o}{\dot{U}_i}$	$\dot{U}_i$ 控制 $\dot{U}_o$ 电压放大
电压并联	$\dot{I}_i, \dot{I}_f, \dot{I}'_i$	$\dot{U}_o$	$\dot{A}_{ui} = \dfrac{\dot{U}_o}{\dot{I}'_i}$	$\dot{F}_{iu} = \dfrac{\dot{I}_f}{\dot{U}_o}$	$\dot{A}_{uif} = \dfrac{\dot{U}_o}{\dot{I}_i}$	$\dot{I}_i$ 控制 $\dot{U}_o$ 电流转换成电压
电流串联	$\dot{U}_i, \dot{U}_f, \dot{U}'_i$	$\dot{I}_o$	$\dot{A}_{iu} = \dfrac{\dot{I}_o}{\dot{U}'_i}$	$\dot{F}_{ui} = \dfrac{\dot{U}_f}{\dot{I}_o}$	$\dot{A}_{iuf} = \dfrac{\dot{I}_o}{\dot{U}_i}$	$\dot{U}_i$ 控制 $\dot{I}_o$ 电压转换成电流
电流并联	$\dot{I}_i, \dot{I}_f, \dot{I}'_i$	$\dot{I}_o$	$\dot{A}_{ii} = \dfrac{\dot{I}_o}{\dot{I}'_i}$	$\dot{F}_{ii} = \dfrac{\dot{I}_f}{\dot{I}_o}$	$\dot{A}_{iif} = \dfrac{\dot{I}_o}{\dot{I}_i}$	$\dot{I}_i$ 控制 $\dot{I}_o$ 电流放大

【例 6-2】 判断图 6-11 所示各放大电路中哪些元器件起反馈作用，并说明反馈的组态。

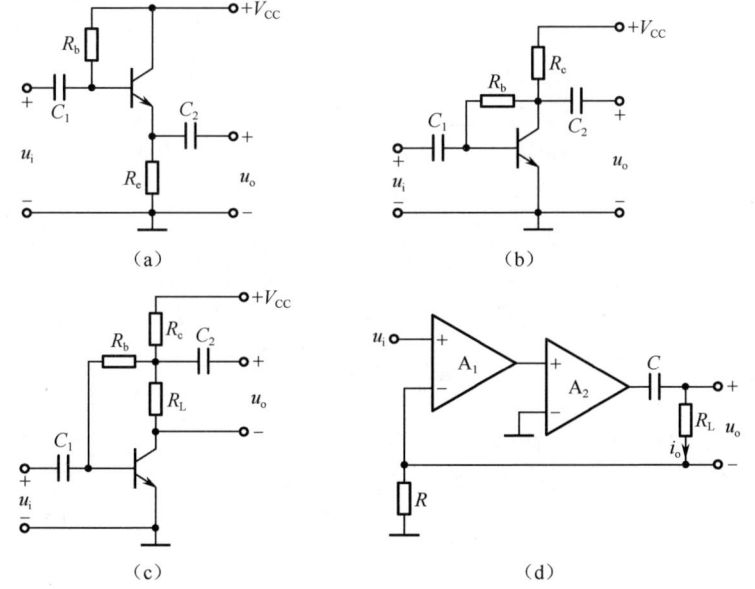

图 6-11 【例 6-2】电路

解： 图 6-11（a）中电阻 R_e 起反馈作用。由于 R_e 既存在于直流通路，又存在于交流通路，故属于交直流并存的反馈。根据瞬时极性法可知，它们均为负反馈；根据交流负反馈组态的分析方法可得，交流负反馈的组态为电压串联负反馈。

在图 6-11（b）所示电路中，R_b 起反馈作用，并且电路通过它引入了直流负反馈和交流电压并联负反馈。

与图 6-11（b）所示电路相同，在图 6-11（c）所示电路中，R_b 起反馈作用，引入了直流负反馈和交流电流并联负反馈。

在图 6-11（d）所示电路中，R 起反馈作用，引入了交流电流串联负反馈。值得注意的是，这里不能仅仅根据 R 将反馈引到了集成运放 A_1 的反相端就断定它是负反馈，因为该例题是两级运放，R 引入的是级间反馈，所以该例题需要用瞬时极性法判断反馈的极性。

【例 6-3】 试分析图 6-12 所示电路中引入的反馈的极性和组态。

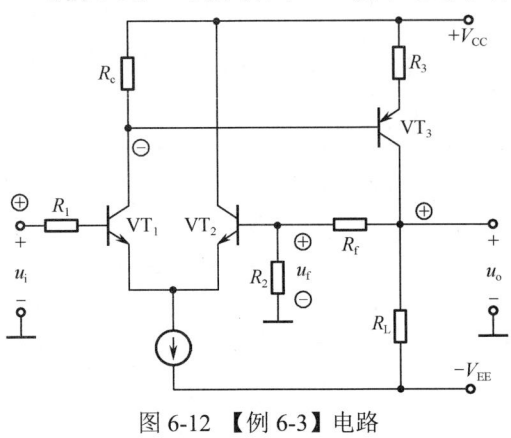

图 6-12 【例 6-3】电路

解： 根据瞬时极性法，假设输入端电压 u_i 瞬时极性对地为"+"，依次可判断出电路中相关各点电位的瞬时极性，如图 6-12 所示，最终在电阻 R_2 上获得的反馈电压 u_f 为"+"，由此导致电路的净输入电压 u_i'（也即差模输入电压 $u_{id} = u_i - u_f$）变小，故电路中引入的是负反馈。

接下来判断反馈的组态。令输出电压 $u_o = 0$，即将 VT_3 的集电极接地，这将使反馈电压 $u_f = 0$，故引入的是电压反馈。又因为输入电压 u_i 是从 VT_1 的基极输入的，而反馈电压 u_f 接的是 VT_2 的基极，两者的接入端不是同一个电极，因此是串联反馈。

综上判断可知，该电路中引入的是电压串联负反馈。

复习思考题

6.1.1 填空：

（1）为了稳定静态工作点，应在放大电路中引入_____负反馈；

（2）负反馈虽然使放大电路的增益_____，但可_____增益的稳定性。

（3）在四种组态的交流负反馈中，_____组态的放大倍数是电压放大倍数。

6.1.2 判断正误：

（1）若放大电路的放大倍数为负，则引入的反馈一定是负反馈。（　　　）

（2）负反馈放大电路的放大倍数与组成它的基本放大电路的放大倍数量纲相同。（　　　）

（3）若放大电路引入负反馈，则负载电阻变化时，输出电压基本不变。（　　　）

（4）只要在放大电路中引入反馈，就一定能使其性能得到改善。（　　　）

（5）放大电路的级数越多，引入的负反馈越强，电路的放大倍数也就越稳定。（　　　）

（6）反馈量的大小仅仅取决于输出量。（　　　）

（7）既然电流负反馈稳定输出电流，那么必然稳定输出电压。（　　　）

6.1.3 在题图 6.1.3 所示各电路中，试指出其中有无反馈？若有反馈，则判别反馈的类型（本题只判断级间反馈）。

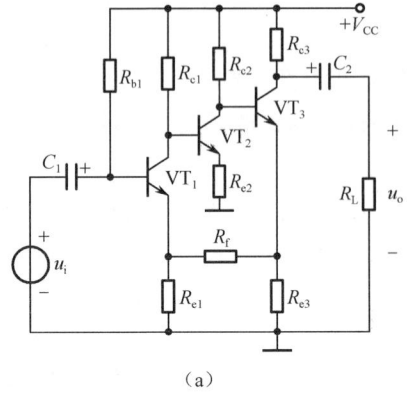

（a）

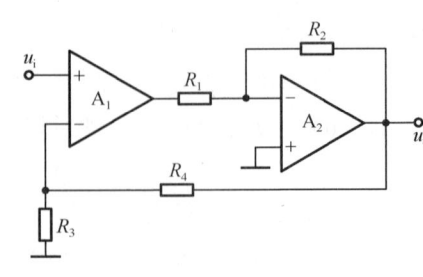

（b）

题图 6.1.3

6.2 反馈放大电路的一般表达式和近似估算

6.2.1 反馈放大电路的一般表达式

为了便于深入研究放大电路中反馈的一般规律，也为了更方便地写出反馈放大电路的一般表达式，现将反馈放大电路的方框图（图6-2）再次画出，如图6-13所示。

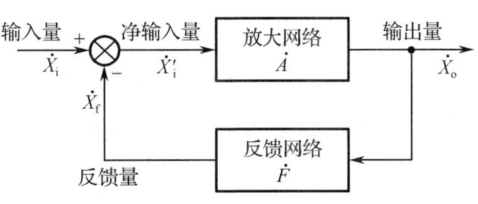

图 6-13　反馈放大电路方框图

方框图中各物理量的含义前面已经给出说明，现在分析引入反馈后放大电路中各变量之间的关系。由图 6-13 可知，放大网络的放大倍数 $\dot{A}$（**开环放大倍数**）和反馈网络的反馈系数 $\dot{F}$ 分别为

$$\dot{A} = \frac{\dot{X}_o}{\dot{X}_i'} \tag{6-2}$$

$$\dot{F} = \frac{\dot{X}_f}{\dot{X}_o} \tag{6-3}$$

净输入信号为

$$\dot{X}_i' = \dot{X}_i - \dot{X}_f \tag{6-4}$$

由以上三个表达式，可推出输出信号

$$\dot{X}_o = \dot{A}\dot{X}_i' = \dot{A}(\dot{X}_i - \dot{X}_f) = \dot{A}(\dot{X}_i - \dot{F}\dot{X}_o)$$

整理上式可得

$$\dot{A}_f = \frac{\dot{X}_o}{\dot{X}_i} = \frac{\dot{A}}{1 + \dot{A}\dot{F}} \tag{6-5}$$

式（6-5）就是反馈放大电路的一般表达式。其中，$\dot{A}_f$ 称为反馈放大电路的**闭环放大倍数**，它是输出信号 $\dot{X}_o$ 与输入信号 $\dot{X}_i$ 之比，表示引入反馈后放大电路的输出信号与外加输入信号之间总的放大倍数。$\dot{A}\dot{F}$ 称为**回路增益**，无量纲，表示在反馈放大电路中，信号沿着放大网络和反馈网络组成的环路传递一周后所得到的放大倍数。$1 + \dot{A}\dot{F}$ 称为**反馈深度**，表示引入反馈后放大电路的放大倍数与无反馈时相比所变化的倍数。反馈深度是一个非常重要的参数，通过后面的分析将会得知，放大电路引入负反馈后，其中各项性能的改善程度，皆与 $|1 + \dot{A}\dot{F}|$ 的大小有关。下面针对式（6-5）分三种情况进行讨论。

（1）若 $|1 + \dot{A}\dot{F}| > 1$，则 $|\dot{A}_f| < |\dot{A}|$，说明引入反馈后使放大倍数减小，这种反馈称为负反馈。负反馈虽然降低了放大倍数，但换来了放大电路诸多性能的改善，可以说，负反馈放大电路以牺牲放大倍数为代价来换取整个电路性能的改善。

在负反馈情况下，如果反馈深度 $|1 + \dot{A}\dot{F}| \gg 1$，则式（6-5）可简化为

$$\dot{A}_f = \frac{\dot{X}_o}{\dot{X}_i} = \frac{\dot{A}}{1 + \dot{A}\dot{F}} \approx \frac{\dot{A}}{\dot{A}\dot{F}} = \frac{1}{\dot{F}} \tag{6-6}$$

式（6-6）表明，当反馈深度 $|1 + \dot{A}\dot{F}| \gg 1$ 时，闭环放大倍数 $\dot{A}_f$ 基本上只与反馈系数 $\dot{F}$ 有关，而与放大电路的开环放大倍数 $\dot{A}$ 几乎无关，这种反馈称为**深度负反馈**。当电路引入深度负反馈时，即使由于温度等因素变化而导致放大网络的开环放大倍数 $\dot{A}$ 发生变化，只要反馈系数 $\dot{F}$ 一定，就能保证闭环放大倍数 $\dot{A}_f$ 稳定，这是深度负反馈放大电路的一个突出优点。实际的反馈网络常常由电阻等组成，反馈系数通常取决于某些电阻值之比，基本上不受温度等因素的影响。实际在设计放大电路时，为了提高稳定性，往往选用开环差模电压放大倍数 A_{od} 很高的集成运放，以便引入深度负反馈。

（2）若 $|1+\dot{A}\dot{F}|<1$，则 $|\dot{A}_{\mathrm{f}}|>|\dot{A}|$，即引入反馈后放大倍数比原来的增大，因此这种反馈称为正反馈。正反馈虽然可以提高增益，但使放大电路的性能不稳定，所以很少使用。

（3）若 $|1+\dot{A}\dot{F}|=0$，即 $\dot{A}\dot{F}=-1$，则 $|\dot{A}_{\mathrm{f}}|\to\infty$。这说明当 $\dot{X}_{\mathrm{i}}=0$ 时，$\dot{X}_{\mathrm{o}}\neq0$，放大电路虽然没有外加输入信号，但有一定的输出信号。放大电路的这种状态称为**自激振荡**。当反馈放大电路发生自激振荡时，输出信号将不受输入信号的控制，也就是说，放大电路失去了放大作用，这是我们所不希望的。但是，有时为了产生正弦波或其他波形信号，会有意识地在放大电路中引入一个正反馈，并使之满足自激振荡的条件。关于这方面的知识将在第 8 章进行介绍。

需要说明的是，一般情况下放大电路工作在中频段，此时图 6-13 中各物理量近似为同相，因此式（6-5）和式（6-6）中的各量可用有效值来表示，即 $A_{\mathrm{f}}=\dfrac{A}{1+AF}$，$A_{\mathrm{f}}\approx\dfrac{1}{F}$。

6.2.2 深度负反馈放大电路电压放大倍数的估算

1. 估算方法及依据

（1）利用关系式 $\dot{A}_{\mathrm{f}}\approx\dfrac{1}{\dot{F}}$ 估算闭环电压放大倍数。

前面已经介绍过，对于深度负反馈，由于 $|1+\dot{A}\dot{F}|\gg1$，所以闭环电压放大倍数应为式（6-6），即 $\dot{A}_{\mathrm{f}}\approx\dfrac{1}{\dot{F}}$。这表明，在深度负反馈条件下，闭环放大倍数 $\dot{A}_{\mathrm{f}}$ 近似等于反馈系数 $\dot{F}$ 的倒数，因此，只要求出 $\dot{F}$，即可得到 $\dot{A}_{\mathrm{f}}$。

但是，式（6-6）中，$\dot{A}_{\mathrm{f}}$ 是广义的放大倍数，其含义和量纲与反馈组态有关（见表 6-1），并非专指电压放大倍数。也就是说，运用式（6-6）估算闭环电压放大倍数是有条件的。只有当负反馈组态是**电压串联**时，$\dot{A}_{\mathrm{f}}$ 才代表闭环电压放大倍数，此时该式可表示为

$$\dot{A}_{uu\mathrm{f}}\approx\dfrac{1}{\dot{F}_{uu}} \tag{6-7}$$

也就是说，只有在电压串联负反馈组态情况下，方可利用式（6-7）直接估算深度负反馈放大电路的闭环电压放大倍数。而其他三种组态的负反馈，只能用下面的方法估算其电压放大倍数。

（2）利用关系式 $\dot{X}_{\mathrm{i}}\approx\dot{X}_{\mathrm{f}}$ 估算闭环电压放大倍数。

对于电压串联负反馈以外的其他三种负反馈组态，即电压并联、电流串联、电流并联，由表 6-1 可知，式（6-6）中的 $\dot{A}_{\mathrm{f}}$ 分别应是 $\dot{A}_{ui\mathrm{f}}$、$\dot{A}_{iu\mathrm{f}}$ 和 $\dot{A}_{ii\mathrm{f}}$，它们的物理意义分别表示负反馈放大电路的转移电阻、转移电导和电流放大倍数。因此，对于这三种组态的负反馈放大电路，如果利用式（6-6）进行计算，则只能先分别求出 $\dot{A}_{ui\mathrm{f}}$、$\dot{A}_{iu\mathrm{f}}$ 和 $\dot{A}_{ii\mathrm{f}}$，之后还需经过转换才能得到闭环电压放大倍数 $\dot{A}_{uu\mathrm{f}}$。此处，根据深度负反馈的特点，介绍一种更加简捷的估算方法。

由于 $\dot{A}_{\mathrm{f}}=\dot{X}_{\mathrm{o}}/\dot{X}_{\mathrm{i}}$，$\dot{F}=\dot{X}_{\mathrm{f}}/\dot{X}_{\mathrm{o}}$，根据 $\dot{A}_{\mathrm{f}}\approx1/\dot{F}$，可得到 $\dot{X}_{\mathrm{i}}\approx\dot{X}_{\mathrm{f}}$；根据 $\dot{X}_{\mathrm{i}}'=\dot{X}_{\mathrm{i}}-\dot{X}_{\mathrm{f}}$，可得到净输入信号 $\dot{X}_{\mathrm{i}}'\approx0$。

上述结论说明：

① 对于深度串联负反馈电路，净输入电压近似为 0，即可认为

$$\dot{U}_{\mathrm{i}}\approx\dot{U}_{\mathrm{f}} \tag{6-8}$$

② 对于深度并联负反馈电路，净输入电流近似为 0，即可认为

$$\dot{I}_{\mathrm{i}}\approx\dot{I}_{\mathrm{f}} \tag{6-9}$$

由此可知，在估算闭环电压放大倍数之前，首先需判断负反馈组态是串联的还是并联的，以便在式（6-8）和式（6-9）中选择一个，再根据反馈放大电路的具体结构，列出 $\dot{U}_{\mathrm{i}}$ 和 $\dot{U}_{\mathrm{f}}$（或 $\dot{I}_{\mathrm{i}}$ 和 $\dot{I}_{\mathrm{f}}$）的表达式，并令其相等，即可估算出闭环电压放大倍数。

2．计算举例

【例 6-4】 假设图 6-14 中的集成运放均为理想运放，并设各电路均满足深度负反馈条件，试估算各电路的闭环电压放大倍数。

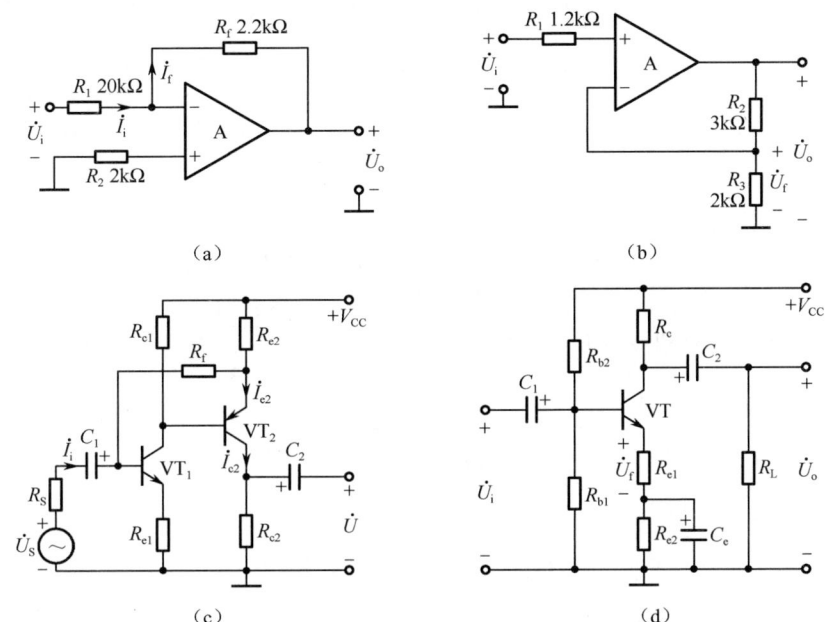

图 6-14 【例 6-4】电路

解： 为了估算闭环电压放大倍数，首先应判断各电路的反馈组态。

图 6-14（a）所示电路引入的是电压并联负反馈。在深度负反馈条件下可得 $\dot{I}_i \approx \dot{I}_f$。又因电路引入的是负反馈，故集成运放工作在线性状态，满足"虚短"和"虚断"两个特点，可认为其反相输入端的电压等于零，则由电路可分别求得

$$\dot{I}_i = \frac{\dot{U}_i}{R_1} \qquad \dot{I}_f = -\frac{\dot{U}_o}{R_f}$$

由于 $\dot{I}_i \approx \dot{I}_f$，可得

$$-\frac{\dot{U}_o}{R_f} = \frac{\dot{U}_i}{R_1}$$

则闭环电压放大倍数为

$$\dot{A}_{uuf} = \frac{\dot{U}_o}{\dot{U}_i} \approx -\frac{R_f}{R_1} = -\frac{2.2}{20} = -0.11$$

图 6-14（b）所示电路引入的是电压串联负反馈。可先求出反馈系数 $\dot{F}_{uu}$，然后根据式（6-6）直接估算闭环电压放大倍数。分析电路结构可以得到

$$\dot{U}_f = \frac{R_3}{R_2 + R_3}\dot{U}_o$$

故

$$\dot{F}_{uu} = \frac{\dot{U}_f}{\dot{U}_o} = \frac{R_3}{R_2 + R_3}$$

所以

$$\dot{A}_{uuf} \approx \frac{1}{\dot{F}_{uu}} = 1 + \frac{R_2}{R_3} = 1 + \frac{3}{2} = 2.5$$

图 6-14（c）所示电路引入的是电流并联负反馈。在深度负反馈条件下，可认为 $\dot{I}_i \approx \dot{I}_f$。由电路图可得

$$\dot{I}_i \approx \frac{\dot{U}_S}{R_S} \qquad \dot{I}_f \approx \frac{R_{e2}}{R_{e2} + R_f} \dot{I}_{e2}$$

由于 $\dot{I}_i \approx \dot{I}_f$，故

$$\frac{R_{e2}}{R_{e2} + R_f} \dot{I}_{e2} \approx \frac{\dot{U}_S}{R_S}$$

则

$$\dot{U}_S \approx \frac{R_{e2} R_S}{R_{e2} + R_f} \dot{I}_{e2}$$

而

$$\dot{U}_o = \dot{I}_{c2} R_{c2}$$

所以闭环电压放大倍数为

$$\dot{A}_{uu\mathrm{sf}} = \frac{\dot{U}_o}{\dot{U}_S} \approx \frac{\dot{I}_{c2} R_{c2}(R_{e2} + R_f)}{R_{e2} R_S \dot{I}_{e2}} \approx \frac{R_{c2}(R_{e2} + R_f)}{R_{e2} R_S}$$

图 6-14（d）所示电路引入的是电流串联负反馈，故 $\dot{U}_i \approx \dot{U}_f$。由电路图可得

$$\dot{U}_f = \dot{I}_e R_{e1} \approx \dot{I}_c R_{e1} \approx \dot{U}_i$$

而

$$\dot{U}_o = -\dot{I}_c R_L'$$

其中

$$R_L' = R_c // R_L$$

所以闭环电压放大倍数为

$$\dot{A}_{uuf} = \frac{\dot{U}_o}{\dot{U}_i} \approx \frac{-\dot{I}_c R_L'}{\dot{I}_c R_{e1}} = -\frac{R_L'}{R_{e1}}$$

复习思考题

6.2.1 填空：

（1）_____称为负反馈深度，其中 $\dot{F} =$ _____，称为_____。

（2）负反馈放大电路放大倍数的一般表达为 $\dot{A}_f =$ _____，当满足深度负反馈时 $\dot{A}_f \approx$ _____。

6.2.2 判断正误：

（1）负反馈可以提高放大电路放大倍数的稳定性。（   ）

（2）在深度负反馈的条件下，闭环放大倍数 $A_f \approx 1/F$，它与反馈网络有关，而与放大电路开环放大倍数 A 无关，故可省去放大电路，仅留下反馈网络，以获得稳定的放大倍数。（   ）

（3）由于接入负反馈，所以反馈放大电路放大倍数 A_f 就一定是负值，接入正反馈后，A_f 就一定是正值。（   ）

（4）在负反馈放大电路中，放大电路的放大倍数越大，闭环放大倍数就越稳定。（   ）

（5）在深度负反馈放大电路中，只有尽可能地增大开环放大倍数，才能有效地提高闭环放大倍数。（   ）

（6）在深度负反馈的条件下，由于闭环放大倍数 $A_f \approx 1/F$，与三极管的参数几乎无关，因此可以任意选择三极管来组成放大级，三极管的参数也就没什么意义了。（   ）

6.2.3 有一负反馈放大电路，其开环放大倍数 $A = 2000$，反馈系数 $F = 1/40$。问它的反馈深度和闭环放大倍数各为多少？

6.2.4 在题图 6.2.4 所示电路中，开关 S 应置

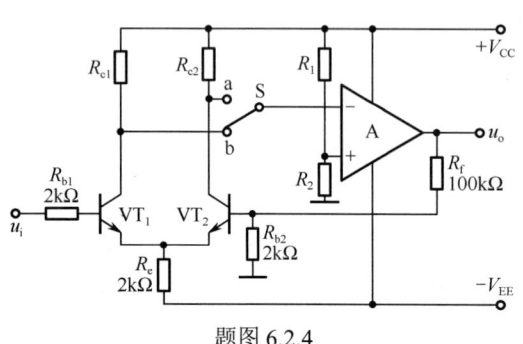

题图 6.2.4

于 a 还是置于 b 才能使引入的反馈是负反馈？这个负反馈属于何种组态？如果满足深度负反馈条件，试估算电压放大倍数。

6.3 负反馈对放大电路性能的影响

放大电路引入交流负反馈虽然降低了放大倍数，但能改善多方面的性能，如稳定放大倍数、改变输入/输出电阻、展宽频带、减小非线性失真等。下面分别加以说明。

6.3.1 稳定放大倍数

放大电路的放大倍数可能由于种种原因而发生变化，如元器件更换或老化、环境温度变化、电源电压波动、负载变化等因素；如果在放大电路中引入交流负反馈，就会大大减小这些因素对放大倍数的影响，从而使放大倍数保持稳定。

当放大电路引入深度负反馈时，闭环电压放大倍数 $A_f \approx 1/F$，几乎仅取决于反馈网络，而反馈网络通常由无源元件电阻组成，因而可获得很好的稳定性。

在中频段，$\dot{A}_f$、$\dot{A}$ 和 $\dot{F}$ 均为实数。A_f 的表达式可写成

$$A_f = \frac{A}{1+AF} \tag{6-10}$$

对式（6-10）求微分得

$$\mathrm{d}A_f = \frac{(1+AF)\mathrm{d}A - AF\mathrm{d}A}{(1+AF)^2} = \frac{\mathrm{d}A}{(1+AF)^2} \tag{6-11}$$

用式（6-11）的左右式分别除以式（6-10）的左右式，可得

$$\frac{\mathrm{d}A_f}{A_f} = \frac{1}{1+AF} \cdot \frac{\mathrm{d}A}{A} \tag{6-12}$$

式（6-12）表明，闭环放大倍数 A_f 的相对变化量 $\dfrac{\mathrm{d}A_f}{A_f}$ 仅为其开环放大倍数 A 的相对变化量 $\dfrac{\mathrm{d}A}{A}$ 的(1+AF)分之一，也就是说 A_f 的稳定性是 A 的(1+AF)倍。

例如，当 A 变化 10%时，若 1+AF = 100，则 A_f 仅变化了 0.1%。

应当指出，A_f 的稳定性是以损失放大倍数为代价的，即 A_f 减小到 A 的(1+AF)分之一，才使其稳定性提高到 A 的(1+AF)倍。

6.3.2 改变输入电阻和输出电阻

1. 对输入电阻的影响

负反馈对输入电阻的影响取决于反馈网络与放大网络在输入端的连接方式。

（1）引入串联负反馈，增大输入电阻。

在图 6-15（a）所示串联负反馈放大电路的输入回路中，根据输入电阻的定义，放大网络的输入电阻 $R_i = U_i'/I_i$，而整个电路的输入电阻

$$R_{if} = \frac{U_i}{I_i} = \frac{U_i' + U_f}{I_i} = \frac{U_i' + AFU_i'}{I_i} = (1+AF)\frac{U_i'}{I_i} = (1+AF)R_i \tag{6-13}$$

式（6-13）即为串联负反馈放大电路输入电阻的表达式。可以看出，引入串联负反馈后，输入电阻将增大到原来的(1+AF)倍。

（2）引入并联负反馈，减小输入电阻。

在图 6-15（b）所示并联负反馈放大电路的输入回路中，根据输入电阻的定义，放大网络的输入电阻 $R_i = U_i/I_i'$，而整个电路的输入电阻

$$R_{if} = \frac{U_i}{I_i} = \frac{U_i}{I_i' + I_f} = \frac{U_i}{I_i' + AFI_i'} = \frac{1}{1+AF} \cdot \frac{U_i}{I_i'} = \frac{1}{1+AF} R_i \qquad (6\text{-}14)$$

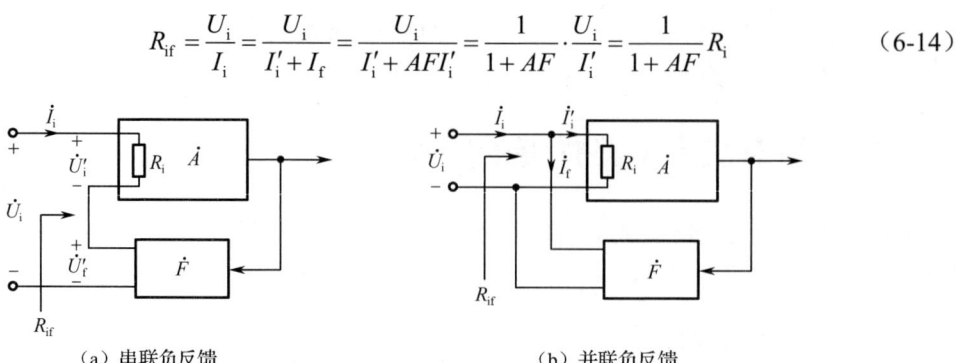

（a）串联负反馈　　　　　　　　（b）并联负反馈

图 6-15　交流负反馈对输入电阻的影响

由此可知，引入并联负反馈后，输入电阻减小到原来的$(1+AF)$分之一。在理想情况下，即$(1+AF)\rightarrow$
∞时，串联负反馈放大电路的输入电阻趋于无穷大，并联负反馈放大电路的输入电阻趋于零。

必须指出，负反馈对输入电阻的影响，仅限于影响反馈环内的电阻，而反馈环外的电阻不受
影响。

2．对输出电阻的影响

放大电路的输出电阻是从放大电路输出端看进去的等效电源的内阻。因此，负反馈对输出电
阻的影响取决于反馈网络在放大电路输出端的取样方式。

（1）引入电压负反馈，减小输出电阻。

当电路引入电压负反馈时，反馈取自输出电压，并且能稳定输出电压，使其趋于一恒压源，
输出电阻很小。可以证明，这时的输出电阻是无反馈时输出电阻的$(1+AF)$分之一。

（2）引入电流负反馈，增大输出电阻。

当电路引入电流负反馈时，反馈取自输出电流，并且稳定输出电流，使其趋于一恒流
源，输出电阻很大。可以证明，这时的输出电阻是无反馈时输出电阻的$(1+AF)$倍。

总之，电压负反馈可以减小输出电阻，电流负反馈可以增大输出电阻。在理想情况下，即$(1+AF)\rightarrow$
∞时，电压负反馈放大电路的输出电阻趋于零，电流负反馈放大电路的输出电阻趋于无穷大。详
细推导过程可参考有关书籍。

6.3.3　展宽通频带

在放大电路中，由于三极管结电容的存在，使得高频时的放大倍数下降；而在阻容耦合放大
电路中，由于耦合电容和旁路电容的存在，将使低频时的放大倍数下降。电路引入交流负反馈后，
使放大倍数保持稳定，它可以减小由于各种原因，包括信号频率变化所造成的放大倍数的变化。
当输入信号幅值一定时，若频率变化使得输出信号下降，则反馈信号就相应减小，因而使得放大
电路的净输入信号与中频时相比有所提高，所以使得输出信号回升；于是通频带得以展宽，并且
满足下列关系式：

$$BW_f = (1+AF)BW \qquad (6\text{-}15)$$

式中，BW_f为闭环通频带，即引入负反馈后放大电
路的通频带；BW为开环通频带，即无反馈时放大
电路的通频带。可见，引入负反馈可以展宽通频带，
但这是以降低放大倍数为代价的，电压放大倍数下
降几分之一，通频带就展宽几倍。图 6-16 表示了这
种关系。

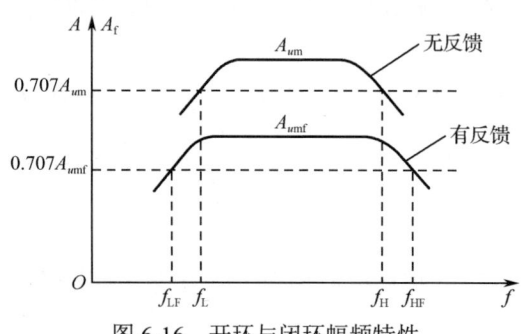

图 6-16　开环与闭环幅频特性

6.3.4 减小非线性失真

三极管的输入特性、输出特性均是非线性的，只有在小信号输入时才可近似进行线性处理。当输入信号较大时，有可能使电路进入非线性区，使输出波形产生非线性失真。利用负反馈可以有效地改善放大电路的非线性失真。

在图 6-17（a）所示电路中，放大电路无反馈，当输入信号为正弦波时，由于放大电路的非线性，使输出信号幅值出现上大下小、正半周与负半周不对称的失真波形。但是，当电路中引入负反馈后，由于反馈信号取自输出信号，所以反馈信号也呈上大下小的波形，这样，净输入信号就会呈现上小下大的波形（因为净输入信号 $x_i' = x_i - x_f$），如图 6-17（b）所示；经过放大电路非线性的校正，使得输出信号幅值正半周、负半周趋于对称，近似为正弦波，即改善了输出波形。可以证明，在输出信号基波不变的情况下，引入负反馈后，电路的非线性失真减小到原来的（1+AF）分之一。

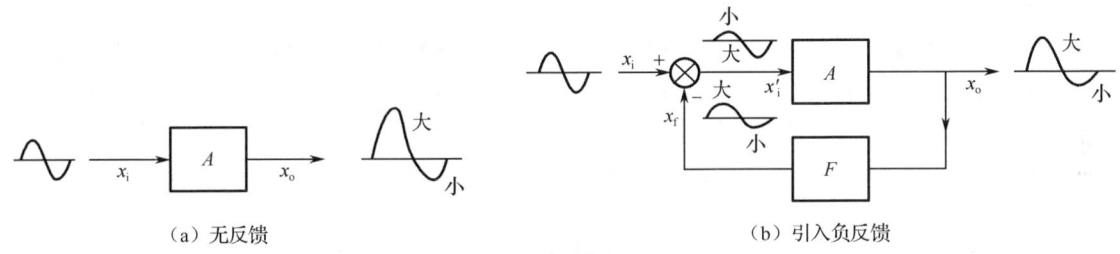

（a）无反馈　　　　　　　　　　　　　（b）引入负反馈

图 6-17　利用负反馈减小非线性失真

复习思考题

6.3.1　填空：

（1）为了提高放大电路的输入电阻，采用_____负反馈。为了稳定输出电流，采用_____负反馈。

（2）为了稳定放大电路的静态工作点，采用_____负反馈，为了减小输出电阻，采用_____负反馈。

（3）引入负反馈的放大电路频带宽度为 $\text{BW}_f=(1+AF)\text{BW}$，其中 BW 表示_____。

（4）电压负反馈稳定的输出量是_____，它使输出电阻_____；电流负反馈稳定的输出量是_____，它使输出电阻_____。

（5）要使电路的输出电压稳定且对电压信号源影响较小，应在电路中引入_____负反馈；要使电路的输出电流稳定且对电流信号源影响较小，应在电路中引入_____负反馈。

（6）负反馈只能减少由放大电路_____产生的非线性失真和噪声。若输入信号中混入了外界干扰，或者输入信号本身具有非线性失真，则反馈将_____。

（7）负反馈对放大电路性能的改善程度均与_____有关。

6.3.2　在题图 6.3.2 所示的电压串联负反馈放大电路中，若集成运放的开环差模电压放大倍数 $A=2\times10^5$，电阻 $R_1 = R_f = 10\text{k}\Omega$。假设 A 的相对变化量为±10%，求闭环电压放大倍数 A_f 的相对变化量。

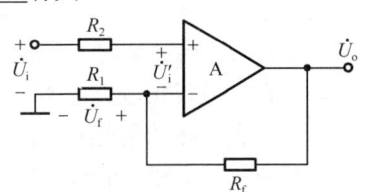

题图 6.3.2

6.3.3　已知某集成运放的中频开环差模电压放大倍数 $A=5\times10^4$，上限截止频率 $f_H = 400\text{Hz}$，下限截止频率 $f_L = 300\text{Hz}$。在集成运放的外围引入负反馈后，闭环电压放大倍数 $A_{uuf} = 5$，试求此时反馈放大电路的通频带等于多少？

6.4 负反馈放大电路的自激振荡及其消除方法

前面已提到，反馈深度越大，对放大电路性能改善就越明显。但是，反馈深度过大将引起放大电路产生自激振荡。此时，即使输入端不加信号，其输出端也有一定频率和幅值的输出波形，这就破坏了正常的放大功能，故放大电路应避免产生自激振荡。

6.4.1 产生自激振荡的原因及条件

对 $\dot{A}_f = \dfrac{\dot{X}_o}{\dot{X}_i} = \dfrac{\dot{A}}{1+\dot{A}\dot{F}}$ 的讨论可知，当 $|1+\dot{A}\dot{F}| = 0$，即 $\dot{A}\dot{F} = -1$，则 $|\dot{A}_f| \to \infty$，即使无信号输入，也有输出波形，即产生了自激振荡。产生的原因是由于电路中存在多级 RC 回路，因此，放大电路的放大倍数和相位移将随频率而变化。每一级 RC 回路，最大相移为 $\pm90°$。而前面讨论的负反馈，是指在中频信号时，反馈信号与输入信号极性相反，削弱了净输入信号。但当频率变高或变低时，输出信号和反馈信号将产生附加相移。若附加相移达到 $\pm180°$，则反馈信号与输入信号将变成同相，增强了净输入信号，反馈电路变成正反馈。当反馈信号增强，使反馈信号大于净输入信号时，即使去掉输入信号也会有信号输出。

因此，产生自激振荡的条件为负反馈变为正反馈，且负反馈信号足够大。公式 $1+\dot{A}\dot{F}=0$ 可写成

$$\dot{A}\dot{F} = -1 \tag{6-16}$$

式（6-16）即为负反馈放大电路产生自激振荡的条件。它含有幅值和相位两个条件：

$$\begin{cases} |\dot{A}\dot{F}| = 1 & \text{(6-17)} \\ \arg \dot{A}\dot{F} = \pm(2n+1)\pi \ (n\,\text{为整数}) & \text{(6-18)} \end{cases}$$

式（6-17）为幅值条件，说明净输入信号的幅值等于反馈信号的幅值；式（6-18）为相位条件，表明相位关系在相加点的极性从 "−" 变为 "+"。

从式（6-17）、式（6-18）中可以判断出单级负反馈放大电路是稳定的，不会产生自激振荡，这是因为其最大附加相移不可能超过 90°。两级反馈电路也不会产生自激振荡，这是因为当附加相移为 $\pm180°$ 时，相应的 $|\dot{A}\dot{F}| = 0$，振幅条件不满足。而当出现三级以上反馈电路时，则容易产生自激振荡。故在深度负反馈时，必须采取措施破坏其自激振荡条件。

6.4.2 自激振荡的判断方法

自激振荡的判断方法是，首先看相位条件，只有相位条件满足了，在绝大多数情况下，只要 $|\dot{A}\dot{F}| \geqslant 1$，放大电路将产生自激振荡。如果相位条件不满足，则肯定不产生自激振荡。

一般可根据环路增益 $\dot{A}\dot{F}$ 的频率特性是否同时满足式（6-17）和式（6-18）所示条件，来判断一个负反馈放大电路是否会产生自激振荡，分析如下。

由自激振荡条件可知，当相位条件满足附加相移 $\phi=\pm180°$、$|\dot{A}\dot{F}| < 1$ 时，即 $20\lg|\dot{A}\dot{F}| \leqslant 0\text{dB}$ 时，电路稳定；否则不稳定，将产生自激振荡。图 6-18（a）和图 6-18（b）分别表示产生自激振荡和不产生自激振荡的情况。f_c 为附加相移 $\phi=180°$ 时的频率；f_0 为 $20\lg|\dot{A}\dot{F}|=0\text{dB}$ 时的频率。可以看出，当 $f_c < f_0$ 时，负反馈放大电路将产生自激振荡；当 $f_c > f_0$ 时，负反馈放大电路不会产生自激振荡。

从工程实际的角度来看，在临界情况，即当 $f_c = f_0$ 时，电路条件稍有变化，就可能使之从稳定工作状态转向不稳定的自激振荡状态。为此，一般要求负反馈放大电路不但是稳定的，而且还要有一定的稳定裕量，即所谓的"稳定裕度"。观察图 6-18（b）所示不产生自激振荡时 $\dot{A}\dot{F}$ 的频率特性，定义 f_0 时对应的幅值为幅值裕度 G_m，则

$$G_m = 20\lg|\dot{A}\dot{F}|\,|_{f=f_0} \tag{6-19}$$

G_m 的绝对值越大表明电路越稳定。一般要求 $G_m \leqslant -10\text{dB}$。定义频率为 f_c 时对应的附加相移为相位裕度 ϕ_m，则

$$\phi_m = 180° - |\Delta\phi(f_c)| \tag{6-20}$$

ϕ_m 越大，表明电路越稳定。一般要求 $\phi_m \geqslant 45°$。

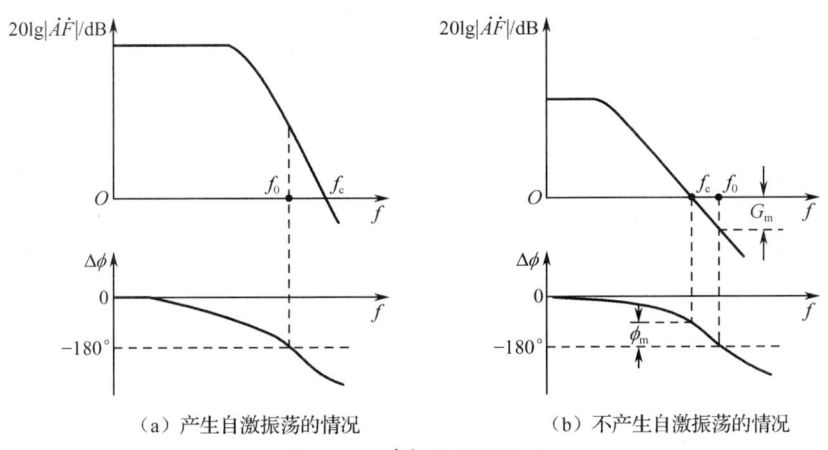

（a）产生自激振荡的情况   （b）不产生自激振荡的情况

图 6-18 $\dot{A}\dot{F}$ 的频率特性

6.4.3   消除自激振荡的方法

对一个负反馈放大电路而言，消除自激振荡（消振）的方法就是采取措施破坏自激振荡的幅值或相位条件。

最简单的方法是减少其反馈系数或反馈深度，当 $\phi_m = 180°$ 时，$|\dot{A}\dot{F}| < 1$。这样虽然能够达到消振的目的，但是由于反馈深度下降，不利于放大电路其他性能的改善。为此，我们希望采取某些措施，使电路既有足够的反馈深度，又能稳定地工作。

通常采取的措施是在放大电路中加入由电阻、电容组成的校正电路，如图 6-19 所示。它们均会使高频放大倍数衰减得快一些，以便当 $\phi_m = 180°$ 时，$|\dot{A}\dot{F}| < 1$。以图 6-19（a）为例，电容相当于在第一级负载两端并联，频率较高时，容抗变小，第一级放大倍数下降，从而破坏自激振荡的条件，使电路稳定工作。为了不会使高频区放大倍数下降太多，应尽可能选容量小的电容。图 6-19（b）将电容接在三极管的基极、集电极之间，根据密勒定理，电容的作用可增大 $|1+\dot{A}_2|$ 倍，这样，可以选用较小的电容，达到同样的消振效果。

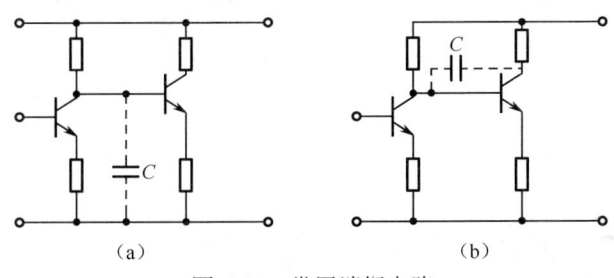

（a）   （b）

图 6-19   常用消振电路

复习思考题

6.4.1   简述负反馈放大电路产生自激振荡的原因及条件。

6.4.2   在负反馈放大电路产生自激振荡时，若用 10pF 和 100pF 的电容进行校正均可消振，应

当选用哪个电容？为什么？

本 章 小 结

反馈不仅是改善放大电路性能的重要手段，也是电子技术和自动调节原理中的一个基本概念。本章首先以静态工作点稳定电路为例，引出反馈的基本概念，然后从四种常用的负反馈组态出发，阐明负反馈放大电路的表示方法、分析方法、负反馈对放大电路性能的影响以及引入负反馈的一般原则，最后讲述负反馈放大电路产生自激振荡的原因和消除自激振荡的措施。

1. 所谓放大电路中的反馈，就是将放大电路的输出量（电压或电流）的一部分或者全部，通过一定的电路形式（反馈网络）引回到它的输入端来影响输入量（电压或电流）的连接方式。

2. 按照不同的分类标准，反馈可分为正负反馈、交直流反馈、串并联反馈和电压电流反馈。交流负反馈有四种组态，分别是电压串联负反馈、电压并联负反馈、电流串联负反馈、电流并联负反馈。

3. 负反馈放大电路的分析计算应针对不同的情况采取不同的方法。

如果是简单的负反馈放大电路，则可以利用微变等效电路法进行分析计算。如果是复杂的负反馈放大电路，则由于实际上比较容易满足 $|1+\dot{A}\dot{F}| \gg 1$ 的条件，因此它们中的大多数属于深度负反馈放大电路。本章主要介绍深度负反馈放大电路闭环电压放大倍数的近似估算。

4. 电路引入负反馈后，放大电路的许多性能得到了改善，如提高了放大电路增益的稳定性，展宽了通频带，减小了非线性失真，改变了放大电路的输入、输出电阻。这些性能的改善都是以牺牲负反馈放大电路的放大倍数作为代价的。

5. 负反馈放大电路在一定条件下可能会转化为正反馈，甚至产生自激振荡，自激振荡的条件是 $\dot{A}\dot{F}=-1$，或者分别用幅值条件和相位条件表示为 $|\dot{A}\dot{F}|=1$ 和 $\arg\dot{A}\dot{F}=\pm(2n+1)\pi$（$n$ 为整数）。

习题 6

6-1 将正确答案填在下面各题的横线上。

（1）为了稳定静态工作点，应在放大电路中引入_____负反馈。

（2）在放大电路中引入串联负反馈后，电路的输入电阻_____。

（3）欲减小电路从信号源索取的电流，增加带负载能力，应在放大电路中引入负反馈的类型是_____。

（4）欲从信号源获得更大的电流，并稳定输出电流，应在放大电路中引入负反馈的类型是_____。

（5）欲得到电流-电压转换电路，应在放大电路中引入_____负反馈。

（6）负反馈放大电路自激振荡的条件为_____。

（7）欲将电压信号转换为与之成比例的电流信号，应在放大电路中引入负反馈的类型是_____。

（8）负反馈虽然使放大电路的增益_____，但可_____增益的稳定性。

（9）_____称为反馈深度，其中 $F=$_____ ，称为_____。

（10）为了提高三极管放大电路的输入电阻，采用_____负反馈。为了稳定输出电流，采用_____负反馈。

（11）负反馈放大电路闭环增益的一般表达式 $A_f=$_____，当满足深度负反馈时，$A_f \approx$_____。

（12）带有负反馈的放大电路频带宽度为 $BW_f=(1+AF)BW$，其中 BW 表示_____。

（13）电压负反馈稳定的输出量是_____，它使输出电阻_____，电流负反馈稳定的输出量是_____，它使输出电阻_____。

（14）如果想要改善放大电路的性能，使电路的输出电压稳定并且对电压信号源影响较小，应该在电路中引入_____负反馈。

（15）如果想要改善放大电路的性能，使电路的输出电流稳定并且对电流信号源影响较小，应该在电路中引入_____负反馈。

（16）负反馈只能减少由放大电路_____产生的非线性失真和噪声。若输入信号中混进了干扰，或者输入信号本身具有非线性失真，则反馈将_____。

6-2　判断题：

（1）若放大电路的放大倍数为负，则引入的反馈一定是负反馈。（　　　）

（2）负反馈放大电路的放大倍数与组成它的基本放大电路的放大倍数量纲相同。（　　　）

（3）若放大电路引入负反馈，则负载电阻变化时，输出电压基本不变。（　　　）

（4）阻容耦合放大电路的耦合电容、旁路电容越多，引入负反馈后，越容易产生低频振荡。（　　　）

（5）负反馈可以提高放大电路放大倍数的稳定性。（　　　）

（6）只要在放大电路中引入反馈，就一定能使其性能得到改善。（　　　）

（7）放大电路的级数越多，引入的负反馈越强，电路的放大倍数也就越稳定。（　　　）

（8）反馈量的大小仅仅取决于输出量。（　　　）

（9）既然电流负反馈稳定输出电流，那么必然稳定输出电压。（　　　）

（10）在深度负反馈的条件下，闭环放大倍数 $A_f \approx 1/F$，它与反馈网络有关，而与放大电路开环放大倍数 A 无关，故可省去放大电路，仅留下反馈网络，以获得稳定的放大倍数。（　　　）

（11）由于接入了负反馈，所以反馈放大电路的 A 就一定是负值，接入正反馈后，A 就一定是正值。（　　　）

（12）在负反馈放大电路中，其放大倍数越大，闭环放大倍数就越稳定。（　　　）

（13）在深度负反馈放大电路中，只有尽可能地增大开环放大倍数，才能有效地提高闭环放大倍数。（　　　）

（14）在深度负反馈的条件下，由于闭环放大倍数 $A_{uf} \approx 1/F$，与三极管的参数几乎无关，因此可以任意选择三极管来组成放大级，三极管的参数也就没什么意义了。（　　　）

（15）负反馈可以提高放大电路放大倍数的稳定性。（　　　）

6-3　在题图 6-3 所示的各放大电路中，试说明存在哪些反馈支路，并判断哪些是正反馈，哪些是负反馈，哪些是直流反馈，哪些是交流反馈。如果为交流负反馈，则判断反馈的组态。

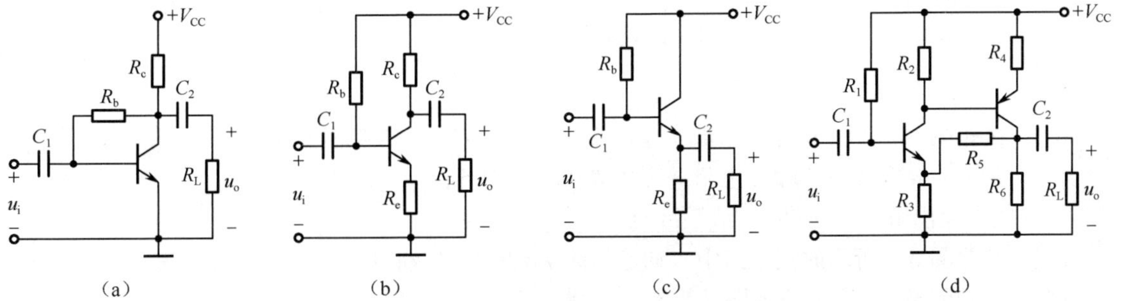

题图 6-3

6-4　在题图 6-4 所示电路中，试说明存在哪些反馈支路，并判断哪些是正反馈，哪些是负反馈，哪些是直流反馈，哪些是交流反馈。如果为交流负反馈，则判断反馈的组态。

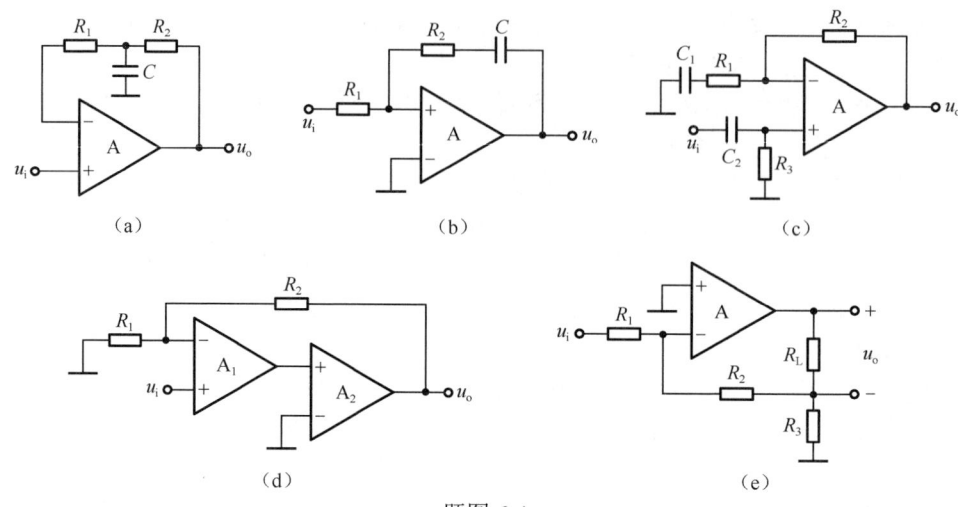

题图 6-4

6-5　在题图 6-5 电路中：

（1）电路中有哪些反馈（包括级间反馈和局部反馈），分别说明它们的极性和组态。

（2）如果要求 R_{f1} 只引入交流反馈，R_{f2} 只引入直流反馈，那么如何改变？请画在图上。

（3）在第（2）小题情况下，上述两路反馈各对电路产生什么影响？

6-6　在题图 6-6 电路中，为了实现下列要求，试说明应分别引入何种级间反馈，从哪一点到哪一点。请画在图上，并在反馈支路上分别注明①、②、③。

（1）提高输入电阻。

（2）稳定输出级电流。

（3）仅稳定各级静态工作点，但不改变 A_u、R_i、R_o 等动态指标。

在上述第（1）小题的情况下，假设满足深负反馈条件，为了得到闭环电压放大倍数 $A_{uuf}=20$，反馈支路的电阻 R_{f1} 应为多大？

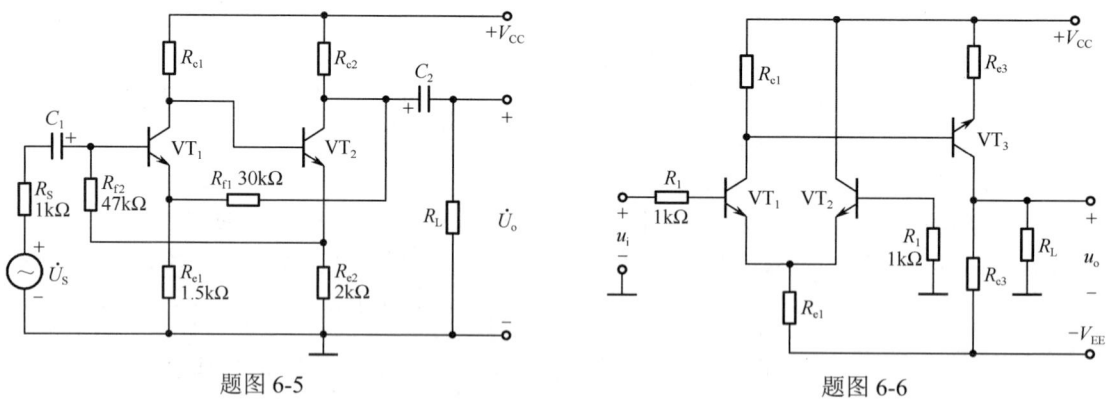

题图 6-5　　　　　　　　　　　　题图 6-6

6-7　在题图 6-7 所示电路中，要求达到以下效果，应该引入哪种反馈。

（1）提高从 b_1 看进去的输入电阻：应接 R_f 从_____到_____；

（2）减小输出电阻：应接 R_f 从_____到_____。

6-8　在题图 6-8 所示放大电路中，通过电阻 R_{f1} 和 R_{f2} 分别引入了两路级间反馈。

（1）试分析该两路反馈的极性，若为正反馈，试改为负反馈。

（2）在第（1）小题的基础上，若希望从三极管 VT_2 发射极引回的负反馈只有直流反馈，从 VT_2 集电极引回的负反馈只有交流反馈，则电路应做哪些改动？

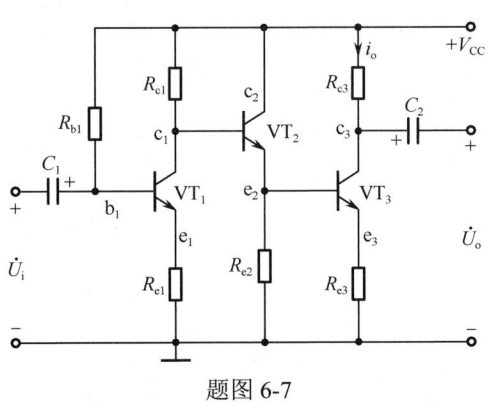

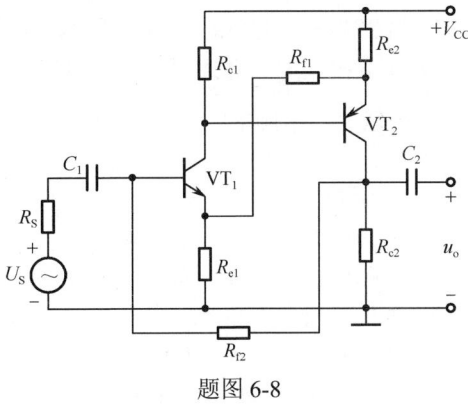

题图 6-7   题图 6-8

6-9 试比较题图 6-9（a）和（b）所示电路中的反馈。

（1）分别说明两个电路中反馈的极性和组态。

（2）分别说明上述反馈在电路中的作用。

（3）假设两个电路中均为输入电阻 $R_1 = 1\text{k}\Omega$，反馈电阻 $R_f = 10\text{k}\Omega$，试分别估算两个电路的电压放大倍数 $\dot{A}_{uuf} = \dfrac{\dot{U}_o}{\dot{U}_i}$。

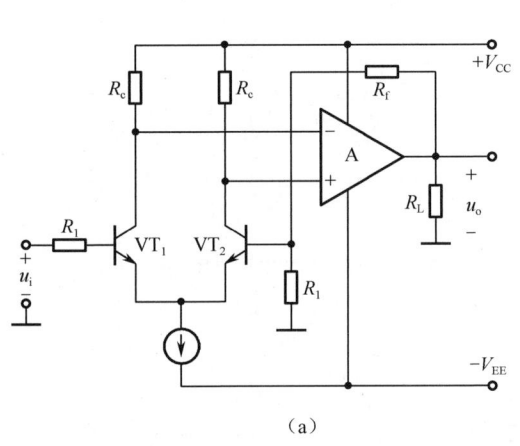
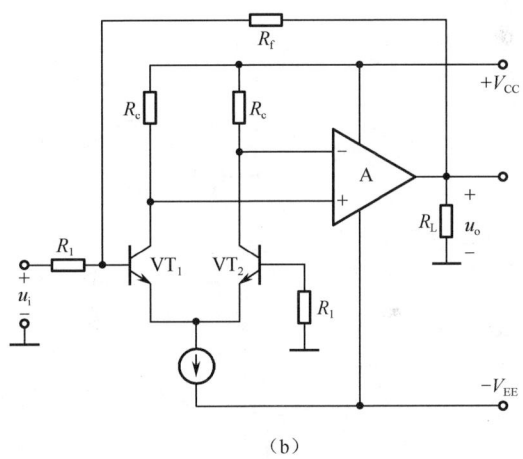

（a）   （b）

题图 6-9

6-10 在题图 6-10 所示电路中：

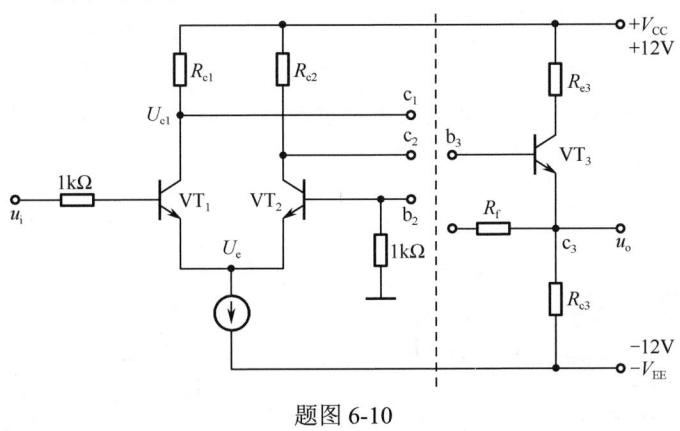

题图 6-10

（1）计算在未接入 VT_3 且 $u_i = 0$ 时，VT_1 的 U_{c1Q} 和 U_{EQ}（均对地）。设 $\beta_1 = \beta_2 = 100$，$U_{BEQ1} = U_{BEQ2} = 0.7\text{V}$。

（2）计算当 $u_i = +50\text{mV}$ 时 U_{c1} 和 U_{c2} 各是多少？给定 $r_{be} = 10.8\ \text{k}\Omega$。

（3）如果接入 VT_3 并通过 c_3 经 R_f 反馈到 b_2，试说明 b_3 应与 c_1 还是 c_2 相连才能实现负反馈。

（4）在第（3）小题情况下，若 $AF \gg 1$，试计算 R_f 应是多少才能使闭环放大倍数 $\dot{A}_{uuf} = \dfrac{\dot{U}_o}{\dot{U}_i} = 10$。

6-11　选择填空：

（1）负反馈放大电路的自激振荡产生在_____。

A．中频段　　　　B．高频段或低频段

（2）负反馈放大电路产生自激振荡的原因是_____。

A．$\dot{A}\dot{F} = 1$　　　　B．$|\dot{A}\dot{F}| > 1$　　　　C．$\arg \dot{A}\dot{F} = \pm(2n+1)\pi$（$n$ 为整数）

（3）在引入深度负反馈的条件下，放大电路的级数为_____时，容易产生自激振荡。

A．三级以上　　　　B．三级　　　　C．一级

（4）阻容耦合放大电路的耦合电容和旁路电容越多，电容越容易产生_____；

A．高频振荡　　　　B．低频振荡

6-12　在题图 6-12 所示各电路中，假设所有集成运放均为理想运放，试分别估算其电压放大倍数 $\dot{A}_{uuf}$。

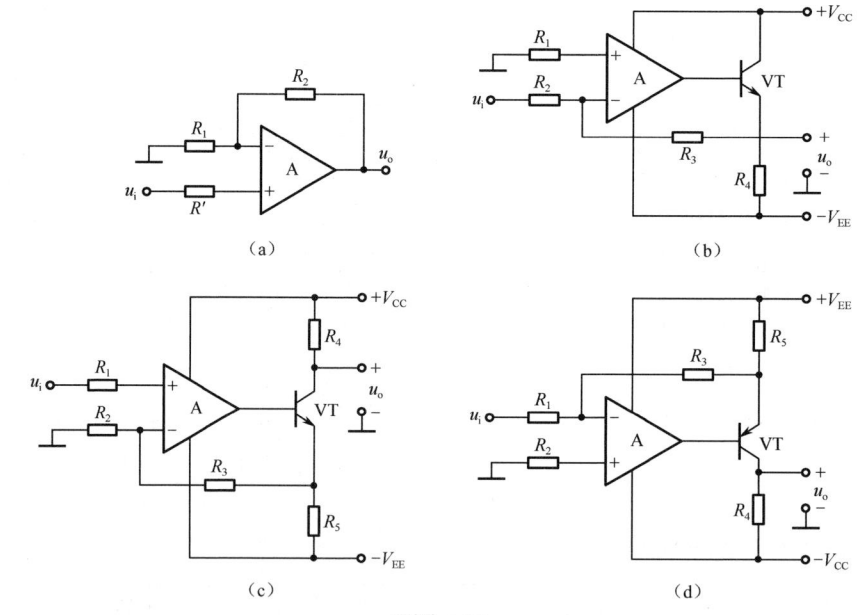

题图 6-12

6-13　试分别判断题图 6-13 所示各电路中反馈的极性和组态，如果为正反馈，则将其改接成为负反馈，并分别估算各电路的电压放大倍数。

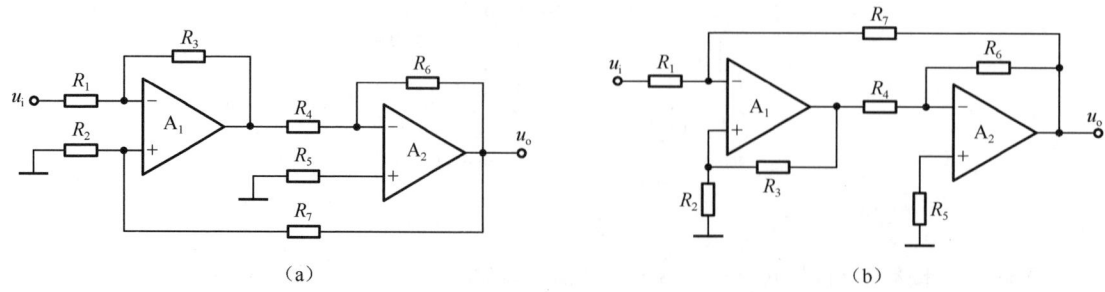

题图 6-13

第7章 集成运算放大电路的应用

内容提要

- 各种模拟信号运算电路的组成及运算关系
- 模拟乘法器及其应用
- 滤波电路
- 各种电压比较器的组成及工作原理

集成运放作为通用性器件，它的应用十分广泛。以集成运放为核心部件，在其外围加上一定形式的外接电路，即可构成各种功能的电路。例如，模拟信号运算电路、滤波电路、电压比较器以及波形产生和变换电路等。

第5章已经讨论过，集成运放有线性和非线性两种工作状态，因此在分析集成运放应用电路时，首先应判断其工作在线性还是非线性状态，再运用线性和非线性状态的特点分析电路的工作原理。在本章的讨论中，集成运放均看作理想运放。

一般而言，判断集成运放工作状态的最直截的方法是看电路中引入反馈的极性，若为负反馈，则集成运放工作在线性状态；若为正反馈或者没有引入反馈（开环状态），则集成运放工作在非线性状态。

7.1 模拟信号运算电路

集成运放引入负反馈，可以实现比例、加法、减法、积分、微分、对数、指数等数学运算，实现这些运算功能的电路统称**模拟信号运算电路**，简称**运算电路**。在运算电路中，集成运放工作在线性区，在分析各种运算电路时，要注意输入方式，利用**虚短**和**虚断**的特点进行工作原理的分析。

7.1.1 比例运算电路

比例运算电路的输出电压与输入电压成比例关系，即电路可以实现比例运算，它的一般表达式为

$$u_o = Ku_i \tag{7-1}$$

式中，K 为比例系数（也称电路的电压放大倍数），K 的取值可正可负，其正负取决于输入电压的接法。K 为正，表示输出电压 u_o 与输入电压 u_i 同相；K 为负，表示输出电压 u_o 与输入电压 u_i 反相。

比例运算电路是最基本的运算电路，它是构成其他各种运算电路的基础。本章随后介绍的各种运算电路，都是在比例运算电路的基础上，加以扩展或演变后得到的。

根据输入信号接法的不同，比例运算电路有三种基本形式：反相比例运算电路、同相比例运算电路以及差分比例运算电路。

1. 反相比例运算电路

图 7-1 所示为反相比例运算电路，其中输入电压 u_i 通过电阻 R_1 接入集成运放的反相输入端。R_f 为反馈电阻，引入了电压并联负反馈。同相输入端电阻 R_2 接地，为保证集成运放差分输入级的对称性，要求 $R_2 = R_1 /\!/ R_f$。

根据前面的分析，该电路中集成运放工作在线性状态，因此满足**虚短**和**虚断**的特点。首先根据**虚断**，$i_+ = 0A$，即 R_2 上没有压降，所以 $u_+ = 0V$。又根据**虚短**，可得 $u_+ = u_- = 0V$。这说明在反相

比例运算电路中，集成运放的反相输入端与同相输入端的电位不仅相等，而且等于零，如同将反相端接地一样，这个特点称作反相端**虚地**。反相端虚地是反相比例运算电路的一个重要特点，可以使得加在集成运放输入端的共模输入电压很小。

再次根据**虚断**，$i_- = 0$，由此可得

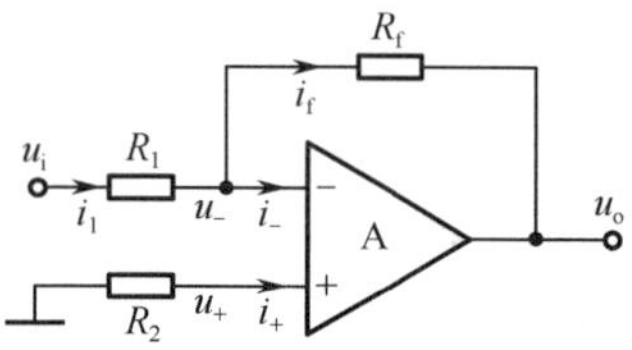

图 7-1 反相比例运算电路

即

$$i_1 = i_f$$

$$\frac{u_i - u_-}{R_1} = \frac{u_- - u_o}{R_f}$$

式中 $u_- = 0$，由此可求得反相比例运算电路输出电压与输入电压的关系为

$$u_o = -\frac{R_f}{R_1} u_i \tag{7-2}$$

由式（7-2）可以看出，输出电压与输入电压的比例系数 $K = -\dfrac{R_f}{R_1}$，其值的大小取决于电阻 R_f 和 R_1 的大小，与集成运放内部各项参数无关，只要 R_f 和 R_1 的的阻值比较准确和稳定，就可以得到准确的比例运算关系，且比例系数的数值可以大于或等于1，也可以小于1。

此外，式（7-2）中的负号表示输出电压与输入电压反相。若 $R_f = R_1$，则 $u_o = -u_i$，输出电压与输入电压大小相等、相位相反。这时，反相比例运算电路只起反相作用，称作**反相器**。

由于反相输入端虚地，故该电路的输入电阻为

$$R_{if} = R_1$$

可以看出，反相比例运算电路的输入电阻不大，这是由于电路中引入了电压并联负反馈的缘故。

反相比例运算电路中引入了深度的电压并联负反馈，该电路输出电阻很小，具有很强的带负载能力。

【例 7-1】 图 7-2 所示电路为另一种反相比例运算电路，常称为 T 形反馈网络反相比例运算电路，试求该电路的电压放大倍数。

解： 利用**虚短**和**虚断**的特点可得

$$i_2 = i_1 = u_i / R_1$$

$$u_M = 0 - i_2 R_2 = -\frac{R_2}{R_1} \cdot u_i$$

$$i_3 = \frac{0 - u_M}{R_3} = \frac{R_2 u_i}{R_1 R_3}$$

图 7-2 【例 7-1】电路

可得电路的输出电压为

$$u_o = -i_2 R_2 - i_4 R_4 = -i_2 R_2 - (i_2 + i_3) R_4$$

$$= -i_2 (R_2 + R_4) - i_3 R_4 = -\frac{u_i}{R_1}(R_2 + R_4) - \frac{u_i}{R_1} \cdot \frac{R_2 R_4}{R_3}$$

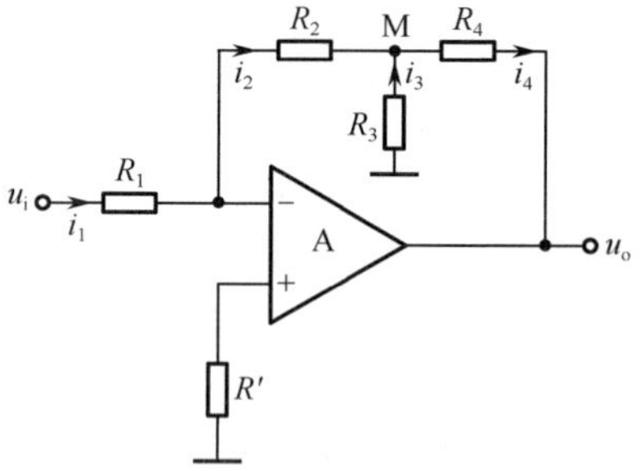

因此，电压放大倍数为

$$A_{uf} = \frac{u_o}{u_i} = -\frac{R_2 + R_4}{R_1}\left(1 + \frac{R_2 // R_4}{R_3}\right)$$

2．同相比例运算电路

图 7-3 所示是同相比例运算电路，集成运放的反相输入端通过电阻 R_1 接地，同相输入端则通过补偿电阻 R_2 接输入信号 u_i，$R_2 = R_1 // R_f$。电路通过电阻 R_f 引入了电压串联负反馈，集成运放工作在线性区。同样根据**虚短**和**虚断**的特点可知

$$i_+ = i_- = 0$$

故
$$u_- = \frac{R_1}{R_1 + R_f} u_o$$

而且
$$u_+ = u_- = u_i$$

由以上两式可得 u_o 与 u_i 的运算关系为

$$u_o = \left(1 + \frac{R_f}{R_1}\right) u_i \qquad (7\text{-}3)$$

由式（7-3）可以看出，输出电压与输入电压的比例系数 $K = \left(1 + \frac{R_f}{R_1}\right)$，其数值总是大于 1 或接近 1，不可能小于 1。

如果同相比例运算电路中的电阻 $R_f = 0$，则此时输出电压全部反馈到反相输入端，由式（7-3）可知，此时比例系数 $K = 1$，$u_o = u_i$，输出电压与输入电压不仅数值相等，而且相位相同，实现了电压跟随，故称这一电路为**电压跟随器**，如图 7-4 所示。

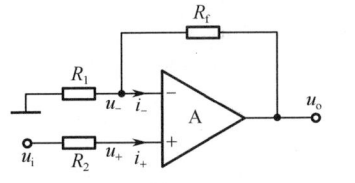 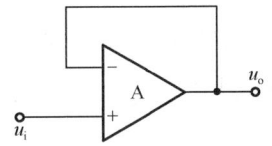

图 7-3　同相比例运算电路　　　　图 7-4　电压跟随器

理想运放的开环差模电压放大倍数为无穷大，因此电压跟随器具有比射极输出器好得多的跟随特性。集成电压跟随器具有多方面的优良性能。例如，型号为 AD9620 的芯片，电压增益为 0.994，输入电阻为 0.8MΩ，输出电阻为 40Ω，带宽为 600MHz，转换速率为 2000V/μs。

同相比例运算电路引入的是电压串联负反馈，因此具有较高的输入电阻和很低的输出电阻，这是这种电路的主要优点。

【例 7-2】　电路如图 7-5 所示，已知 $u_o = -55 u_i$，其余参数见图 7-5 中标注，试求电阻 R_5 的值。

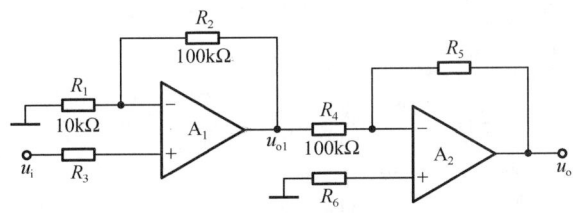

图 7-5　【例 7-2】电路

解：在图 7-5 所示电路中，A_1 构成同相比例运算电路，A_2 构成反相比例运算电路。根据式（7-2）和式（7-3）可得

$$u_{o1} = \left(1 + \frac{R_2}{R_1}\right) u_i = \left(1 + \frac{100}{10}\right) u_i = 11 u_i$$

$$u_o = -\frac{R_5}{R_4} u_{o1} = -\frac{R_5}{100} \times 11 u_i = -55 u_i$$

于是可计算出电阻 $R_5 = 500$kΩ。

3．差分比例运算电路

前面介绍的反相和同相比例运算电路都是单端输入的，差分比例运算电路是双端输入的，电路结构如图 7-6 所示。为了保证集成运放两个输入端对地的电阻平衡，同时为了避免降低共模抑制比，通常要求 $R_1 = R_2$，$R_f = R_f'$。

根据**虚短**，$i_+ = i_- = 0$，利用叠加定理可求得反相输入端的电位为

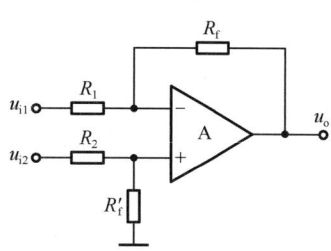

$$u_- = \frac{R_f}{R_1 + R_f}u_{i1} + \frac{R_1}{R_1 + R_f}u_o$$

同相输入端电位为

$$u_+ = \frac{R_f'}{R_2 + R_f'}u_{i2}$$

根据**虚短**，$u_+ = u_-$，所以

图 7-6 差分比例运算电路

$$\frac{R_f}{R_1 + R_f}u_{i1} + \frac{R_1}{R_1 + R_f}u_o = \frac{R_f'}{R_2 + R_f'}u_{i2}$$

当满足 $R_1 = R_2$，$R_f = R_f'$ 时，整理上式，可求得输出电压与输入电压的关系为

$$u_o = -\frac{R_f}{R_1}(u_{i1} - u_{i2}) \tag{7-4}$$

在电路元器件参数对称的条件下，差分比例运算电路的差模输入电阻为

$$R_{if} = 2R_1$$

由式（7-4）可以看出，差分比例运算电路的输出电压与两个输入电压之差成正比，即实现了差分比例运算。由式（7-4）还可得到 $u_o = \frac{R_f}{R_1}u_{i2} - \frac{R_f}{R_1}u_{i1}$，即实现了输出电压对两个输入电压的减法运算，因此，差分比例运算电路也是减法电路。

【例 7-3】 在图 7-7 所示电路中，已知 $R_1 = 100\text{k}\Omega$，$R_2 = 10\text{k}\Omega$，$R_3 = 9.1\text{k}\Omega$，$R_4 = R_6 = 25\text{k}\Omega$，$R_5 = R_7 = 200\text{k}\Omega$。（1）试分析集成运放 A_1、A_2 和 A_3 分别组成何种应用电路；（2）列出 u_{o1}、u_{o2} 和 u_{o3} 的表达式；（3）设 $u_{i1} = 0.5\text{V}$，$u_{i2} = 0.1\text{V}$，求输出电压 u_{o3}。

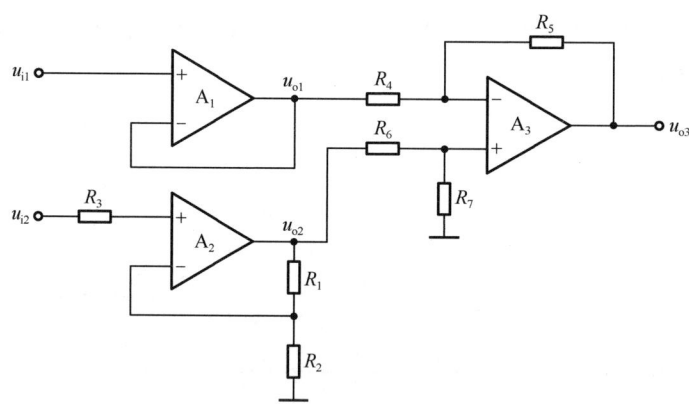

图 7-7 【例 7-3】电路

解：（1）本例中，A_1 组成电压跟随器，A_2 组成同相比例运算电路，A_3 组成差分比例运算电路。

（2）

$$u_{o1} = u_{i1}$$

$$u_{o2} = \left(1 + \frac{R_1}{R_2}\right)u_{i2} = \left(1 + \frac{100}{10}\right)u_{i2} = 11u_{i2}$$

$$u_{o3} = -\frac{R_5}{R_4}(u_{o1} - u_{o2}) = -\frac{200}{25}(u_{i1} - 11u_{i2}) = 88u_{i2} - 8u_{i1}$$

（3）当 $u_{i1} = 0.5\text{V}$，$u_{i2} = 0.1\text{V}$ 时，根据上式可得

$$U_{o3} = 88 \times 0.1\text{V} - 8 \times 0.5\text{V} = 4.8\text{V}$$

比例运算电路是一种基本的集成运放应用电路，以它为基础可以组成具有各种用途的实际电路。例如，可以组成应用十分广泛的数据放大器等。

数据放大器是一种高增益、高输入电阻和高共模抑制比的直接耦合放大器，一般具有差分输入、单端输出的形式。它通常用在数据采集、工业自动控制、精密测量以及生物工程等系统中，对各种传感器送来的缓慢变化信号加以放大，然后输出给系统。数据放大器质量的优劣常常是决定整个系统精密与否的关键。

当应变、温度等物理量通过传感器转换成电量时，获得的信号电压变化量常常很小，共模电压却很高。如图 7-8 所示检测材料应变的电路（应变仪），当材料不产生应变时，电桥四个臂的电阻阻值相等（R 的典型值为 350Ω），没有输出信号。当材料产生应变时，贴附在材料表面的电阻（传感器）阻值不变，破坏了电桥的平衡，于是有一个信号送到放大电路的输入端。一般典型值为当电源电压 U_S = 10V 时，电桥输出的差模信号最大约为 30mV。由图 7-8 可知，a、b 两端的共模电压高达 5V，所以传感器后面的数据放大器必须具有很高的共模抑制比，同时要求有较高的输入电阻，以免对传感器产生影响。为了提高精度，数据放大器还应有较高的开环增益，较低的失调电压、失调电流、噪声以及漂移等。

为了达到上述要求，除选用高质量的集成运放，主要电路元器件采用高精度的电阻并加以严格选配外，还可以在电路结构上采取措施。例如，图 7-9 中的三集成运放数据放大器是目前应用比较广的电路之一。

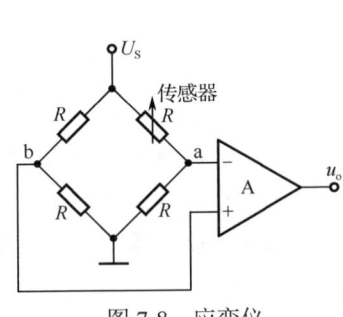

图 7-8　应变仪　　　　　　　图 7-9　三集成运放数据放大器

图 7-9 是由三个集成运放组成的通用数据放大器，其中每个集成运放接成比例运算电路形式。该电路包含两个放大级，A_1、A_2 组成第一级，二者均接成同相输入方式，因此输入电阻很高。由于电路结构对称，它们的漂移和失调都有互相抵消的作用。A_3 组成差分放大级，将差分输入转换为单端输出。在该电路中，要求元器件参数对称，即 $R_2 = R_3$，$R_4 = R_5$，$R_6 = R_7$。这样，当电路加上差模输入电压 u_i 时，A_1 与 A_2 的输入电压大小相等、极性相反，且 $R_2 = R_3$，此时可认为电阻 R_1 的中点处电位保持不变，即在 R_1 的中点处相当于交流接地。该电路最终实现的输出、输入关系为

$$u_o = -\frac{R_6}{R_4}\left(1 + \frac{2R_2}{R_1}\right)u_i$$

7.1.2　加减运算电路

实现多个输入信号按各自不同的比例求和或求差的电路称为加减运算电路。若所有输入信号均作用于集成运放的同一输入端，则实现加法运算；若一部分输入信号作用于集成运放的同相输入端，而另一部分输入信号作用于反相输入端，则实现加减运算。加减运算的一般表达式为

$$u_o = K_1 u_{i1} + K_2 u_{i2} + \cdots + K_n u_{in}$$

（7-5）

式中，$K_1, K_2, \cdots, K_n$ 称为比例系数，其值可正可负。若所有比例系数 $K_1, K_2, \cdots, K_n$ 均为正值或均为负值，则为加法运算电路；若比例系数 $K_1, K_2, \cdots, K_n$ 中，有的为正值，有的为负值，则为加减运算电路。

1．加法运算电路

加法运算电路的输出反映多个模拟输入信号相加的结果，它可以在比例电路的基础上加以扩展而得到。用集成运放实现加法运算时，既可以采用反相输入方式，也可以采用同相输入方式。

（1）反相输入加法运算电路。

图 7-10 所示为有三个输入的反相输入加法运算电路。输入电压 u_{i1}、u_{i2} 和 u_{i3} 分别通过电阻 R_1、R_2 和 R_3 同时接到集成运放的反相输入端。为了保证集成运放两个输入端对地的电阻一致性，图 7-10 中 R' 的阻值应为 $R' = R_1 /\!/ R_2 /\!/ R_3 /\!/ R_f$。

根据**虚短**和**虚断**，可知电路的反相输入端**虚地**，因此得到各输入端电流为

$$i_1 = \frac{u_{i1}}{R_1} \qquad i_2 = \frac{u_{i2}}{R_2} \qquad i_3 = \frac{u_{i3}}{R_3}$$

而
$$i_f = i_1 + i_2 + i_3$$
故有

$$u_o = -i_f R_f = -\left(\frac{R_f}{R_1} u_{i1} + \frac{R_f}{R_2} u_{i2} + \frac{R_f}{R_3} u_{i3} \right) \tag{7-6}$$

当 $R_1 = R_2 = R_3 = R$ 时，式（7-6）变为

$$u_o = -\frac{R_f}{R} (u_{i1} + u_{i2} + u_{i3}) \tag{7-7}$$

当然，这种加法运算电路的输入端可以多于或少于三个（至少两个）。无论有多少个输入端，分析输出与输入关系的方法都是相同的。

反相输入加法运算电路的优点是，当改变某一输入回路的电阻时，仅仅改变输出电压与该路输入电压之间的比例关系，对其他各回路没有影响，因此调节比较灵活方便。另外，由于反相端**虚地**，因此加在集成运放反相输入端的共模电压很小。在实际工作中，反相输入加法运算电路应用比较广泛。

（2）同相输入加法运算电路。

如果将多个输入信号均加到集成运放的同相输入端，则可构成同相输入加法运算电路。图 7-11 所示为有三个输入的同相输入加法运算电路。根据**虚短**和**虚断**的特点，可以推出输出电压与各输入电压之间的关系为

$$u_o = \left(1 + \frac{R_f}{R_1} \right) \left(\frac{R_+}{R_1'} u_{i1} + \frac{R_+}{R_2'} u_{i2} + \frac{R_+}{R_3'} u_{i3} \right) \tag{7-8}$$

式中，$R_+ = R_1' /\!/ R_2' /\!/ R_3' /\!/ R'$，也就是说，$R_+$ 与接在集成运放同相输入端各路的输入电阻以及反馈电阻有关，如果欲改变某一路输入电压与输出电压的比例关系，则当调节该路输入端电阻时，同时也将改变其他各路的比例关系，故常常需要反复调整，才能最后确定电路的参数，因此估算和调整过程十分方便。另外，由于集成运放两个输入端不满足**虚地**，所以对集成运放的最大共模输入电压的要求比较高。在实际工作中，同相输入加法运算电路不如反相输入加法运算电路应用广泛。

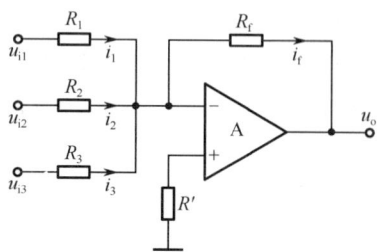

图 7-10　反相输入加法运算电路

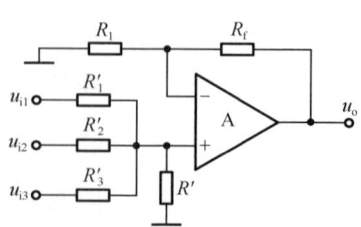

图 7-11　同相输入加法运算电路

另外，同相输入加法运算电路也可由反相输入加法运算电路与反相比例运算电路共同实现。通过前面的分析可以知道，反相输入加法运算电路与同相输入加法运算电路的 u_o 表达式只差一个负号，因此，若在图 7-10 所示电路的基础上再加一个反相器，则可消除负号，变为同相输入加法运算电路，如图 7-12 所示，其中

$$u_{o1} = -\frac{R_f}{R_1}u_{i1} - \frac{R_f}{R_2}u_{i2} - \frac{R_f}{R_3}u_{i3}$$

$$u_o = -\frac{R_4}{R_4}u_{o1} = \frac{R_f}{R_1}u_{i1} + \frac{R_f}{R_2}u_{i2} + \frac{R_f}{R_3}u_{i3}$$

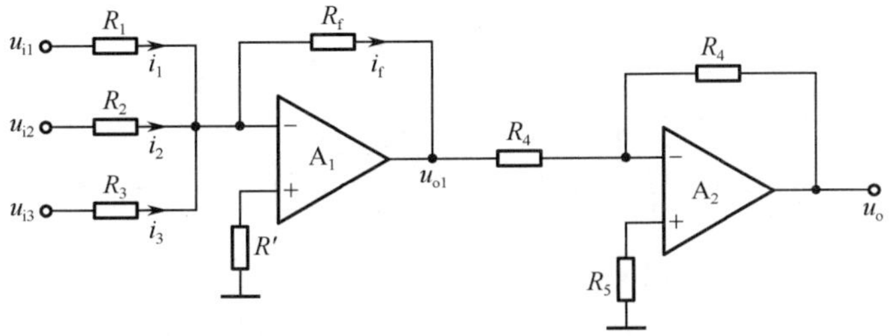

图 7-12　双集成运放构成的同相加法电路

【例 7-4】　假设一个控制系统中的温度、压力和速度等物理量经传感器后分别转换为模拟电压量 u_{i1}、u_{i2}、u_{i3}，要求该系统的输出电压与上述各物理量之间的关系为

$$u_o = -3u_{i1} - 10u_{i2} - 0.53u_{i3}$$

试设计实现该表达式的电路，并选取合适的元器件参数以满足上式要求。

解： 由已知表达式可知，输出电压 u_o 与各输入电压之间实现的是反相加法运算，故可采用图 7-10 所示的电路加以实现。将以上给定的关系式与式（7-6）比较，可得 $\frac{R_f}{R_1} = 3$，$\frac{R_f}{R_2} = 10$，$\frac{R_f}{R_3} = 0.53$。

为了避免电路中的电阻过大或过小，可先选 $R_f = 100\text{k}\Omega$，则

$$R_1 = \frac{R_f}{3} = \frac{100}{3} = 33.3\text{k}\Omega, \qquad R_2 = \frac{R_f}{10} = \frac{100}{10} = 10\text{k}\Omega$$

$$R_3 = \frac{R_f}{0.53} = \frac{100}{0.53} = 188.7\text{k}\Omega, \qquad R' = R_1 /\!/ R_2 /\!/ R_3 /\!/ R_f$$

为了保证精度，以上电阻应选用精密电阻。

2. 加减混合运算电路

前面介绍的差分比例运算电路实际上就是一个简单的加减运算电路。如果在差分比例运算电路的同相输入端和反相输入端各输入多个信号，就变成了一般的加减混合运算电路，如图 7-13 所示，图中 $R_- = R_1 /\!/ R_2 /\!/ R_f$，$R_+ = R_3 /\!/ R_4 /\!/ R_5$，取 $R_- = R_+$，使电路参数对称。

根据叠加定理，首先令 $u_{i3} = u_{i4} = 0$，电路为反相加法运算电路，设此时的输出电压为 u_{o1}，根据式（7-6）得

$$u_{o1} = -\left(\frac{R_f}{R_1}u_{i1} + \frac{R_f}{R_2}u_{i2}\right)$$

再令 $u_{i1} = u_{i2} = 0$，电路为同相求和运算电路，设此时的输出电压为 u_{o2}，根据式（7-8）得

$$u_{o2} = \left(1 + \frac{R_f}{R_1 /\!/ R_2}\right)\left(\frac{R_+}{R_3}u_{i3} + \frac{R_+}{R_4}u_{i4}\right)$$

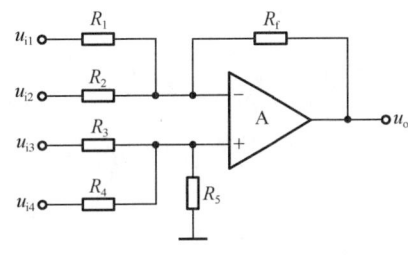

图 7-13　加减混合运算电路

根据叠加定理，输出电压为

$$u_o = u_{o1} + u_{o2} = -\left(\frac{R_f}{R_1}u_{i1} + \frac{R_f}{R_2}u_{i2}\right) + \left(1 + \frac{R_f}{R_1//R_2}\right)\left(\frac{R_+}{R_3}u_{i3} + \frac{R_+}{R_4}u_{i4}\right)$$

利用 $R_- = R_+$，经整理可得

$$u_o = \frac{R_f}{R_3}u_{i3} + \frac{R_f}{R_4}u_{i4} - \frac{R_f}{R_1}u_{i1} + \frac{R_f}{R_2}u_{i2}$$

利用图 7-13 实现加减运算，要保证 $R_- = R_+$，有时选择参数比较困难，可以考虑采用两级集成运放实现加减运算，请看下面的例子。

【例 7-5】 求图 7-14 所示电路中 u_o 和 u_{i1}、u_{i2}、u_{i3} 的运算关系。

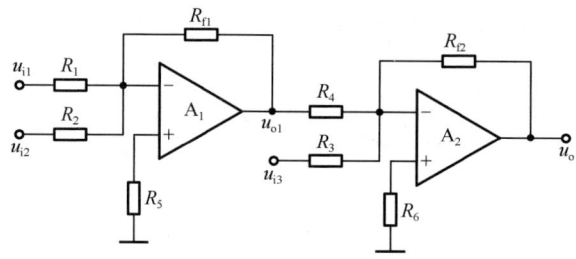

图 7-14 【例 7-5】电路

解：图 7-14 所示为由两个反相加法运算电路组成的加减混合运算电路。其中

$$u_{o1} = -\left(\frac{R_{f1}}{R_1}u_{i1} + \frac{R_{f1}}{R_2}u_{i2}\right), \qquad u_o = -\left(\frac{R_{f2}}{R_4}u_{o1} + \frac{R_{f2}}{R_3}u_{i3}\right)$$

将 u_{o1} 代入 u_o，可得

$$u_o = \frac{R_{f2}}{R_4}\left(\frac{R_{f1}}{R_1}u_{i1} + \frac{R_{f1}}{R_2}u_{i2}\right) - \frac{R_{f2}}{R_3}u_{i3}$$

7.1.3 积分和微分运算电路

我们知道，电容上的电压和电流之间满足微分或积分关系。为此，以集成运放作为放大电路，利用电阻和电容作为反馈网络，即可实现积分和微分这两种运算电路。

1. 积分运算电路

积分运算电路如图 7-15 所示，根据**虚短**和**虚断**，可以推得 $i_i = i_C = u_i/R$，所以输出电压 u_o 为

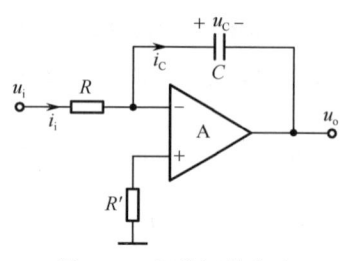

$$u_o = -u_C = -\frac{1}{C}\int i_C \, dt = -\frac{1}{RC}\int u_i \, dt \qquad (7-9)$$

从而实现了输入电压与输出电压之间的积分运算。通常将式（7-9）中电阻 R 与电容 C 的乘积 "RC" 称作积分电路的**积分时间常数**，用符号 τ 表示。

当求解 t_1 到 t_2 时间段的积分值时，输出电压为

$$u_o = -\frac{1}{RC}\int_{t_1}^{t_2} u_i \, dt + u_o(t_1) \qquad (7-10)$$

图 7-15 积分运算电路

式中，$u_o(t_1)$ 为积分起始时刻的输出电压。

式（7-10）中，当输入电压 u_i 为一常量 U_i 时，输出电压为

$$u_o = -\frac{1}{RC}U_i(t_2 - t_1) + u_o(t_1) \qquad (7-11)$$

积分运算电路的波形变换作用如图 7-16 所示。当输入阶跃信号时，若 t_0 时刻电容上的电压为零，则输出电压波形如图 7-16（a）所示。当输入方波和输入正弦波时，输出电压分别如图 7-16

（b）和（c）所示。

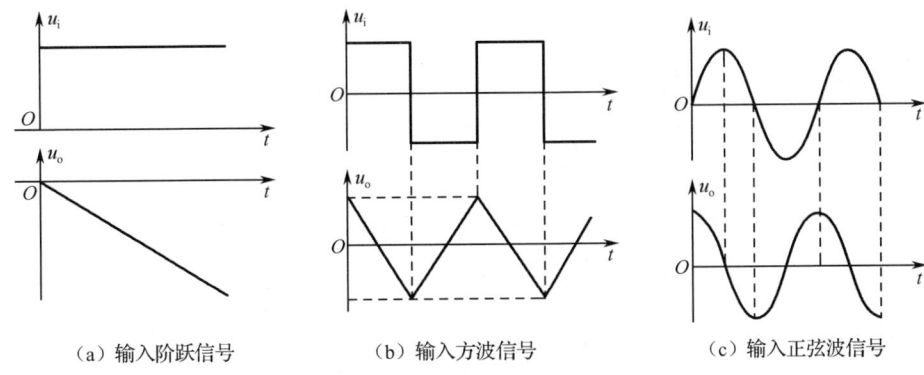

（a）输入阶跃信号　　　　（b）输入方波信号　　　　（c）输入正弦波信号

图 7-16　积分运算电路的波形变换作用

【例 7-6】　在图 7-15 所示积分运算电路中，已知电阻 $R = 10\text{k}\Omega$，电容 $C = 0.05\mu\text{F}$，输入电压是周期为 4ms、幅值为 ±3V 的方波信号，且在 $t = 0\text{ms}$ 时 $u_i = -3\text{V}$，$t = 1\text{ms}$ 时 u_i 跳变为 +3V，$t = 3\text{ms}$ 时 u_i 又跳变为 -3V，以此类推，如图 7-17（a）所示。设电容初始电压为零。试求输出电压 u_o 的波形。

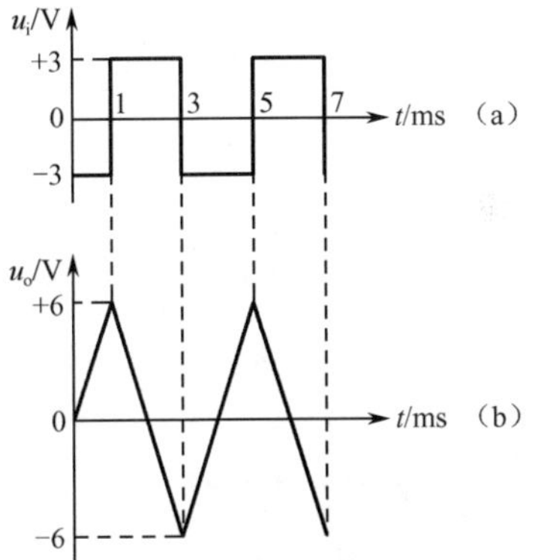

解： 在 $t = 0\text{ms} \sim 1\text{ms}$ 期间，$u_i = -3\text{V}$，且 $t_0 = 0\text{ms}$ 时，输出电压的初始值 $u_o(t_0) = 0$，则由式（7-11）可得

$$u_o = -\frac{1}{RC}u_i(t - t_0) + u_o(t_0) = \left(-\frac{-3}{10 \times 10^3 \times 0.05 \times 10^{-6}}t\right)\text{V}$$

$$= (6000t)\,\text{V}$$

即 u_o 以 6000V/s 的速度，从零开始向正方向增长，当 $t = 1\text{ms}$ 时，$u_o = 6\text{V}$。

在 $t = 1\text{ms} \sim 3\text{ms}$ 期间，$u_i = +3\text{V}$，$t_0 = 1\text{ms}$ 时，$u_o(t_0) = 6\text{V}$，则

$$u_o = -\frac{1}{RC}u_i(t - t_0) + u_o(t_0)$$

$$= \left[-\frac{3}{10 \times 10^3 \times 0.05 \times 10^{-6}}(t - 0.001) + 6\right]\text{V} = [-6000(t - 0.001) + 6]\text{V} = (-6000t + 12)\text{V}$$

即 u_o 以 6000V/s 的速度，从 +6V 开始向负方向增长，当 $t = 3\text{ms}$ 时，$u_o = -6\text{V}$。

在 $t = 3\text{ms} \sim 5\text{ms}$ 期间，$u_i = -3\text{V}$，u_o 从 -6V 开始，又以 6000V/s 的速度向正方向增长。之后重复上述过程。u_o 的波形如图 7-17（b）所示。由例 7-6 可知，输入端的方波变成了输出端的三角波，积分运算电路实现了波形变换。

图 7-17　【例 7-6】用图

积分运算电路在自动控制系统中用以延缓过渡过程的冲击，使被控制的电动机外加电压缓慢上升，避免其机械转矩猛增，造成传动机械的损坏。积分运算电路还常用作显示器的扫描电路，以及模数转换器、数学模拟运算等。

2．微分运算电路

将积分运算电路中 R 和 C 的位置互换，即可组成微分运算电路，如图 7-18 所示。根据**虚短**和**虚断**可得 $i_C = i_R$，则输出电压为

$$u_o = -i_R R = -i_C R = -RC\frac{\mathrm{d}u_C}{\mathrm{d}t} = -RC\frac{\mathrm{d}u_i}{\mathrm{d}t} \qquad (7\text{-}12)$$

可见，输出电压正比于输入电压的微分。

利用微分运算电路输出电压仅反映输入电压的变化部分这一特

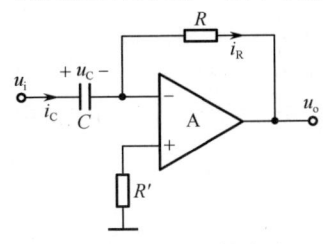

图 7-18　微分运算电路

点可进行波形变换，如可将矩形波转换成尖项信号，用作触发信号，如图 7-19 所示。此外，微分运算电路在自动控制系统中，可用作加速环节，例如，当发生电动机短路故障时，由于加速短路保护环节的作用，迅速降低供电电压。

工程上，常把比例（P）、积分（I）和微分（D）运算电路结合起来构成 PID 校正电路，用作自动控制系统中的信号调节，如图 7-20 所示。PID 校正电路也叫 PID 调节器，它实际上是一个运算控制器，在自动控制系统中实现对输入信号进行比例、积分和微分的控制运算，比例积分运算用来提高调节精度，微分运算用来加速过渡过程。

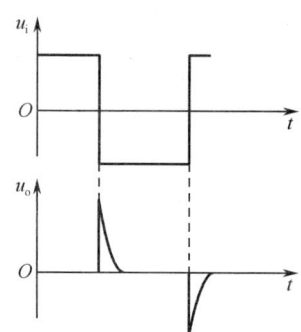

图 7-19 微分运算电路的波形变换作用

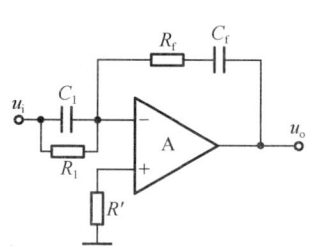

图 7-20 PID 校正电路

7.1.4 对数和指数运算电路

通过第 2 章的学习，我们已经知道半导体二极管在一定条件下，其电流与电压之间存在对数或指数运算关系，为此将二极管或三极管接入集成运放的反馈回路和输入回路，即可构成对数和指数这两种运算电路。

1. 对数运算电路

图 7-21 所示为采用二极管的对数运算电路。为使二极管正偏导通，输入电压 u_i 应大于零。二极管电流 i_D 与其电压 u_D 之间的关系方程为

$$i_D = I_S(e^{\frac{u_D}{U_T}} - 1)$$

在正偏导通状态时，该方程可写为

$$i_D \approx I_S e^{\frac{u_D}{U_T}}$$

或

$$u_D \approx U_T \ln \frac{i_D}{I_S}$$

根据**虚短**和**虚断**可得

$$u_o = -u_D \approx -U_T \ln \frac{i_D}{I_S} = -U_T \ln \frac{i_R}{I_S} = -U_T \ln \frac{u_i}{I_S R} \tag{7-13}$$

即输出电压与输入电压之间满足对数运算关系。

式（7-13）表明，运算关系与 U_T 和 I_S 有关，因此运算精度受温度的影响；而且，当通过二极管的电流较小时，其内部载流子的复合运动不可忽略，当电流较大时内阻不可忽略，所以，图 7-21 仅在一定的电流范围内才能实现指数运算关系。为了扩大输入电压的动态范围，实际应用中常用三极管取代二极管，图 7-22 便是采用三极管的对数运算电路。

图 7-22 中，由于集成运放的反相输入端**虚地**，于是可以得到

$$i_C = i_R = \frac{u_i}{R}$$

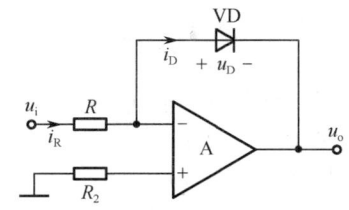

图 7-21 采用二极管的对数运算电路

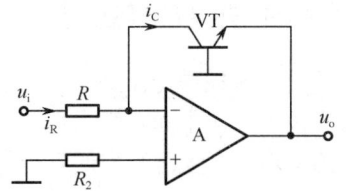

图 7-22 采用三极管的对数运算电路

又因为

$$i_C = \alpha i_e \approx I_S e^{\frac{u_{be}}{U_T}}$$

$$u_{be} \approx U_T \ln \frac{i_C}{I_S}$$

于是可得输出电压

$$u_o = -u_{be} \approx -U_T \ln \frac{u_i}{I_S R}$$

为了克服温度变化对 I_S 的影响，可利用两个参数相同的三极管实现温度补偿，还可以用热敏电阻补偿温度对 U_T 的影响。

2．指数运算电路

指数与对数互为逆运算。只需将对数运算电路中的二极管（或三极管）与 R 的位置互换，即可构成指数运算电路，如图 7-23 所示。

图 7-23 中，仍需满足输入电压 u_i 大于零。根据集成运放**虚短**和**虚断**的特点，可得

$$u_{be} = u_i$$

$$i_R = i_e \approx I_S e^{\frac{u_i}{U_T}}$$

于是可得输出电压为

$$u_o = -i_R R = -I_S R e^{\frac{u_i}{U_T}} \tag{7-14}$$

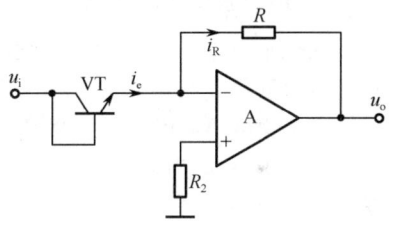

图 7-23 指数运算电路

图 7-23 所示是指数运算电路的基本形式，该电路同样具有运算结果受温度影响等缺点，可以采用与对数运算电路相似的措施加以改进。

7.1.5 乘法和除法运算电路

利用对数和指数运算电路可实现乘法和除法运算，其实现方框图分别如图 7-24 和图 7-25 所示。

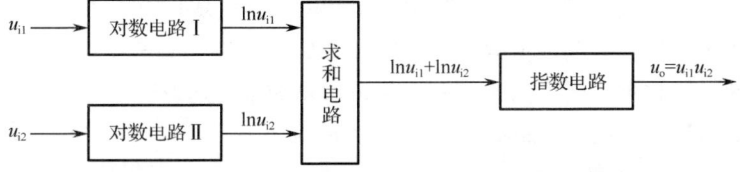

图 7-24 用对数和指数运算电路实现的乘法运算电路方框图

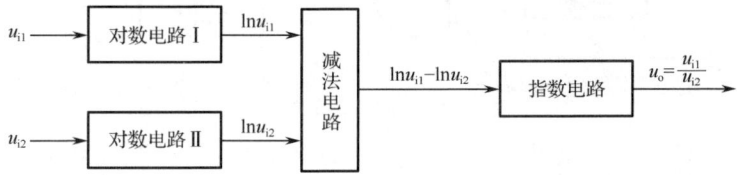

图 7-25 用对数和指数运算电路实现的除法运算电路方框图

7.1.6 模拟乘法器及其应用

模拟乘法器是一种完成两个模拟信号相乘的电子器件。近年来，单片的集成模拟乘法器发展十分迅速。由于技术性能不断提高，而价格比较低廉，使用比较方便，所以应用十分广泛，不仅用于模拟信号的运算，而且已经扩展到电子测量仪表、无线通信等各个领域。

1. 模拟乘法器的电路符号和运算关系

模拟乘法器的输入和输出信号可以是连续的电流信号，也可以是连续的电压信号。这里以输入电压信号为例，其电路符号如图 7-26 所示，它有两个输入电压信号 u_X、u_Y 和一个输出电压信号 u_o。对于一个理想的模拟乘法器，其输出端的电压 u_o 仅与两个输入端的电压 u_X、u_Y 的乘积成正比，故该乘法器的输出电压与输入电压的关系为

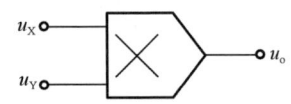

图 7-26 模拟乘法器的电路符号

$$u_o = k u_X u_Y \tag{7-15}$$

式中，k 是比例系数，其值可正可负，若 $k>0$，则为同相乘法器，若 $k<0$，则为反相乘法器。k 值通常为 $+0.1\text{V}^{-1}$ 或 -0.1V^{-1}。

模拟乘法器的两个输入电压 u_X 和 u_Y 的极性可以有正负不同的组合，在 u_X 和 u_Y 的坐标平面上分为四个区域，即四个象限。如果允许两个输入电压均可有正负两种极性，则模拟乘法器可以在四个象限内工作，称为四象限乘法器。如果只允许其中一个输入电压有两种极性，而另一个输入电压只允许为某一种单极性，则模拟乘法器只能在两个象限内工作，称为二象限乘法器。如果两个输入电压都分别只允许为某一种单极性，则模拟乘法器只能在某一个象限内工作，称为单象限乘法器。

2. 模拟乘法器的应用

模拟乘法器的应用十分广泛，除了用于模拟信号的运算，如乘法、乘方、除法及开方等，还在电子测量及无线通信等领域用于振幅调制、混频、倍频、同步检测、鉴相、鉴频、自动增益控制及功率测量等方面。下面举几个例子。

（1）乘方运算电路。

从理论上讲，可以用多个模拟乘法器串联组成 u_i 的任意次幂的运算电路，图 7-27（a）、（b）、（c）所示分别为平方、3 次方和 4 次方运算电路，其表达式分别为

$$u_{o1} = k u_i^2 \qquad u_{o2} = k^2 u_i^3 \qquad u_{o3} = k^3 u_i^4$$

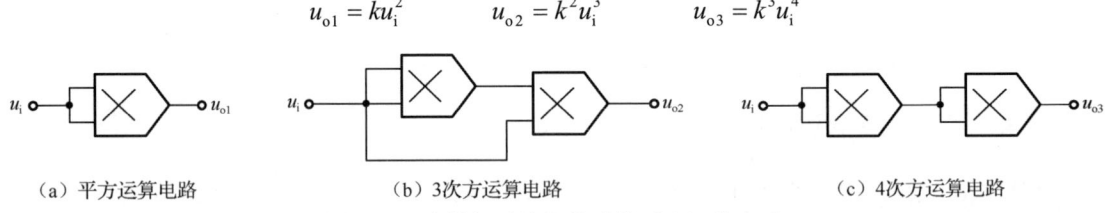

（a）平方运算电路　　　　（b）3次方运算电路　　　　（c）4次方运算电路

图 7-27 由模拟乘法器构成的乘方运算电路

但在实际应用中，当串联的模拟乘法器超过 3 个时，运算误差的积累会使电路的精密程度变差，在要求较高的场合将不适用。因此，在实现高次幂的乘方运算时，可以考虑采用模拟乘法器与集成对数运算电路和指数运算电路组合而成，如图 7-28 所示。

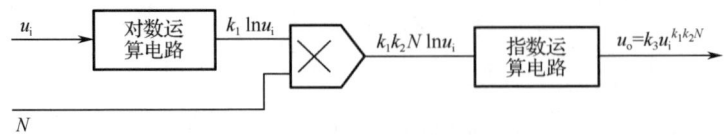

图 7-28 高次幂运算电路

（2）除法运算电路。

图 7-29 所示为除法运算电路，模拟乘法器放在反馈回路中，并形成深度负反馈。根据乘法规

律可得

$$u_{o1} = ku_{i2}u_o$$

而根据**虚短**和**虚断**，则有 $u_- = u_+ = 0$，$i_1 = i_2$，所以

$$\frac{u_{i1}}{R_1} = \frac{-u_{o1}}{R_2}$$

将 u_{o1} 代入，整理可得

$$u_o = -\frac{R_2}{kR_1} \cdot \frac{u_{i1}}{u_{i2}} \tag{7-16}$$

从而实现了 u_{i1} 对 u_{i2} 的除法运算，$-\dfrac{1}{k}$ 是其比例系数。

必须指出，u_{i1} 和 u_{o1} 极性必须相反，这样才能保证集成运放工作于深度负反馈状态。

（3）开方运算电路。

在图 7-29 所示除法运算电路中，如果将 u_{i2} 端也接到 u_o 端，则除法运算电路变成了开方运算电路，如图 7-30 所示。可得

$$u_i = -u_{o1} = -ku_o^2$$

所以

$$u_o = \sqrt{-\frac{u_i}{k}} \tag{7-17}$$

由式（7-17）可以得出，为了使根号下为正，u_i 与 k 必须符号相反。当模拟乘法器选定后，其比例系数 k 的极性就被唯一确定，这时要求输入信号 u_i 的极性必须满足要求。为了避免由于某种原因使 u_i 的极性发生变化，实际电路中常在输出回路中串联一只二极管。图 7-30 所示的电路，是 $k > 0$，$u_i < 0$ 的情况，此时为了防止出现 u_i 因受干扰等原因变为正值，必须按该图中所示方向在集成运放的输出端串联一只二极管。

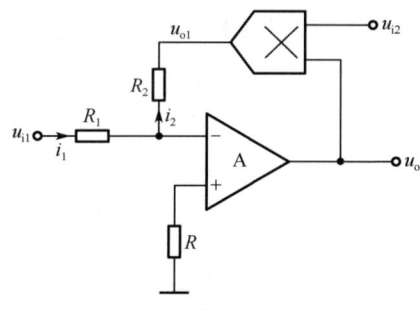

图 7-29　除法运算电路

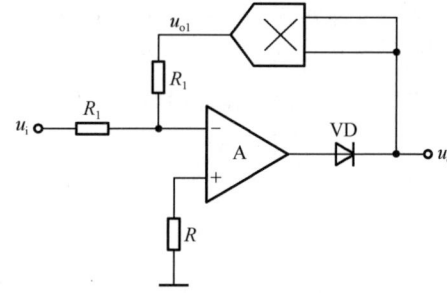

图 7-30　平方根运算电路

以上是模拟乘法器在信号运算方面的应用举例。下面再举几个例子简单说明模拟乘法器在电子测量和无线通信等领域的应用。

（4）倍频电路。

如果将一个正弦波电压同时接到模拟乘法器的两个输入端，即

$$u_X = u_Y = U_m \sin\omega t$$

则模拟乘法器的输出电压为

$$u_o = ku_X u_Y = k(U_m \sin\omega t)^2 = \frac{1}{2}U_m^2(1 - \cos 2\omega t)$$

输出电压中包含两部分：一部分是直流成分；另一部分是角频率为 2ω 的余弦电压。可在输出端接一个隔直电容将直流成分隔离，则可得到二倍频的余弦输出电压，实现了倍频作用。

（5）功率测量电路。

功率等于相应的电压与电流的乘积，因此，可将被测电路的电压信号和电流信号分别接到模拟乘法器的两个输入端，则其输出电压反映了被测电路的功率。

（6）自动增益控制电路。

为了实现自动增益控制，常常利用一个直流电压来控制电路的增益，所以也称为压控增益。可将信号电压和直流控制电压分别接到模拟乘法器的两个输入端，则电路的增益将随着直流控制电压的大小而变化。

复习思考题

7.1.1　填空：

（1）反相比例运算电路中集成运放反相输入端为_____点，而同相比例运算电路中集成运放两个输入端对地的电压基本上_____。

（2）_____比例运算电路的输入电流等于零，而_____比例运算电路的输入电流等于流过反馈电阻的电流。

（3）_____运算电路的电压放大倍数 $A_u \geq 1$；_____运算电路的电压放大倍数 $A_u < 0$。

（4）反相求和运算电路中集成运放的反相输入端为_____点，流过反馈电阻的电流等于各输入端电流的_____。

（5）_____运算电路可实现函数 $Y = aX_1 + bX_2 + cX_3$，a、b 和 c 均小于零。

（6）_____运算电路可将三角波电压转换成方波电压；_____运算电路可将方波电压转换成三角波电压。

7.1.2　集成运放构成的电路如题图 7.1.2 所示，该电路可以将输入电流转换为输出电压。试估算输入电流 $i_i = 5\mu A$ 时输出电压 u_o 的值。

7.1.3　设计题：

（1）设计一个电压放大倍数为-20、输入电阻为 2kΩ 的比例放大电路。

（2）试用集成运放实现以下求和运算。要求：各路输入信号的输入电阻不小于 5kΩ。请选择电路的结构形式并确定元器件参数。

① $u_o = -(u_{i1} + 10u_{i2} + 2u_{i3})$；　　② $u_o = 1.5u_{i1} - 5u_{i2} + 0.1u_{i3}$。

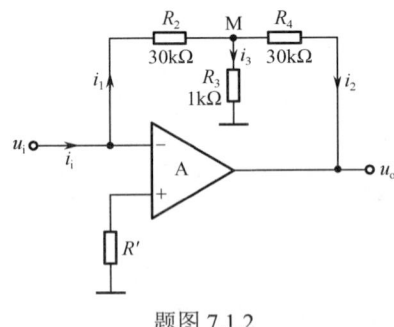

题图 7.1.2

7.2　滤波电路

滤波电路（简称滤波器）是一种信号处理电路，有源滤波器是以集成运放为核心构成的一种滤波器，在有源滤波器中集成运放工作在线性工作区。

7.2.1 滤波器概述

1. 滤波的概念

在电路传输的信号中，往往包含多种频率的正弦波分量，其中除有用的频率分量外，还有无用的甚至是对电路工作有害的频率分量，如高频干扰和噪声。滤波器的作用是，允许一定频率范围内的信号顺利通过，而抑制或削弱那些不需要的频率分量，即实现**滤波**。

2. 滤波器的分类及幅频特性

能够实现滤波功能的电路称为**滤波器**。根据滤波器输出信号中所保留的频率成分的不同，可将滤波器分为低通滤波器、高通滤波器、带通滤波器和带阻滤波器四大类。它们的幅频特性如图 7-31 所示，被保留的频段称为**通带**，被抑制的频段称为**阻带**。图 7-31 中虚线所示为实际滤波特性，实线为理想滤波特性。

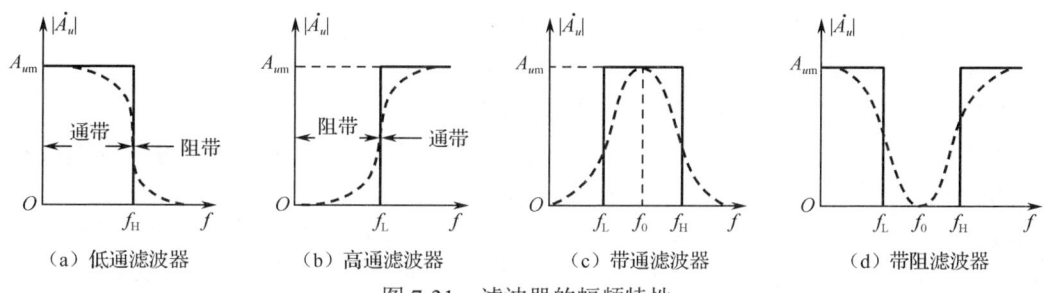

（a）低通滤波器　　　（b）高通滤波器　　　（c）带通滤波器　　　（d）带阻滤波器

图 7-31　滤波器的幅频特性

滤波器的理想特性是：

（1）通带范围内信号无衰减地通过，阻带范围内无信号输出；

（2）通带与阻带之间的过渡为零。

7.2.2 无源滤波器

图 7-32 所示 RC 电路是简单的**无源滤波器**。图 7-32（a）中，电容上的电压为输出电压，由于电容的容抗 X_C 对输入电压中的高频信号而言很小，因此输出电压中高频信号的幅值很小，受到抑制，而低频信号的幅值很大，能顺利通过，为低通滤波器。图 7-32（b）中，电阻上的电压为输出电压，由于高频时电容的容抗很小，因此电容两端电压中高频信号的幅值很小，使得输出电压中的高频信号幅值很大，能顺利通过，而低频信号被电容抑制，因此为高通滤波器。其幅频特性分别如图 7-31（a）、（b）所示。

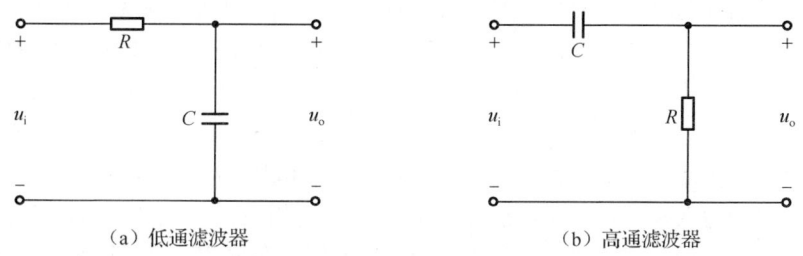

（a）低通滤波器　　　　　　　　　　　（b）高通滤波器

图 7-32　无源滤波器

无源滤波器结构简单，但存在诸多缺点，如通带电压放大倍数低、带负载能力差、滤波特性受负载影响、过滤带较宽、幅频特性不理想等。

为了克服无源滤波器的缺点，可将 RC 无源滤波器接到集成运放的输入端。因为集成运放为有源元件，故称这种滤波电路为**有源滤波器**。

7.2.3 有源滤波器

1. 有源低通滤波器

图 7-33 所示为一阶有源低通滤波器，其中 RC 环节为无源低通滤波电路，输入信号通过它加到同相比例运算电路的输入端，即集成运放的同相输入端，因此电路中引入了深度电压串联负反馈。图 7-33（a）所示电路的电压放大倍数为

$$\dot{A}_u = \frac{\dot{U}_o}{\dot{U}_i} = \left(1 + \frac{R_f}{R_1}\right)\frac{\dot{U}_+}{\dot{U}_i} = \frac{1 + \dfrac{R_f}{R_1}}{1 + j\dfrac{f}{f_0}} = \frac{A_{up}}{1 + j\dfrac{f}{f_0}} \tag{7-18}$$

式中

$$A_{up} = 1 + \frac{R_f}{R_1} \tag{7-19}$$

$$f_0 = \frac{1}{2\pi RC} \tag{7-20}$$

A_{up} 和 f_0 分别为**通带电压放大倍数**和**通带截止频率**。

在图 7-33（a）所示电路中，当 $f = 0$ 时，电容 C 相当于开路，此时滤波电路的电压放大倍数即为同相比例运算电路的电压放大倍数 A_{up}，也即通带电压放大倍数。一般情况下，$A_{up} > 1$，所以与无源滤波器相比，只要合理选择 R_1 和 R_f 即可得到所需的放大倍数。由于电路引入了深度电压负反馈，输出电阻近似为零，因此电路带负载后，$\dot{U}_o$ 与 $\dot{U}_i$ 关系不变，即负载不影响电路的频率特性。当信号频率 f 为通带截止频率 f_0 时，$|\dot{A}_u| = A_{up}/\sqrt{2}$，因此在图 7-33（b）所示的对数幅频特性中，当 $f = f_0$ 时的增益比通带增益 $20\lg A_{up}$ 下降 3dB。当 $f > f_0$ 时，增益以 -20dB/十倍频的斜率下降，这是一阶有源低通滤波器的特点。而理想的有源低通滤波器则在 $f > f_0$ 时，增益立刻降到 0。

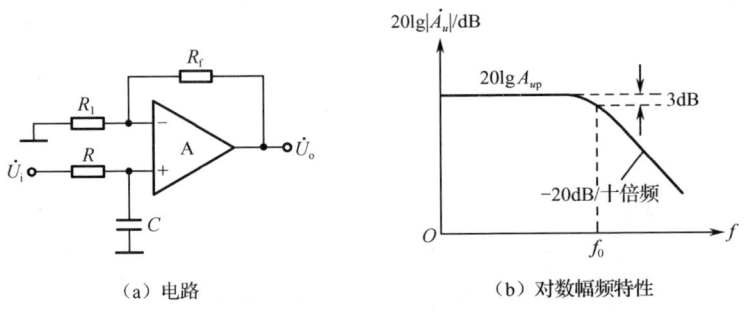

（a）电路　　　　　　　　　　（b）对数幅频特性

图 7-33　一阶有源低通滤波器

为了改善一阶有源低通滤波器的特性，使之更接近于理想情况，可利用多个 RC 环节构成多阶低通滤波器。具有两个 RC 环节的电路，称为二阶有源低通滤波器；具有三个 RC 环节的电路，称为三阶有源低通滤波器；以此类推，阶数越多，当 $f > f_0$ 时，$|\dot{A}_u|$ 下降越快，$\dot{A}_u$ 的频率特性越接近理想情况。图 7-34（a）所示电路就是一种简单二阶有源低通滤波器，将该电路的前级 RC 环节中电容的接地端改接到集成运放的输出端，便可得到压控电压源二阶有源低通滤波器，如图 7-34（b）所示。因为同相输入端电位由集成运放和电阻 R_1、R_f 组成的电压源控制，故称之为压控电压源滤波电路。图 7-34（c）所示是图 7-34（b）所示滤波器在不同 Q（品质因数）值下的幅频特性，可以看出，二阶有源低通滤波器的幅频特性比一阶的好。

2. 有源高通滤波器

将图 7-33（a）所示的一阶有源低通滤波器中 R 和 C 的位置调换，就成为一阶有源高通滤波器，如图 7-35（a）所示。在图 7-35（a）中，滤波电容接在集成运放输入端，它将阻隔、衰减低频信号，而让高频信号顺利通过。

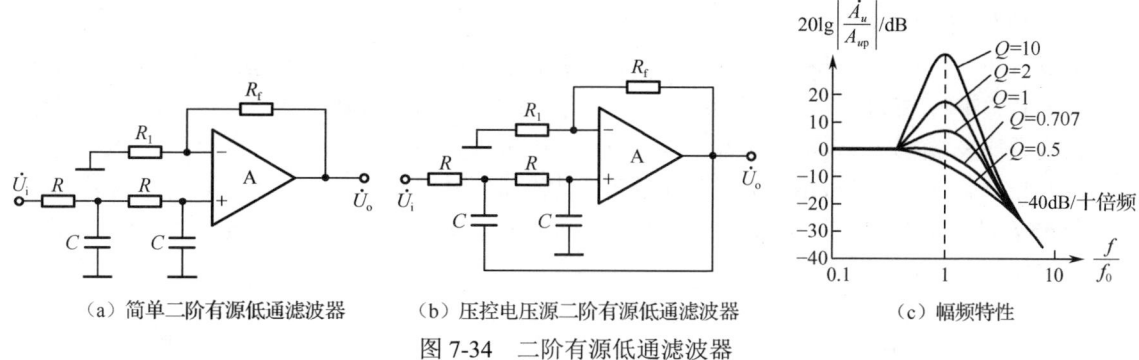

（a）简单二阶有源低通滤波器　（b）压控电压源二阶有源低通滤波器　（c）幅频特性

图 7-34　二阶有源低通滤波器

同有源低通滤波器的分析类似，可以得出有源高通滤波器的通带截止频率为 $f_0 = 1/(2\pi RC)$，对于低于该频率的低频信号，$|A_u| < 0.707|A_{up}|$。

一阶有源高通滤波器的带负载能力强，并能补偿 RC 网络上压降对通带增益的损失，但存在过渡带较宽、滤波性能较差的特点，采用二阶有源高通滤波器可以明显改善滤波性能。将图 7-34（a）所示的二阶有源低通滤波器中 R 和 C 的位置调换，就成为二阶有源高通滤波器，如图 7-35（b）所示。

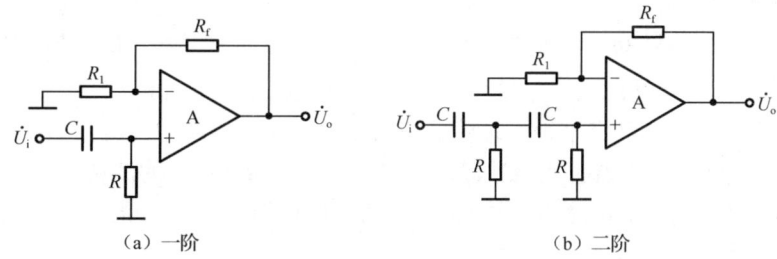

（a）一阶　　　　　　　　（b）二阶

图 7-35　有源高通滤波器

3．有源带通滤波器

将有源低通滤波器（LPF）和有源高通滤波器（HPF）串联，即可得到**有源带通滤波器**，其方框图如图 7-36 所示。设前者的通带截止频率为 f_{01}，后者的通带截止频率为 f_{02}，应满足 $f_{02} < f_{01}$，则通带为 f_{01}-f_{02}。在实用电路中，常采用由单个集成运放构成的压控电压源二阶有源带通滤波器，电路如图 7-37（a）所示，图 7-37（b）是它的对数幅频特性。Q 值越大，通带放大倍数越大，通带越窄，选频特性越好。调整电路的 A_{up} 能够改变通带宽度。

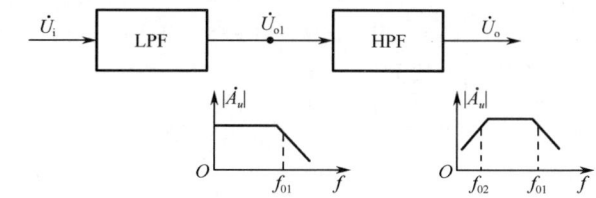

图 7-36　有源带通滤波器方框图

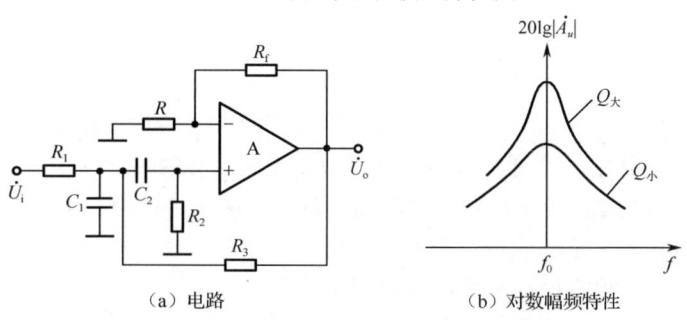

（a）电路　　　　　　（b）对数幅频特性

图 7-37　压控电压源二阶有源带通滤波器

4. 有源带阻滤波器

将输入电压同时作用于有源低通滤波器和有源高通滤波器，再将两个电路的输出电压求和，即可得到**有源带阻滤波器**，其方框图如图 7-38 所示。其中有源低通滤波器的通带截止频率 f_{01} 应小于有源高通滤波器的通带截止频率 f_{02}，因此电路的阻带为 $f_{02}-f_{01}$。

实用电路常利用无源低通滤波器和无源高通滤波器并联构成无源带阻滤波器，然后接同相比例运算电路，从而得到有源带阻滤波器，如图 7-39 所示。由于两个无源滤波器均由 3 个元件构成 T 形，故称之为双 T 网络。

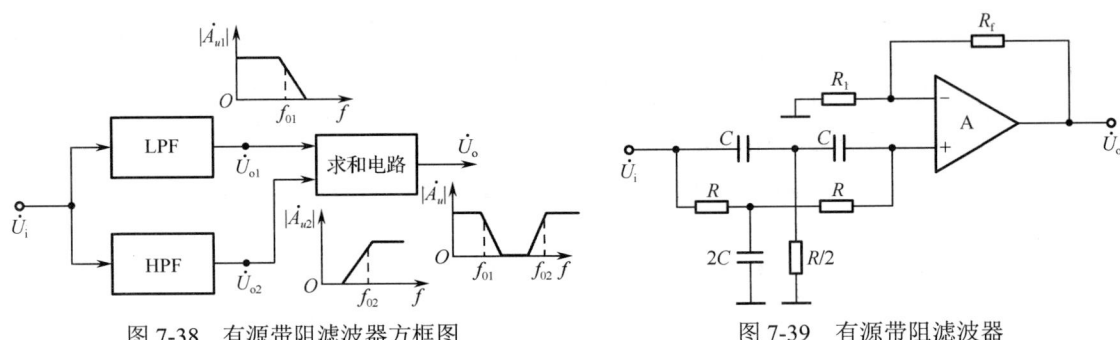

图 7-38　有源带阻滤波器方框图　　　　图 7-39　有源带阻滤波器

需要说明的是，关于滤波器，有些教材中还提到**全通滤波器**（APF）的概念。与前面介绍的 4 种滤波器不同，全通滤波器具有平坦的幅频响应，也就是说，全通滤波器并不衰减任何频率的信号。由此可知，全通滤波器虽然也叫滤波器，但它并不具有通常所说的滤波作用，也正因为如此，全通滤波器更多地被称为全通网络。图 7-40（a）所示电路为一种一阶全通滤波器，图 7-40（b）是它的相频特性曲线。

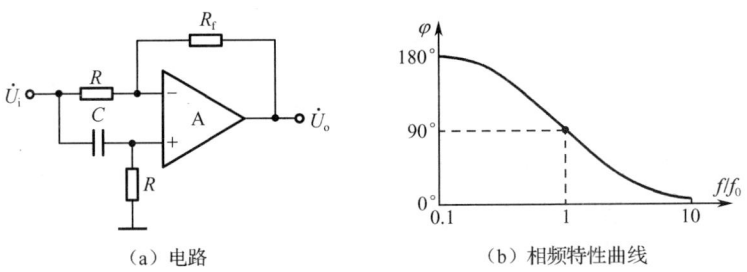

（a）电路　　　　　　　　（b）相频特性曲线

图 7-40　一阶全通滤波器

由图 7-40（a）可以推得，电路的电压放大倍数为

$$\dot{A}_u = -\frac{1-\mathrm{j}\omega RC}{1+\mathrm{j}\omega RC} = |\dot{A}_u| \angle\varphi \tag{7-21}$$

则幅值和相位分别为

$$|\dot{A}_u| = 1 \tag{7-22a}$$

$$\varphi = 180° - 2\arctan\frac{f}{f_0} \tag{7-22b}$$

由相频特性曲线可以看出，当 $f = f_0$ 时，$\varphi = 90°$；当 f 趋于零时，φ 趋于 $180°$；当 f 趋于无穷大时，φ 趋于 $0°$。也就是说，全通滤波器虽然不改变输入信号的幅值，但它会改变输入信号的相位。利用这个特性，全通滤波器可以作为延时器、延迟均衡器等使用。实际上，前面介绍的 4 种常规滤波器也能改变输入信号的相位，但其幅频特性和相频特性很难兼顾。全通滤波器和其他滤波器组合起来使用，能够很方便地解决这个问题。

在通信系统中，尤其是数字通信领域，延迟均衡是非常重要的。可以说，没有延迟均衡，就没有现在广泛使用的宽带数字网络。延迟均衡是全通滤波器主要的用途。超过 90% 的全通滤波器产品用于相位校正。

复习思考题

7.2.1　填空：

（1）为了避免 50Hz 电网电压的干扰进入放大电路，应选用＿＿＿＿＿＿滤波器。

（2）已知输入信号的频率为 10kHz～12kHz，为了防止干扰信号的混入，应选用＿＿＿＿＿滤波器。

（3）为了获得输入电压中的低频信号，应选用＿＿＿＿＿＿滤波器。

（4）为了使滤波器的输出电阻足够小，保证负载电阻变化时滤波特性不变，应选用＿＿＿＿＿滤波器。

7.2.2　简答：

（1）由集成运放构成的有源滤波器和运算电路在结构上有何异同。

（2）当由低通滤波器和高通滤波器构成带通滤波器和带阻滤波器时，对于低通滤波器和高通滤波器的通带截止频率分别有何要求。

7.2.3　现有一阶有源低通滤波器和二阶有源高通滤波器，其通带放大倍数均为 2，通带截止频率分别为 2kHz 和 100Hz。问：（1）如何用它们构成一个有源带通滤波器；（2）画出有源带通滤波器的幅频特性。

7.3　电压比较器

电压比较器（简称比较器）是信号处理电路，其功能是比较两个输入电压的大小，通过输出电压的高、低电平表示两个输入电压的大小关系。在自动控制和电子测量中，常用于越限报警、鉴幅、模数转换、各种非正弦波形的产生和变换电路中。

7.3.1　电压比较器概述

1. 电压比较器的电压传输特性

在分析电压比较器的工作原理时，常常需要画出输出电压 u_o 随输入电压 u_i 的变化规律，即**电压传输特性**，简称**传输特性**。电压比较器的输入信号通常是两个模拟量，一般情况下，其中一个输入信号是固定不变的**参考电压** U_{REF}，另一个输入信号则是随时间变化的模拟电压信号 u_i。输出电压 u_o 只有两种可能的状态：正饱和值 $+U_{OM}$ 或负饱和值 $-U_{OM}$。可以认为，电压比较器的输入信号是连续变化的模拟量，而输出信号则是数字量，即 **0** 或 **1**。

在电压比较器中，集成运放通常工作在非线性状态，即满足如下关系：

当 $u_+>u_-$ 时，$U_o = +U_{OM}$，正向饱和；

当 $u_+<u_-$ 时，$U_o = -U_{OM}$，负向饱和。

上述关系表明，工作在非线性状态的集成运放，当 $u_+>u_-$ 或 $u_+<u_-$ 时，其输出状态都保持不变，只有当 $u_+ = u_-$ 时，输出状态才能够发生跳变。反之，若输出状态发生跳变，则必定发生在 $u_+ =u_-$ 的时刻。这是分析电压比较器的重要依据。

2. 电压比较器的阈值电压

电压比较器的输出电压 u_o 发生跳变时所对应的输入电压 u_i 的值，称为电压比较器的**阈值电压**或**门限电平**，简称**阈值**或**门限**，记为 U_T。

为了正确画出电压比较器的电压传输特性，需要首先确定阈值电压 U_T 的值。根据定义，阈值电压可以这样求解：根据电路结构，写出集成运放同相输入端、反相输入端电压 u_+ 和 u_- 的表达式，并令 $u_+ =u_-$，求解该等式得到输入电压 u_i，该 u_i 值便是阈值电压 U_T。

3．电压比较器的种类

（1）单限电压比较器，简称**单限比较器**，电路只有一个阈值电压，输入电压变化经过该阈值电压时，输出电压发生跳变。

（2）滞回电压比较器，简称**滞回比较器**，电路有两个阈值电压 U_{T1} 和 U_{T2}，且 $U_{T1}>U_{T2}$。输入电压从小到大首先经过 U_{T2}，此时输出电压并不发生跳变，只有继续增大到 U_{T1} 时，输出电压才发生跳变；而输入电压从大到小经过 U_{T1} 时，输出电压不发生变化，只有继续减小到 U_{T2} 时，输出电压才发生跳变，即电压传输具有**滞回特性**。它与单限比较器的相同之处在于，在输入电压向单一方向的变化过程中，输出电压只跳变一次，根据这一特点可以将滞回比较器视为两个不同的单限比较器的组合。

（3）双限电压比较器，简称**双限比较器**，电路有两个阈值电压 U_{T1} 和 U_{T2}，且 $U_{T1}>U_{T2}$，输入电压 u_i 从小到大（或从大到小）的过程中，经过 U_{T2}（或 U_{T1}）时输出电压 u_o 发生一次跳变，继续增大（或减小）经过 U_{T1}（或 U_{T2}）时，u_o 发生相反方向的跳变。也就是说，输入电压向单一方向的变化过程中，每经过一个阈值电压，输出电压就发生跳变，也即输出电压将发生两次跳变。

7.3.2　单限比较器

单限比较器的基本电路如图 7-41（a）所示，集成运放处于开环状态，工作在非线性区，输入信号 u_i 加在反相端，参考电压 U_{REF} 接在同相端，称为反相输入电压比较器。当 $u_i>U_{REF}$，即 $u_->u_+$ 时，$U_o=-U_{OM}$；当 $u_i<U_{REF}$，即 $u_-<u_+$ 时，$U_o=+U_{OM}$。其电压传输特性如图 7-41（b）所示。

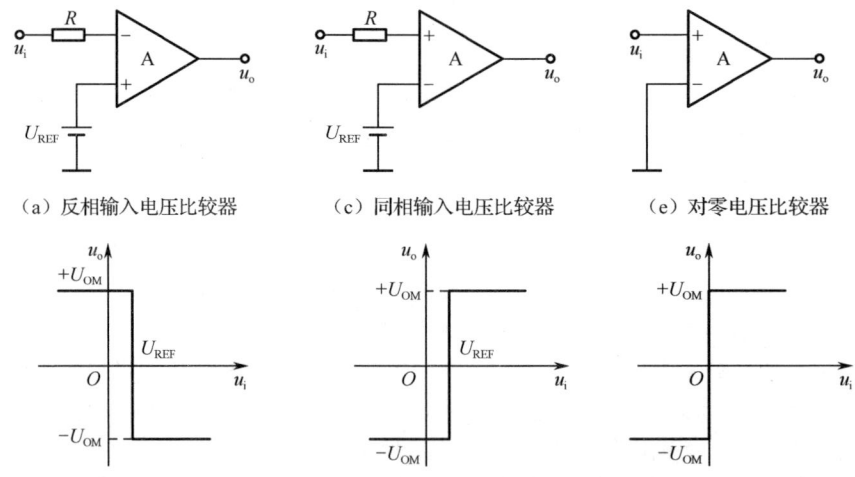

（a）反相输入电压比较器　　（c）同相输入电压比较器　　（e）对零电压比较器

（b）图（a）的电压传输特性　　（d）图（c）的电压传输特性　　（f）图（e）的电压传输特性

图 7-41　单限比较器的基本电路及其传输特性

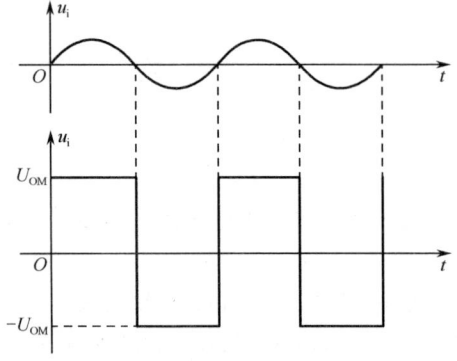

图 7-42　过零电压比较器的波形变换

若希望当 $u_i>U_{REF}$ 时，$U_o=+U_{OM}$，则只需将 u_i 输入端与 U_{REF} 输入端调换即可，如图 7-41（c）所示，称为同相输入电压比较器，其电压传输特性如图 7-41（d）所示。

如果输入电压过零，输出电压发生跳变，就称为过零电压比较器，如图 7-41（e）所示，其电压传输特性如图 7-41（f）所示。过零电压比较器实际上就是阈值电压为零的单限比较器，它可将输入的正弦波转换为方波，如图 7-42 所示。而对于如图 7-41（a）、（c）所示的阈值电压不是零的单限比较器，可将输入的正弦波转换为怎样的波形输出呢？请读者自行思考。

【例 7-7】 图 7-43（a）所示是具有输出限幅的单限比较器，U_{REF} 是外加参考电压。试求其阈值电压，并画出它的电压传输特性。

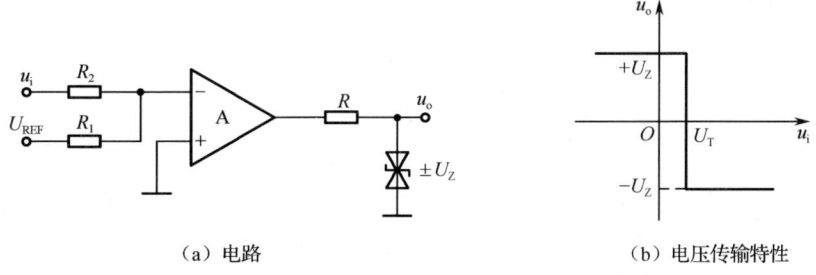

（a）电路　　　　　　　　　　（b）电压传输特性

图 7-43 【例 7-7】图

解： 根据叠加定理，集成运放反相输入端电压为

$$u_- = \frac{R_1}{R_1 + R_2}u_i + \frac{R_2}{R_1 + R_2}U_{REF}$$

令 $u_+ = u_-$，解出的 u_i 就是阈值电压 U_T，因此得出

$$U_T = -\frac{R_2}{R_1}U_{REF} \tag{7-23}$$

当 $u_i < U_T$ 时，$u_- < u_+$，所以 $u_o = +U_Z$；当 $u_i > U_T$ 时，$u_- > u_+$，所以 $u_o = -U_Z$。假设本例中参考电压 $U_{REF} < 0$，则图 7-43（a）所示电路的电压传输特性如图 7-43（b）所示。

由式（7-23）可知，只要改变参考电压的大小和极性，或者改变电阻 R_1 和 R_2 的阻值，就可以改变阈值电压的大小和极性。因此，图 7-43（a）所示电路实际上是一个阈值电压可调的单限比较器。

7.3.3 滞回比较器

单限比较器只有一个阈值电压，只要输入电压经过阈值电压，输出电压就产生跳变。若输入电压受到干扰或噪声的影响在阈值电压上下波动，即使其幅值很小，输出电压也会在正、负饱和值之间反复跳变，如图 7-44 所示。若它发生在自动控制系统中，则这种过分灵敏的动作将会对执行机构产生不利的影响，甚至干扰其他设备，使之不能正常工作。为了克服这个缺点，可将电压比较器的输出端与输入端之间引入由 R_1 和 R_2 构成的电压串联正反馈，使得集成运放同相输入端的电压随着输出电压而改变；输入电压接在集成运放的反相输入端，参考电压 U_{REF} 经 R_2 接在集成运放的同相输入端，构成滞回比较器，电路如图 7-45（a）所示。滞回比较器也称**施密特触发器**。

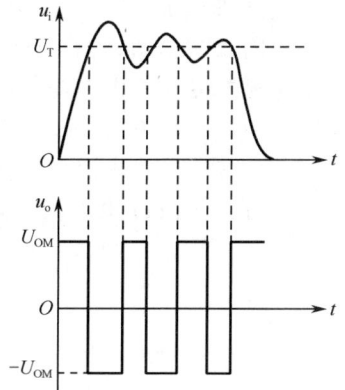

图 7-44 输入电压受干扰时单限比较器的工作情况

在图 7-45（a）所示电路中，VD_Z 是两只制作在一起的稳压管，稳定电压分别为 $\pm U_Z$（该稳压值应小于集成运放的最大输出电压 U_{OM}），起输出限幅作用。当集成运放输出 $+U_{OM}$ 时，下面的稳压管起稳压作用，此时 $u_o = +U_Z$；反之，当集成运放输出 $-U_{OM}$ 时，上面的稳压管进行稳压，输出 $u_o = -U_Z$。

下面求图 7-45（a）所示电路的阈值电压。首先利用叠加定理，可求出同相输入端的电压为

$$u_+ = \frac{R_f}{R_2 + R_f}U_{REF} \pm \frac{R_2}{R_2 + R_f}U_Z$$

因为 $u_+ = u_-$ 是输出电压的跳变条件，因此临界条件可根据**虚短**和**虚断**，求得 $u_- = u_i$。令 $u_+ = u_-$，求出的 u_i 就是阈值电压，因此得出

$$\begin{cases} U_{T1} = \dfrac{R_f}{R_2 + R_f}U_{REF} + \dfrac{R_2}{R_2 + R_f}U_Z & \text{(7-24a)} \\[3mm] U_{T2} = \dfrac{R_f}{R_2 + R_f}U_{REF} - \dfrac{R_2}{R_2 + R_f}U_Z & \text{(7-24b)} \end{cases}$$

若原来 $u_o = +U_Z$，当 u_i 逐渐增大时，使 u_o 从 $+U_Z$ 跳变为 $-U_Z$ 所需的门限电平是 U_{T1}；若原来 $u_o = -U_Z$，当 u_i 逐渐减小时，使 u_o 从 $-U_Z$ 跳变为 $+U_Z$ 所需的门限电平是 U_{T2}。据此画出图 7-45（a）所示电路的电压传输特性，如图 7-45（b）所示。

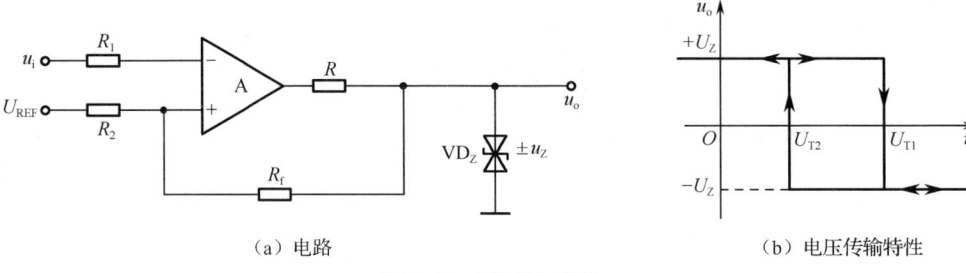

（a）电路　　　　　　　　　　　　　　　　　　（b）电压传输特性

图 7-45　滞回比较器

滞回比较器的两个门限电平之差称为**门限宽度**或**回差**，用 ΔU_T 表示，由以上两式可求得

$$\Delta U_T = U_{T1} - U_{T2} = \frac{2R_2}{R_2 + R_f}U_Z \qquad \text{(7-25)}$$

由式（7-25）可以看出，门限宽度 ΔU_T 取决于稳压管的稳定电压 U_Z 以及电阻 R_2 和 R_f 的值，而与参考电压 U_{REF} 无关。改变 U_{REF} 的大小可以同时调节两个门限电平 U_{T1} 和 U_{T2} 的大小，但二者之差 ΔU_T 不变。也就是说，当 U_{REF} 增大或减小时，滞回比较器的传输特性平行左移或平行右移，式（7-24a）和式（7-24b）两个式子中的第一项就是曲线在横轴左移或右移的距离，而 U_{REF} 的极性可改变曲线平移的方向。为使电压传输特性上、下平移，则应改变稳压管的稳定电压。

门限宽度 ΔU_T 越大，电压比较器抗干扰的能力越强，但分辨率越低。

【例 7-8】　求图 7-46（a）所示电路的输出波形。已知输入电压 $u_i = 4\sin\omega t$ V，输出电压饱和值为 ± 5V，设 $t = 0$ 时，$u_o = +U_{OM}$。

解： 第一步：求两个门限电平。

由式（7-24a）和式（7-24b）可求得两个门限电平为

$$U_{T1} = \frac{R_f}{R_2 + R_f}U_{REF} + \frac{R_2}{R_2 + R_f}U_Z = 0\text{V} + \frac{20}{50} \times 5\text{V} = 2\text{V}$$

$$U_{T2} = \frac{R_f}{R_2 + R_f}U_{REF} - \frac{R_2}{R_2 + R_f}U_Z = 0\text{V} + \frac{20}{50} \times (-5)\text{V} = -2\text{V}$$

第二步：在输入电压波形图上画出两条门限电平线，反映输入信号与门限电平的比较，并标出 $u_i > U_{T1}$ 与 $u_i < U_{T2}$ 的时间区域，如图 7-46（b）所示。

第三步：在输出坐标轴上画出 $u_i > U_{T1}$ 与 $u_i < U_{T2}$ 所对应的时间区域的输出电压，如图 7-46（c）所示。

第四步：对于 $U_{T2} < u_i < U_{T1}$ 相应时间区域，可参照前一时刻画出输出波形。由于 $t = 0$ 时，$u_o = +U_{OM}$，因此在 $0 \sim t_1$ 区域 $u_o = +U_{OM}$，如图 7-46（d）所示。

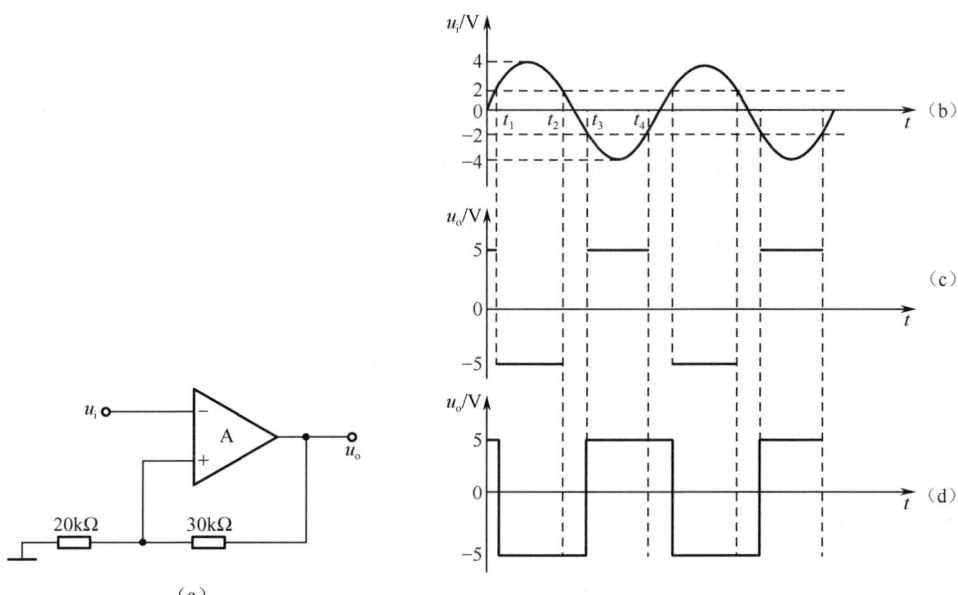

（a）

图 7-46 【例 7-8】图

【例 7-9】 图 7-47（a）、（b）所示分别为某电压比较器的输入电压 u_i 和输出电压 u_o 的波形。要求：（1）判断该电压比较器的类型，并画出电路和电压传输特性；（2）对电路采取怎样的措施，可使阈值电压变为 $U_{T1} = 3V$，$U_{T2} = -7V$，画出阈值电压改变后的电路。

解：（1）从图 7-47（b）所示 u_o 的波形可以看出，输出电压 $u_o = \pm U_Z = \pm 8V$；从 u_o 与 u_i 的波形关系可知，阈值电压互为相反数，即 $\pm U_T = \pm 5V$；又因为当 $u_i < -5V$ 时 $u_o = -8V$，说明输入信号 u_i 是从集成运放的同相输入端输入的；而当 $-5V < u_i < +5V$ 时 u_i 变化，u_o 却保持不变，说明电路有滞回特性；基于以上判断可知，该电路是一个同相输入的滞回比较器，电路如图 7-48（a）所示，其电压传输特性如图 7-48（b）所示。

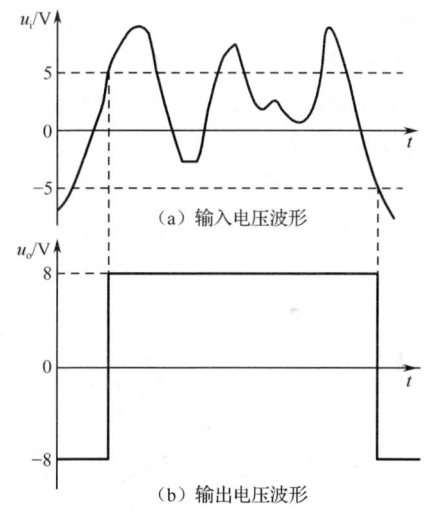

（a）输入电压波形

（b）输出电压波形

图 7-47 【例 7-9】图

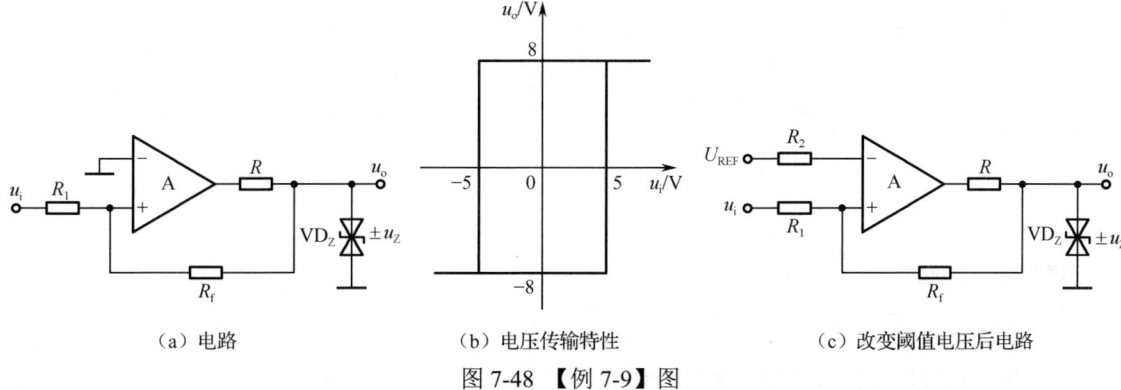

（a）电路 　　　　　（b）电压传输特性 　　　　（c）改变阈值电压后电路

图 7-48 【例 7-9】图

（2）原阈值电压 $U_{T1} = 5V$，$U_{T2} = -5V$，变化之后的阈值电压 $U_{T1} = 3V$、$U_{T2} = -7V$，相比可知，它们均在原数值上减去 2V。故应将电路由图 7-48（a）改为图 7-48（c）。

由图 7-48（a）所示电路推出阈值电压为

$$\pm U_{\mathrm{T}} = \pm \frac{R_1}{R_{\mathrm{f}}} U_{\mathrm{Z}} \tag{7-26}$$

由图 7-48（c）所示改变后的电路可推得阈值电压为

$$U_{\mathrm{T}1,2} = \frac{R_1 + R_{\mathrm{f}}}{R_{\mathrm{f}}} U_{\mathrm{REF}} \pm \frac{R_1}{R_{\mathrm{f}}} U_{\mathrm{Z}} \tag{7-27}$$

式（7-27）中的第 1 项即是电压传输特性在横轴左移或右移的距离，而 U_{REF} 的极性可改变曲线平移的方向，且 U_{REF} 的数值应满足

$$\frac{R_1 + R_{\mathrm{f}}}{R_{\mathrm{f}}} U_{\mathrm{REF}} = -2 \tag{7-28}$$

因为在原电路中，$\pm U_{\mathrm{Z}} = \pm 8\mathrm{V}$，$\pm U_{\mathrm{T}} = \pm 5\mathrm{V}$，代入式（7-26）中，解得 $R_1/R_{\mathrm{f}} = 5/8$。将其代入式（7-28）中，解得 $U_{\mathrm{REF}} = -\dfrac{16}{13}\mathrm{V}$。

7.3.4　双限比较器

单限比较器和滞回比较器在输入电压单一方向变化时，输出电压只跳变一次，因而不能检测出输入电压是否在两个给定电压之间，而双限比较器具有这一功能。图 7-49（a）所示为一种**双限比较器**的电路，它由两个集成运放 A_1 和 A_2 组成。输入电压分别接到 A_1 的同相端和 A_2 的反相端，两个参考电压 U_{REFH} 和 U_{REFL} 分别接到 A_1 的反相端和 A_2 的同相端，并且 $U_{\mathrm{REFH}} > U_{\mathrm{REFL}}$，这两个参考电压就是电压比较器的两个阈值电压 $U_{\mathrm{T}1}$ 和 $U_{\mathrm{T}2}$，$U_{\mathrm{T}1} = U_{\mathrm{REFH}}$，$U_{\mathrm{T}2} = U_{\mathrm{REFL}}$。电阻 R 和稳压管 $\mathrm{VD_Z}$ 构成限幅电路。

当输入电压 $u_{\mathrm{i}} > U_{\mathrm{REFH}}$ 时，其必然大于 U_{REFL}，所以集成运放 A_1 的输出 $u_{\mathrm{o}1} = +U_{\mathrm{OM}}$，$A_2$ 的输出 $u_{\mathrm{o}2} = -U_{\mathrm{OM}}$，使得二极管 $\mathrm{VD_1}$ 导通，$\mathrm{VD_2}$ 截止，稳压管 $\mathrm{VD_Z}$ 工作在稳压状态，输出电压 $u_{\mathrm{o}} = +U_{\mathrm{Z}}$。

当 $u_{\mathrm{i}} < U_{\mathrm{REFL}}$ 时，其必然小于 U_{REFH}，所以 A_1 的输出 $u_{\mathrm{o}1} = -U_{\mathrm{OM}}$，$A_2$ 的输出 $u_{\mathrm{o}2} = +U_{\mathrm{OM}}$，因此 $\mathrm{VD_1}$ 截止，$\mathrm{VD_2}$ 导通，$\mathrm{VD_Z}$ 工作在稳压状态，输出电压 u_{o} 仍为 $+U_{\mathrm{Z}}$。

当 $U_{\mathrm{REFL}} < u_{\mathrm{i}} < U_{\mathrm{REFH}}$ 时，$u_{\mathrm{o}1} = u_{\mathrm{o}2} = -U_{\mathrm{OM}}$，$\mathrm{VD_1}$、$\mathrm{VD_2}$ 均截止，稳压管 $\mathrm{VD_Z}$ 截止，$u_{\mathrm{o}} = 0$。

根据以上分析可以画出电压传输特性，如图 7-49（b）所示，因为其形状如窗口，因此双限比较器又称**窗口比较器**。

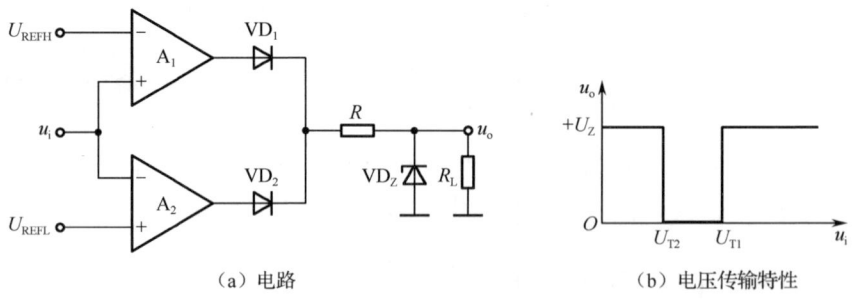

（a）电路　　　　　　　　　　　　（b）电压传输特性

图 7-49　双限比较器

复习思考题

7.3.1　简答：

（1）电压比较器用作越限报警器的工作原理。

（2）在电压比较器中，**虚短**（$u_+ = u_-$）还成立吗？为何可以应用**虚短**（$u_+ = u_-$）的特点来求解电压比较器的阈值电压 U_{T}。

（3）单限比较器、滞回比较器、双限比较器的电压传输特性分别有何特点。

7.3.2 在图 7-41（c）所示单限比较器中，若参考电压 $U_{REF} = 3V$，输入电压 $u_i = 5\sin\omega t$ V，输出电压饱和值 $\pm U_{OM} = \pm 8V$。试画出输出电压 u_o 的波形。

7.3.3 试判断题图 7.3.3 所示各电路属于哪种类型的电压比较器，并画出它们的电压传输特性。

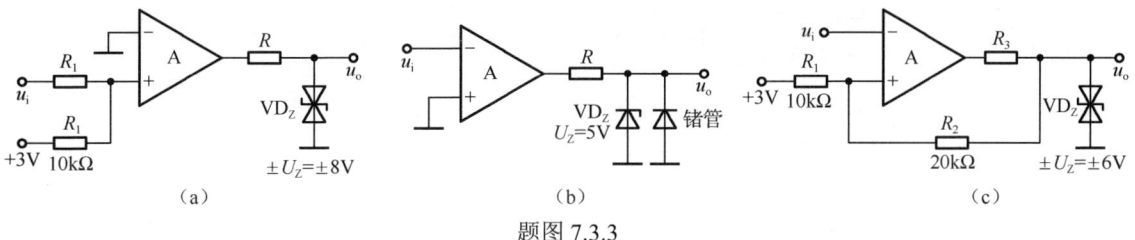

题图 7.3.3

本 章 小 结

1．在分析集成运放的各种应用电路时，常常将其中的集成运放看作一个理想的运算放大器。理想运放有两种工作状态，即线性工作状态和非线性工作状态，在其电压传输特性上对应两个工作区域。当集成运放工作在线性区时，满足**虚短**和**虚断**特点。集成运放可用于模拟信号的运算、产生、放大、滤波等。

2．运算电路是集成运放最基本的应用之一，其输出电压是输入电压某种运算的结果，如比例、加减、积分和微分等，因而要求集成运放工作在线性区。由于集成运放具有高增益的特点，必须引入深度负反馈将净输入电压降到很小，才能保证输出电压和净输入电压为线性关系，所以深度负反馈是判断运算电路的重要标志。

3．有源滤波电路是模拟信号的处理电路，通常由 RC 网络和集成运放构成，且集成运放工作在线性区。其主要性能指标有通带电压放大倍数、通带截止频率、通带宽度和等效品质因数等。

4．电压比较器是集成运放的基本应用之一，其输入信号为模拟信号，输出通常只有高电平和低电平两种状态。在电压比较器中，集成运放多处于开环状态或仅引入正反馈，因而其工作在非线性区。

习题 7

7-1 填空题：

（1）理想运放的性能参数均被理想化，即输入电阻为_____，输出电阻为_____，开环电压增益为_____。

（2）集成运放有两个工作区。在_____区工作时，运算放大器放大小信号；当输入为大信号时，它工作在_____区，输出电压扩展到_____。

（3）集成运放工作在线性区时，具有 _____和_____两个特点，凡是线性电路都可以利用这两个概念来分析电路的输入、输出关系。

（4）反相比例运算电路中集成运放反相输入端为_____点，而同相比例运算电路中集成运放两个输入端对地的电压基本上_____。

（5）_____比例运算电路的输入电流等于零，而_____比例运算电路的输入电流等于流过反馈电阻的电流。

（6）_____运算电路的电压增益 $A_u \geq 1$；_____运算电路的电压增益 $A_u < 0$。反相求和运算电路中集成运放的反相输入端为虚地点，流过反馈电阻的电流等于各输入端电流的_____。

（7）题图 7-1 所示各滤波器电路分别是哪种滤波器：图（a）是_____滤波器；图（b）

是_____滤波器；图（c）是_____滤波器；图（d）是_____滤波器。

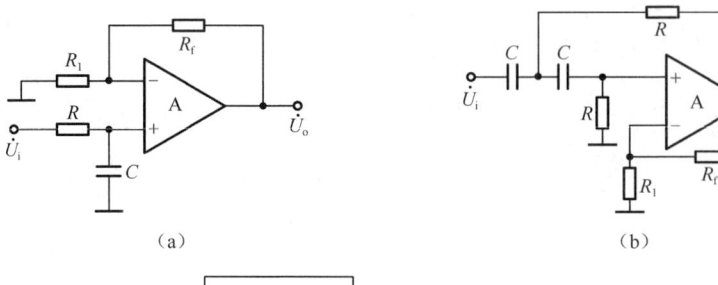

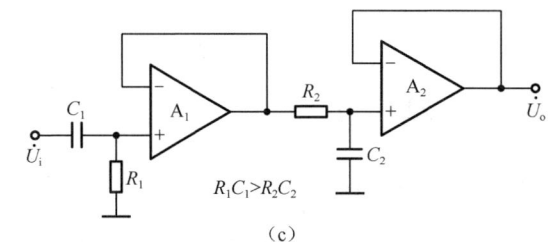
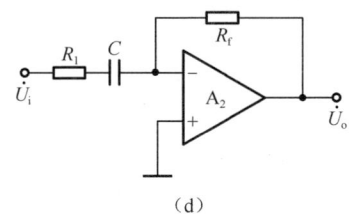

（c）　　　　　　　$R_1C_1>R_2C_2$　　　　　　　（d）

题图 7-1

（8）_____比例运算电路的输入电阻大，而_____比例运算电路的输入电阻小。

（9）_____运算电路可实现函数 $Y=aX_1+bX_2+cX_3$，a、b 和 c 均小于零。

（10）_____运算电路可将三角波电压转换为方波电压；_____运算电路可将方波电压转换为三角波电压。

（11）为了避免 50Hz 电网电压的干扰进入放大器，应选用_____滤波电路。

（12）已知输入信号的频率为 10kHz～12kHz，为了防止干扰信号的混入，应选用_____滤波器。

（13）为了获得输入电压中的低频信号，应选用_____滤波器。

（14）为了使滤波器的输出电阻足够小，保证负载电阻变化时滤波特性不变，应选用_____滤波器。

7-2　电路如题图 7-2 所示，已知集成运放输出电压的最大幅值为+14V，试填题表 7-2。

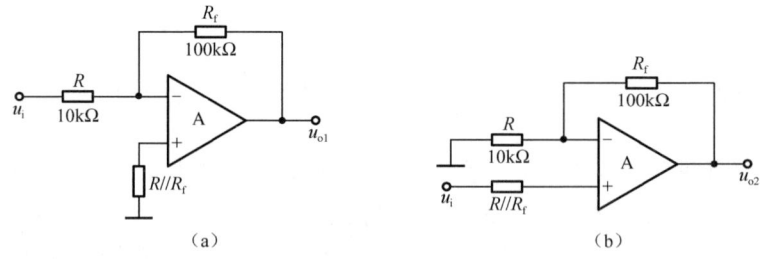

题图 7-2

题表 7-2

u_i/V	0.1	0.5	1.0	1.5
u_{o1}/V				
u_{o2}/V				

7-3　在题图 7-3 所示放大电路中，已知 $R_1=R_2=R_5=R_7=R_8=10\text{k}\Omega$，$R_6=R_9=R_{10}=20\text{k}\Omega$。（1）$R_3$ 和 R_4 分别应选用多大电阻；（2）列出 u_{o1}、u_{o2} 和 u_o 的表达式；（3）设 $u_{i1}=0.3\text{V}$，$u_{i2}=0.1\text{V}$，求输出电压 u_o。

7-4 电路如题图 7-4 所示。（1）写出 u_o 与 u_{i1}、u_{i2} 的运算关系式；（2）当 R_P 滑动端在最上端时，若 $u_{i1} = 10\text{mV}$，$u_{i2} = 20\text{mV}$，u_o 为多大？（3）若 u_o 的最大幅值为 $\pm 14\text{V}$，输入电压最大值 $u_{i1\max} = 10\text{mV}$，$u_{i2\max} = 20\text{mV}$，最小值均为 0V，则为了保证集成运放工作在线性区，R_2 的最大值为多少？

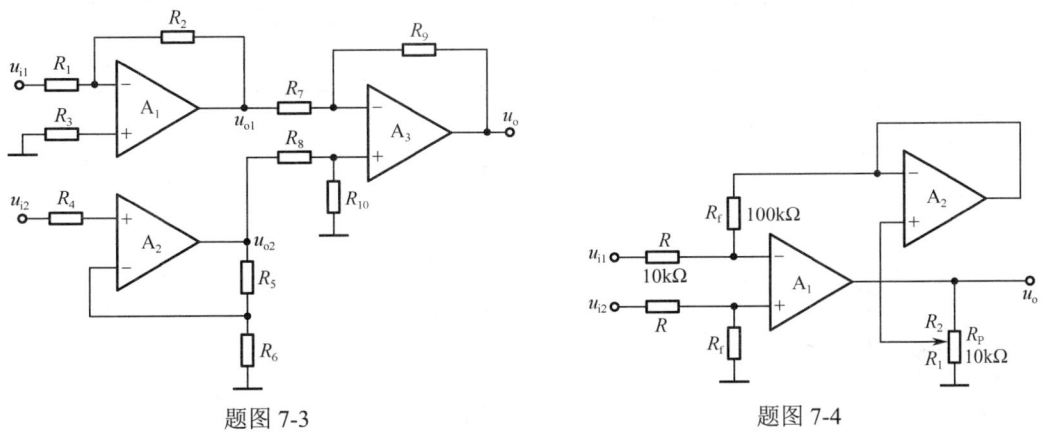

题图 7-3　　　　　　　　　　　　题图 7-4

7-5 试求题图 7-5 所示各电路输出电压与输入电压的运算关系式。

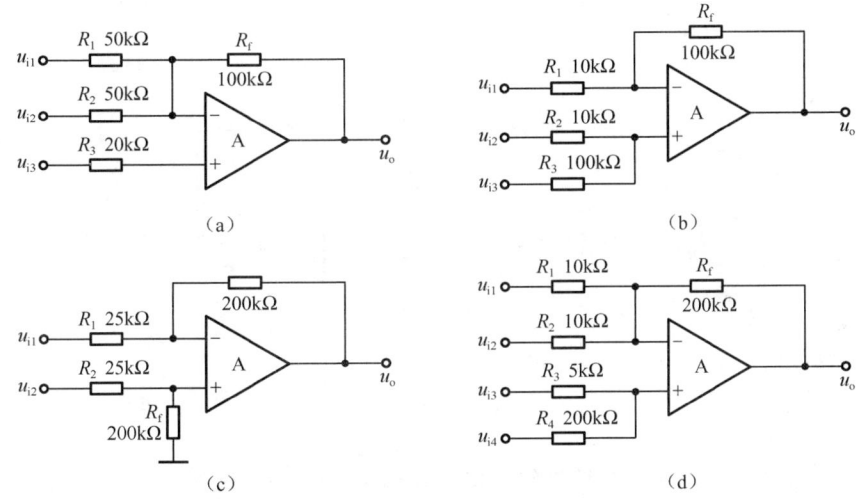

题图 7-5

7-6 在题图 7-6（a）所示电路中，已知输入电压 u_i 的波形如题图 7-6（b）所示，当 $t = 0$ 时，$u_o = 0\text{V}$。试画出输出电压 u_o 的波形。

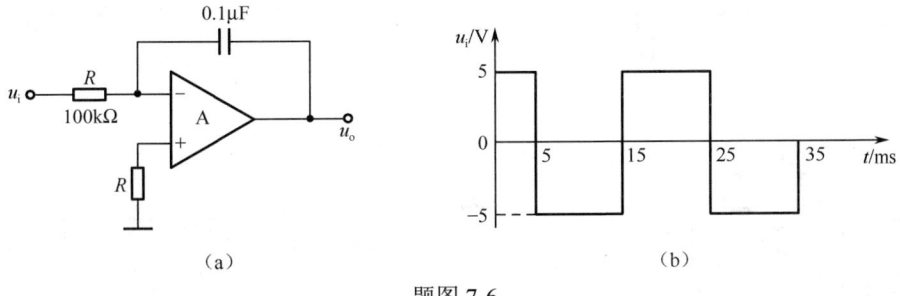

题图 7-6

7-7 分别求解题图 7-7 所示各电路的运算关系。

7-8 写出题图 7-8 所示各电路的运算关系式。

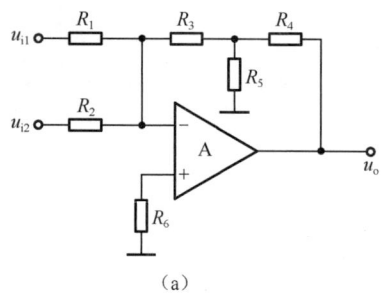

(a)

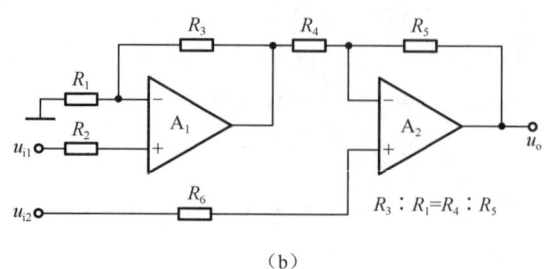

$R_3 : R_1 = R_4 : R_5$

(b)

题图 7-7

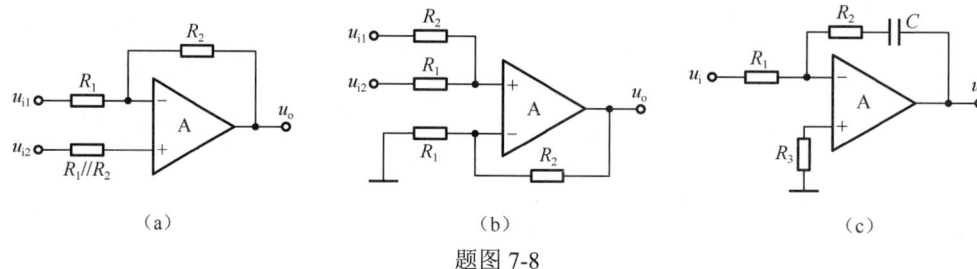

(a)　　　　　(b)　　　　　(c)

题图 7-8

7-9　试证明题图 7-9 中，$u_o = \left(1 + \dfrac{R_1}{R_2}\right)(u_{i2} - u_{i1})$。

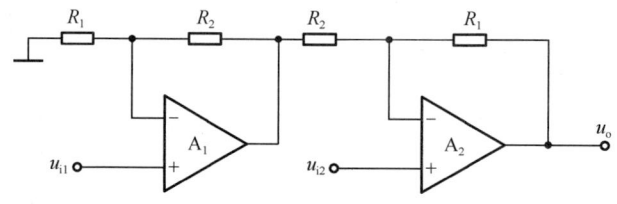

题图 7-9

7-10　试设计一个比例运算放大电路，实现以下运算关系：

$$A_{uf} = \frac{u_o}{u_i} = 0.5$$

7-11　写出题图 7-11 所示各电路的输入电压和输出电压的关系。

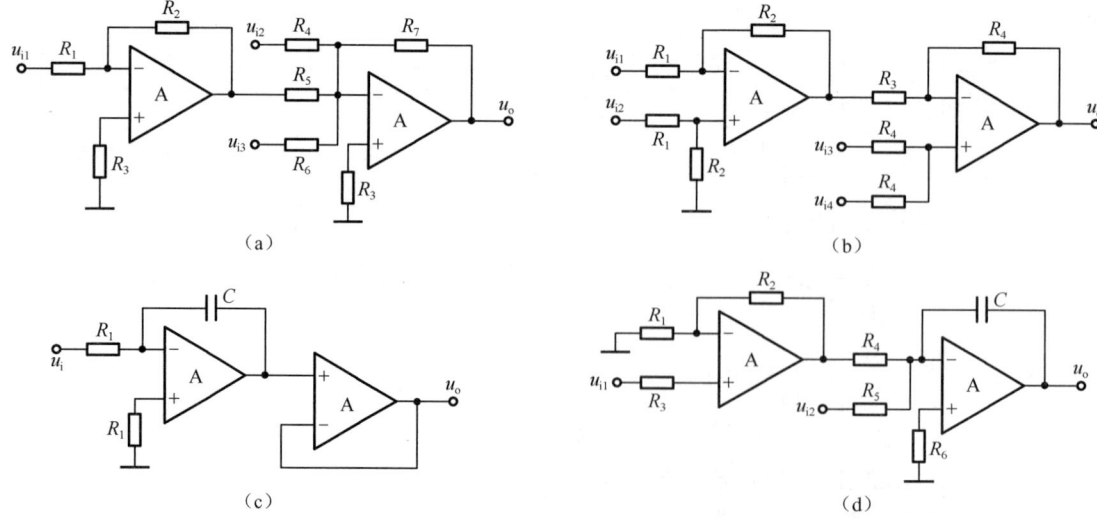

(a)　　　　　　　　　　　　(b)

(c)　　　　　　　　　　　　(d)

题图 7-11

7-12　试用集成运放组成一个运算电路，要求实现以下运算关系：
$$u_o = 2u_{i1} - 5u_{i2} + 0.1u_{i3}$$

7-13　在下列各种情况中，应分别采用哪种类型（低通、高通、带通、带阻）的滤波器？

（1）抑制 50Hz 交流电源的干扰；

（2）处理具有 1Hz 固定频率的有用信号；

（3）从输入信号中取出低于 2kHz 的信号；

（4）抑制频率为 100kHz 以上的高频干扰。

7-14　试说明题图 7-14 所示各电路属于哪种类型的滤波器，是几阶滤波器？

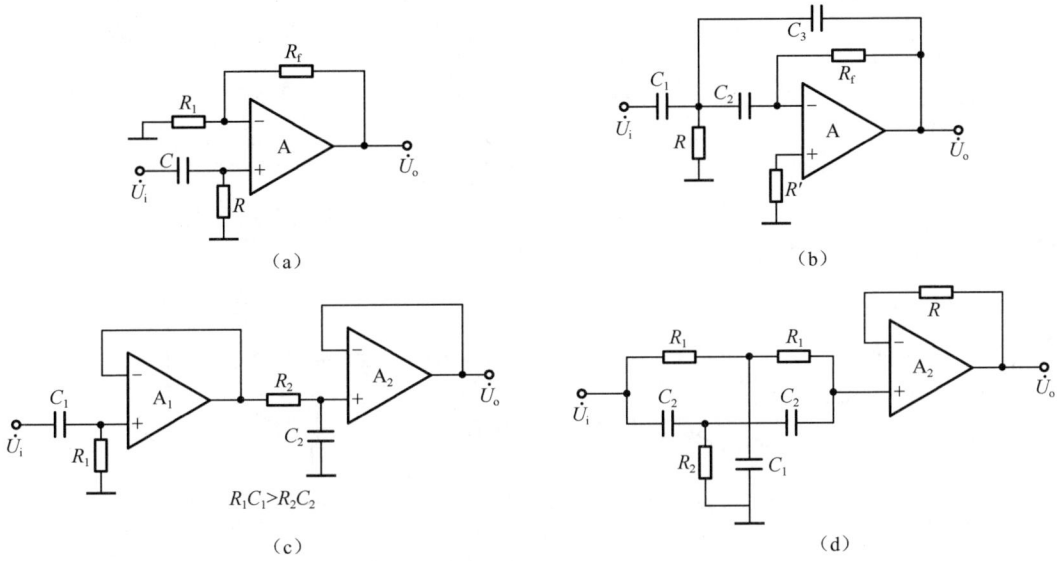

题图 7-14

7-15　已知单限比较器、滞回比较器和双限比较器的电压传输特性如题图 7-15（a）所示，它们的输入均为题图 7-15（b）所示三角波，试画出 u_{o1}、u_{o2}、u_{o3} 的波形。

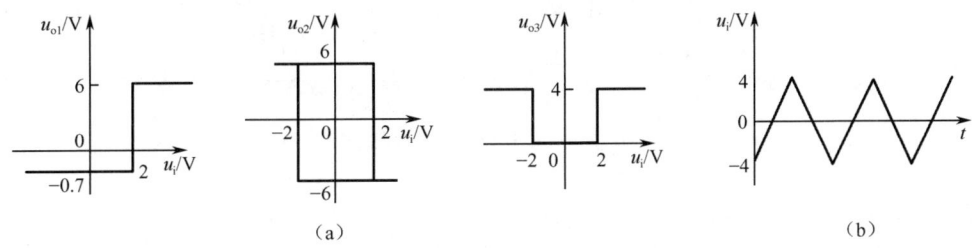

题图 7-15

7-16　求解题图 7-16 所示各电路的电压传输特性。

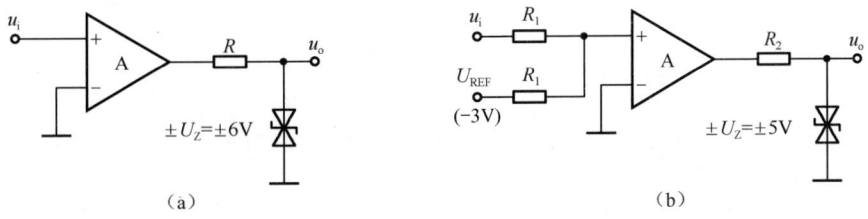

题图 7-16

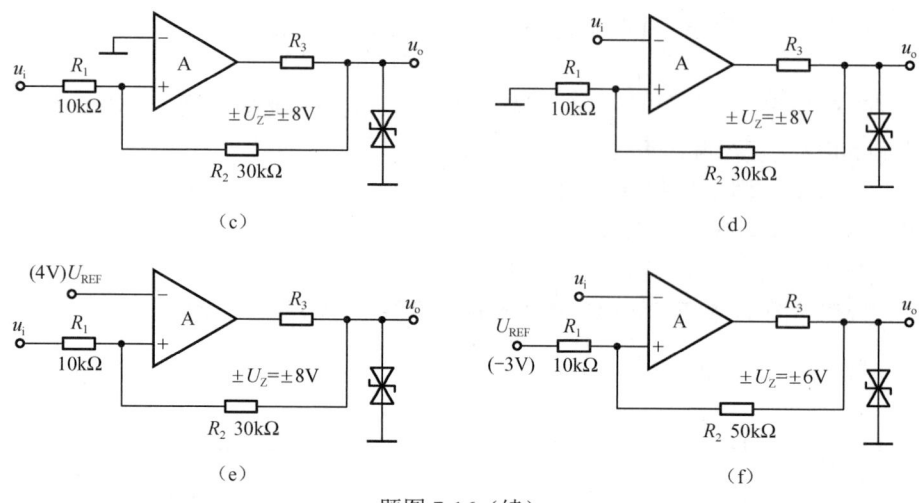

（c）

（d）

（e）

（f）

题图 7-16（续）

7-17 已知题图 7-17 所示各电路的输入电压均为 4sinωt V，试画出输入电压 u_i 和各电路的输出电压 u_{o1}、u_{o2}、u_{o3}、u_{o4} 的波形。

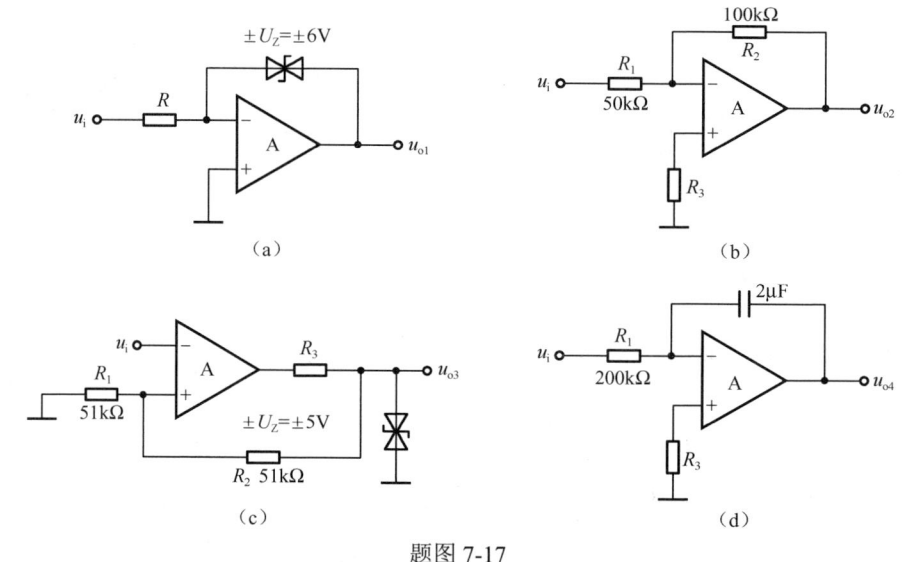

（a）

（b）

（c）

（d）

题图 7-17

第8章　波形的发生和变换电路

内容提要

● 正弦波振荡电路的振荡条件、基本组成和分析方法

● 几种典型的 RC 正弦波振荡电路和 LC 正弦波振荡电路

● 几种常用的非正弦波振荡电路

● 几种常用的波形变换电路

波形发生电路又叫**波形振荡电路**。正弦波和各种非正弦波作为信号源在自动控制、电子测量、工业加工、通信、广播以及家用电器等技术领域得到广泛的应用。本章首先阐明 RC、LC、石英晶体等正弦波振荡电路的振荡条件、电路组成和判断方法；然后讲述矩形波、三角波、锯齿波等非正弦波发生电路的工作原理、振荡条件和输出波形；最后介绍几种波形变换电路。

8.1　正弦波振荡电路

8.1.1　正弦波振荡电路的基础知识

正弦波振荡电路在不加任何输入信号的情况下，由电路自行产生一定频率、一定幅值的正弦波电压输出，因而称为"自激振荡"电路。

1. 产生正弦波振荡的条件

在第 6 章所讲的负反馈放大电路中，也会发生自激振荡，这是由于放大电路和反馈网络所产生的附加相移会使中频情况下的负反馈在高频或低频情况下变成正反馈。可见，正反馈是自激振荡的必要条件和重要标志，负反馈放大电路中的自激振荡是有害的，必须消除。但是，对于正弦波振荡电路，其目的就是要产生一定频率和幅值的正弦波，因而在放大电路中有意引入正反馈，并创造条件，使之产生稳定可靠的振荡，如图 8-1（a）所示。

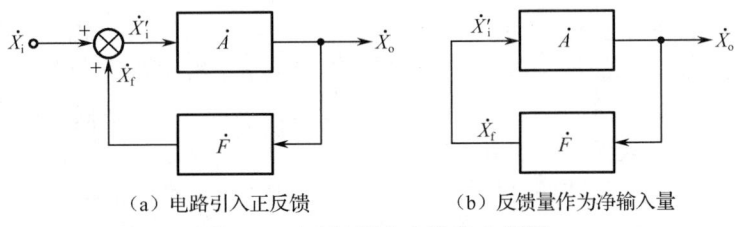

（a）电路引入正反馈　　　　　（b）反馈量作为净输入量

图 8-1　正弦波振荡电路的方框图

图 8-1（a）中，在放大电路的输入端加入正弦信号 $\dot{X}_i$，如果通过反馈网络引入正反馈信号 $\dot{X}_f$，并使 $\dot{X}_f$ 的相位和幅值都和 $\dot{X}_i$ 相同，即 $\dot{X}_f = \dot{X}_i$，那么这时即使去掉输入量 $\dot{X}_i$（即令 $\dot{X}_i = 0$），电路仍能维持输出正弦信号 $\dot{X}_o$，如图 8-1（b）所示。可以看出，去掉输入量 $\dot{X}_i$ 后，输出量 $\dot{X}_o$ 通过反馈网络产生的反馈量 $\dot{X}_f$ 作为放大电路的输入量 $\dot{X}_i'$，即 $\dot{X}_i' = \dot{X}_f$。这种用 $\dot{X}_f$ 代替 $\dot{X}_i$ 的方法就是振荡器的自激振荡原理。

由图 8-1（b）可以看出

$$\dot{X}_o = \dot{A}\dot{X}_i'$$

$$\dot{X}_f = \dot{F}\dot{X}_o$$

故

$$\dot{X}_f = \dot{A}\dot{F}\dot{X}'_i$$

根据前面对自激振荡原理的分析可知 $\dot{X}_f = \dot{X}'_i$，所以可得

$$\dot{A}\dot{F} = 1 \tag{8-1}$$

式（8-1）便是产生正弦波振荡的条件。也可把式（8-1）分解为**幅值平衡条件**和**相位平衡条件**。

（1）幅值平衡条件：

$$|\dot{A}\dot{F}| = AF = 1 \tag{8-2}$$

幅值平衡条件表明放大电路的开环放大倍数与正反馈网络的反馈系数的乘积应等于 1，即反馈电压的大小必须和输入电压相等。

（2）相位平衡条件：

$$\varphi_A + \varphi_F = 2n\pi \quad （n \text{ 为整数}） \tag{8-3}$$

φ_A 是基本放大电路的输出量 $\dot{X}_o$ 和净输入量 $\dot{X}'_i$ 的相位差，φ_F 为反馈网络的输出量 $\dot{X}_f$ 和输入量 $\dot{X}_o$ 的相位差。式（8-3）表示基本放大电路的相位移与反馈网络的相位移之和等于 0 或 2π 的整数倍，即电路必须引入正反馈。

2．正弦波振荡的起振和稳幅

实际上，振荡电路开始建立振荡时，并不需要借助外加的输入信号，它本身就能起振，电路由自行起振到稳定振荡需要一个建立的过程。例如，当电路接通电源时，将有电扰动信号作用于电路，这个电扰动信号就可以作为振荡电路的起振信号。根据频谱分析，这种扰动信号是由多种频率的正弦分量组成的，其中必然包含频率为 f_0 的正弦分量。用一个选频网络将这个频率为 f_0 的正弦信号"挑选"出来，使它满足振荡的相位平衡条件和幅值平衡条件，其他频率成分的信号则因为不符合振荡条件而衰减为零，所以电路就将维持频率为 f_0 的正弦波振荡并最终输出。

振荡初始，输出信号将由小逐渐变大，要求电路具有放大作用，所以电路的**起振条件**为

$$|\dot{A}\dot{F}| > 1 \tag{8-4}$$

当然，电路应首先满足式（8-3）中的相位平衡条件。如果 $|\dot{A}\dot{F}|$ 始终大于 1，则输出信号将一直增加，这样会使输出波形失真，显然这是应当避免的。因此，振荡电路还必须有稳幅环节，其作用是在输出电压幅值增大到一定数值后，设法减小放大倍数或减小反馈系数，使得 $|\dot{A}\dot{F}| = 1$，从而获得幅值稳定且基本不失真的正弦波输出信号。

3．正弦波振荡电路的基本组成和分析方法

由以上分析可知，正弦波振荡电路必须包括以下四个基本组成部分。

（1）放大电路。使 $f = f_0$ 的正弦输出信号能够从小逐渐增大，直到达到稳定幅值，而且通过它将直流电源提供的能量转换为交流功率。

（2）正反馈网络。它使电路满足相位平衡条件，否则不可能产生正弦波振荡。

（3）选频网络。它保证电路只产生单一频率 f_0 的正弦波振荡。在多数电路中，它和正反馈网络合二为一。

（4）稳幅环节。保证输出波形具有稳定的幅值。

正弦波振荡电路常以选频网络所用元件来命名，分为 RC、LC 和石英晶体正弦波振荡电路。RC 正弦波振荡电路的输出波形较好，振荡频率较低，一般在几百千赫兹以下；LC 正弦波振荡电路的振荡频率较高，一般在几百千赫兹以上；石英晶体正弦波振荡电路的振荡频率极其稳定。

分析电路是否会产生正弦波振荡，首先观察其是否具有四个基本的组成部分，然后判断它是否满足正弦波振荡的条件。具体分析方法如下。

（1）观察电路是否存在放大电路、正反馈网络、选频网络和稳幅环节四个部分。

（2）检查放大电路是否有合适的静态工作点，能否正常放大。

（3）判断电路是否在 $f=f_0$ 时引入了正反馈，即是否满足相位平衡条件。在产生正弦波振荡的两个条件中，一般而言，相位平衡条件是主要的，幅值平衡条件相对来说比较容易满足。只有在电路满足相位平衡条件的情况下，判断是否满足幅值条件才有意义。

判断相位平衡条件可以采用**瞬时极性法**，具体做法是：假设在适当的位置断开反馈回路，在断开处给放大电路加上频率为 f_0 的输入电压 $\dot{U}_i$，并给定其瞬时极性，如瞬时极性为"+"，然后以 $\dot{U}_i$ 的极性为依据判断输出电压 $\dot{U}_o$ 的极性，从而得到反馈电压 $\dot{U}_f$ 的极性，若 $\dot{U}_f$ 和 $\dot{U}_i$ 极性相同，则说明引入的是正反馈，即满足相位平衡条件。

（4）判断电路能否满足起振条件和幅值平衡条件。

8.1.2 RC 正弦波振荡电路

RC 正弦波振荡电路的选频网络由电阻和电容组成，其中，RC 串并联网络正弦波振荡电路是一种应用十分广泛的电路，主要用于产生低频正弦波信号。

1. RC 串并联网络正弦波振荡电路的原理

RC 串并联网络正弦波振荡电路如图 8-2 所示。它由三部分组成：运算放大器 A、RC 串并联正反馈选频网络、由 R_1、R_2 组成的负反馈稳幅网络。由图 8-2 可见，RC 串并联网络中的 R、C 以及负反馈稳幅网络中的 R_1、R_2 正好组成一个电桥的四个臂，因此这种电路又称为**文氏电桥振荡电路**。

下面首先分析 RC 串并联网络的选频特性，然后由相位平衡条件和幅值平衡条件估算电路的振荡频率和起振条件。

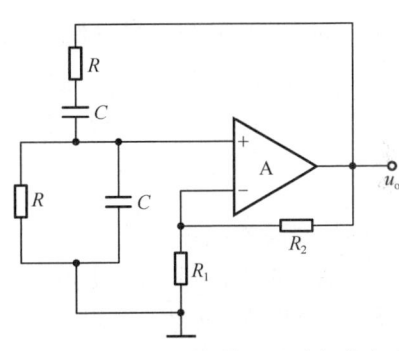

图 8-2 RC 串并联网络正弦波振荡电路

2. RC 串并联网络的选频特性

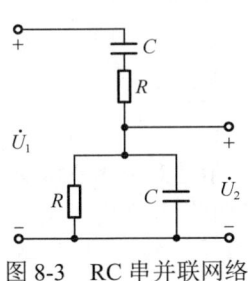

图 8-3 RC 串并联网络

RC 串并联网络如图 8-3 所示。其中 $\dot{U}_1$ 为网络的输入电压，也就是放大器的输出电压 $\dot{U}_o$；$\dot{U}_2$ 为网络的输出电压，也就是放大器的正反馈电压 $\dot{U}_f$。RC 串并联正反馈选频网络的反馈系数为

$$\dot{F} = \frac{\dot{U}_2}{\dot{U}_1} = \frac{\dfrac{R}{1+j\omega RC}}{R + \dfrac{1}{j\omega C} + \dfrac{R}{1+j\omega RC}} = \frac{1}{3 + j\left(\omega RC - \dfrac{1}{\omega RC}\right)} \tag{8-5}$$

令 $\omega_0 = 1/(RC)$，则上式可简化为

$$\dot{F} = \frac{1}{3 + j\left(\dfrac{\omega}{\omega_0} - \dfrac{\omega_0}{\omega}\right)} \tag{8-6}$$

其中，幅频特性为

$$F = \frac{1}{\sqrt{3^2 + \left(\dfrac{\omega}{\omega_0} - \dfrac{\omega_0}{\omega}\right)^2}} \tag{8-7}$$

相频特性为

$$\varphi_F = -\arctan\frac{\left(\dfrac{\omega}{\omega_0} - \dfrac{\omega_0}{\omega}\right)}{3} \tag{8-8}$$

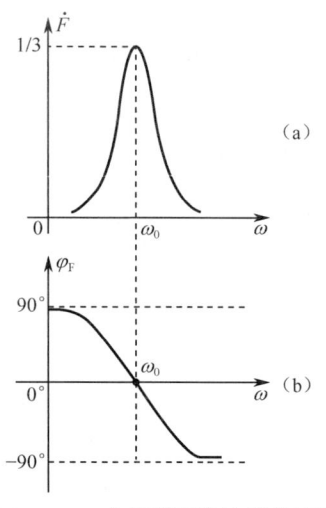

图 8-4　RC 串并联网络的频率特性

由式（8-7）和式（8-8）可以画出 RC 串并联网络的幅频特性和相频特性，如图 8-4 所示。可以看出，当 $\omega = \omega_0$ 时，反馈系数的幅值最大，$F = 1/3$，即输出电压 U_2 最大，并且与输入电压 U_1 同相位，$\varphi_F = 0$。而当 $\omega \neq \omega_0$ 时，输出均被大幅度衰减，即 RC 串并联网络具有选频特性。ω_0 称为 RC 串并联网络的**固有角频率**。

3. 振荡频率与起振条件

（1）振荡频率。

为了满足相位平衡条件，要求 $\varphi_A + \varphi_F = \pm 2n\pi$。以上分析说明，当 $f = f_0 = \dfrac{\omega_0}{2\pi} = \dfrac{1}{2\pi RC}$ 时，RC 串并联网络的 $\varphi_F = 0$，如果在此频率下能使放大电路的 $\varphi_A = \pm 2n\pi$，即放大电路的输出电压与输入电压同相，即可达到相位平衡条件。在图 8-2 所示 RC 串并联网络正弦波振荡电路中，放大部分是集成运放，采用同相输入方式，则在中频范围内 φ_A 近似等于零。因此，电路在 f_0 时有 $\varphi_A + \varphi_F = 0$，而对于其他任何频率，则不满足振荡的相位平衡条件，所以电路的**振荡频率**为

$$f_0 = \frac{1}{2\pi RC} \tag{8-9}$$

（2）起振条件。

已经知道当 $f = f_0$ 时，$|\dot{F}| = 1/3$。为了满足振荡的幅值平衡条件，必须使 $|\dot{A}\dot{F}| > 1$，由此可以求得放大电路的放大倍数必须满足

$$|\dot{A}| > 3 \tag{8-10}$$

因同相比例运算电路的电压放大倍数为 $A_{uf} = 1 + (R_2/R_1)$，为了使 $|\dot{A}| = A_{uf} > 3$，图 8-2 所示电路中负反馈支路的参数应满足以下关系

$$R_2 > 2R_1 \tag{8-11}$$

为了使振荡频率 f_0 连续可调，常在 RC 串并联网络中，用同轴波段开关接不同的电容，作为振荡频率 f_0 的粗调；用同轴电位器 R_P 实现 f_0 的细调，如图 8-5 所示。

【例 8-1】　某正弦波信号发生器由文氏电桥振荡电路组成，图 8-5 所示是其中频率可调的选频网络。用同轴波段开关切换不同的电容来实现振荡频率的粗调，用同轴电位器来实现振荡频率的细调。已知 C_1、C_2、C_3 分别为 $0.22\mu F$、$0.022\mu F$、$0.0022\mu F$，固定电阻 $R = 3.3k\Omega$，同轴电位器 $R_P = 33k\Omega$，试估算该发生器三挡频率的调节范围。

解：（1）当 $C = C_1 = 0.22\mu F$ 时，若 R_P 调到最大值，则

$$\begin{aligned} f &= \frac{1}{2\pi(R + R_P)C_1} \\ &= \frac{1}{2\pi(3.3 + 33)\times 10^3 \times 0.22 \times 10^{-6}}\,\mathrm{Hz} = 20\,\mathrm{Hz} \end{aligned}$$

若 R_P 调到 0，则

$$f = \frac{1}{2\pi RC_1} = \frac{1}{2\pi \times 3.3 \times 10^3 \times 0.22 \times 10^{-6}}\,\mathrm{Hz} = 219\,\mathrm{Hz}$$

（2）当 $C = C_2 = 0.022\mu F$ 时，若 R_P 调到最大值，则

$$f = \frac{1}{2\pi(R + R_P)C_2} = \frac{1}{2\pi(3.3 + 33)\times 10^3 \times 0.022 \times 10^{-6}}\,\mathrm{Hz} = 200\,\mathrm{Hz}$$

若 R_P 调到 0，则

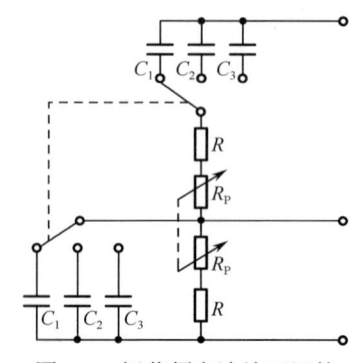

图 8-5　振荡频率连续可调的 RC 串并联网络

$$f = \frac{1}{2\pi RC_2} = \frac{1}{2\pi \times 3.3 \times 10^3 \times 0.022 \times 10^{-6}} \text{Hz} = 2190\text{Hz} = 2.19\text{kHz}$$

（3）当 $C = C_3 = 0.0022\mu\text{F}$ 时，若 R_P 调到最大值，则

$$f = \frac{1}{2\pi(R + R_P)C_3} = \frac{1}{2\pi(3.3 + 33) \times 10^3 \times 0.0022 \times 10^{-6}} \text{Hz} = 2000\text{Hz} = 2\text{kHz}$$

若 R_P 调到 0，则

$$f = \frac{1}{2\pi RC_3} = \frac{1}{2\pi \times 3.3 \times 10^3 \times 0.0022 \times 10^{-6}} \text{Hz} = 21900\text{Hz} = 21.9\text{kHz}$$

可见，此仪器的三挡频率范围分别约为 I 挡：20Hz～219Hz；II 挡：200Hz～2.19kHz；III 挡：2kHz～21.9kHz。三挡均在低频信号范围内，并且三挡之间互相有覆盖。

由振荡频率 f_0 的表达式可以看出，各种 RC 正弦波振荡电路的振荡频率均与 R、C 的乘积成反比，若要产生振荡频率很高的正弦波信号，势必要求电阻或电容的值很小，这在电路制造和实现方面都将有较大的困难，因此，RC 正弦波振荡电路一般只能用来产生几赫兹至几百千赫的低频信号，若要产生更高频率的正弦波信号，可以考虑采用 LC 正弦波振荡电路。

8.1.3 LC 正弦波振荡电路

LC 正弦波振荡电路利用 LC 并联回路作为正反馈选频网络，该电路产生的振荡频率较高，可以达到几十兆赫兹。LC 正弦波振荡电路按照反馈方式的不同可分为变压器反馈式、电感反馈式、电容反馈式等几种类型。下面首先分析 LC 并联回路的谐振特性。

1. LC 并联回路的谐振特性

LC 并联回路如图 8-6 所示，回路中的电阻 R 为电感线圈及回路其他损耗的等效电阻。电路的等效阻抗为

$$Z = \frac{\frac{1}{j\omega C}(R + j\omega L)}{\frac{1}{j\omega C} + (R + j\omega L)}$$

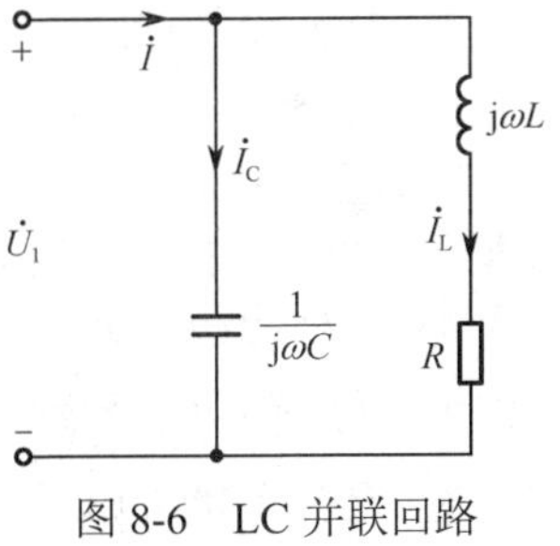

通常 R 很小（$R \ll \omega L$），上式近似为

$$Z = \frac{L/C}{R + j\left(\omega L - \frac{1}{\omega C}\right)}$$

图 8-6 LC 并联回路

则幅频特性为

$$|Z| = \frac{L/C}{\sqrt{R^2 + \left(\omega L - \frac{1}{\omega C}\right)^2}}$$

当信号频率为某一特定频率 f_0，即 $f = f_0$ 时，LC 并联回路产生谐振，此时电路的阻抗 $|Z|$ 最大，而当信号频率 $f > f_0$ 或者 $f < f_0$ 时，电路的阻抗都小于最大阻抗，因此，LC 并联回路具有选频特性。不难得出，要使 LC 并联回路产生谐振，必须要求

$$\omega_0 L - \frac{1}{\omega_0 C} = 0$$

于是得到

$$\omega_0 = \frac{1}{\sqrt{LC}} \tag{8-12}$$

ω_0 为 LC 并联回路的谐振角频率，或者用谐振频率 f_0 表示为

$$f_0 = \frac{1}{2\pi\sqrt{LC}} \tag{8-13}$$

2. 变压器反馈式 LC 正弦波振荡电路

（1）工作原理。

图 8-7 所示为变压器反馈式 LC 正弦波振荡电路，它由共射放大电路、LC 并联回路（选频网络）和变压器反馈电路三部分组成。LC 并联回路由电容 C 与变压器一次绕组 L_1 组成。谐振时，LC 并联回路呈电阻性，当 $f=f_0$ 时，放大电路的输出信号与输入信号反相，即 $\varphi_A = 180°$。变压器二次绕组中的 L_3 是反馈绕组，利用变压器的耦合作用，反馈绕组产生反馈电压。因为变压器同名端的电压极性相同，所以反馈电压与输出电压反相，$\varphi_F = 180°$，由此可得，$\varphi_A + \varphi_F = 360°$，满足谐振的相位平衡条件。调节变压器的变压系数，可改变反馈量的大小，一般都能满足振荡电路的起振条件 $|\dot{A}\dot{F}| > 1$。

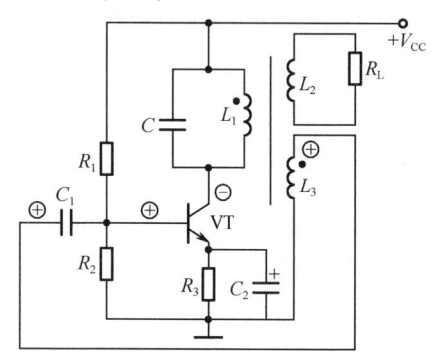

图 8-7 所示电路也可直接采用瞬时极性法判断其相位平衡条件。即假设给放大电路输入端（三极管的基极）加入瞬时极性为"+"的信号，如图 8-7 所示，并据此判断其他各有关点的极性，最终得到反馈信号的极性也为"+"，则说明引入的是正反馈，即满足相位平衡条件。

（2）振荡频率。

该电路的振荡频率近似等于 LC 并联回路的谐振频率，即

$$f_0 \approx \frac{1}{2\pi\sqrt{L_1 C}} \tag{8-14}$$

图 8-7 变压器反馈式 LC 正弦波振荡电路

（3）振幅的稳定。

振幅的稳定是利用三极管的非线性特性来实现的。在振荡初期，输出信号和反馈信号都很小，基本放大电路工作于线性放大区，使输出电压的幅值不断增大。当幅值达到某一数值后，基本放大电路的工作状态进入饱和区，使得集电极电流 i_C 失真，其基波分量减小，再经过 LC 并联回路选频，输出稳定的正弦波信号。

变压器反馈式 LC 正弦波振荡电路的特点：电路容易起振，改变电容可调整谐振频率，但输出波形不好，常用于对波形要求不高的设备中。

3. 电感反馈式 LC 正弦波振荡电路

（1）工作原理。

电感反馈式 LC 正弦波振荡电路如图 8-8 所示，电路由一个带抽头的电感线圈和电容组成 LC 并联回路，该回路作为选频与反馈网络。其中，L_2 为反馈绕组，作用是实现正反馈（可用瞬时极性法判断，见图 8-8 中各瞬时极性）。由于电感线圈的三个端分别与三极管的三个电极相连，故电感反馈式 LC 正弦波振荡电路又称为电感三端式振荡电路。

反馈量的大小可以通过改变电感线圈抽头的位置来调整。为了有利于起振，通常反馈绕组 L_2 的匝数占总匝数的 $1/8 \sim 1/4$。

（2）振荡频率。

电感反馈式 LC 正弦波振荡电路的振荡频率为

$$f_0 = \frac{1}{2\pi\sqrt{(L_1 + L_2 + 2M)C}} \tag{8-15}$$

式中，M 是绕组 L_1 和 L_2 的互感系数。

电感反馈式 LC 正弦波振荡电路的特点：由于存在互感，因此电路更容易起振；改变电容 C

可在较大范围内调节振荡频率，一般从几百千赫兹到几十兆赫兹，但输出波形较差。

4．电容反馈式 LC 正弦波振荡电路

（1）工作原理。

电容反馈式 LC 正弦波振荡电路如图 8-9（a）所示。C_1、C_2 和 L 组成并联选频和反馈网络。正反馈电压取自 C_2 的两端。谐振时，选频网络呈电阻性，满足自激振荡的相位平衡条件（请读者自行用瞬时极性法判断）。由于三极管的 β 值足够大，通过调节 C_1、C_2 的比值可得到合适的反馈电压，因此电路满足幅值平衡条件。一般电容的比值取为 $C_1/C_2 = 0.01 \sim 0.5$。

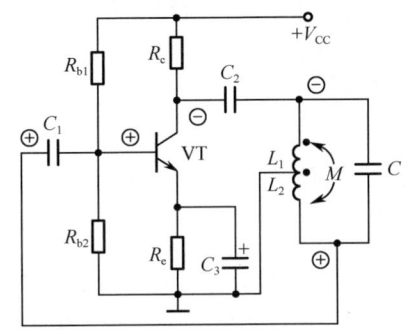

图 8-8 电感反馈式 LC 正弦波振荡电路

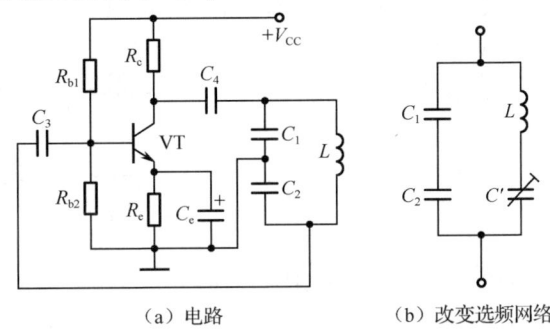

（a）电路　　　　（b）改变选频网络

图 8-9 电容反馈式 LC 正弦波振荡电路

在图 8-9（a）所示电路中，由于 C_1、C_2 两个电容串联后的三个端分别与三极管的三个电极相连，因此这种电容反馈式 LC 正弦波振荡电路也称为电容三端式振荡电路。

（2）振荡频率。

电容三端式振荡电路的振荡频率为

$$f_0 = \frac{1}{2\pi\sqrt{L\left(\dfrac{C_1 C_2}{C_1 + C_2}\right)}} \tag{8-16}$$

该频率近似等于 LC 并联回路的谐振频率。

电容三端式振荡电路的特点：电路的反馈电压取自 C_2 的两端，高次谐波分量小，振荡输出波形较好；C_1 和 C_2 较小时，电路的振荡频率较高，一般可达 100MHz 以上；振荡频率的调节范围小，通常用容量较小的可变电容与电感线圈串联，来实现频率的连续可调。

为了方便地调节频率和提高振荡频率的稳定性，可把图 8-9（a）中的电路变成图 8-9（b）所示的形式，该选频网络的谐振频率为

$$f' \approx \frac{1}{2\pi\sqrt{LC'}} \tag{8-17}$$

式中，$\dfrac{1}{C'} = \dfrac{1}{C_1} + \dfrac{1}{C_2} + \dfrac{1}{C}$。由于 $C_1 \gg C, C_2 \gg C$，因此 f_0 主要由 LC 决定。通过调节 C 可以方便地调节振荡频率。

【例 8-2】 图 8-10 所示为某超外差收音机的本机振荡电路，振荡线圈一次、二次绕组的同名端如图 8-10 中圆点所示。

（1）判断电路中的放大电路是共射、共基、共集接法中的哪一种。

（2）判断电路是否满足相位平衡条件。

（3）说明电容 C_1 和 C_2 起何作用。

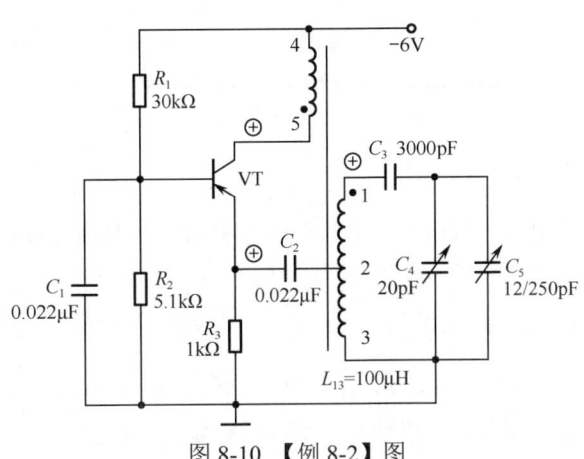

图 8-10 【例 8-2】图

（4）说明 C_2 断开后电路还能否维持振荡，简述原因。

（5）计算当 $C_4 = 20pF$ 时，在 C_5 的变化范围内，振荡频率的可调范围。

解：（1）此电路为共基调谐型变压器反馈式 LC 正弦波振荡电路。

（2）用瞬时极性法，断开 C_2 左端，假设从发射极输入对地为"+"、频率为 f_0 的信号 $\dot{U}_i$，则集电极电位为"+"（共基放大电路输出与输入同相），电感线圈的 1 端对地也为"+"，3 端对地为"−"，2 端对地就为"+"，因此将 2 端至 3 端的电压反馈到发射极，正好与所加输入信号 $\dot{U}_i$ 极性相同，所以电路满足相位平衡条件。

（3）电容 C_1、C_2 的容量比谐振回路中的电容 C_3、C_4、C_5 大很多。C_1 为旁路电容，C_2 为耦合电容。

（4）若 C_2 断开，则电路失去了正反馈通路，所以不能维持振荡。

（5）振荡频率表达式为

$$f_0 \approx \frac{1}{2\pi\sqrt{L_{13} \cdot \dfrac{(C_4+C_5)C_3}{C_4+C_5+C_3}}}$$

当 $C_5 = 250pF$ 时，$f_0 \approx 1.33MHz$；当 $C_5 = 12pF$ 时，$f_0 \approx 2.96MHz$；所以振荡频率调节范围为 1.33MHz～2.96MHz。

8.1.4 石英晶体正弦波振荡电路

在实际应用中，一般对振荡频率的稳定度要求较高。例如，在无线通信中，为了减小各电台之间的相互干扰，频率的稳定度必须达到一定的标准。频率的稳定度通常以频率的相对变化量来表示，即 $\Delta f_0 / f_0$，其中 f_0 为频率的标称值；Δf_0 为频率的绝对变化量。该比值越小表明频率越稳定。

在 LC 振荡电路中，频率的稳定度相对较差。利用石英晶体代替 LC 谐振回路作为选频网络，就构成了石英晶体正弦波振荡电路，它可使振荡频率的稳定度提高几个数量级。石英晶体正弦波振荡电路是一种高稳定性的振荡电路，目前已广泛应用于各种通信系统、雷达、导航等电子设备中。

1．石英晶体简介

（1）石英晶体的基本特性。

将 SiO_2 结晶体按一定的方向切割成很薄的晶片，再将晶片两个对应的表面抛光和敷银层，并作为两个电极引脚，最后加以封装，就构成石英晶体。石英晶体的结构示意图和符号分别如图 8-11（a）和（b）所示。

石英晶体具有"压电效应"，即在晶片两面加上电场，晶片就会产生形变。相反，若在晶片上施加机械压力，则在晶片的相应方向会产生一定的电场。因此，当晶片的两级加上交变电压时，晶片就会产生机械振动，同时晶片的机械振动又会产生交变电场。若从外电路来看，这就相当于有一个交变电流通过晶片。在一般情况下，晶体机械振动的振幅非常小，只有在外加交变电压频率等于晶片的固有振荡频率时，机械振动的振幅和交变电流才突然增至最大，这种现象称为压电谐振。因此，石英晶体又称为石英振荡器。

（2）石英晶体的等效电路。

石英晶体的等效电路如图 8-12 所示。当晶体不振动时，它相当于一个平行板电容 C_0，称为静态电容，其值仅与晶片的尺寸有关，一般为几皮法到几十皮法。当晶片振动时，其等效电路应包含等效电感 L_g、等效电容 C_g 和晶片振动时摩擦损耗的等效电阻 R_g，它们的值分别为 $L_g \approx 10^{-3}H$～10^2H，$C_g \approx 10^{-4}pF$～$10^{-1}pF$，$R_g \approx 10^2\Omega$。由于晶片的 L_g 很大，C_g、R_g 都很小，故品质因数 $Q = \dfrac{\omega L_g}{R_g}$ 值极高，可达 10^4～10^6，比一般 LC 回路的 Q 值超出 2～4 个数量级。此外，由于石英晶体本身的固有振荡频率很稳定，所以用它做成的振荡电路可获得很高的频率稳定度。

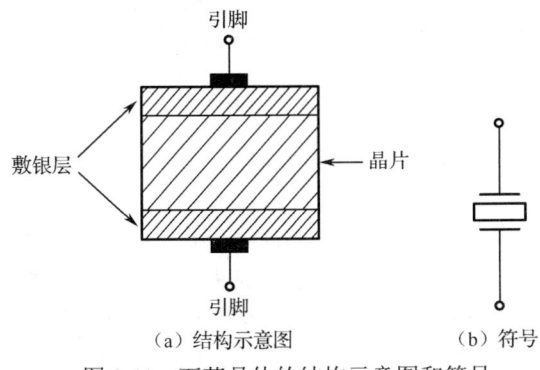

（a）结构示意图　　　　（b）符号

图 8-11　石英晶体的结构示意图和符号

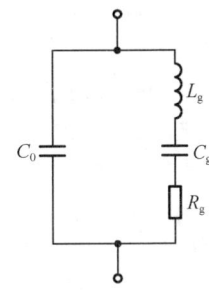

图 8-12　石英晶体的等效电路

2. 石英晶体振荡电路

常用的石英晶体振荡电路分为两类：一类是石英谐振器在电路中以并联谐振的形式出现，称为并联型石英晶体振荡电路；另一类是石英谐振器在电路中以串联谐振的形式出现，称为串联型石英晶体振荡电路。

（1）并联型石英晶体振荡电路。

并联型石英晶体振荡电路如图 8-13 所示。石英谐振器呈感性，可把它等效为一个电感。选频网络由晶体与外接电容 C_1、C_2 组成，振荡器实质上可看作电容三点式振荡电路。

（2）串联型石英晶体振荡电路。

图 8-14 所示为一种串联型石英晶体振荡电路。图 8-14 中，由 VT_1 和 VT_2 组成两级放大器，放大器的输出电压与输入电压反相，经石英谐振器和 R_e 及可变电阻 R_P 形成正反馈。可变电阻 R_P 的作用是调节反馈量的大小，使电路既能起振，又能输出良好的正弦波信号。

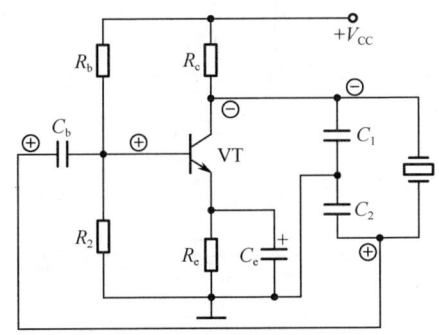

图 8-13　并联型石英晶体振荡电路

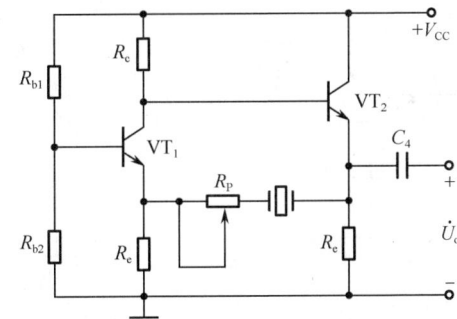

图 8-14　串联型石英晶体振荡电路

复习思考题

8.1.1　简答：

（1）正弦波振荡电路的振荡条件是什么？要使电路能够起振，应满足什么条件？

（2）正弦波振荡电路由哪些部分组成？各部分的功能如何？

（3）通常正弦波振荡电路接成正反馈，为什么电路中又引入负反馈？负反馈作用太强或太弱时会有什么问题？

（4）RC 正弦波振荡电路如题图 8.1.1 所示。

① 说明二极管 VD_1、VD_2 的作用。

② 为使电路产生正弦波电压输出，请在放大电路的输入端标明同相输入端和反相输入端。

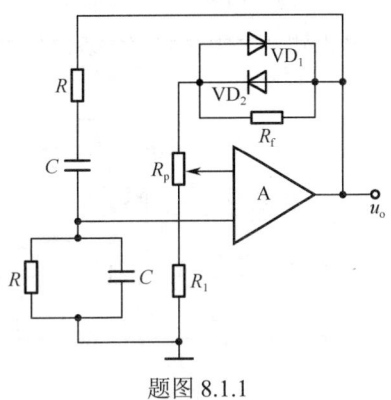

题图 8.1.1

③ 如果改用热敏电阻代替二极管 VD₁、VD₂，应选择具有负温度系数的热敏电阻还是具有正温度系数的热敏电阻？

8.1.2 单选：

（1）RC 正弦波振荡电路中，RC 串并联选频网络匹配一个电压放大倍数为多少的正反馈放大电路时，就可构成正弦波振荡电路（　　　）。

A. 略大于 1/3　　　　　　　　　　B. 略小于 3　　　　　　　　　　C. 略大于 3

（2）为了减小放大电路对选频特性的影响，使振荡频率几乎仅取决于选频网络，所选用的放大电路应具有尽可能大的输入电阻和尽可能小的输出电阻，通常选用哪种类型的放大电路（　　　）。

A. 引入电压串联负反馈的放大电路　　　B. 引入电压并联负反馈的放大电路

C. 引入电流串联负反馈的放大电路

（3）振荡电路的初始输入信号来自何处（　　　）。

A. 信号发生器输出的信号　　　　B. 电路接通电源时的扰动　　　　C. 正反馈

（4）现有电路如下：

A. LC 正弦波振荡电路　　　　　　B. 石英晶体正弦波振荡电路

C. RC 正弦波振荡电路

选择合适答案填入空内，只需填入 A、B 或 C。

① 制作频率为 20Hz～20kHz 的音频信号发生电路，应选用（　　　）。

② 制作频率为 2MHz～20MHz 的接收机的本机振荡器，应选用（　　　）。

③ 制作频率非常稳定的测试用信号源，应选用（　　　）。

8.1.3 为了能使题图 8.1.3 中各电路产生正弦波振荡，请将图中 j、k、m、n 各点进行正确连接。

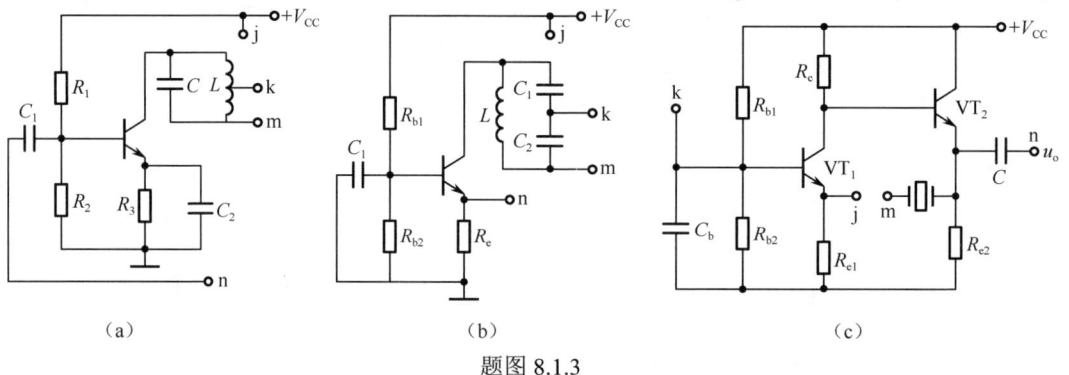

（a）　　　　　　　　　　　　　（b）　　　　　　　　　　　　　（c）

题图 8.1.3

8.1.4 电路如题图 8.1.4 所示，试求解电位器的下限值 R'_p 和振荡频率的调节范围。

8.1.5 题图 8.1.5 所示电路为正交正弦波振荡电路，它可产生频率相同的正弦信号和余弦信号。已知稳压管的稳定电压 $\pm U_Z = \pm 6V$，$R_1 = R_2 = R_3 = R_4 = R_5 = R$，$C_1 = C_2 = C$。（1）分析电路为什么能够满足产生正弦波振荡的条件；（2）求解电路的振荡频率；（3）画出 u_{o1} 和 u_{o2} 的波形图，要求表示出它们的相位关系，并且分别求出它们的峰值。

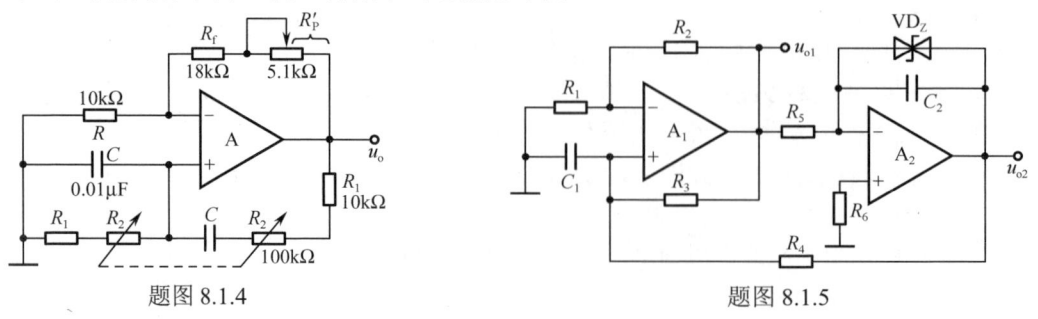

题图 8.1.4　　　　　　　　　　　　　　题图 8.1.5

8.2 非正弦波振荡电路

在电子设备中，常用到一些非正弦信号，如数字电路中用到的矩形波，示波器和电视机扫描电路中用到的锯齿波等，本节将介绍常见的矩形波、三角波、锯齿波发生电路。

8.2.1 矩形波发生电路

图 8-15（a）所示是一种能产生矩形波的电路，可见，它是在滞回比较器的基础上，增加一条 RC 充、放电负反馈支路构成的。

1. 工作原理

在图 8-15（a）中，集成运放工作于非线性区，输出只有两个值：$+U_Z$ 和 $-U_Z$。电容 C 上的电压加在集成运放的反相端，用以控制滞回比较器的工作状态。

设在刚接通电源时，电容 C 上的电压为零且输出为正饱和电压 $+U_Z$，则同相端的电压为

$$u_+ = \frac{R_2}{R_1 + R_2}U_Z$$

电容 C 在输出电压 $+U_Z$ 的作用下开始充电，充电电流 i_C 经过电阻 R_f，如图 8-15（a）中实线所示。

当充电电压 u_C 升至 u_+ 并再稍微增大时，由于集成运放输入端 $u_- > u_+$，于是电路翻转，输出电压由 $+U_Z$ 翻转至 $-U_Z$，同相端电压变为

$$u'_+ = -\frac{R_2}{R_1 + R_2}U_Z$$

电容 C 开始放电，u_C 开始下降，放电电流 i_C 如图 8-15（a）中虚线所示。

当电容电压 u_C 降至 u'_+ 并稍再减小时，由于 $u_- < u_+$，于是输出电压又翻转到 $u_o = +U_Z$。如此周而复始，在集成运放的输出端便得到了图 8-15（b）所示的输出电压波形。

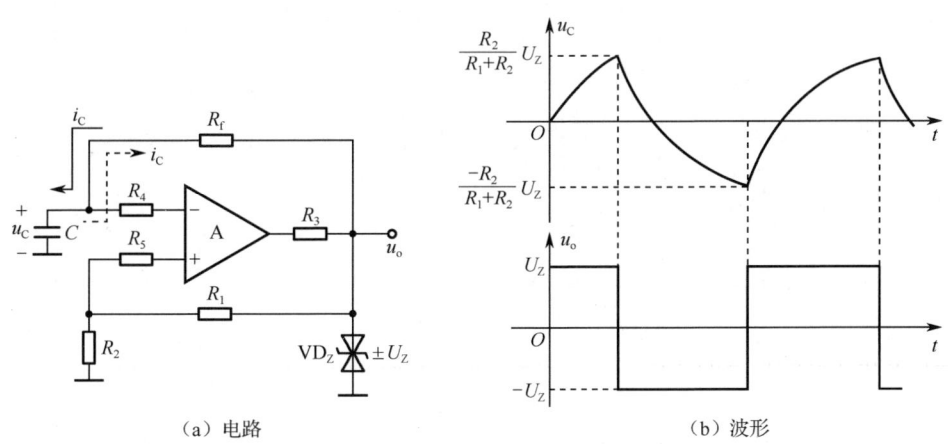

（a）电路　　　　　　　　　　　　　　　　（b）波形

图 8-15　矩形波发生电路及其波形

2. 振荡频率及其调节

电路输出矩形波电压的周期取决于充、放电的时间常数 $R_f C$。可以证明其周期为

$$T = 2.2R_f C$$

则振荡频率为

$$f = \frac{1}{2.2R_f C} \tag{8-18}$$

改变时间常数 $R_{\mathrm{f}}C$ 即可调节矩形波的周期和频率。

3. 占空比可调的矩形波发生电路

通常把矩形波正半周时间占一个周期的比值称为矩形波的**占空比**，显然图 8-15（a）所示为输出电压 u_{o} 正负半周时间相等的矩形波，即其占空比为 50%，称为**方波**。若改变输出电压的占空比，则可通过改变电路的充电时间常数和放电时间常数来实现。图 8-16（a）所示便是实现占空比可调的矩形波发生电路。

在图 8-16（a）所示电路中，电位器 R_{P} 和二极管 VD_1、VD_2 的作用是将电容的充、放电的回路分开，并调节充、放电两个时间常数的比例。其波形如图 8-16（b）所示。

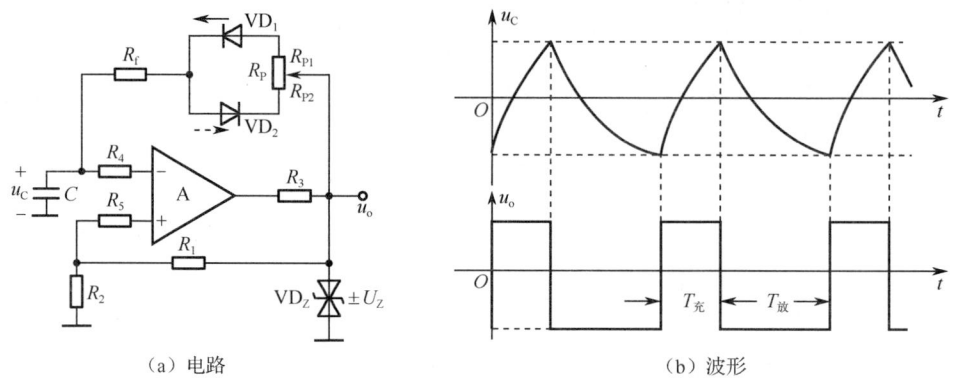

|（a）电路 | （b）波形 |

图 8-16　占空比可调的矩形波发生电路及其波形

若将二极管看成理想二极管，则由图 8-16（a）所示电路可推得电容的充电时间常数和放电时间常数分别为

$$\tau_{充} = (R_{\mathrm{P1}} + R_{\mathrm{f}})C$$
$$\tau_{放} = (R_{\mathrm{P2}} + R_{\mathrm{f}})C$$

根据一阶动态电路的三要素法，可以解得电容充、放电时间分别为

$$T_{充} = \tau_{充} \ln\left(1 + \frac{2R_2}{R_1}\right)$$
$$T_{放} = \tau_{放} \ln\left(1 + \frac{2R_2}{R_1}\right)$$

则输出矩形波的振荡周期为

$$T = T_{充} + T_{放} = (R_{\mathrm{P}} + 2R_{\mathrm{f}})C \ln\left(1 + \frac{2R_2}{R_1}\right) \tag{8-19}$$

矩形波的占空比为

$$q = \frac{T_{充}}{T} = \frac{R_{\mathrm{f}} + R_{\mathrm{P1}}}{2R_{\mathrm{f}} + R_{\mathrm{P}}} \tag{8-20}$$

式（8-20）表明，改变电位器的滑动端可以改变占空比，但振荡周期是不变的。

8.2.2　三角波发生电路

我们已经学习过，将矩形波进行积分，可以得到线性度较好的三角波。图 8-17（a）所示为三角波发生电路，图 8-17（b）是它的波形。

1. 工作原理

集成运放 A_2 构成一个积分器，集成运放 A_1 构成滞回比较器，其反相端接地，同相端的电压

u_+由u_o和u_{o1}共同决定，为

$$u_+ = \frac{R_2}{R_1 + R_2}u_{o1} + \frac{R_1}{R_1 + R_2}u_o \qquad (8\text{-}21)$$

式中，当$u_+>0$时，$u_{o1} = +U_Z$；当$u_+<0$时，$u_{o1} = -U_Z$。

在电源刚接通时，假设电容初始电压为零，并且集成运放 A_1 输出电压为正饱和电压值$+U_Z$，则积分器输入为$+U_Z$，电容开始充电，输出电压 u_o 开始减小，集成运放 A_1 的 u_+ 值也随之减小，当 u_o 减小到$-(R_2/R_1)U_Z$时，u_+ 由正值变为零，滞回比较器翻转，集成运放 A_1 的输出 $u_{o1} = -U_Z$。

当 $u_{o1}=-U_Z$ 时，积分器输入负电压，输出电压 u_o 开始增大，集成运放 A_1 的 u_+ 值也随之增大，当 u_o 增加到$(R_2/R_1)U_Z$时，u_+ 由负值变为零，滞回比较器翻转，集成运放 A_1 的输出 $u_{o1} = +U_Z$。

此后，前述过程不断重复，便在 A_1 的输出端得到幅值为 U_Z 的矩形波，A_2 输出端得到三角波，如图 8-17（b）所示。

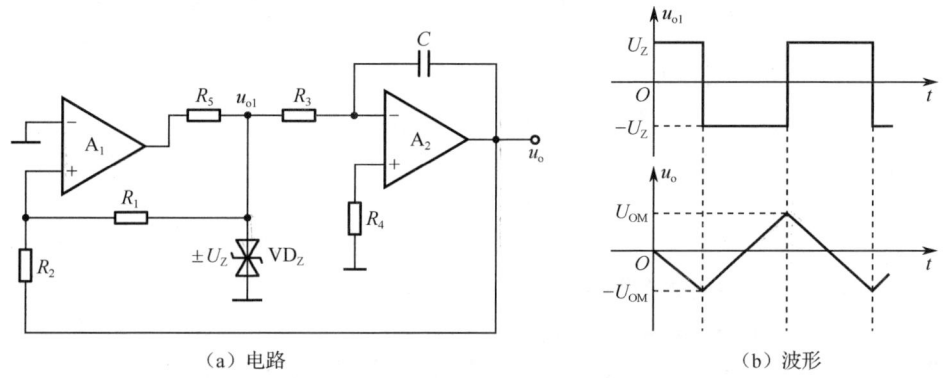

图 8-17　三角波发生电路及其波形

2. 输出幅值和振荡频率

由图 8-17（b）所示波形可以看出，当 $u_{o1} = -U_Z$ 时，积分电路的输出电压 u_o 正向线性增大，根据式（8-21）可知此时 u_+ 也随之增大，当增大至 $u_+ = u_- = 0$ 时，滞回比较器的输出电压 u_{o1} 发生跳变，而发生跳变时的 u_o 值即是三角波的输出幅值 U_{OM}。将 $u_{o1} = -U_Z$、$u_+ = 0$、$u_o = U_{OM}$ 代入式（8-21）中，推得三角波得输出幅值为

$$U_{OM} = \frac{R_2}{R_1}U_Z \qquad (8\text{-}22)$$

可以证明三角波的振荡频率为

$$f = \frac{R_1}{4R_2R_3C} \qquad (8\text{-}23)$$

显然，可以通过改变 R_1、R_2、R_3 的阻值来改变三角波的频率。

8.2.3　锯齿波发生电路

锯齿波发生电路能够提供一个与时间为线性关系的电压或电流波形，这种信号在示波器和电视机扫描电路以及许多数字仪表中得到广泛应用。

在图 8-17（a）所示三角波发生电路中，输出的是等腰三角形波。如果人为地使三角形两条边不相等，这样输出的电压波形就是锯齿波。简单的锯齿波发生电路如图 8-18（a）所示。

锯齿波发生电路的工作原理与三角波的基本相同。只是与图 8-17（a）所示三角波发生器相比，图 8-18（a）所示电路中有两处不同。一是在积分器 A_2 的输入端加了一个电位器 R_P，通过调节 R_P，使积分器的输入电压值变化，积分到一定电压所需的时间也随之改变，从而改变了波形的频率。

实际中常采用这种方法在图8-17（a）三角波发生器的基础上加上这样一个电位器，从而方便调节三角波的频率。二是在集成运放 A_2 的反相输入电阻 R_3 上并联由二极管 VD_1 和电阻 R_5 组成的支路，这样积分器的正向积分和反向积分的速度明显不同，当 $u_{o1} = -U_Z$ 时，VD_1 反偏截止，正向积分的时间常数为 R_3C；当 $u_{o1} = +U_Z$ 时，VD_1 正偏导通，负向积分常数为 $(R_3//R_5)C$，若取 $R_5 \ll R_3$，则负向积分时间小于正向积分时间，形成如图8-18（b）所示的锯齿波。

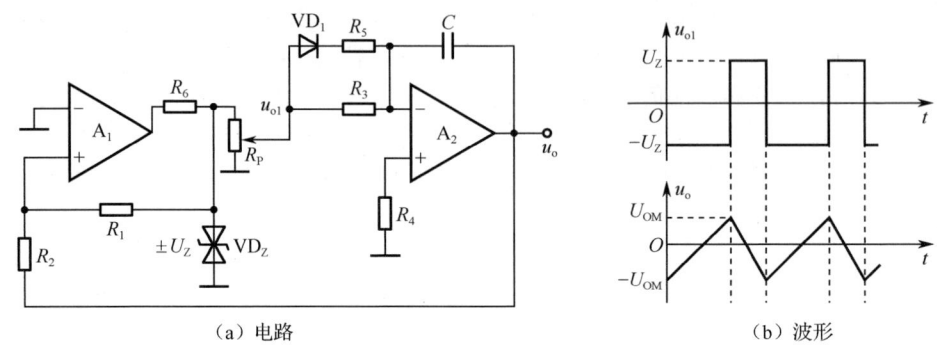

图 8-18　锯齿波发生电路及其波形

复习思考题

8.2.1　简答：

（1）非正弦波振荡电路能够产生振荡的基本条件是什么？

（2）非正弦波振荡电路在结构上有怎样的共同特点？

8.2.2　在图8-16（a）所示矩形波发生电路中，假设集成运放和二极管均看成理想元件。已知 $R_f = 20\text{k}\Omega$，$R_1 = R_2 = 10\text{k}\Omega$，$R_3 = 5\text{k}\Omega$，电位器 $R_P = 100\text{k}\Omega$，电容 $C = 100\text{pF}$，稳压管的稳定电压 $U_Z = 6\text{V}$。

（1）如果电位器的滑动端在中间偏上的位置（没有到达最上端），请画出 u_C 和 u_o 的波形；

（2）估算输出矩形波的振荡周期；

（3）估算占空比的最小值和最大值；

（4）若二极管 VD_1 或 VD_2 断路，则电路发生什么现象。

8.2.3　在图8-17所示三角波发生电路中，已知稳压管的稳定电压 $U_Z = 5\text{V}$。电阻 $R_1 = 10\text{k}\Omega$，$R_5 = 5\text{k}\Omega$，$R_3 = R_4 = 20\text{k}\Omega$。若三角波的输出幅值 $U_{OM} = 5\text{V}$，振荡频率 $f = 1\text{kHz}$，试确定电阻 R_2 和电容 C 的值。

8.3　波形变换电路

在电路中，常常需要各种各样的周期性波形，如前面分析过的正弦波、方波、矩形波、三角波、锯齿波等。这些波形的产生通常有两种途径：一种由振荡电路产生；另一种可以用其他波形通过波形变换电路变换而来。如前面分析过的过零电压比较器可以将周期性信号变换成方波；积分运算电路可将方波变换为三角波；微分运算电路可将三角波变换为方波等。此外，还可采用其他方法将三角波变换为锯齿波或正弦波，将直流信号变换为频率与其幅值成正比的矩形波等，下面分别介绍。

8.3.1　三角波变锯齿波电路

三角波波形如图8-19（a）所示，经波形变换电路所获得的锯齿波波形如图8-19（b）所示。

分析两个波形的变换可知，当三角波上升时，锯齿波与之相等，即

$$u_o : u_i = 1 : 1 \qquad\qquad (8\text{-}24)$$

当三角波下降时，锯齿波与之相反，即

$$u_o : u_i = -1 : 1 \qquad\qquad (8\text{-}25)$$

　　由此可知，波形变换电路应为比例运算电路，当三角波上升时，比例系数为 1；当三角波下降时，比例系数为-1，利用可控的电子开关，可以实现比例系数的变化。

　　三角波变锯齿波电路如图 8-20 所示。利用结型场效应管组成的电子开关实现了比例系数的可控性。

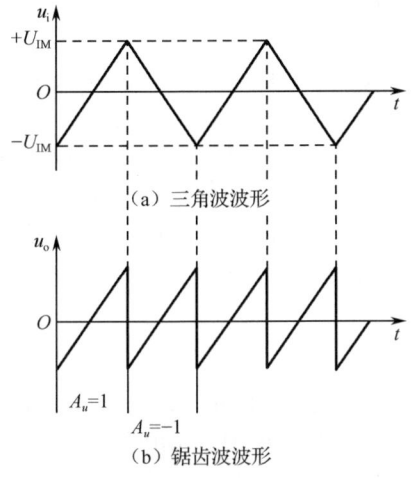

(a) 三角波波形

(b) 锯齿波波形

图 8-19　三角波变锯齿波

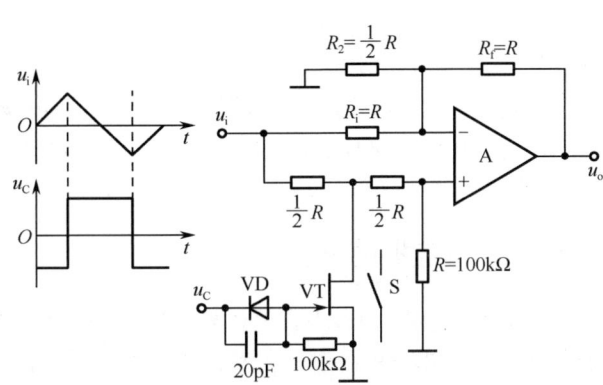

图 8-20　三角波变锯齿波电路

　　当 VT 的栅极控制电压 u_C 为负，且幅值超过场效应管夹断电压时，VT 夹断，漏-源间可视为开路；当 u_C 为正时，场效应管导通，漏-源间呈低阻，其值与图 8-20 中 100kΩ 电阻相比可视为短路。因而可将 VT 等效为开关 S。

　　如果在输入三角波电压 u_i 上升的半周内使场效应管 VT 的栅极控制电压 u_C 为负半周，则 VT 夹断（相当于开关 S 断开），根据**虚短**和**虚断**的特点，列出下列方程组

$$
\begin{cases}
u_- = u_+ = \dfrac{u_i}{2} \\[2mm]
\dfrac{u_i - u_-}{R} = \dfrac{u_-}{\frac{1}{2}R} + \dfrac{u_- - u_o}{R}
\end{cases}
$$

可解得 $u_o = u_i$，即 $A_u = 1$。

　　如果在 u_i 下降的半个周期内，u_C 为正，则 VT 导通（相当于开关 S 闭合），电路等效为集成运放 A 同相端接地的反相比例运算电路，其电压放大倍数 $A_u = -1$。因此，达到了三角波变锯齿波的目的。

　　由以上分析可知，只有在电子开关的工作状态和输入电压波形严格对应，才能完成波形的转换，控制电压 u_C 与 u_i 的对应关系如图 8-20 所示。

8.3.2　三角波变正弦波电路

　　在三角波电压为固定频率或频率变化范围很小的情况下，可以考虑利用低通滤波器将三角波变换为正弦波，电路框图如图 8-21（a）所示。输入电压和输出电压的波形如图 8-21（b）所示，u_o 的频率等于 u_i 基波的频率。

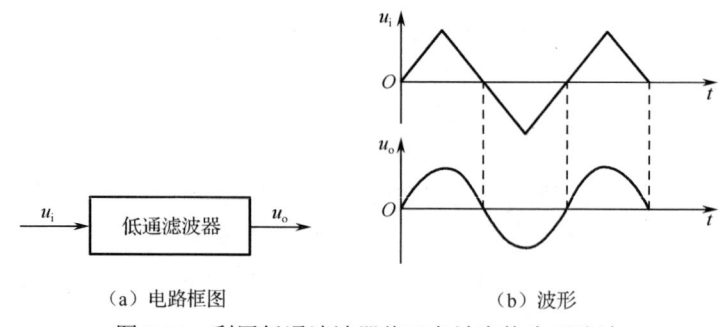

（a）电路框图　　　　　　　　　　（b）波形

图 8-21　利用低通滤波器将三角波变换为正弦波

将三角波按傅里叶级数展开

$$u_i(\omega t) = \frac{8}{\pi^2}U_m\left(\sin\omega t - \frac{1}{9}\sin 3wt + \frac{1}{25}\sin 5\omega t - \cdots\right) \qquad (8-26)$$

式中，U_m 为三角波的幅值。由式（8-26）可知，低通滤波器的通带截止频率应大于三角波的基波频率且小于三角波的三次谐波频率。当然，也可利用带通滤波器来实现上述变换。例如，若三角波的频率变化范围为 100Hz～200Hz，则低通滤波器的通带截止频率可取 250Hz，带通滤波器的通带可取 50Hz～250Hz。但是，如果三角波的最高频率超过其最低频率多倍，就要考虑采用折线法来实现变换了。

8.3.3　压控振荡电路

压控振荡电路的输入为直流信号，输出为频率与输入电压幅值成正比的矩形波，由于电路的振荡频率受输入电压的控制，故称之为压控振荡电路。实际上，与其说压控振荡电路是将直流信号变为矩形波的波形变换电路，不如说它是能够将直流信号转换为数字信号，即实现模拟量到数字量转换的模数转换电路。由于这一功能，压控振荡电路用途广泛，并已有多种规格的集成电路，其振荡频率与输入控制电压幅值的非线性误差小于 0.02%，但振荡频率较低，一般在 100kHz 以下。

图 8-22（a）所示为压控振荡电路，集成运放 A_1 组成反相积分电路，A_2 组成同相滞回比较器。图 8-22（b）所示为其波形。

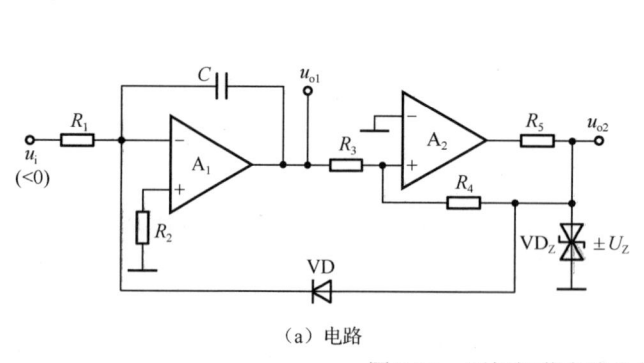

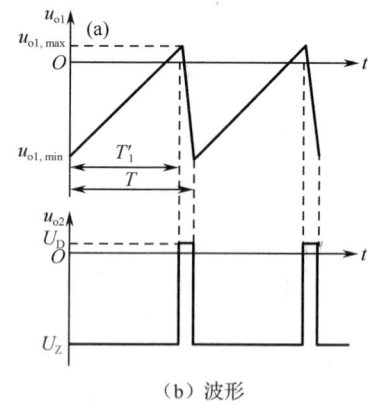

（a）电路　　　　　　　　　　　　　（b）波形

图 8-22　压控振荡电路及其波形

在图 8-22（a）所示电路中，输出锯齿波的幅值可由 R_3、R_4 调节，而频率可由 R_3、R_4、R_1 和 C 调节。一般先调节 R_3、R_4 以确定 u_{o1} 的幅值，再调节 R、C 以确定振荡频率。

复习思考题

8.3.1　三角波-锯齿波变换电路实际上是一个＿＿＿＿＿＿＿＿电路，当三角波上升时，是一个＿＿＿＿＿＿电路，当三角波下降时，是一个＿＿＿＿＿＿电路；利用可控的＿＿＿＿＿＿，可以实现不同电路的转换。

8.3.2　如图 8-21（a）所示利用低通滤波器实现三角波变换为正弦波时，为了在输出端能够获得单一频率的正弦波输出，除了可以采用低通滤波器，还可以采用哪种滤波器？对滤波器的通带截止频率分别有怎样的要求？

8.4　集成函数发生器 8038 简介

集成函数发生器 8038 是一种多用途的波形发生器，可以产生正弦波、方波、三角波和锯齿波，其频率可以通过外加的直流电压进行调节，使用方便，性能可靠。

1．8038 的工作原理

图 8-23 所示为 8038 的内部原理图，可以看出，它由两个电流源、两个电压比较器、触发器等组成。

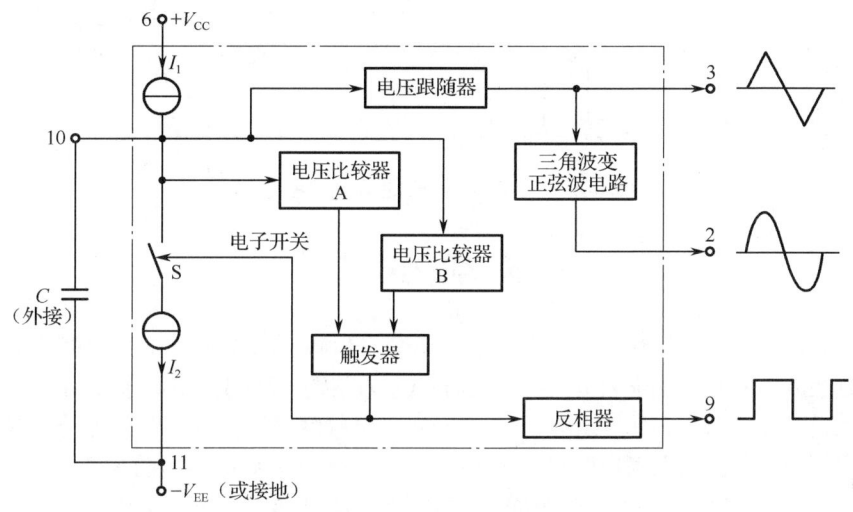

图 8-23　8038 的内部原理图

在图 8-23 中，电压比较器 A、B 的门限电压分别为两个电源电压之和（$V_{CC}+V_{EE}$）的 2/3 和 1/3，电流源 I_1 和 I_2 的大小通过外接电阻调节，其中 I_2 必须大于 I_1。

当触发器的输出端为低电平时，控制开关 S 使电流源 I_2 断开。电流源 I_1 则向外接电容充电，使其两端电压随时间线性上升，当 u_C 上升到 $u_C=2(V_{CC}+V_{EE})/3$ 时，电压比较器 A 的输出电压发生跳变，使触发器输出端由低电平变为高电平，这时，控制开关 S 使电流源 I_2 接通。由于 $I_2>I_1$，因此外接电容放电，u_C 随时间线性下降。

当 u_C 下降到 $u_C \leq (V_{CC}+V_{EE})/3$ 时，电压比较器 B 输出发生跳变，使触发器输出端又由高电平变为低电平，I_2 再次断开，I_1 再次向外接电容充电，u_C 又随时间线性上升。如此周而复始，产生振荡。外接电容交替地从一个电流源充电后向另一个电流源放电，就会在外接电容的两端产生三角波并输出到引脚 3。该三角波经电压跟随器缓冲后，一路经三角波变正弦波电路变成正弦波后由引脚 2 输出，另一路通过电压比较器 B 和触发器，并经过反相器缓冲，由引脚 9 输出方波。图 8-24 所示为 8038 的外部引脚排列图。

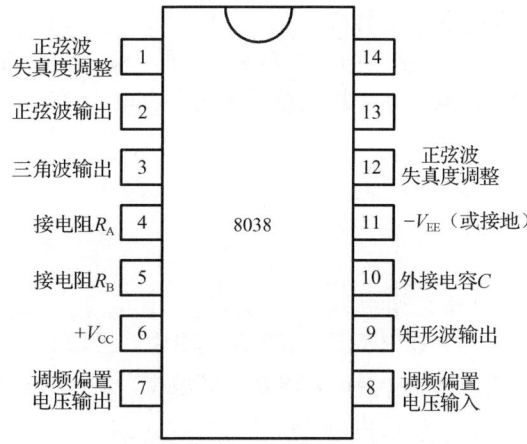

图 8-24　8038 的外部引脚排列图

2．8038 的典型应用

由 8038 构成的函数发生电路如图 8-25 所示，其振荡频率由电位器 R_{P1} 滑动触点的位置、C 的容量、R_A 和 R_B 的阻值决定。图 8-25 中 C_1 为高频旁路电容，用以消除引脚 8 的寄生交流电压，R_{P2} 为方波占空比和正弦波失真度调节电位器，当 R_{P2} 位于中间时，可输出方波。

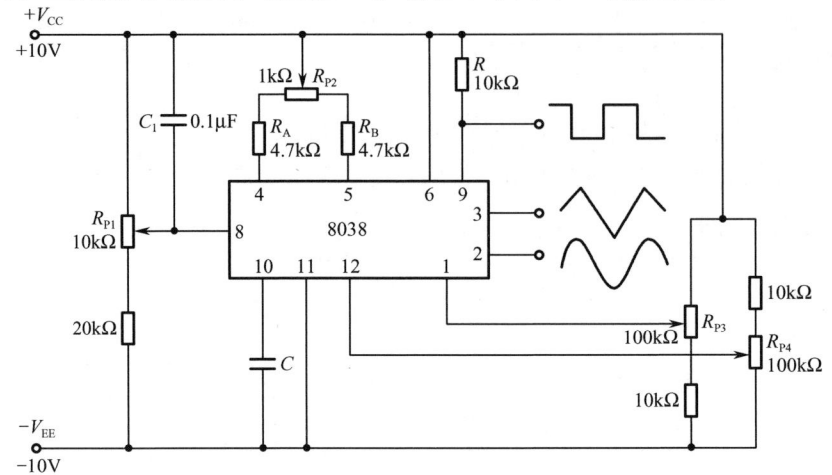

图 8-25　由 8038 构成的函数发生电路

本 章 小 结

1．正弦波振荡电路是利用选频网络通过正反馈产生的自激振荡。正弦波振荡的平衡条件是 $\dot{A}\dot{F}=1$，分别表示为相位平衡条件 $\varphi_A+\varphi_F=2n\pi$（$n$ 为整数）和幅值平衡条件 $|\dot{A}\dot{F}|=1$。

正弦波振荡电路一般由放大电路、正反馈网络、选频网络和稳幅环节四部分组成。按构成选频网络元件的不同，正弦波振荡电路可分为 RC 和 LC（包括石英晶体）两大类。

2．非正弦波振荡电路主要包括矩形波、三角波和锯齿波发生电路，它们一般由开关电路（滞回比较器）、反馈网络和延迟环节（RC 电路、积分运算电路）等组成。在分析电路能否产生非正弦波振荡时，应首先观察电路是否包含主要组成部分；然后分别假设电压比较器的输出为高电平和低电平，并分析延迟环节的工作过程。

3．波形变换电路可将一种形状的波形变成另一种形状的波形，利用基本运算电路和电压比较器可以实现波形变换。此外，利用具有+1 和-1 比例系数的比例运算电路可将三角波变换成二倍频的锯齿波；利用滤波法或折线法可将三角波变换成正弦波，利用压控振荡电路实现直流信号到脉冲信号频率的转换等。

4．集成函数发生器 8038 是一种多用途的波形发生器，可以产生正弦波、方波、三角波和锯齿波，其频率可以通过外加的直流电压进行调节，使用方便、性能可靠，使用时只需按其应用图连接即可。

习题 8

8-1　判断题：

（1）在 RC 正弦波振荡电路中，因为 RC 串并联选频网络作为反馈网络时的 $\varphi_F=0°$，单管共集放大电路的 $\varphi_A=0°$，满足正弦波振荡的相位条件 $\varphi_A+\varphi_F=2n\pi$（$n$ 为整数），故合理连接它们可以构成正弦波振荡电路。（　　）

（2）在 RC 正弦波振荡电路中，若 RC 串并联选频网络中的电阻均为 R，电容均为 C，则其振

荡频率 $f_0=1/(RC)$。（　　）

（3）电路只要满足 $|\dot{A}\dot{F}|=1$，就一定会产生正弦波振荡。（　　）

（4）在 LC 正弦波振荡电路中，不用通用型集成运放作为放大电路的原因是其上限截止频率太低。（　　）

（5）只要集成运放引入正反馈，就一定工作于非线性区。（　　）

（6）当集成运放工作于非线性区时，输出电压不是高电平，就是低电平。（　　）

（7）只要电路引入了正反馈，就一定会产生正弦波振荡。（　　）

（8）凡是振荡电路中的集成运放均工作于线性区。（　　）

（9）负反馈放大电路不可能产生自激振荡。（　　）

（10）一般情况下，在电压比较器中，集成运放不是工作于开环状态，就是引入了正反馈。（　　）

8-2　已知文氏电桥振荡电路如题图 8-2 所示，填空：

（1）若电阻 R_1 为热敏电阻，则温度上升时其阻值应当_____才起稳幅作用。

（2）电路的振荡频率的表达式为_____。

（3）若电阻 R_1 开路，则输出电压_____。

（4）若电阻 R_f 开路，则输出电压_____。

8-3　某同学连接的文氏电桥振荡电路如题图 8-3 所示，改正图中错误。

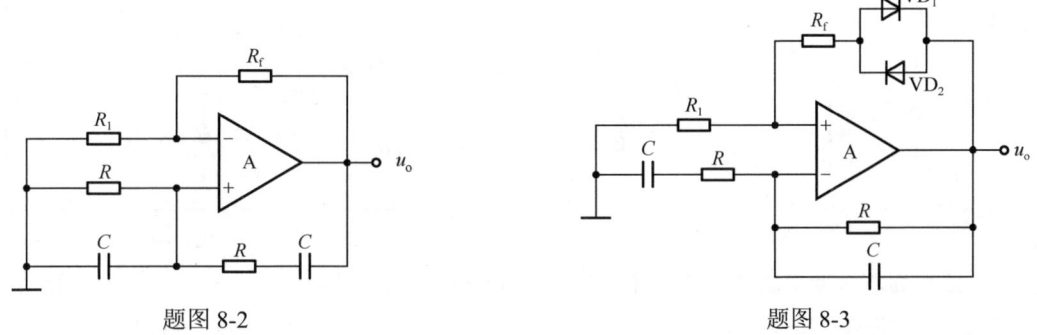

题图 8-2　　　　　　　　　　　　　　题图 8-3

8-4　判断题图 8-4 所示各电路是否能够产生正弦波振荡。

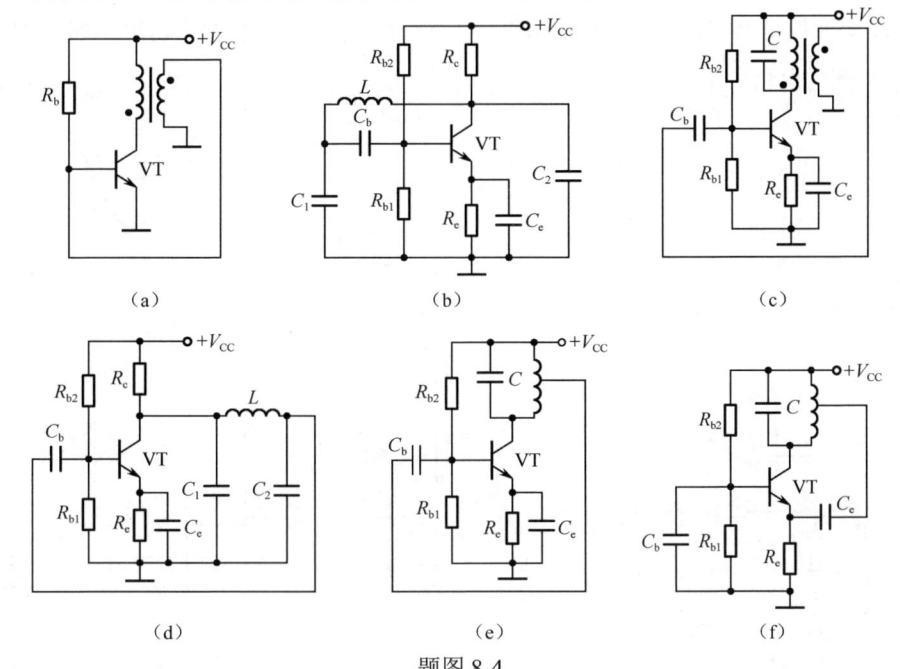

题图 8-4

8-5 根据题图 8-5 所示方框图中的电路名称定性画出 u_{o1}、u_{o2} 和 u_{o3} 的波形。

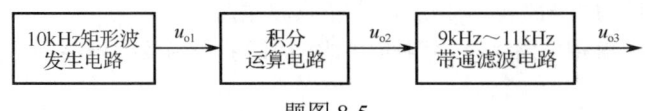

题图 8-5

8-6 标出题图 8-6 所示各电路中变压器的同名端，使电路满足正弦波振荡的相位平衡条件。

8-7 矩形波发生电路如图 8-15 所示，选择填空：

（1）为了增大输出电压 u_o 的幅值，应_____。

A．增大 R_1 B．增大 R_2 C．换稳定电压大的稳压管

（2）为了增大振荡频率，应_____。

A．减小 R_2 B．减小 R C．减小 C

8-8 电路如题图 8-8 所示，试标出两个集成运放的同相输入端"+"和反相输入端"−"，并简述原因。

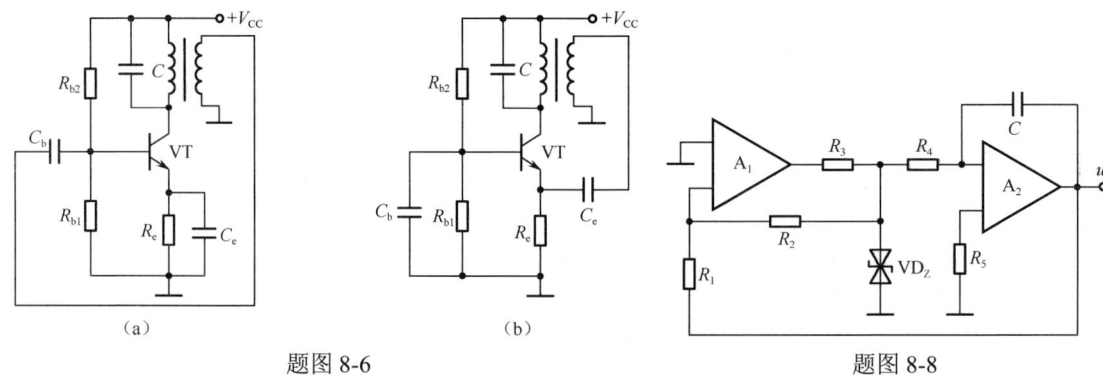

题图 8-6   题图 8-8

8-9 某音频信号发生器的原理电路如题图 8-9 所示。

（1）分析电路的工作原理。

（2）若电位器 R_P 从 1kΩ 调到 10kΩ，计算电路振荡频率调节范围。

8-10 波形变换电路方框图如题图 8-10（a）所示，各部分电路的输出电压波形如题图 8-10（b）所示，试说明各电路的名称。

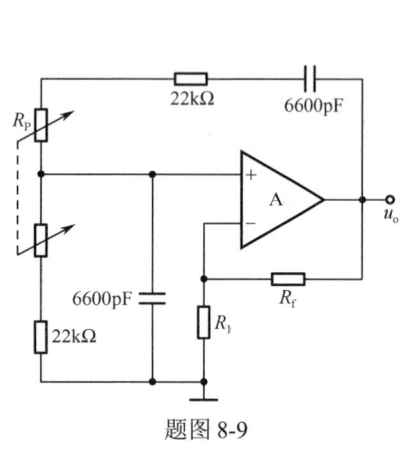

题图 8-9

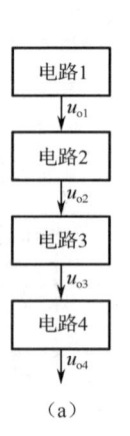

（a）

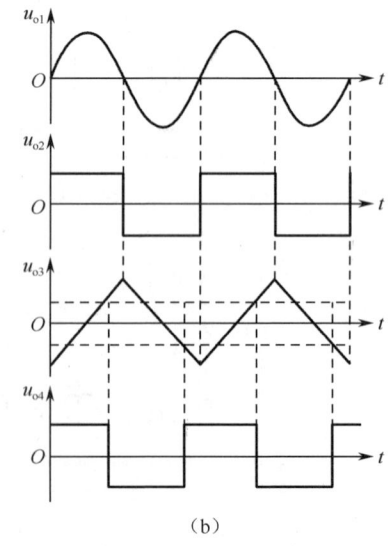

（b）

题图 8-10

第9章　功率放大电路

内容提要

- 功率放大电路的特点和分类
- 无输出电容（OCL）功率放大电路的组成、工作原理及主要参数的估算
- 无输出变压器（OTL）功率放大电路的组成、工作原理及主要参数的估算
- 采用复合管构成的功率放大电路
- 集成功率放大器

9.1　功率放大电路的特点和分类

在多级放大电路中，输出级输出的信号往往都送到负载并驱动负载工作。例如，使扬声器音圈振动发出声音；推动电动机旋转；使继电器或记录仪表动作等。这就要求多级放大电路的输出级能够给负载提供足够大的信号功率，即输出级不但要输出足够高的电压，同时还要输出足够大的电流。这种用来放大功率的放大电路称为功率放大电路，也叫**功率放大器**，简称**功放**。

9.1.1　功率放大电路的特点

由于功率放大电路的主要任务是输出较大的信号功率，故在性能要求上有下面几个主要特点。

1．输出功率尽量大

为了使负载获得尽可能大的功率，要求三极管应有足够大的电压和电流输出幅值。因此三极管往往在接近极限运用状态下工作，这就要求在选择三极管时，必须考虑使它的工作状态不超过其本身的极限参数，如 I_{CM}、P_{CM} 和 $U_{(BR)CEO}$。

2．效率要高

由于输出功率大，因此直流电源消耗的功率也大，这就存在一个效率问题。所谓效率是指负载得到的有用信号功率和直流电源供给的直流功率的比值。比值越大，效率越高。我们总是希望尽量减小三极管的损耗功率，以提高能量转换的效率。

3．非线性失真要小

功率放大电路是在大信号下工作的，输出电压和电流的幅值都很大，所以不可避免地会产生非线性失真，而且同一三极管输出功率越大，非线性失真往往越严重，这就使输出功率和非线性失真成为一对主要矛盾。但是，在不同场合下，对非线性失真的要求不同，例如，在测量系统和电声设备中，这个问题显得很严重，而在工业控制系统等领域中，则以输出功率为主要目的，对非线性失真的要求就降为次要问题了。需要指出的是，分析大信号工作状态已不能用微变等效电路分析法，而普遍采用图解法及近似估算法。

4．三极管的散热和保护

在功率放大电路中，三极管的集电结消耗较大的功率使结温和管壳温度升高。为了充分利用允许的管耗而使三极管输出足够大的功率，放大器件的散热就成为一个重要的问题。此外，三极管承受的电压高，通过的电流大，所以还必须考虑三极管的保护问题。通常采取的措施是对三极管添加一定面积的散热片和电流保护环节。

9.1.2 功率放大电路的分类

根据放大电路中三极管静态工作点设置的不同，可将功率放大电路分成**甲类**、**乙类**和**甲乙类**三种。

甲类功率放大电路的工作点设置在放大区的中间，这种电路的优点是在输入信号的整个周期内三极管都处于导通状态，输出信号失真小（前面讨论的电压放大电路都工作于这种状态），如图 9-1（a）所示；缺点是三极管有较大的静态电流 I_{CQ}，这时管耗 P_C 大，而且甲类放大时，不管有无输入信号，电源供给的功率是不变的。可以证明，即使在理想条件下，甲类功率放大电路的效率最高也只有 50%，那些对于输出功率及效率要求不高的功率放大电路可以采用甲类。

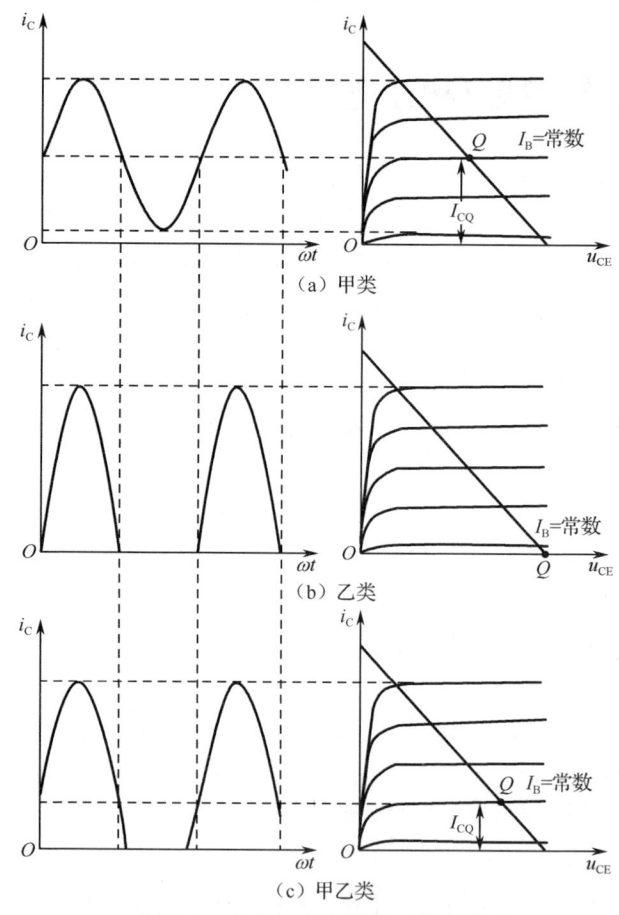

图 9-1 功率放大电路的工作状态

由甲类功率放大电路可以看出，效率低的主要原因是静态电流 I_{CQ} 太大。在没有信号输入时，电源仍然输送功率。由此可见，提高效率的办法是减小静态电流 I_{CQ}。如果把静态工作点 Q 向下移动，使静态电流 I_{CQ} 为零，则输入信号为零时电源供给的功率也为零，输入信号增大时电源供给的功率也随之增大，电源供给的功率及管耗都随着输出功率的大小而变，这样就能改变甲类功率放大电路效率低的状况，这种工作方式下的电路称为乙类功率放大电路。可见，乙类功率放大电路的工作点设置在截止区，如图 9-1（b）所示。乙类功率放大电路提高了能量的转换效率，在理想情况下其效率可达 78.5%，但此时出现了严重的波形失真，在输入信号的整个周期，仅在半个周期内三极管导通，有电流流过，只能对半个周期的输入信号进行放大。

如果将图 9-1（b）所示输出特性曲线中的静态工作点 Q 上移一些，设在放大区但接近截止区，使三极管的导通时间大于信号的半个周期且小于一个周期，这类工作方式下的电路就称为甲乙类功率放大电路，如图 9-1（c）所示。目前常用的音频功率放大电路中，三极管多数是工作于甲乙类放大状态的。这种电路的效率略低于乙类功率放大电路，但它克服了乙类功率放大电路产生的失真问题，目前使用较广泛。

复习思考题

9.1.1 填空：

（1）为了获得大的功率输出，要求功率放大电路的_____和_____都有足够大的输出幅值，因此元器件往往在接近极限运用状态下工作。

（2）功率放大电路要解决_____、_____、_____、_____等问题。

（3）功率放大电路中输出的功率由_____提供，功率放大电路的效率是指_____比值。甲类功率放大电路效率低的主要原因是_____。

（4）根据三极管的静态工作点的位置不同，功率放大电路可分为以下几种类型：_____、_____和_____。

9.1.2 判断正误：

（1）在功率放大电路中，输出功率越大，三极管的功耗越大。（   ）

（2）功率放大电路的最大输出功率是指在基本不失真的情况下，负载上可能获得的最大交流功率。（   ）

（3）功率放大电路与电压放大电路的区别是：

① 前者比后者电源电压高；（   ）

② 前者比后者电压放大倍数数值大；（   ）

③ 前者比后者效率高；（   ）

④ 在电源电压相同的情况下，前者比后者的最大不失真输出电压大。（   ）

9.1.3 单选：

（1）功率放大电路的最大输出功率是在输入电压为正弦波、输出基本不失真情况下，负载上可能获得的最大（   ）。

A．交流功率   B．直流功率   C．平均功率

（2）功率放大电路的转换效率是指（   ）。

A．输出功率与三极管所消耗的功率之比

B．最大输出功率与电源提供的平均功率之比

C．三极管所消耗的功率与电源提供的平均功率之比

（3）在输入信号的整个周期内，（   ）功率放大电路都有电流通过，输出没有削波失真的信号。

A．乙类   B．甲类   C．甲乙类   D．丙类

9.2 双电源乙类互补对称功率放大电路

乙类功率放大电路具有能量转换效率高的特点，常用它作为功率放大器。但乙类功率放大电路只能放大半个周期的信号，为了解决这个问题，常用两个对称的乙类功率放大电路分别放大正、负半周的信号，然后合成为完整的波形输出，即利用两个乙类功率放大电路的互补特性完成整个周期信号的放大。

9.2.1 电路组成及工作原理

1. 电路组成

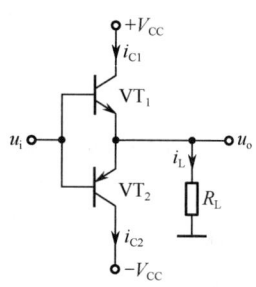

图 9-2 双电源乙类互补对称功率放大电路

图 9-2 所示是双电源乙类互补对称功率放大电路。VT_1 是 NPN 型管，VT_2 是 PNP 型管。VT_1 和 VT_2 的基极连在一起作为信号输入端，发射极连在一起作为信号输出端，R_L 为负载。这个电路实际上是由两个射极输出器组合而成的。电路中正、负电源对称，两管参数对称。

2. 工作原理

由于两管都没有偏置电阻，故静态（$u_i = 0$）时，两管都截止，此时 I_{BQ}、I_{CQ}、I_{EQ} 均为零，负载上无电流通过，输出电压 $u_o = 0$。

动态时，当输入信号 u_i 为正半周时，$u_i > 0$，两管的基极电位为正，故 VT_1 导通，VT_2 截止，i_{C1} 从 $+V_{CC}$ 流出，经 VT_1 后流过负载电阻 R_L，在负载 R_L 上形成正半周输出电压 $u_o > 0$。

当输入信号 u_i 为负半周时，$u_i < 0$，两管的基极电位为负，故 VT_2 导通，VT_1 截止，i_{C2} 由公共端流经负载 R_L 和 VT_2 到 $-V_{CC}$，在 R_L 上形成负半周输出电压 $u_o < 0$。

不难看出，在输入信号 u_i 的一个周期内，VT_1、VT_2 轮流导通，而且 i_{C1}、i_{C2} 流过负载的方向相反，从而形成完整的正弦波。由于静态时不取用电流，故两管都处在乙类工作状态。这种电路中的三极管交替工作，组成推挽式电路，两管互补对方缺少的另一个半周，且互相对称，故称为**互补对称功率放大电路**。这种电路又称为无输出电容功率放大电路，即 OCL（Output Capacitor-Less）功率放大电路。

9.2.2 主要参数的估算

下面推导图 9-2 所示电路的几个主要参数。

1. 输出功率

在输入正弦信号作用下，忽略电路失真时，在输出端获得的电压和电流均为正弦信号，由功率的定义得输出功率 P_o

$$P_o = U_o I_o = \frac{1}{2} U_{om} I_{om} = \frac{1}{2} \frac{U_{om}^2}{R_L} \tag{9-1}$$

可见，输出电压 U_{om} 越大，输出功率 P_o 越高，当三极管进入饱和区时，输出电压 U_{om} 最大，其大小为

$$U_{omax} = V_{CC} - U_{CES}$$

上式中 U_{CES} 为三极管的临界饱和压降，若忽略 U_{CES}，则最大不失真输出功率为

$$P_{om} = \frac{1}{2R_L}(V_{CC} - U_{CES})^2 \approx \frac{V_{CC}^2}{2R_L} \tag{9-2}$$

2. 两个电源提供的功率

两个电源各提供半个周期的电流，故每个电源提供的平均电流为

$$I_V = \frac{1}{2\pi} \int_0^\pi I_{om} \sin \omega t \, d(\omega t) = \frac{I_{om}}{\pi} = \frac{U_{om}}{\pi R_L}$$

因此两个电源提供的功率为

$$P_V = 2 I_V V_{CC} = \frac{2}{\pi R_L} U_{om} V_{CC} \tag{9-3}$$

输出功率最大时，电源提供的功率也最大

$$P_{Vmax} = \frac{2}{\pi} \cdot \frac{V_{CC}^2}{R_L} \tag{9-4}$$

3. 效率

输出功率与电源提供的功率之比称为电路的效率。在理想情况下，电路的最大效率为

$$\eta = \frac{P_{om}}{P_V} \times 100\% = \frac{\pi}{4} \times 100\% = 78.5\% \tag{9-5}$$

如果考虑三极管的饱和压降，则该功率放大电路实际上能够达到的效率将低于此值。

4. 管耗

直流电源提供的功率与输出功率之差就是消耗在三极管的功率，即管耗 P_T

$$P_T = P_V - P_o = \frac{2}{\pi R_L} V_{CC} U_{om} - \frac{1}{2R_L} V_{CC}^2 \tag{9-6}$$

所以最大输出功率时的总管耗为

$$P_T' = \frac{2V_{CC}^2}{\pi R_L} - \frac{V_{CC}^2}{2R_L} = \frac{4-\pi}{2\pi} \cdot \frac{V_{CC}^2}{R_L} \tag{9-7}$$

可求得当 $U_{om} = \frac{2}{\pi} V_{CC} \approx 0.63 V_{CC}$ 时，三极管消耗的功率最大，其值为

$$P_{Tmax} = \frac{2V_{CC}^2}{\pi^2 R_L} = \frac{4}{\pi^2} P_{omax} = 0.4 P_{omax} \tag{9-8}$$

每只三极管的最大管耗为

$$P_{T1max} = P_{T2max} = \frac{1}{2} P_{Tmax} = 0.2 P_{omax} \tag{9-9}$$

式（9-9）就是每只三极管最大管耗与最大不失真输出功率的关系，可用于设计双电源乙类互补对称功率放大电路时选择三极管的依据之一。例如，要求输出功率为 10W，则应选择两个集电极最大功耗为 2W 的三极管。

由以上分析可知，若想得到预期的最大输出功率，三极管有关参数的选择，应满足以下条件：

（1）每只三极管的最大管耗 $P_{Tmax} \geqslant \frac{V_{CC}^2}{\pi^2 R_L} \approx 0.2 P_{omax}$；

（2）由图 9-2 可知，当导通管饱和时，截止管承受的反向电压为 $2V_{CC}$，所以三极管的反向击穿电压应满足 $|U_{(BR)CEO}| > 2V_{CC}$；

（3）三极管的最大集电极电流为 $\frac{V_{CC}}{R_L}$，因此要求三极管的 $I_{CM} \geqslant \frac{V_{CC}}{R_L}$。

【例 9-1】 双电源乙类互补对称功率放大电路如图 9-2 所示，直流电源 $V_{CC} = 24V$，在输入信号 u_i 的一个周期内 VT$_1$、VT$_2$ 轮流导通，导通角各为 180°（半个周期），负载电阻 $R_L=8\Omega$，忽略管子的饱和压降。求电路的最大输出功率、最大输出功率时直流电源供给的总功率、效率和总管耗，并选择三极管。

解：由式（9-2）可求得最大输出功率为

$$P_{om} \approx \frac{1}{2} \cdot \frac{V_{CC}^2}{R_L} = \left(\frac{1}{2} \times \frac{24^2}{8} \right) W = 36W$$

由式（9-4）可求得直流电源供给的总功率为

$$P_{Vmax} = \frac{2}{\pi} \cdot \frac{V_{CC}^2}{R_L} = \left(\frac{2 \times 24^2}{8\pi} \right) W = 45.84\,W$$

由式（9-5）可求得效率为

$$\eta = \frac{P_{\text{om}}}{P_{\text{Vmax}}} \times 100\% = \frac{36}{45.84} \times 100\% = 78.5\%$$

由式（9-7）可求得总管耗为

$$P_{\text{T}}' = \frac{4-\pi}{2\pi} \cdot \frac{V_{\text{CC}}^2}{R_{\text{L}}} = \left(\frac{4-\pi}{2\pi} \times \frac{24^2}{8} \right) \text{W} = 9.84\,\text{W}$$

三极管参数的选择如下

$$P_{\text{Tmax}} \geqslant 0.2 P_{\text{om}} = 0.2 \times 36\text{W} = 7.2\text{W}$$

$$|U_{\text{(BR)CEO}}| > 2V_{\text{CC}} = 2 \times 24\text{V} = 48\text{V}$$

$$I_{\text{CM}} \geqslant \frac{V_{\text{CC}}}{R_{\text{L}}} = \frac{24}{8}\,\text{A} = 3\,\text{A}$$

根据以上结果，适当留有裕量，查半导体器件手册，找到相应的 NPN 型和 PNP 型三极管。需要指出的是，管耗最大时电路的效率并不是 78.5%，读者可自行分析其此时的效率。

复习思考题

9.2.1　简答：

（1）双电源乙类互补对称功率放大电路中，为何需要双电源供电？

（2）对于双电源乙类互补对称功率放大电路，若想得到预期的最大输出功率，三极管有关参数的选择应满足哪些条件？

9.2.2　选择题：

（1）在双电源乙类互补对称功率放大电路中，若最大输出功率为 1W，则电路中每只三极管的集电极最大功耗约为（　　）。

A．1W　　　　　　　　B．0.5W　　　　　　　　C．0.2W

（2）在选择功放电路中的三极管时，应特别注意的参数有（　　）。

A．β　　　　　　　　B．I_{CBO}　　　　　　　　C．$U_{\text{(BR)CEO}}$　　　　　　　　D．I_{CM}

E．P_{CM}　　　　　　　　F．f_{T}

（3）在互补推挽功率放大电路中，给三极管设置适当的直流偏置，使其工作于（　　）状态。

A．丙类　　　　　　　　B．乙类　　　　　　　　C．甲类　　　　　　　　D．甲乙类

（4）双电源乙类互补对称功率放大电路采用直接耦合，要求其输出端的中点静态电压是（　　）V。

A．1　　　　　　　　B．2　　　　　　　　C．0　　　　　　　　D．0.5

（5）双电源乙类互补对称功率放大电路，其输出波形的交越失真是指（　　）。

A．频率失真　　　　　　　　　　　　　　B．相位失真

C．波形过零时出现的失真　　　　　　　　D．幅值失真

（6）在图 9-2 所示双电源乙类互补对称功率放大电路中，已知三极管 VT$_1$、VT$_2$ 的饱和压降 $|U_{\text{CES}}|=2\text{V}$，$U_{\text{BEQ}} = 0\text{V}$，$V_{\text{CC}}=15\text{V}$，$R_{\text{L}}=8\Omega$，输入电压 u_{i} 为正弦波，选择正确答案填入空格内。

① 静态时，三极管发射极电位 V_{EQ} ＿＿＿＿＿。

A．>0V　　　　　　　　B．= 0　　　　　　　　C．<0V

② 最大输出功率 P_{om}＿＿＿＿＿＿。

A．≈11W　　　　　　　　B．≈14W　　　　　　　　C．≈20W

③ 电路的转换效率 η＿＿＿＿＿。

A．> 78.5%　　　　　　　　B．= 78.5%　　　　　　　　C．< 78.5%

④ 为使输出信号有最大功率，输入电压的峰值应为_____。

A．15V　　　　　　　B．13V　　　　　　　C．2V

⑤ 三极管正常工作时，能承受的最大工作电压 U_{CEmax} 为_____。

A．30V　　　　　　　B．28V　　　　　　　C．4V

⑥ 若三极管的开启电压为 0.5V，则输出电压将出现_____。

A．饱和失真　　　　　B．截止失真　　　　　C．交越失真

9.3　双电源甲乙类互补对称功率放大电路

9.3.1　交越失真及其消除

在图 9-2 所示电路中，由于 VT$_1$ 和 VT$_2$ 的基极直接连在一起，没有直流偏置，则在输入电压 u_i 正半周与负半周的交界处，当 u_i 的幅值小于 VT$_1$、VT$_2$ 输入特性的死区电压时，两管都不导电。也就是说，在 VT$_1$、VT$_2$ 交替导电的过程中，将有一段时间两只三极管均截止。这种情况将导致 i_L 和 u_o 的波形失真，由于这种失真出现在波形正、负交越处，故称**交越失真**，如图 9-3 所示。

为了消除交越失真，必须建立一定的直流偏置，偏置电压只要大于三极管的死区电压即可，这时的 VT$_1$、VT$_2$ 工作于甲乙类放大状态。

图 9-4 所示为双电源甲乙类互补对称功率放大电路。它是在图 9-2 的基础上，接入了两个基极偏置电阻 R_1、R_2 及 VT$_1$、VT$_2$ 基极之间的导电支路，该导电支路由可变电阻 R 和二极管 VD$_1$、VD$_2$ 组成，这样就使得静态时存在一个较小的电流从 $+V_{CC}$ 流经 R_1、R、VD$_1$、VD$_2$、R_2 到 $-V_{CC}$，在 VT$_1$ 和 VT$_2$ 的基极之间产生一个电位差，故静态时两只三极管已有较小的基极电流，因而两管也各有一个较小的集电极电流。当输入正弦电压 u_i 时，在正、负半周两管分别导电的过程中，将有一段短暂的时间 VT$_1$、VT$_2$ 同时导电，避免了两管同时截止，因此交替过程比较平滑，减小了交越失真。

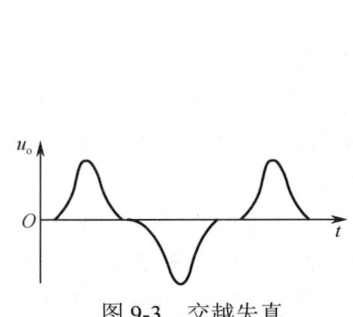

图 9-3　交越失真　　　　　图 9-4　双电源甲乙类互补对称功率放大电路

图 9-4 所示双电源甲乙类互补对称功率放大电路的主要参数估算方法，以及三极管主要参数的选择方法，均与图 9-2 所示电路的完全相同。

9.3.2　由复合管组成的双电源甲乙类互补对称功率放大电路

如果功率放大电路输出端的负载电流比较大，必须要求互补对称管 VT$_1$ 和 VT$_2$ 是能够输出大电流的三极管。但是，大电流的三极管一般 β 值较低，因此需要中间级输出大的推动电流提供给输出级。在集成运放电路中，中间级一般是电压放大，很难输出大的电流。为了解决这一矛盾，一般输出级采用由复合管组成的甲乙类互补对称功率放大电路，如图 9-5 所示。这种互补对称电路有一个缺点，大功率三极管 VT$_3$ 是 NPN 型，而 VT$_4$ 是 PNP 型，它们类型不同，很难做到特性互补对称。

为了克服这个缺点，可使 VT$_3$ 和 VT$_4$ 采用同一类型甚至同一型号的三极管，如二者均为 NPN 型，而 VT$_2$ 则用另一类型的三极管，如 PNP 型，如图 9-6 所示。此时 VT$_2$ 与 VT$_4$ 组成的复合管为 PNP 型，可与 VT$_1$、VT$_3$ 组成的 NPN 型复合管实现互补。这种电路称为准互补对称功率放大电路。该电路中接入电阻 R_{e1} 和 R_{c2} 是为了调整三极管 VT$_3$ 和 VT$_4$ 的静态工作点。

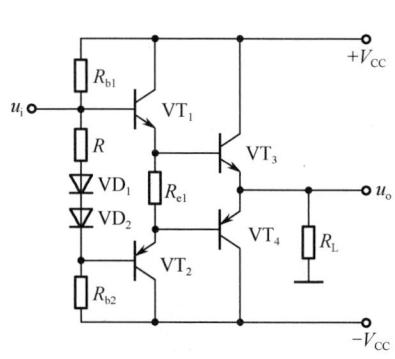

图 9-5　由复合管组成的甲乙类互补
对称功率放大电路

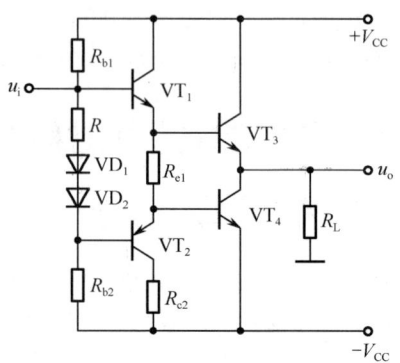

图 9-6　由复合管组成的甲乙类准互补
对称功率放大电路

复习思考题

9.3.1　简答：

（1）图 9-2 所示的电路，为何会产生交越失真？

（2）图 9-4 所示的双电源甲乙类互补对称功率放大电路为何能够克服交越失真？

（3）由复合管组成的双电源甲乙类互补对称功率放大电路有何优点？

9.3.2　在图 9-4 所示电路中，已知 $V_{CC}=16V$，$R_L=4\Omega$，VT$_1$ 和 VT$_2$ 的饱和压降 $|U_{CES}|=2V$，输入电压足够大。试问：

（1）最大输出功率 P_{om} 和效率 η 各为多少？

（2）三极管的最大功耗 P_{Tmax} 为多少？

（3）为了使输出功率达到 P_{om}，输入电压的有效值约为多少？

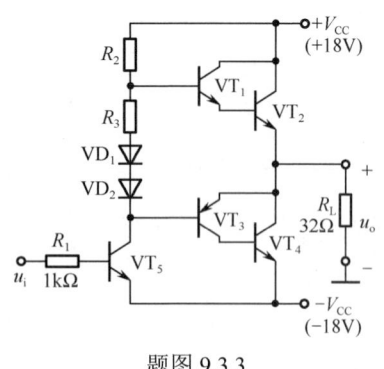

题图 9.3.3

9.3.3　在题图 9.3.3 所示电路中，已知二极管的导通电压 $U_D=0.7V$，三极管导通时的 $|U_{BE}|=0.7V$，VT$_2$ 和 VT$_4$ 发射极静态电位 $V_{EQ}=0V$。

（1）VT$_1$、VT$_3$ 和 VT$_5$ 基极的静态电位各为多少？

（2）设 $R_2=10k\Omega$，$R_3=100\Omega$。若 VT$_1$ 和 VT$_3$ 基极的静态电流可忽略不计，则 VT$_5$ 集电极静态电流为多少？静态时 u_i 为多少？

（3）若静态时 $i_{B1}>i_{B3}$，则应调节哪个参数可使 $i_{B1}=i_{B2}$？如何调节？

（4）该电路中二极管的个数为多少个最合适？为什么？

9.4　单电源互补对称功率放大电路

在图 9-4 所示电路中，由于静态时 VT$_1$、VT$_2$ 两管的发射极电位为零，故负载可直接连接到发射极，而不必采用耦合电容，因此称之为 OCL 功率放大电路。其特点是低频效应好，便于集成。但它需要两个独立电源，使用很不方便。为了简化电路，可采用单电源互补对称功率放大电路，如图 9-7 所示。

9.4.1 电路组成及工作原理

与图 9-4 相比，图 9-7 所示电路省去了一个负电源（$-V_{CC}$），在两管的发射极与负载之间增加了电容 C，这种电路通常称为无输出变压器功率放大电路，即 OTL（Output Transform-Less）功率放大电路。

图 9-7 中的 R_1、R_2 为偏置电阻，选择合适的 R_1、R_2 阻值，可使两管静态时发射极电位为 $V_{CC}/2$，电容两端电压也稳定在 $V_{CC}/2$，这样 VT_1、VT_2 两管的集电极、发射极之间如同分别加上了$+V_{CC}/2$ 和$-V_{CC}/2$ 的电源电压。

在输入信号正半周，VT_1 导通，VT_2 截止，VT_1 以射极输出器形式将正信号传送给负载，同时对电容 C 充电；在输入信号负半周，VT_1 截止，VT_2 导通，电容 C 放电，相当于 VT_2 的直流工作电源，此时 VT_2 也以射极输出器的形式将负信号传送给负载。这样，负载 R_L 上得到一个完整的信号波形。

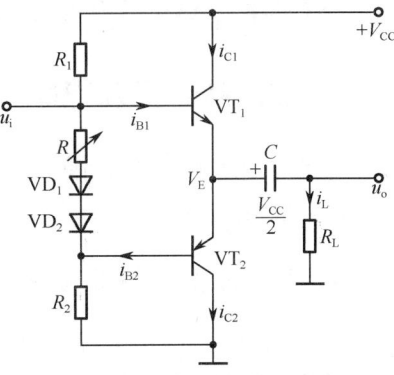

图 9-7 单电源互补对称功率放大电路

9.4.2 功率和效率的估算

单电源互补对称功率放大电路，其主要参数的估算方法与双电源的相同，但要注意将公式中的 V_{CC} 换成 $V_{CC}/2$，因为此时每只管子的工作电压已不是 V_{CC}，而是 $V_{CC}/2$。请读者自行推导 OTL 功率放大电路的有关公式，此处不再赘述。

与双电源互补对称功率放大电路相比，单电源互补对称功率放大电路的优点是少了一个电源，故使用方便。缺点是由于有大容量的电解电容，故低频响应变差；大容量的电解电容具有电感效应，在高频时将产生相移；另外，大容量的电解电容无法集成化，必须外接。

【例 9-2】 假设图 9-7 所示的 OTL 功率放大电路以及图 9-4 所示的 OCL 功率放大电路中的直流电源 V_{CC} 均为 20V，负载电阻 R_L 均为 16Ω，且三极管的饱和压降均为 2V，试分别估算两个电路的最大输出功率 P_{om}。

解：OTL 功率放大电路的最大输出功率为

$$P_{om} = \frac{(V_{CC}/2 - U_{CES})^2}{2R_L} = \frac{(20/2-2)^2}{2 \times 16} \text{W} = 2\text{W}$$

OCL 功率放大电路的最大输出功率为

$$P_{om} = \frac{(V_{CC} - U_{CES})^2}{2R_L} = \frac{(20-2)^2}{2 \times 16} \text{W} = 10.1\text{W}$$

可见，在相同的 V_{CC} 和 R_L 的情况下，OCL 功率放大电路和 OTL 功率放大电路的最大输出功率差别很大。

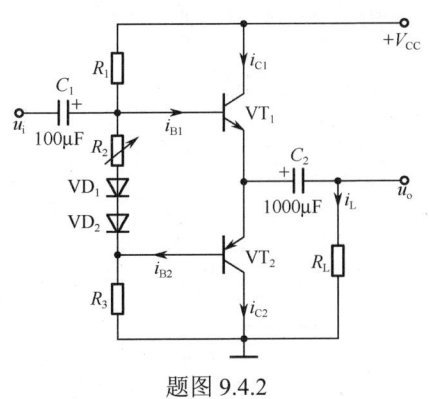

题图 9.4.2

复习思考题

9.4.1 简答：

（1）在图 9-7 所示电路中，如何实现为两只三极管供电？

（2）对于 OCL 功率放大电路与 OTL 功率放大电路，其主要参数的计算方法有何异同？

9.4.2 OTL 功率放大电路如题图 9.4.2 所示，设 VT_1、VT_2 特性完全对称，u_i 为正弦电压，$V_{CC}=10V$，$R_L=16Ω$。试回答下列问题。

（1）静态时，电容 C_2 两端的电压应是多少？调整哪个电阻能满足这一要求？

（2）动态时，若输出电压波形出现交越失真，则应调整哪个电阻？如何调整？

（3）若 $R_1=R_3=1.2\text{k}\Omega$，$VT_1$、$VT_2$ 的 $\beta=50$，$|U_{BE}|=0.7\text{V}$，$P_{CM}=200\text{mW}$，假设 VD_1、VD_2、R_2 中任意一个开路，将会产生什么后果？

9.5 实用功率放大电路举例

本节介绍两个实用的功率放大电路，一个是 OCL 高保真功率放大电路，另一个是 OTL 音频功率放大电路。

9.5.1 OCL 高保真功率放大电路

图 9-8 所示为 OCL 高保真功率放大电路，该电路可用于扩音机中。

从组成来看，该电路包括三个放大级：输入级、中间级和输出级。

输入级由三极管 VT_1、VT_2 和 VT_3 组成的恒流源式差动放大电路构成，属单端输入、单端输出方式。恒流管 VT_3 的基极电位由电阻 R_1 和二极管 VD_1、VD_2 组成的支路提供。

中间级是由 VT_4、VT_5 组成的共射放大电路。VT_4 是放大管，VT_5 是共集负载。VT_5 的基极也接在电阻 R_1 和二极管 VD_1、VD_2 之间。由于采用有源负载，因此可以获得较高的电压放大倍数。

输出级由 VT_6、VT_7、VT_8、VT_9 和 VT_{10} 组成，是一个 OCL 准互补对称功率放大电路。其中 VT_7 与 VT_9 构成 NPN 型复合管，VT_8 与 VT_{10} 构成 PNP 型复合管，三极管 VT_6 和电阻 R_{c4}、R_{c5} 组成 U_{BE} 扩大电路，其作用是给 VT_7、VT_8 提供一个较小的静态基极电流，使互补对称电路工作于甲乙类状态，用来减小交越失真。

此外，电阻 R_f 的作用是从放大电路的输出端到 VT_2 的基极之间引入一个深度交、直流电压串联负反馈，其作用是展宽频带、减小输出波形的非线性失真，降低输出电阻，提高放大电路的带负载能力，并能稳定静态工作点。

本放大电路的负载通常为扬声器，属于感性负载，电路容易产生自激振荡或出现过电压损坏三极管。电容 C_5 和电阻 R_2 是补偿元件，使负载接近于纯电阻。

电容 C_2、C_3 和 C_4 的作用是防止自激振荡。

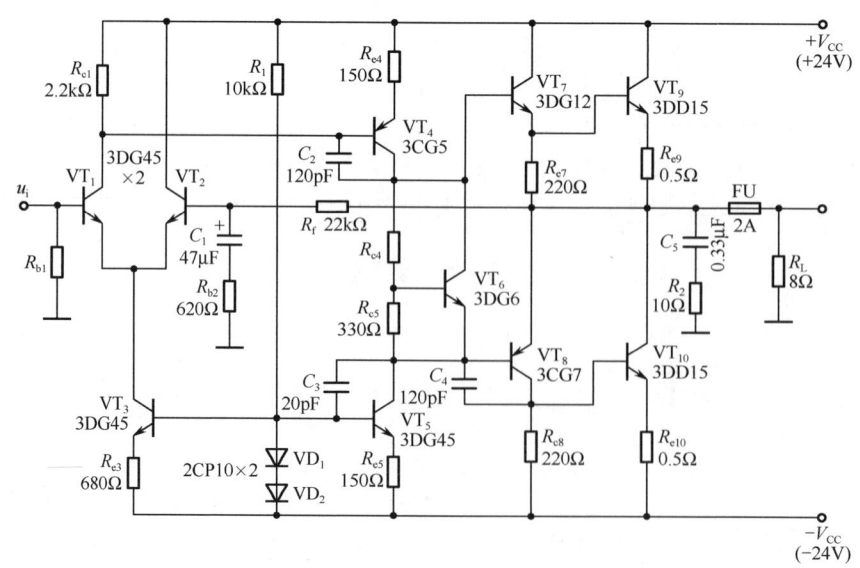

图 9-8 OCL 高保真功率放大电路

9.5.2 OTL 音频功率放大电路

图 9-9 所示为 OTL 音频功率放大电路，该电路可用于电视机的音频放大。

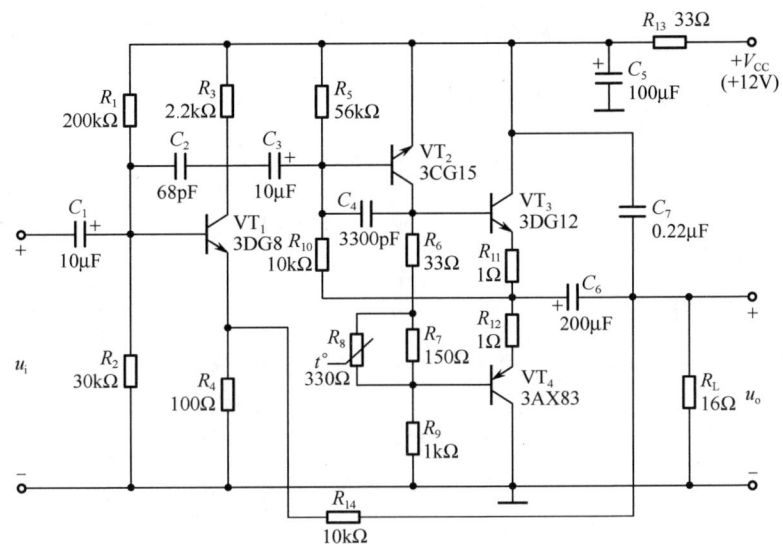

图 9-9 OTL 音频功率放大电路

该电路有三个放大级。前置放大级由三极管 VT_1 组成，是一个典型的静态工作点稳定电路。电容 C_1、C_2 作为隔直电容分别与输入信号以及中间级耦合。

中间级由 VT_2 组成单管共射放大电路，R_9 是其集电极负载电阻。

功率输出级由三极管 VT_3、VT_4 组成 OTL 互补对称功率放大电路，电容 C_6 是输出电容。该电路只需一路直流电源 V_{CC}。静态时，电容 C_6 上的电压为 $V_{CC}/2$。为使电路工作于甲乙类状态，以减小交越失真，在 VT_3 和 VT_4 的基极之间接有电阻 R_6、R_7 和 R_8，以保证在静态时 VT_3 和 VT_4 已有一个较小的基极电流。R_8 是一个负温度系数的热敏电阻，若环境温度升高，R_8 的阻值将减小，则输出级两只三极管的基极之间的电压也下降，从而抑制了静态电流的上升。电阻 R_{10} 是负反馈电阻，发射极的小电阻 R_{11} 和 R_{12} 用来限流。

电阻 R_{14} 引入电压串联负反馈，用以改善放大电路的性能，例如，可以减小非线性失真，提高带负载能力及展宽频带等。电容 C_2、C_4 和 C_7 是校正电容，其作用是避免产生自激振荡。

9.6 集成功率放大器介绍

随着线性集成电路的发展，集成功率放大器的应用已日益广泛。与分立元件三极管低频功率放大器相比，集成功率放大器具有体积小、重量轻、成本低、外接元件少、调试简单、使用方便等特点，而且在性能上也十分优越。例如，温度稳定性好、功耗低、电源利用率高、失真小。在集成功率放大器的电路中设计有许多保护措施，如过流保护、过压保护以及启动、消噪电路等，可靠性大大提高。因此，集成化是低频功率放大器的发展方向。

集成功率放大器品种比较多，有单片集成功率组件，输出功率为 1W 左右，以及由集成功率驱动器外接大三极管组成的混合功率放大电路，输出功率可达几十瓦。近几年，国内已生产出 VMOS 功率场效应管，如产品 VN 系列，输出功率可达 100W。本节以 TDA2030A 音频集成功率放大器为例进行介绍，希望读者在使用时能举一反三，灵活应用其他功率放大器件。

9.6.1 TDA2030A 音频集成功率放大器简介

TDA2030A 的内部电路如图 9-10 所示。

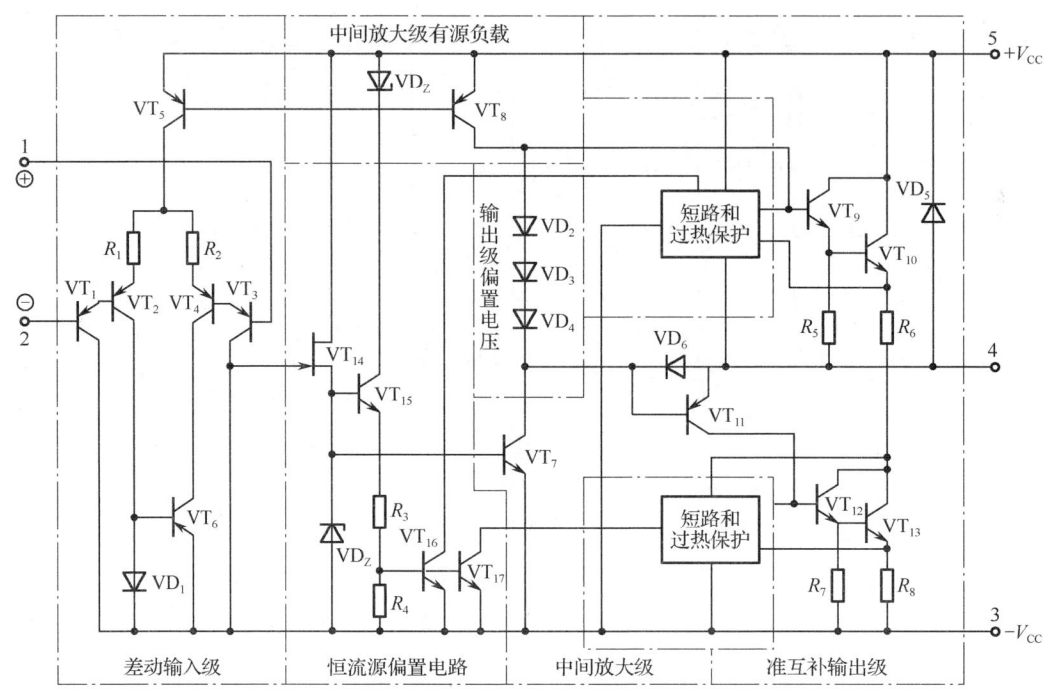

图 9-10 TDA2030A 的内部电路

TDA2030A 是目前使用较为广泛的一种集成功率放大器，与其他功率放大器相比，它的引脚和外部元件都较少。TDA2030A 的性能稳定，并在内部集成了过载和过热保护电路，能适应长时间连续工作，由于其金属外壳与负电源引脚相连，因而在单电源使用时，金属外壳可直接固定在散热片上并与地线（金属机箱）相接，无须绝缘，使用很方便。

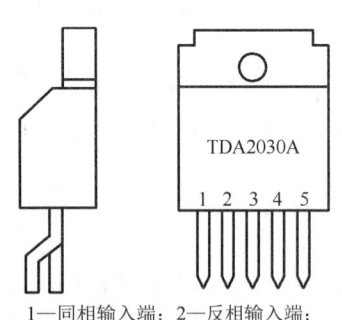

1—同相输入端；2—反相输入端；
3—负电源端；4—输出端；5—正电源端；

图 9-11 TDA2030A 的引脚排列

TDA2030A 多用于收音机和有源机箱中，作为音频集成功率放大器，也用于其他电子设备中的功率放大。因为其内部采用的是直接耦合，所以也可以用于直流放大。其主要性能参数如下。

电源电压 V_{CC}：±3V～±18V

输出峰值电流：3.5A

输入电阻：>0.5MΩ

静态电流：<60mA（测试条件：V_{CC}=±18V）

电压增益：30dB

频率响应 BW：0～140kHz

在电源为±15V、R_L=4Ω 时，输出功率为 14W。

TDA2030A 的引脚排列如图 9-11 所示。

9.6.2 TDA2030A 音频集成功率放大器的典型应用

1. 双电源 OCL 功率放大电路

图 9-12 所示是由 TDA2030A 构成的 OCL 功率放大电路。输入信号 u_i 由同相端输入，R_1、R_2、C_2 构成交流电压串联负反馈，因此，闭环电压放大倍数为

$$A_{uf} = 1 + \frac{R_1}{R_2} = 33$$

为了保持两输入端直流电阻平衡，使输入级偏置电流相等，选择 $R_3 = R_1$。VD_1、VD_2 起保护作用，用来泄放 R_L 产生的感生电压，将输出端的最大电压钳位在（$+V_{CC}+0.7$V）和（$-V_{CC}-0.7$V）上。C_3、C_4 为去耦电容，用于减少电源内阻对交流信号的影响。C_1、C_2 为耦合电容。

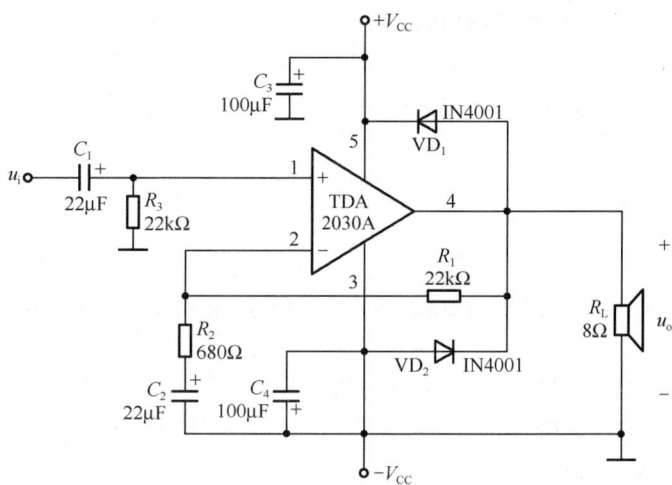

图 9-12　由 TDA2030A 构成的 OCL 功率放大电路

2. 单电源 OTL 功率放大电路

对仅有一组电源的中、小型录音机的音响系统，可采用单电源连接方式，如图 9-13 所示。由于采用单电源供电，所以同相输入端用阻值相同的 R_1、R_2 组成分压电路，使 K 点电位为 $V_{CC}/2$，经 R_3 加至同相输入端。在静态时，同相输入端、反相输入端和输出端均为 $V_{CC}/2$。其他元器件的作用与双电源电路相同。

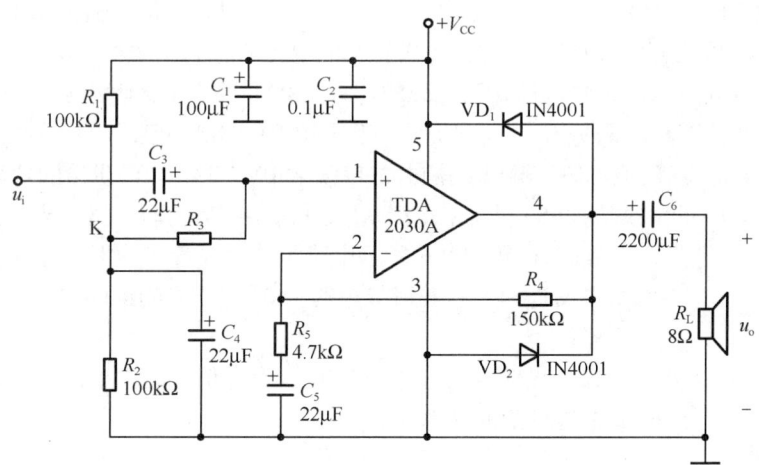

图 9-13　由 TDA2030A 构成的 OTL 功率放大电路

本 章 小 结

1. 用两个特性相同但类型不同的三极管组成的 OCL 功率放大电路，当三极管工作于乙类状态时，在理想情况下其效率可达 78.5%。

2. 双电源乙类互补对称功率放大电路的两只三极管交替工作时会产生交越失真，消除的方法是使其工作于甲乙类工作状态。由于双电源甲乙类互补对称功率放大电路设置偏置时接近于乙类工作状态，所以电路的计算公式可近似于双电源乙类互补对称功率放大电路。

3．OTL 功率放大电路省去输出变压器，但输出端需用一个大电容，电路中只需一路直流电源，利用一个 NPN 型三极管和一个 PNP 型三极管接成对称形式。当输入电压为正弦波时，两管轮流导电，二者互补，使负载上的电压基本上是一个正弦波。

4．由于大功率三极管（NPN 型和 PNP 型）难以做到特性相同，故常采用复合互补方式，即准互补方式。

5．由于集成功率放大器体积小、成本低、外接元件少、调试简单、使用方便，而且性能上也十分优越，因此其应用日益广泛。

习题 9

9-1　电压跟随器作为输出级驱动负载，在输入信号过小或过大时会出现什么情况？通常可采用什么办法解决？

9-2　甲类功率放大电路是指三极管的导通角等于_____，在乙类功率放大电路中，三极管导通角等于_____，在甲乙类功率放大电路中，三极管导通角等于_____。

9-3　何谓交越失真？如何克服交越失真？

9-4　乙类推挽功率放大电路的_____较高，在理想情况下其值可达_____。但这种电路会产生一种被称为_____失真的特有的非线性失真现象。为了消除这种失真，应当使推挽功率放大电路工作于_____类状态。

9-5　由于在功率放大电路中，三极管常常处于极限工作状态，因此，在选择三极管时应该特别注意_____、_____和_____三个参数。

9-6　双电源互补对称功率放大电路如题图 9-6 所示，已知 $V_{CC} = 12V$，$R_L = 16\Omega$，u_i 为正弦波。求：（1）在三极管饱和压降 U_{CES} 可以忽略的条件下，负载上可能得到的最大输出功率 P_{om}；（2）每只三极管允许的管耗 P_{T1} 至少应为多少；（3）每只管子的耐压 $U_{(BR)CEO}$ 应大于多少。

9-7　在题图 9-6 所示电路中，设 u_i 为正弦波，$R_L = 8\Omega$，要求最大输出功率 $P_{om} = 9W$。在三极管饱和压降 U_{CES} 可以忽略的条件下，求：（1）正、负电源 V_{CC} 的最小值；（2）根据所求 V_{CC} 最小值，计算相应的 I_{CM}、$U_{(BR)CEO}$ 的值；（3）输出功率最大（$P_{om} = 9W$）时，电源供给的功率 P_V；（4）每只三极管允许的管耗 P_T 的最小值；（5）当输出功率最大（$P_{om} = 9W$）时，输入电压的有效值。

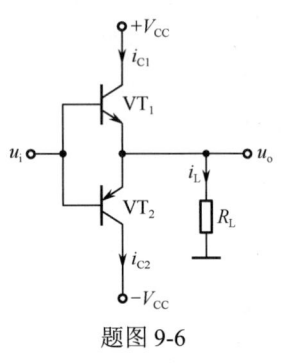
题图 9-6

9-8　在题图 9-6 所示电路中，三极管在输入信号 u_i 作用下，在一个周期内 VT_1 和 VT_2 轮流导电约 180°，电源电压 $V_{CC} = 20V$，负载 $R_L = 8\Omega$，试计算：

（1）设输入信号 $U_i = 10V$（有效值）时，电路的输出功率、管耗、直流电源供给的功率和效率；

（2）当输入信号 u_i 的幅值 $U_{im} = V_{CC} = 20V$ 时，电路的输出功率、管耗、直流电源供给的功率和效率。

9-9　单电源互补对称功率放大电路如题图 9-9 所示，设 u_i 为正弦波，$R_L = 8\Omega$，三极管饱和压降 U_{CES} 可以忽略不计。试求最大不失真输出功率 P_{om}（不考虑交越失真）为 9W 时，电源电压 V_{CC} 至少应为多大？

9-10　单电源互补对称功率放大电路如题图 9-10 所示，设 VT_1、VT_2 的特性完全对称，u_i 为正弦波，$V_{CC} = 12V$，$R_L = 8\Omega$。试回答下列问题：（1）静态时，电容 C_2 两端电压应是多少？调整哪个电阻能满足这一要求？（2）动态时，若输出电压 u_o 出现交越失真，则应调整哪个电阻？

如何调整？（3）若 $R_1 = R_3 = 1.1\text{k}\Omega$，$\text{VT}_1$ 和 VT_2 的 $\beta = 40$，$|U_{\text{BE}}| = 0.7\text{V}$，管耗 $P_\text{T} = 400\text{mW}$，假设 VD_1、VD_2、R_2 中任意一个开路，那么将会产生什么后果？

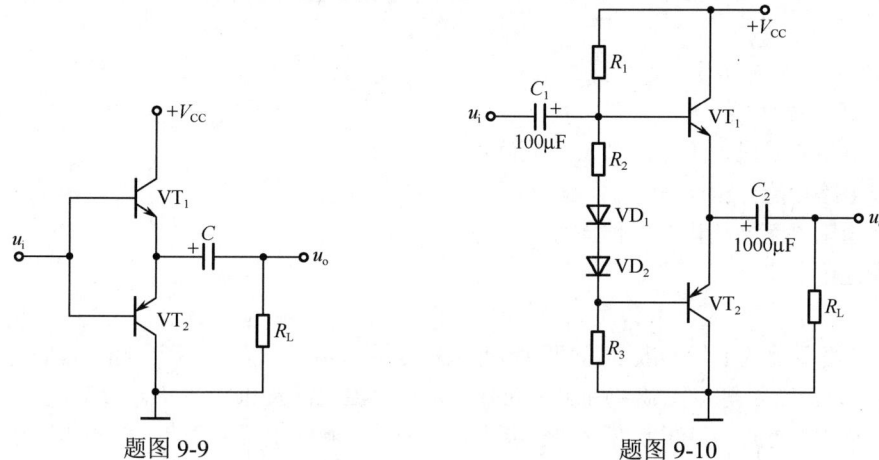

题图 9-9   题图 9-10

第 10 章　直流稳压电源

内容提要

- 直流稳压电源的组成
- 整流电路的组成、工作原理及参数估算
- 滤波电路功能介绍
- 常用稳压电路的结构及工作原理
- 集成稳压电路

在电子电路及设备中，一般都需要稳定的直流电源供电。获得直流电源的方法较多，如干电池、蓄电池、直流电机等。比较经济实用的方法是将交流电网提供的 50Hz、220V 的正弦交流电（即市电）经整流、滤波和稳压后变换成直流电。对直流电源的主要要求是：输出电压的幅值稳定，即当电网电压或负载电流波动时能基本保持不变；直流输出电压平滑，脉动成分小；交流电变换成直流电时的转换效率高。

本章主要介绍单相整流电路、各种滤波电路、硅稳压管稳压电路以及串联型直流稳压电路的工作原理、主要指标等；对于近年来迅速发展的集成稳压电源以及开关型稳压电源也将进行简单介绍。

10.1　直流稳压电源的组成

一般的小功率直流稳压电源是由电源变压器、整流电路、滤波电路和稳压电路四部分组成的，如图 10-1 所示。下面简要介绍各部分的功能。

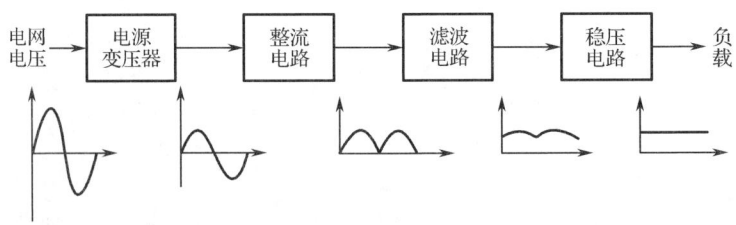

图 10-1　直流稳压电源的组成及输出波形

1．电源变压器

交流电网提供 50Hz、220V（单相）或 380V（三相）的正弦电压，而各种电子设备所需直流电压的幅值通常与电网电压的有效值相差较大，因此，常常需要将电网电压先经过电源变压器进行降压，再进行交、直流转换。当然，有的电源不是利用变压器而是利用其他方法降压的。

2．整流电路

整流电路的主要任务是利用二极管的单向导电性，将变压器二次绕组输出的正负交替的正弦交流电压整流成单向脉动电压。但是，这种单向脉动电压往往包含很大的脉动成分，距离理想的直流电压还差得很远，故不能直接供给电子设备使用。

3．滤波电路

滤波电路一般由电容、电感等储能元件组成。它的作用是将整流电路输出的单向脉动电压中的交流成分滤除，变成比较平滑的直流电压输出。但是，当电网电压或负载电流发生变化时，滤波电路输出直流电压的幅值也将随之变化，在要求比较高的电子设备中，这种直流电压是不符合要求的。

4．稳压电路

稳压电路通过自动调整的原理，使得输出直流电压在电网电压或负载电流发生变化时保持稳定。

下面分别介绍各部分的电路结构和工作原理。

复习思考题

10.1.1　获得直流电源的方法主要有哪些？比较经济实用的方法是什么？

10.1.2　直流稳压电源由哪几部分组成？各部分的作用分别是什么？

10.1.3　直流稳压电源的第一步为什么要进行降压？

10.2　整流电路

整流电路是利用二极管的单向导电性，将正负交替的正弦交流电压变换成单方向的脉动直流电压。在小功率的直流电源中，整流电路的主要形式有单相半波整流电路、单相全波整流电路和单相桥式全波整流电路。其中，单相桥式全波整流电路用得最为普遍。

10.2.1　单相半波整流电路

图 10-2（a）所示为单相半波整流电路，它是最简单的整流电路，由变压器、二极管和负载电阻组成。u_1 是变压器一次绕组的输入电压（一次电压），通常有效值为 220V，频率为 50Hz，u_2 是变压器二次绕组的输出电压（二次电压）。一般设

$$u_2 = U_{2m} \sin \omega t = \sqrt{2}U \sin \omega t$$

u_2 的波形如图 10-2（b）所示。

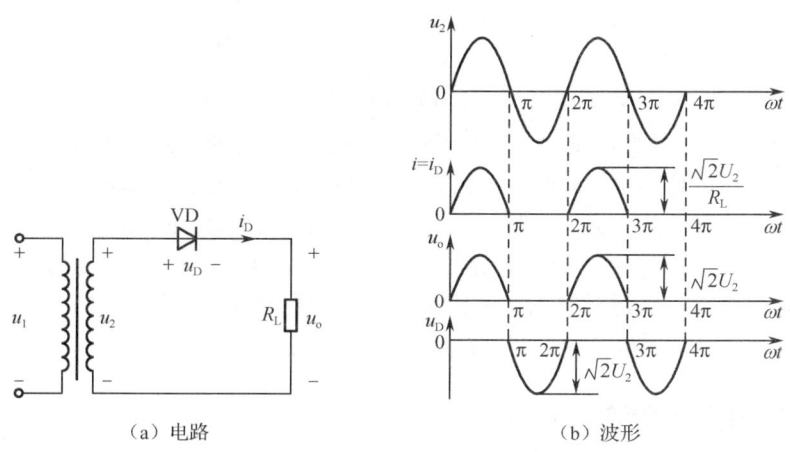

（a）电路　　　　　　　　　　　（b）波形

图 10-2　单相半波整流电路及波形

设二极管为理想二极管，在电压 u_2 的正半周，二极管 VD 正偏导通，电流 i_D 经二极管流向负载 R_L，在 R_L 上就得到一个上正下负的电压；在 u_2 的负半周，二极管 VD 反偏截止，流过负载的电流为 0A，因而 R_L 上的电压为 0V。这样，在 u_2 信号的一个周期内，R_L 上只有半个周期有电流通过，结果在 R_L 两端得到的输出电压 u_o 就是单方向的，且近似为半个周期的正弦波，所以叫**单相半波整流电路**。该电路中各段电压、电流的波形如图 10-2（b）所示。

10.2.2　单相全波整流电路

为提高电源的利用率，可将两个单相半波整流电路合起来组成一个单相全波整流电路。它的指导思想是利用具有中心抽头的变压器与两只二极管配合，使两只二极管在 u_2 的正半周和负半周轮流导通，而且这两种情况下流过 R_L 的电流保持同一方向，从而使正、负半周在负载上均有输出电压。

单相全波整流电路如图 10-3（a）所示，变压器的二次绕组中两个绕组的电压相等，同名端如图 10-3（a）所示。在 u_2 的正半周，VD_1 导通，电流 i_{D1} 经过 VD_1 流向负载 R_L，在 R_L 上产生上正下负的单向脉动电压，此时 VD_2 因承受反向电压而截止；在 u_2 的负半周，VD_2 导通，电流 i_{D2} 经过 VD_2 流向负载 R_L，在 R_L 上也产生上正下负的单向脉动电压，此时 VD_1 因承受反向电压而截止。这样，在 u_2 的整个周期内，R_L 上均能得到单方向的直流脉动电压，故称之为单相全波整流电路，其波形如图 10-3（b）所示。

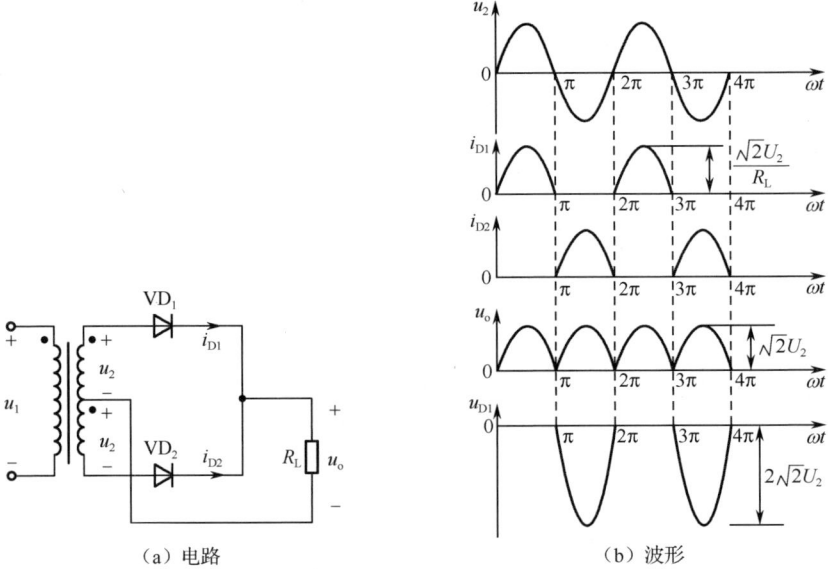

（a）电路　　　　　　　　　　　　　（b）波形

图 10-3　单相全波整流电路及波形

由图 10-3（b）所示波形可见，全波整流输出电压 u_o 的波形所包围的面积是半波整流电路的两倍，所以其平均值也是半波整流的两倍。另外，全波整流输出波形的脉动成分比半波整流时有所下降。但是，由图 10-3（a）所示电路可知，在 u_2 的负半周时，VD_2 导通，VD_1 截止，此时变压器二次绕组中两个绕组的电压全部加到二极管 VD_1 的两端，因此二极管承受的反向电压较高，其最大值等于 $2\sqrt{2}U_2$。此外，这种单相全波整流电路必须采用具有中心抽头的变压器，而且每个绕组只有一半时间通过电流，所以变压器的利用率不高。

10.2.3　单相桥式全波整流电路

针对图 10-3（a）所示单相全波整流电路的缺点，希望仍使用只有一个二次绕组的变压器，就能达到全波整流的目的。为此，提出了如图 10-4（a）所示的**单相桥式全波整流电路**，简称桥式整流电路。电路中采用了 $VD_1 \sim VD_4$ 四只二极管，并且接成电桥形式，因此而得名。

在变压器二次电压 u_2 的正半周，VD_1、VD_2 导通，VD_3、VD_4 截止，电流流经 VD_1、R_L、VD_2，在负载 R_L 上产生上正下负的单向脉动电压。在 u_2 的负半周，VD_3、VD_4 导通，VD_1、VD_2 截止，电流流经 VD_3、R_L、VD_4，在负载 R_L 上也产生上正下负的单向脉动电压。这样，在 u_2 的整个周期内，负载 R_L 上均能得到直流脉动电压，这与图 10-3（a）所示单相全波整流电路一样，两个电路的不同之处在于，桥式整流电路中每个半周均有两只二极管导通，且由于变压器二次侧只有一个绕组，因而每只二极管截止时所承受的反向电压 u_2 仅是图 10-3（a）单相全波整流电路的一半。所有波形如图 10-4（d）所示。桥式整流电路还可以有其他画法，如图 10-4（b）、（c）所示。

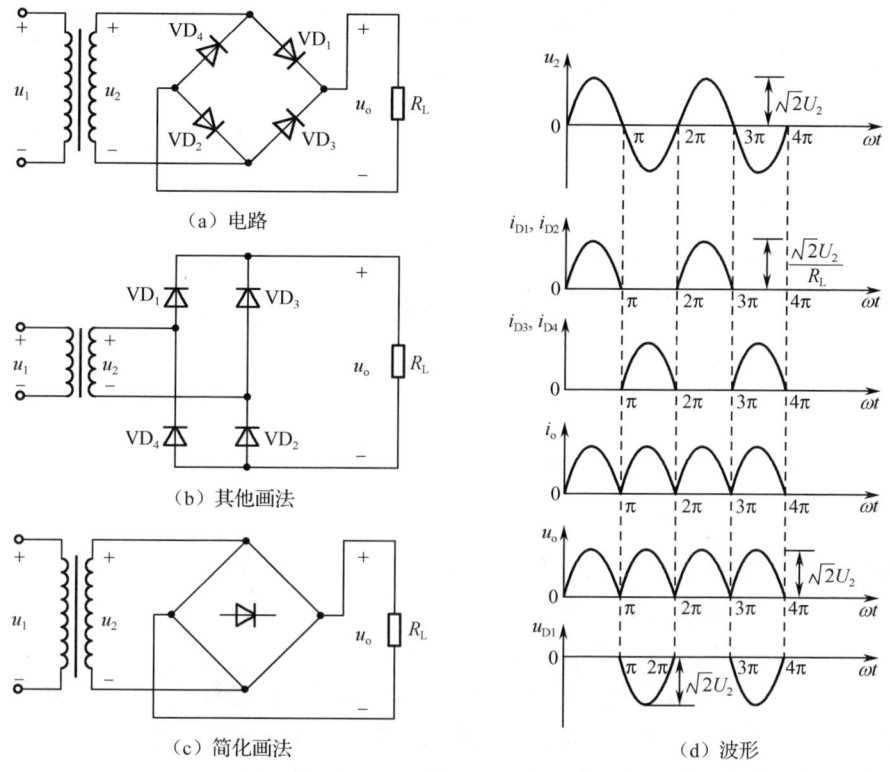

（a）电路

（b）其他画法

（c）简化画法

（d）波形

图 10-4　单相桥式全波整流电路及波形

由图 10-4 可见，桥式整流电路无须采用具有中心抽头的变压器，仍能达到全波整流的目的。而且，整流二极管承受的反向电压也不高，但是电路中需用 4 只二极管。

10.2.4　整流电路的主要参数

描述整流电路技术性能的主要参数有以下几项：整流电路输出电压及输出电流的平均值 $U_{o(AV)}$ 和 $I_{o(AV)}$、整流电路输出电压的脉动系数 S、整流二极管正向平均电流 $I_{D(AV)}$ 以及整流二极管承受的最大反向峰值电压 U_{RM}。

现以应用比较广泛的单相桥式全波整流电路为例，具体分析上述各项参数。

1. 输出电压及输出电流的平均值

输出电压 $U_{o(AV)}$ 是整流电路的输出电压瞬时值 u_o 在一个周期内的平均值，即

$$U_{o(AV)} = \frac{1}{2\pi}\int_0^{2\pi} u_o \, d(\omega t)$$

由图 10-4（d）可见，在桥式整流电路中

$$U_{o(AV)} = \frac{1}{\pi}\int_0^{\pi} \sqrt{2}U_2 \sin \omega t \, d(\omega t) = \frac{2\sqrt{2}}{\pi}U_2 = 0.9U_2 \tag{10-1}$$

式（10-1）说明，在桥式整流电路中，负载上得到的直流电压约为变压器二次电压 u_2 有效值的 90%。这个结果是在理想情况下得到的，如果考虑到整流电路内部二极管正向内阻和变压器等效内阻上的压降，输出电压的实际数值还要低一些。

输出电流的平均值 $I_{o(AV)}$ 为

$$I_{o(AV)} = \frac{U_{o(AV)}}{R_L} = \frac{0.9U_2}{R_L} \tag{10-2}$$

2. 脉动系数

整流电路输出电压的脉动系数 S 定义为输出电压基波的最大值 U_{o1m} 与其平均值 $U_{o(AV)}$ 之比，即

$$S = \frac{U_{o1m}}{U_{o(AV)}}$$

为了估算 U_{o1m}，可将图 10-4（d）中桥式整流电路的输出波形用傅里叶级数表示

$$u_o = \sqrt{2}U_2\left(\frac{2}{\pi} - \frac{4}{3\pi} \times \cos 2\omega t - \frac{4}{15\pi} \times \cos 4\omega t - \frac{4}{35\pi} \times \cos 6\omega t \cdots\right)$$

式中，第一项为输出电压的平均值，第二项是其基波成分。可见，其基波频率为 2ω，最大值为

$$U_{o1m} = \frac{4\sqrt{2}}{3\pi}U_2$$

因此脉动系数为

$$S = \frac{\dfrac{4\sqrt{2}}{3\pi}U_2}{\dfrac{2\sqrt{2}}{\pi}U_2} = 0.67 \tag{10-3}$$

即桥式整流电路输出脉动系数为 67%。通过比较可知，桥式整流电路的脉动成分虽然比半波整流电路有所下降，但数值仍然比较大。

3. 二极管正向平均电流

温升是决定半导体器件使用极限的一个重要指标，整流二极管的温升本来应该与通过二极管的电流有效值有关，但是由于平均电流是整流电路的主要工作参数，因此二极管在出厂时已将其允许的温升折算成半波整流电流的平均值，在器件手册中给出。

在桥式整流电路中，二极管 VD_1、VD_2 和 VD_3、VD_4 轮流导通，由图 10-4（d）所示波形可以看出，每只整流二极管的平均电流等于输出电流平均值的一半，即

$$I_{D(AV)} = \frac{1}{2}I_{o(AV)} \tag{10-4}$$

当负载电流平均值已知时，可以根据 $I_{o(AV)}$ 来选定整流二极管的 $I_{D(AV)}$。在实际选用二极管时，要使得二极管的最大整流电流 $I_F \geq I_{D(AV)}$。

4. 二极管最大反向峰值电压

每只二极管的最大反向峰值电压 U_{RM} 是指二极管不导电时，在它两端出现的最大反向电压。选二极管时应注意，二极管的最大反向工作电压 $U_R \geq U_{RM}$，以免被击穿。由图 10-4（d）波形容易看出，整流二极管承受的最大反向峰值电压就是变压器二次电压的最大值，即

$$U_{RM} = \sqrt{2}U_2 \tag{10-5}$$

关于单相半波整流和单相全波整流的主要参数也可以利用上述方法进行分析，此处不再赘述。现将理想情况下三种单相整流电路的主要参数列于表 10-1 中，以便读者进行查阅和比较。

表 10-1 单相整流电路的主要参数

电路形式	$U_{o(AV)}/U_2$	S	$I_{D(AV)}/I_{o(AV)}$	U_{RM}/U_2
半波整流	0.45	157%	100%	1.41
全波整流	0.90	67%	50%	2.83
桥式整流	0.90	67%	50%	1.41

表 10-1 中所列各参数是在忽略变压器内阻和整流二极管压降的情况下得到的。由表 10-1 可知，在同样的 U_2 值下，半波整流电路的输出直流电压最低，而脉动系数最高。桥式整流电路和全波整流电路当 U_2 相同时，输出直流电压相等，脉动系数也相同，但在桥式整流电路中，每个整流二极管所承受的反向峰值电压比全波整流电路的低，因此它的应用比较广泛。

【例 10-1】 已知交流电压 $u_1 = 220$V，负载电阻 $R_L = 50\Omega$，采用桥式整流电路，要求输出电压 $U_o = 24$V。如何选用二极管？

解： 先求通过负载的直流电流

$$I_o = \frac{U_o}{R_L} = \frac{24}{50}A = 480\text{mA}$$

则二极管的平均电流

$$I_D = \frac{1}{2}I_o = 240\text{mA}$$

变压器二次电压有效值

$$U_2 = \frac{U_o}{0.9} = \frac{24}{0.9}V = 26.6V$$

选二极管时应满足

$$U_R \geqslant \sqrt{2}U_2 = \sqrt{2} \times 26.6V = 37.6V$$

可选用型号为 2CZ54C 的二极管，其最大整流电流为 500mA，反向工作峰值电压为 100V。

【例 10-2】 某电子设备要求电压值为 15V 的直流电源，已知负载电阻 $R_L = 50\Omega$，试问：

（1）若选用桥式整流电路，则电源变压器二次电压有效值 U_2 应为多少？整流二极管正向平均电流 $I_{D(AV)}$ 和最大反向电压 U_{RM} 各为多少？输出电压的脉动系数 S 等于多少？

（2）若改用单相半波整流电路，则 U_2、$I_{D(AV)}$、U_{RM} 和 S 各为多少？

解：（1）由式（10-1）可得

$$U_2 = \frac{U_{o(AV)}}{0.9} = \frac{15}{0.9}V = 16.7V$$

根据所给条件，可得输出电流平均值为

$$I_{o(AV)} = \frac{U_{o(AV)}}{R_L} = \frac{15}{50}A = 0.3A = 300\text{mA}$$

由式（10-4）和式（10-5）可得

$$I_{D(AV)} = \frac{1}{2}I_{o(AV)} = \frac{0.3}{2}A = 0.15A = 150\text{mA}$$

$$U_{RM} = \sqrt{2}U_2 = \sqrt{2} \times 16.7V = 23.6V$$

此时脉动系数为

$$S = 0.67 = 67\%$$

（2）若改用半波整流电路，则

$$U_2 = \frac{U_{o(AV)}}{0.45} = \frac{15}{0.45}V = 33.3V$$

$$I_{D(AV)} = I_{o(AV)} = 300\text{mA}$$

$$U_{RM} = \sqrt{2}U_2 = \sqrt{2} \times 33.3V = 47.1V$$

$$S = 1.57 = 157\%$$

复习思考题

10.2.1　填空：

（1）构成整流电路的核心器件是＿＿＿＿＿＿＿，它是利用该器件的＿＿＿＿＿＿＿性质，将_____电压变换成_____电压。

（2）单相半波整流电路输出电压平均值 $U_{o(AV)}$=_____，单相全波整流电路输出电压平均值 $U_{o(AV)}$=_____，桥式整流电路输出电压平均值 $U_{o(AV)}$=_____；该三种整流电路中，整流二极管承受的最大反向电压分别为 U_{RM}=_____，U_{RM}=_____，U_{RM}=_____。

（3）整流电路输出电压的脉动系数 S 定义为_____，其值越_____（大/小），表明稳压效果越好。

10.2.2　判断正误：

（1）直流稳压电源是一种将正弦信号转换为直流信号的波形变换电路。（　　）

（2）直流稳压电源是一种能量转换电路，它将交流能量转换为直流能量。（　　）

（3）在变压器二次电压和负载电阻相同的情况下，桥式整流电路的输出电流是半波整流电路输出电流的 2 倍。因此，它们的整流二极管的平均电流比值为 2∶1。（　　）

（4）整流电路可将正弦电压变为脉动的直流电压。（　　）

（5）在单相桥式整流电容滤波电路中，若有一只整流二极管断开，则输出电压平均值变为原来的一半。（　　）

10.2.3　在图 10-4（a）所示单相桥式全波整流电路中，已知输出电压平均值 $U_{o(AV)}$=18V，负载电流均值 $I_{L(AV)}$=80mA。试求：（1）变压器二次电压有效值 U_2 的值；（2）设电网电压波动范围为±10%，在选择二极管的参数时，其最大整流电流平均值 I_F 和最高反向电压 U_{RM} 的下限值约为多少？

10.2.4　电路如题图 10.2.4 所示。要求：

（1）输出电压 u_{o1} 和 u_{o2} 在图示参考方向下，判断其是正电压还是负电压。

（2）u_{o1}、u_{o2} 分别是半波整流还是全波整流？

（3）当 U_{21}=U_{22}=20V 时，$U_{o1(AV)}$ 和 $U_{o2(AV)}$ 各为多少？

（4）当 U_{21}=18V，U_{22}=22V 时，画出 u_{o1}、u_{o2} 的波形；并求出 $U_{o1(AV)}$ 和 $U_{o2(AV)}$ 各为多少？

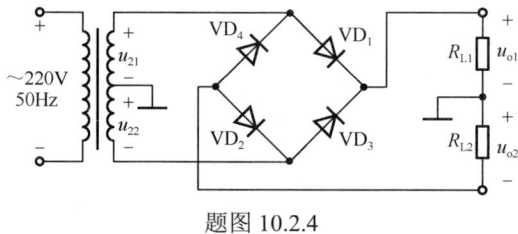

题图 10.2.4

10.3　滤波电路

为了降低整流电路输出电压的脉动成分，需要采取由电容或电感等储能元件组成的滤波电路进行滤波，以得到平滑的直流电压。

10.3.1　电容滤波电路

1. 电路组成及工作原理

图 10-5（a）所示为单相桥式整流的电容滤波电路。其中与负载并联的电容 C 称为滤波电容。图 10-5（b）所示为该电路的波形。如前所述，当整流电路中不接电容 C 时，负载 R_L 上的脉动电压波形如图 10-5（b）中虚线所示。

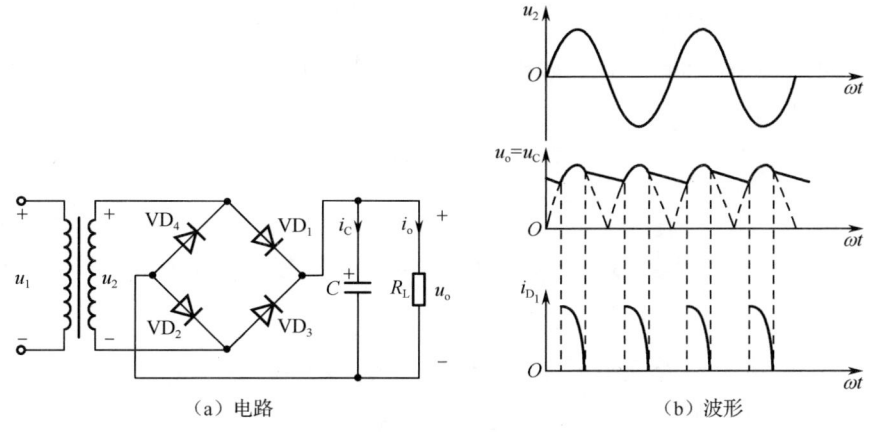

（a）电路　　　　　　　　　　　　　　（b）波形

图 10-5　电容滤波电路及波形

当电路接入滤波电容 C 之后，在 u_2 正半周里，VD_1 和 VD_2 导通，电源除向负载 R_L 提供电流 i_o 外，还有一个电流 i_C 向电容充电。若忽略变压器绕组的内阻和二极管导通电阻，则电容上的电压 u_C 将随着 u_2 的上升很快充电到 u_2 的峰值 $\sqrt{2}\,U_2$。此后，u_2 按正弦规律从峰值开始下降。当 $u_2 < u_C$ 后，四只二极管由于反偏而全部截止。电容 C 则通过 R_L 进行放电，同时电容上的电压 u_C（负载 R_L 两端电压 u_o）按指数规律慢慢下降，下降的速度由放电时间常数 $\tau = R_L C$ 决定。其放电波形如图 10-5（b）中的实线所示。待到 u_2 的负半周 $|u_2| > u_C$ 时，VD_3 和 VD_4 导通，电源再次向负载提供电流并向电容充电。当 u_C 达到峰值之后，$|u_2|$ 又按正弦规律下降，电容再对负载放电。当 $|u_2| < u_C$ 时，四只二极管又全部截止。随着放电的进行，$u_C(u_o)$ 再次按指数规律下降。如此循环，输出电压 u_o 变成了比较平滑的直流电压，如图 10-5（b）中的实线所示。

输出电压 u_o 的平滑程度取决于滤波电容的放电时间常数 $\tau = R_L C$，τ 越大，放电过程越慢，将使得输出电压平均值越高，脉动成分越小，滤波效果越好。除了滤波电容 C 的容量外，负载电阻 R_L 的大小也影响滤波效果。R_L 减小（或负载电流增大）将使输出电压平均值减小，同时输出脉动成分增大。所以，电容滤波电路适用于负载电流小且变化范围不大的场合。

2．滤波电容的选择

由以上分析可知，滤波电容容量的大小直接影响放电时间常数的大小，从而影响滤波的效果。从理论上讲，滤波电容越大，放电过程越慢，输出电压越平滑，平均值也越高。但实际上，大容量的电容体积很大，并将使整流二极管流过更大的冲击电流。因此，在实际电路中，对于全波或桥式整流电路，常根据经验公式来选择滤波电容的容量，即满足

$$R_L C \geqslant (3 \sim 5)\frac{T}{2} \tag{10-6}$$

式中，T 为电网交流电压的周期。在上述条件下，输出电压平均值为

$$U_{o(AV)} \approx 1.2 U_2 \tag{10-7}$$

一般选择几十微法至几千微法的电解电容，其耐压值应大于 $\sqrt{2}\,U_2$。在滤波电容接入电路时，要注意电解电容的极性不能接反。

10.3.2　Π型 RC 滤波电路

在图 10-5（a）所示电容滤波电路的基础上，再加一级 RC 低通滤波电路，就组成了如图 10-6 所示的 Π 型 RC 滤波电路，因其 C_1、R 和 C_2 形似希腊字母 Π 而得此名。

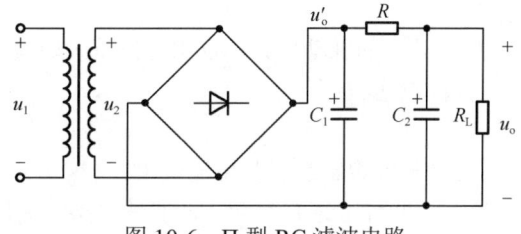

图 10-6　Π型 RC 滤波电路

经过第一级电容滤波以后，电容 C_1 两端的电压包含一个直流分量 $U'_{o(AV)}$ 和一个交流分量 u'_o，通过第二级 R 和 C_2 滤波后，在负载电阻 R_L 上得到直流电压 $U_{o(AV)}$，而交流分量将进一步衰减。根据电路可得

$$U_{o(AV)} = \frac{R_L}{R + R_L} \cdot U'_{o(AV)} \tag{10-8}$$

可见，增加一级 RC 滤波电路以后，使得输出电压更加平滑，但也使得直流电压有所衰减。为了维持原有的输出电压，就要适当提高 U_2 的大小，这是 Π 型 RC 滤波电路的缺点；而且负载电流越大，这个缺点越明显。

10.3.3　电感滤波电路和 LC 滤波电路

1. 电感滤波电路

利用电感具有阻止电流变化的特性，在整流电路的负载回路中串联一个电感，即可构成桥式整流电感滤波电路，如图 10-7 所示。

当整流后的脉动电流增大时，电感将产生反电动势，阻止电流增大；当该电流减小时，电感的反电动势将会阻止电流减小，从而使负载电流的脉动成分大大降低，达到滤波的目的。由于电感的交流阻抗很大，而直流电阻很小，因此交流分量在 $j\omega L$ 和 R_L 上分压后，很大一部分降落在电感上，所以降低了输出电压中的脉动成分，但直流分量经过电感后基本上没有损失。

所以，电感滤波电路适用于负载电流较大的场合，而且负载电流变化时，输出直流电压变化较小，即其外特性较硬。由图 10-7 可知，L 越大，R_L 越小，则滤波效果越好。采用电感滤波，整流二极管的导通角不会减小，避免了浪涌电流的冲击。这些都是电感滤波电路的优点。它的缺点是需要绕制一个体积较大的电感，而且往往是带铁心的电感。

2. LC 滤波电路

为了进一步改善滤波效果，在电感滤波电路的基础上，再在 R_L 上并联一个电容，即构成 LC 滤波电路，如图 10-8 所示。

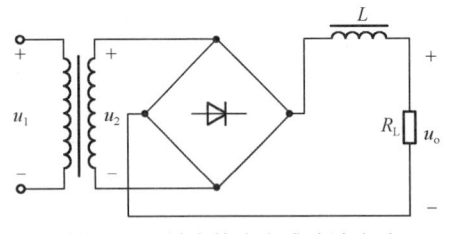
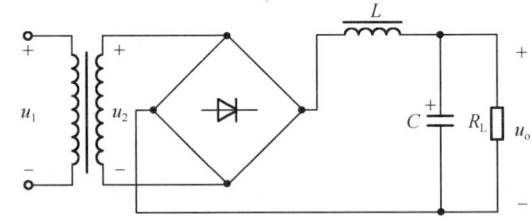

图 10-7　桥式整流电感滤波电路　　　　　图 10-8　LC 滤波电路

在 LC 滤波电路中，如果电感 L 值太小，R_L 又很大时，该电路与电容滤波电路很相似，将呈现出电容滤波的特性。为了保证整流二极管的导电角仍为 180°，一般要求 L 值较大。对基波信号而言，应满足 $R_L < 3\omega L$。

在 LC 滤波电路中，由于 R_L 上并联了一个电容，交流分量在 $R_L // \dfrac{1}{j\omega C}$ 和 $j\omega L$ 之间分压，所以输出电压 u_o 的脉动成分比仅用电感滤波时要小。若忽略电感 L 上的直流压降，则 LC 滤波电路的输出直流电压 U_o 为

$$U_o \approx 0.9 U_2 \tag{10-9}$$

LC 滤波电路在负载电流较大或较小时，均有良好的滤波作用。也就是说，它对负载的适应性比较强。此外，还有 Π 型 LC 滤波电路，如图 10-9 所示。

电感滤波和 LC 滤波克服了整流二极管冲击电流大的特点，滤波效果良好，而且电路的外特

性较硬，但与电容滤波相比，LC 滤波输出直流电压较低，采用电感使体积和重量都大为增加。表 10-2 中列出了各种滤波电路的性能。

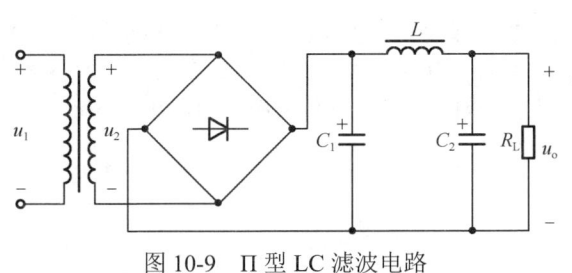

图 10-9　Π 型 LC 滤波电路

表 10-2　各种滤波电路的性能

类　型	性　能			
	$U_{o(AV)}/U_2$	适用场合	整流二极管的冲击电流	带负载能力
电容滤波	1.2	小电流	大	弱
Π 型 RC 滤波	<1.2	小电流	大	更弱
电感滤波	0.9	大电流	小	强
LC 滤波	0.9	大、小电流	小	强
Π 型 LC 滤波	1.2	小电流	大	弱

复习思考题

10.3.1　填空：

（1）桥式整流电容滤波电路输出电压平均值为 $U_{o(AV)}=$＿＿＿＿＿＿。

（2）桥式整流电容滤波电路中，对于滤波电容的容量选择，依据的公式是＿＿＿＿＿＿＿。

（3）采用电容滤波电路时，输出电压受负载变化影响＿＿＿＿＿，为了得到比较平滑的输出电压，希望 $R_L C$ 的值＿＿＿＿＿越好。

（4）稳压电源中的滤波电路应选用＿＿＿＿滤波电路（高通/低通/带通/带阻）。

10.3.2　判断正误：

（1）若 U_2 为电源变压器二次电压的有效值，则半波整流电容滤波电路和全波整流电容滤波电路在空载时的输出电压均为 $\sqrt{2}U_2$。（　　）

（2）电容滤波电路适用于小负载电流，而电感滤波电路适用于大负载电流。（　　）

（3）在单相桥式整流电容滤波电路中，若有一只整流二极管断开，则输出电压平均值变为原来的一半。（　　）

10.3.3　桥式整流电容滤波电路如题图 10.3.3 所示，试问：

（1）输出电压 u_o 在图示的参考方向情况下，是正值还是负值？电路中电解电容的极性该如何连接？

（2）当电路参数满足 $R_L C \gg (3\sim5)T/2$ 关系时，若要求输出电压 u_o 为 24V，则 u_2 的有效值是多少？

（3）若负载电流为 200mA，试求每只二极管流过的电流和最大反向电压 U_{RM}。

（4）电容 C 开路或短路时，电路会出现什么后果？

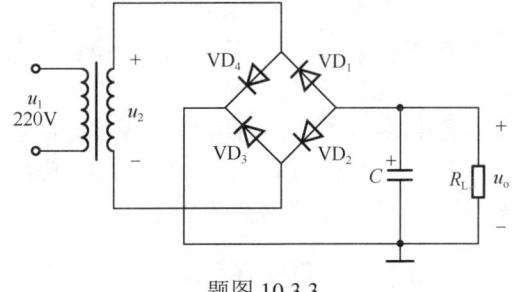

题图 10.3.3

10.4　稳压管稳压电路

整流、滤波后得到的平滑直流电压会随电网电压的波动和负载的改变而变动。为了能够提供更加稳定的直流电压，需要在整流滤波后加上稳压电路，使输出直流电压在上述两种变化条件下保持稳定。稳压电路的种类和形式很多，本节介绍比较简单的稳压管稳压电路。

10.4.1　电路组成及稳压原理

稳压管的伏安特性和由稳压管组成的稳压电路如图 10-10 所示，稳压管稳压电路由稳压管 VD_Z

和限流电阻 R 组成。

稳压管的正向特性和普通二极管相同。从它的反向特性可知，在图 10-10（b）所示电路中，如果能保证稳压管始终工作在它的稳压区，即保证稳压管的电流 $I_{Zmin} \leqslant I_Z \leqslant I_{Zmax}$，则 U_o 基本稳定，其值为 U_Z。按照国家标准，电网电压允许的波动范围为±10%，而在图 10-10（b）所示稳压电路中，输入电压 U_i 是整流滤波电路的输出电压，因此当电网电压波动时，U_i 将随之变化，使得 U_o 变化。另外，当整流滤波电路的负载电阻变化时，U_o 也将随之变化。所以应从电网电压波动和负载变化两个方面来考察电路是否有稳压作用。

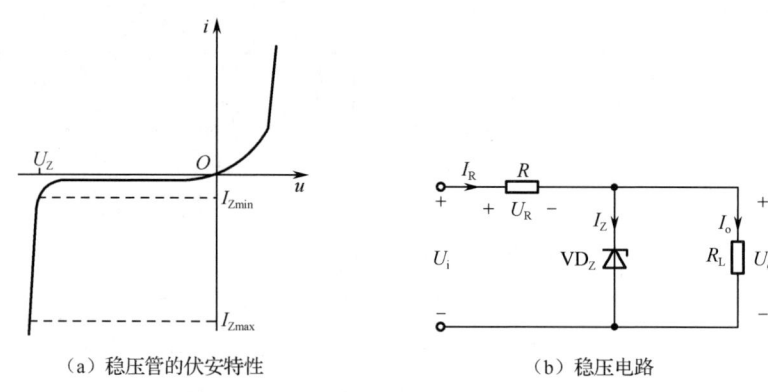

(a) 稳压管的伏安特性　　　　　　　(b) 稳压电路

图 10-10　稳压管的伏安特性及稳压电路

1. 电网电压波动时输出电压基本不变

假设负载电阻 R_L 不变，当电网电压升高使 U_i 增大时，输出电压 U_o 也将随之增大。根据稳压管反向特性，稳压管两端电压的微小升高，将使流过稳压管的电流 I_Z 急剧增大，因为 $I_R = I_Z + I_o$，I_Z 增大使 I_R 增大，所以电阻 R 上的压降 U_R 随之增大，以此来抵消 U_i 的升高，从而使输出电压 U_o 基本不变。当电网电压降低时，U_i、I_Z、I_R 及 R 上电压的变化与上述过程相反，U_o 也基本不变。可见，在电网电压变化时，$\Delta U_R \approx \Delta U_i$，从而使得 U_o 稳定。

2. 负载电阻变化时输出电压基本不变

假设输入电压 U_i 保持不变，当负载电阻变小，即负载电流 I_o 增大时，造成流过电阻 R 的电流 I_R 增大，R 上压降也随之增大，从而使得输出电压 U_o 下降。但 U_o 的微小下降将使流过稳压管的电流 I_Z 急剧减小，补偿 I_o 的增大，从而使 I_R 基本不变，R 上压降也就基本不变，最终使输出电压 U_o 基本不变。当负载电阻增大，即负载电流 I_o 减小时，I_Z 和 R 上电压变化与上述过程相反，U_o 也基本不变。可见，在负载电流变化时，$\Delta I_Z \approx -\Delta I_o$，从而使得 U_o 稳定。

10.4.2　主要稳压指标

稳压电路的主要性能指标有两项，稳压系数 S_r 和内阻 R_o。

1. 稳压系数

在负载电阻 R_L 不变时，输出电压的相对变化量与输入电压相对变化量之比称为稳压系数，用 S_r 表示。估算稳压系数的等效电路如图 10-11 所示。由图可得

$$\Delta U_o = \frac{r_Z /\!/ R_L}{(r_Z /\!/ R_L) + R} \cdot \Delta U_i$$

当满足条件 $r_Z \ll R_L$，$r_Z \ll R$ 时，上式可简化为

$$\Delta U_o \approx \frac{r_Z}{R} \Delta U_i$$

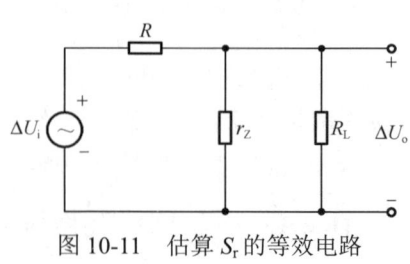

图 10-11　估算 S_r 的等效电路

则

$$S_r = \frac{\Delta U_o / U_o}{\Delta U_i / U_i} = \frac{\Delta U_o}{\Delta U_i} \cdot \frac{U_i}{U_o} \approx \frac{r_Z}{R} \cdot \frac{U_i}{U_o} \qquad （10\text{-}10）$$

由式（10-10）可知，r_Z 越小，R 越大，则 S_r 越小，即电网电压波动时，稳压电路的稳压性能越好。

2．内阻

稳压电路内阻 R_o 的定义为直流输入电压 U_i 不变时，输出端的 ΔU_o 与 ΔI_o 之比。根据定义，估算电路的内阻时，应将负载电阻 R_L 开路。又因 U_i 不变，故其变化量 $\Delta U_i = 0$。此时图 10-10（b）所示稳压电路的等效电路如图 10-12 所示，可对 R_o 进行估算。

图 10-12 中 r_Z 为稳压管的动态电阻，可得

$$R_o = \frac{\Delta U_o}{\Delta I_o} = r_Z // R$$

由于一般情况下能够满足 $r_Z \ll R$，故上式可简化为

$$R_o \approx r_Z \qquad （10\text{-}11）$$

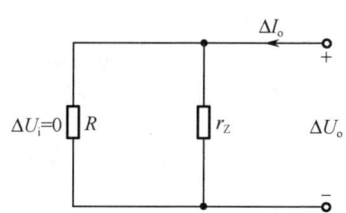
图 10-12　估算 R_o 的等效电路

由此可知，稳压电路的内阻近似等于稳压管的动态内阻。r_Z 越小，稳压电路的内阻 R_o 也越小，当负载变化时，稳压电路的稳压性能越好。

10.4.3　限流电阻的选择

在图 10-10（b）所示的稳压电路中，限流电阻 R 是个很重要的元件，其阻值必须选择合适才能保证稳压管既能稳压又不至于损坏。由图 10-10（b）所示电路可知，R 中电流

$$I_R = \frac{U_i - U_o}{R} = I_Z + I_o$$

若 R 取值过小，则当负载电流最小且 U_i 最大（电网电压产生+10%波动）时，流过稳压管的电流可能超过其允许的最大电流 I_{Zmax}，造成稳压管损坏；若 R 取值过大，则当负载电流最大且 U_i 最小（电网电压产生-10%波动）时，流过稳压管的电流可能减小到最小工作电流 I_{Zmin} 以下，使稳压管失去稳压作用。因此，选择 R 的阻值应该满足下述关系：

$$\frac{U_{imax} - U_Z}{R} - I_{omin} < I_{Zmax} \quad 或 \quad R > \frac{U_{imax} - U_Z}{I_{Zmax} + I_{omin}} \qquad （10\text{-}12）$$

$$\frac{U_{imin} - U_Z}{R} - I_{omax} > I_{Zmin} \quad 或 \quad R < \frac{U_{imin} - U_Z}{I_{Zmin} + I_{omax}} \qquad （10\text{-}13）$$

综上所述应选择：

$$\frac{U_{imax} - U_Z}{I_{Zmax} + I_{omin}} < R < \frac{U_{imin} - U_Z}{I_{Zmin} + I_{omax}} \qquad （10\text{-}14）$$

【例 10-3】　在图 10-10（b）所示稳压电路中，设稳压管的 $U_Z = 6V$，最小稳定电流 $I_{Zmin} = 5mA$，额定功率 $P_Z = 300mW$，当 I_Z 由 I_{Zmin} 变到 I_{Zmax} 时，U_Z 的变化量 ΔU_Z 为 0.45V；稳压电路直流输入电压 U_i 为 15V×(1±10%)，负载电阻 R_L 为 200Ω～600Ω。

（1）选择限流电阻 R；

（2）估算在上述条件下的稳压系数 S_r 和内阻 R_o。

解：（1）由给定条件可知

$I_{Zmin} = 5mA$

$I_{Zmax} = P_Z / U_Z = 0.3/6A = 0.05A = 50mA$

$$I_{\text{omin}} = U_Z/R_{\text{Lmax}} = 6/600\text{A} = 0.01\text{A} = 10\text{mA}$$
$$I_{\text{omax}} = U_Z/R_{\text{Lmin}} = 6/200\text{A} = 0.03\text{A} = 30\text{mA}$$
$$U_{\text{imax}} = (1 + 10\%) \times 15\text{V} = 16.5\text{V}$$
$$U_{\text{imin}} = (1 - 10\%) \times 15\text{V} = 13.5\text{V}$$

将上述参数代入式（10-14）得

$$\frac{16.5 - 6}{0.05 + 0.01}\Omega < R < \frac{13.5 - 6}{0.005 + 0.03}\Omega$$

可以取 $R = 200\Omega$。

电阻 R 上消耗的功率 P_R 为

$$P_R = \frac{(U_{\text{imax}} - U_Z)^2}{R} = \frac{(16.5 - 6)^2}{200}\text{W} = 0.6\text{W}$$

最后可选取 200Ω、1W 的碳膜电阻。

（2）由给定条件可知

$$r_Z = \frac{\Delta U_Z}{\Delta I_Z} = \frac{0.45}{0.05 - 0.005}\Omega = 10\Omega$$

所以此稳压电路的稳压系数 S_r 为

$$S_r \approx \frac{r_Z}{R} \cdot \frac{U_i}{U_o} = \frac{10}{200} \times \frac{15}{6} = 0.125 = 12.5\%$$

稳压电路内阻 R_o 为

$$R_o \approx r_Z = 10\Omega$$

在输出电压不需要调节，负载电流比较小的情况下，稳压管稳压电路的效果较好，所以在小型的电子设备中经常采用这种电路。但是，稳压管稳压电路还存在两个缺点：一是输出电压由稳压管的型号决定，只能输出单一数值的电压，不可随意调节；二是电网电压和负载电流的变化范围较大时，电路将不能适应。为了改进以上缺点，可以采用串联型直流稳压电路。

复习思考题

10.4.1　简述图 10-10（b）所示稳压电路的稳压原理。

10.4.2　稳压管稳压电路的优缺点是什么？

10.4.3　在图 10-10（b）所示的稳压电路中，设稳压管的 $U_Z = 6\text{V}$，$I_{Z\text{max}} = 40\text{mA}$，$I_{Z\text{min}} = 5\text{mA}$；$U_{\text{imax}} = 15\text{V}$，$U_{\text{imin}} = 12\text{V}$；$R_{\text{Lmax}} = 600\Omega$，$R_{\text{Lmin}} = 300\Omega$。当 I_Z 由 $I_{Z\text{max}}$ 变到 $I_{Z\text{min}}$ 时，U_Z 的变化量 ΔU_Z 为 0.35V。

（1）试选择限流电阻 R；

（2）估算在上述条件下的稳压系数 S_r 和内阻 R_o。

10.5　串联型直流稳压电路

10.5.1　电路组成及工作原理

1．电路组成

图 10-13 所示是**串联型直流稳压电路**。它由基准电压源、比较放大电路、调整管和取样电路四部分组成。三极管 VT 接成射极输出器形式，主要起调整作用。因为它与负载 R_L 串联，所以这种电路称为串联型直流稳压电路。

稳压管 VD_Z 和限流电阻 R 组成基准电压源，提供基准电压 U_Z。电阻 R_1、R_2 和电位器 R_P 组成取样电路。当输出电压变化时，取样电阻将其变化量的一部分 U_F 送到比较放大电路。运算放大器 A 组成比较放大电路。取样电压 U_F 和基准电压 U_Z 分别送至运算放大器 A 的反相输入端和同相输入端，进行比较放大，其输出端与调整管的基极连接，以控制调整管的基极电位。

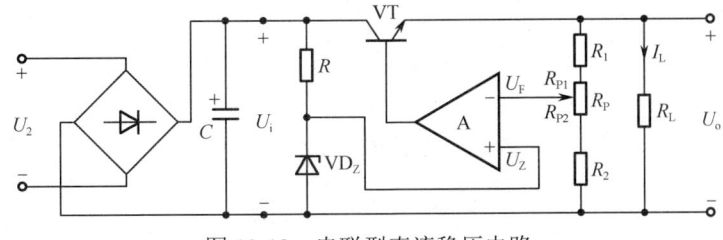

图 10-13　串联型直流稳压电路

2．工作原理

当电网电压的波动使 U_i 升高或者负载变动使 I_L 减小时，U_o 应随之升高，取样电压 U_F 也升高，因基准电压 U_Z 基本不变，它与 U_F 比较放大后，使调整管基极电位降低，调整管的集电极电流减小，集电极-发射极之间电压增大，从而使输出电压 U_o 基本不变。

同理，当 U_i 下降或者 I_L 增大时，U_o 应随之下降，取样电压 U_F 也减小，它与基准电压 U_Z 比较放大后，使调整管基极电位升高，调整管的集电极电流增大，集电极-发射极之间电压减小，从而使输出电压 U_o 基本保持不变。由此可见，电路的稳压实质上是通过负反馈使输出电压维持稳定的过程。

10.5.2　输出电压的调节范围

改变取样电路中间电位器 R_P 抽头的位置，可以调节输出电压的大小。

设 A 是理想运放，它工作在线性放大区，故有 $U_F = U_Z$。由取样电路可知

$$U_F = \frac{R_2 + R_{P2}}{R_1 + R_2 + R_P} \cdot U_o$$

所以

$$U_o = \frac{R_1 + R_2 + R_P}{R_2 + R_{P2}} \cdot U_Z \tag{10-15}$$

当电位器抽头调至 R_P 的上端时，$R_{P2} = R_P$，此时输出电压最小，即

$$U_{omin} = \frac{R_1 + R_2 + R_P}{R_2 + R_P} \cdot U_Z \tag{10-16}$$

当电位器抽头调至 R_P 的下端时，$R_{P2} = 0$，此时输出电压最大，即

$$U_{omax} = \frac{R_1 + R_2 + R_P}{R_2} \cdot U_Z \tag{10-17}$$

【例 10-4】　设图 10-13 所示串联型直流稳压电路中，稳压管为 2CW14，其基准电压为 $U_Z = 7V$，取样电阻 $R_1 = 3k\Omega$，$R_P = 2k\Omega$，$R_2 = 3k\Omega$，试估算输出电压的调节范围。

解： 根据式（10-16）和式（10-17），得

$$U_{omin} = \frac{R_1 + R_2 + R_P}{R_2 + R_P} \cdot U_Z = \frac{3 + 3 + 2}{3 + 2} \times 7V = 11.2V$$

$$U_{omax} = \frac{R_1 + R_2 + R_P}{R_2} \cdot U_Z = \frac{3 + 3 + 2}{3} \times 7V = 18.7V$$

由此可知，稳压电路输出电压的调节范围是 11.2V～18.7V。

10.5.3　输入电压的变化范围

串联型直流稳压电路中输出电压能够保持稳定，主要依靠调整管的集电极-发射极之间电压 U_{CE} 来平衡。通常选择调整管的 U_{CE} 变化范围为 3V～8V，因此稳压电路的输入电压 U_i 的变化范围应为

$$U_i = U_{omax} + (3\sim8)V \tag{10-18}$$

U_i 是整流滤波后的电压，它与变压器二次电压有效值 U_2 的关系为 $U_i \approx 1.2U_2$。如果考虑电网电压有±10%的波动，那么变压器二次电压有效值应为

$$U_2 \approx (0.9\sim1.1)\frac{U_i}{1.2} \tag{10-19}$$

【例 10-5】　在图 10-13 所示串联型直流稳压电路中，已知基准电压 $U_Z = 9V$，$R_1 = 3k\Omega$，$R_P = 2k\Omega$，$R_2 = 3k\Omega$，试估算：（1）输出电压 U_o 的变化范围为多少？（2）输入电压 U_i 至少应为多大？（3）当 $U_i = 28V$ 时，电源变压器二次电压有效值 U_2 为多大？

解：（1）输出电压为

$$U_{omin} = \frac{R_1 + R_2 + R_P}{R_2 + R_P} \cdot U_Z = \frac{(3+3+2)\times10^3}{(3+2)\times10^3}\times9V = 14.4V$$

$$U_{omax} = \frac{R_1 + R_2 + R_P}{R_2} \cdot U_Z = \frac{(3+3+2)\times10^3}{3\times10^3}\times9V = 24V$$

因此，输出电压的调节范围应为 14.4V～24V。

（2）考虑到调整管压降至少为 3V，则输入电压至少应为

$$U_i = U_{omax} + 3V = 27V$$

（3）当 $U_i = 28V$ 时，若不考虑电网电压的波动，则变压器二次电压有效值为

$$U_2 = \frac{U_i}{1.2} = 23.3V$$

若考虑电网电压±10%的波动，则变压器二次电压有效值范围应为 $(0.9\sim1.1)\times\dfrac{U_i}{1.2}$，即 21V～25.6V。

10.5.4　稳压电路的保护电路

1. 限流型保护电路

图 10-14 所示是一种常用的具有限流保护作用的稳压电路，其中三极管 VT_2 和电阻 R 组成限流保护电路。

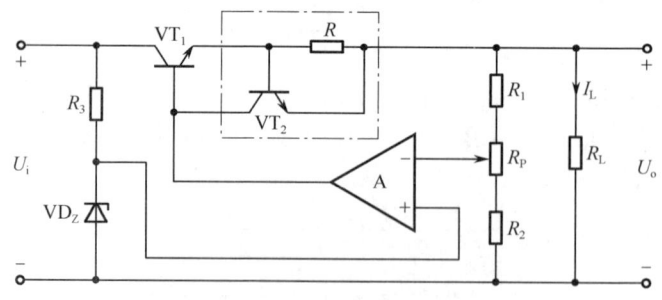

图 10-14　具有限流保护作用的稳压电路

当稳压电路正常工作时，调整管 VT_1 发射极电流在额定值范围内，电阻 R 上的电压不足以使三极管 VT_2 发射结导通，故 VT_2 处于截止状态，对稳压电路没有影响。当稳压电路输出电流过大

时，由于流过 R 的电流加大，其两端电压大于 VT_2 发射结的导通电压，使 VT_2 导通，将调整管 VT_1 的基极电流分走一部分，使 VT_1 的发射极电流大大减小，从而保护了调整管 VT_1。

这种保护电路的优点是当过流现象消除后，VT_2 立即截止，电路能自动恢复正常工作。但是，当保护电路启动后，调整管 VT_1 仍有电流流过，而且管压降很大，所以调整管 VT_1 的功耗很大。

2．截流型保护电路

限流型保护电路虽然能限制过大的输出电流，但是，当负载短路时，整流滤波后的输出直流电压 U_i 将全部加在调整管两端，而且此时通过调整管的电流也相当大，所以调整管消耗的功率很大。如果按照这种条件来选择调整管，势必要求其功率容量的额定值比正常情况的大好几倍。这样显然是不经济的，而且调整管的工作可靠性仍难以保证，所以在功率容量较大的稳压电路中，希望一旦发生过载或负载短路的情况，输出电压和输出电流都能下降到较低的数值。这样的保护电路称为截流型保护电路。图 10-15 所示为具有截流保护作用的稳压电路，三极管 VT_2 与电阻 R_1、R_2、R_3、R_4 和检测电阻 R 组成截流型保护电路。

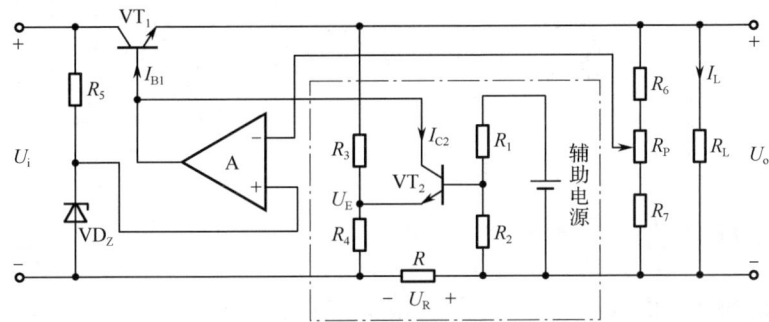

图 10-15　具有截流保护作用的稳压电路

基准电压 U_Z 经电阻 R_1、R_2 分压后接至三极管 VT_2 的基极。检测电阻 R 接在 R_2 与 R_4 之间。在正常工作时，R 上的压降 U_R 较小，此时 $U_{R2} + U_R < U_{R4}$，三极管 VT_2 处于截止状态，因而对稳压电路的工作没有影响。

当负载电流 I_L 增大时，U_R 也增大，使三极管 VT_2 的发射结两端电压也随之增大。若 U_{BE2} 值增大到使 VT_2 进入放大区，则有下面的反馈过程发生：

$$I_{C2}\uparrow \rightarrow I_{B1}\downarrow \rightarrow U_o\downarrow \rightarrow U_E\downarrow \rightarrow U_{BE2}\uparrow \rightarrow$$
$$I_{C2}\uparrow \leftarrow$$

由于 U_{BE2} 和 I_{C2} 不断增加，使 VT_2 迅速饱和，其集电极-发射极之间的压降迅速下降到 $U_{CES}\approx 0.3V$。结果使输出电压 $U_o = (U_{CES} + U_{R4})-(U_{BE1} + U_R)$。因为 U_{R4} 一般选定为 1V 左右，U_R 的数值也较小，所以当保护电路启动后，输出电压 U_o 将下降到 1V 左右。同时，调整管也因近于截止而功耗很小。

当负载两端的故障排除以后，由于 I_L 减小，U_R 也随之减小，只要三极管 VT_2 能进入放大区，则输出电压将按以下的正反馈过程很快地恢复到原来的数值：

$$U_R\downarrow \rightarrow U_{BE2}\downarrow \rightarrow I_{C2}\downarrow \rightarrow I_{B1}\uparrow \rightarrow U_o\uparrow \rightarrow U_E\uparrow \rightarrow U_{BE2}\downarrow \rightarrow$$
$$I_{C2}\downarrow \leftarrow$$

这种保护电路在选择调整管时要注意，调整管的集电极-发射极反向击穿电压 $U_{(BR)CEO}$ 应大于整流滤波电路输出电压可能达到的最大值。

复习思考题

10.5.1　图 10-13 所示串联型直流稳压电路与稳压管稳压电路相比有何优势？

10.5.2 简述图 10-13 所示串联型直流稳压电路的稳压原理。

10.5.3 串联型稳压电路如题图 10.5.3 所示，设 A 为理想运算放大器，求：（1）流过稳压管的电流 I_Z；（2）输出电压 U_o；（3）将 R_3 改为 0～3kΩ 可变电阻时，最小输出电压 U_{omin} 及最大输出电压 U_{omax}。

10.5.4 在题图 10.5.4 所示串联型稳压电路中，试问：（1）要求当电位器 R_P 的滑动端在最下端时 U_o = 15V，则电位器 R_P 的阻值应为多大？（2）在选定 R_P 的阻值下，当 R_P 的滑动端在最上端时 U_o 为多大？

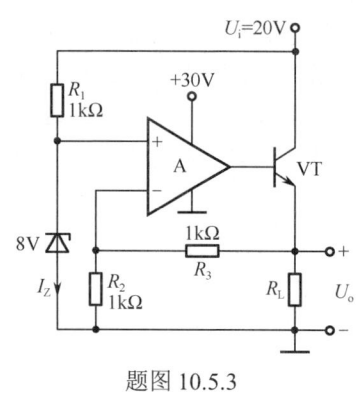

题图 10.5.3

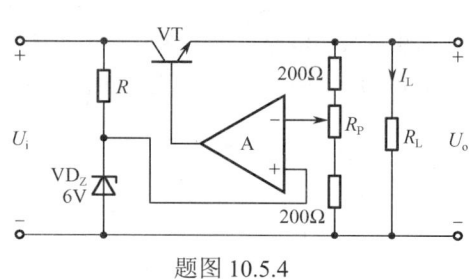

题图 10.5.4

10.6 集成稳压电路

10.6.1 集成稳压电路概述

随着集成技术的发展，稳压电路也迅速实现集成化。从 20 世纪 60 年代末开始，集成稳压电路已经成为模拟集成电路的一个重要组成部分。目前已能大量生产各种型号的单片集成稳压电路。集成稳压电路体积小，使用、调整方便，性能稳定，而且成本低，因此应用日益广泛。

集成稳压电路的工作原理与分立元件的稳压电路是相同的。它的内部结构同样包括基准电压源、比较放大电路、调整管、取样电路和保护电路等部分。它是通过各种工艺将元器件集中制作在一块小硅片上，封装后把整个稳压电路变成了一个部件，即集成稳压电路。它以一个单体的形式参与电路工作，因此使用起来灵活方便。

集成稳压电路的类型很多。按其内部的工作方式可分为串联型、并联型、开关型；按其外部特性可分为三端固定式、三端可调式、多端固定式、多端可调式、正电压输出式、负电压输出式；按其型号分类又有 CW78 系列、CW79 系列、W2 系列、WA7 系列、WB7 系列、FW5 系列等。

10.6.2 三端集成稳压器简介

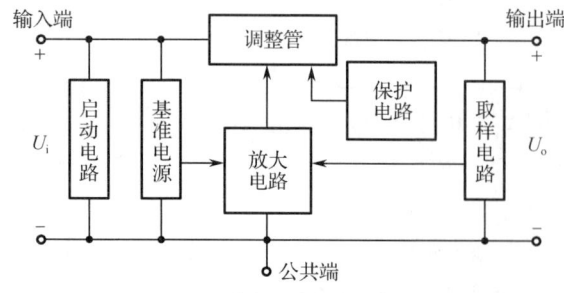

图 10-16 三端集成稳压器的结构框图

1. 电路组成

图 10-16 所示为三端集成稳压器的结构框图。三端集成稳压器的内部是由启动电路、基准电源、放大电路、调整管、取样电路和保护电路 6 部分组成的。其中启动电路的作用是在刚接通直流输入电压时，使调整管、放大电路和基准电源等建立起各自的工作电流，而当稳压电路正常工作时启动电路被断开，以免影响

稳压电路的性能。三端集成稳压器实际上就是由串联型直流稳压电路和保护电路构成的。尽管在具体的电路中有很多改进，但其基本工作原理与前述相同，这里不再赘述。由于它只有输入端、输出端和公共端三个引出端，所以通常称为**三端集成稳压器**。

2．主要参数

三端集成稳压器目前已发展成为独立体系，它的规格齐全、型号种类多。在常用的三端集成稳压器中，有输出固定正电压的 CW78×× 系列、CW×40 系列等；输出固定负电压的 CW79×× 系列、CW×45 系列等。目前生产和应用较广的是 CW78×× 系列和 CW79×× 系列等。其型号后两位数字为输出电压值。

无论固定正电压输出还是固定负电压输出的三端集成稳压器，它们的输出电压值通常可分为 7 个等级：±5V、±6V、±8V、±12V、±15V、±18V 和±24V。输出电流则有 3 个等级：1.5A（W7800 及 W7900 系列）、500mA（78M00 及 W79M00 系列）和 100mA（W78L00 及 W79L00 系列）。现将输出正电压的 W7800 系列的 7 种三端集成稳压器的主要参数列于表 10-3 中，以供参考。

表 10-3　W7800 系列三端集成稳压器主要参数

参数	符号	单位	型号						
			W7805	W7806	W7808	W7812	W7815	W7818	W7824
输入电压	U_i	V	10	11	14	19	23	27	33
输出电压	U_o	V	5	6	8	12	15	18	24
电压调整率	S_U	V	0.0076	0.0086	0.01	0.008	0.0066	0.01	0.011
电流调整率（5mA≤I_o≤1.5A）	S_I	mV	10	43	45	52	52	55	60
最小压差	U_i-U_o	V	2	2	2	2	2	2	2
输出噪声	U_N	μA	10	10	10	10	10	10	10
峰值电流	I_{oM}	A	2.2	2.2	2.2	2.2	2.2	2.2	2.2
输出零漂	S_r	mV/℃	1.0	1.0	1.2	1.2	1.5	1.8	2.4

3．型号组成及其意义

三端集成稳压器的型号组成及其意义如图 10-17 所示。

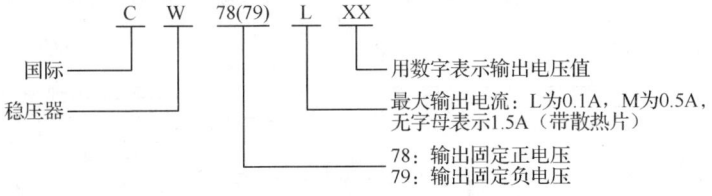

图 10-17　三端集成稳压器的型号组成及其意义

4．外形及电路符号

三端集成稳压器的外形及电路符号分别如图 10-18 和图 10-19 所示。

5．基本应用

（1）基本应用电路。

三端集成稳压器的基本应用电路如图 10-20 所示。直流输入电压 U_i 接在输入端（IN）和公共端（GND）之间，在输出端（OUT）即可得到稳定的输出电压 U_o。电容 C_1 可改善输入纹波电压，其容量一般为 0.33μF。电容 C_2 可消除电路的高频噪声，改善负载瞬态响应，一般取 0.1μF。

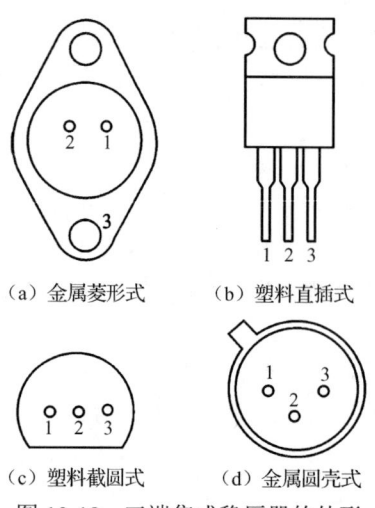

（a）金属菱形式　（b）塑料直插式

（c）塑料截圆式　（d）金属圆壳式

图 10-18　三端集成稳压器的外形

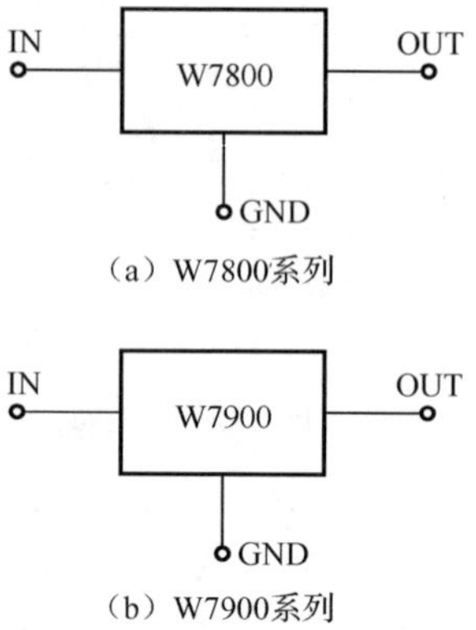

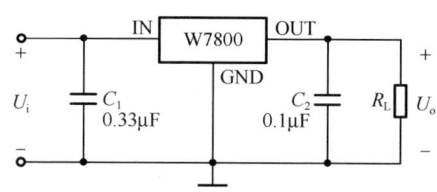

（a）W7800系列

（b）W7900系列

图 10-19　三端集成稳压器的电路符号

（2）提高输出电流。

W7800 系列最大输出电流为 1.5A，若要求更大的电流输出，则可以在基本应用电路的基础上外接大功率三极管 VT 以提高输出电流，图 10-21 所示是电路接法。负载所需大电流由大功率三极管 VT 提供，VT 的基极由三端集成稳压器驱动，电路中接入一只二极管 VD 是为了补偿三极管的发射结电压 U_{BE}，使电路的输出电压 U_o 基本上等于三端集成稳压器的输出电压 $U_{××}$。只要适当

图 10-20　三端集成稳压器的基本应用电路

选择二极管的型号，并通过调节电阻 R 的阻值来改变流过二极管的电流，就可以得到 $U_D \approx U_{BE}$，于是输出电压 U_o 为

$$U_o = U_{××} - U_{BE} + U_D = U_{××}$$

图 10-21 中各电容起滤除纹波电压的作用。

（3）扩展输出电压。

W7800 系列是固定输出电压类型，在特殊场合可通过外接电路来改变输出电压值，从而提高输出电压的取值范围。在图 10-22 所示电路中，利用集成运放 A 并通过改变电位器 R_P 的滑动抽头来改变输出电压。

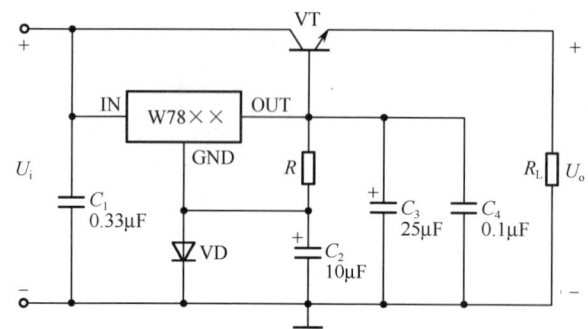

图 10-21　提高三端集成稳压器的输出电流

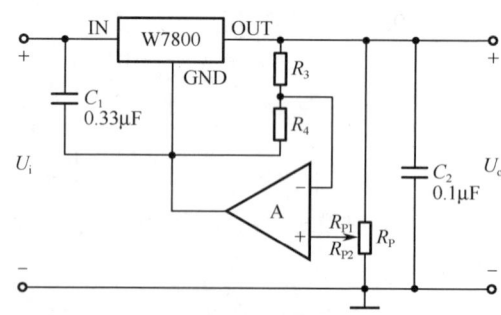

图 10-22　三端集成稳压器输出电压的扩展

（4）具有正负电压输出的稳压电源。

当需要正负电压同时输出时，可用一块 W7800 正压单片稳压器和一块 W7900 负压单片稳压器连接成图 10-23 所示的电路。这两块稳压器有一个公共接地端，并共用整流电路。

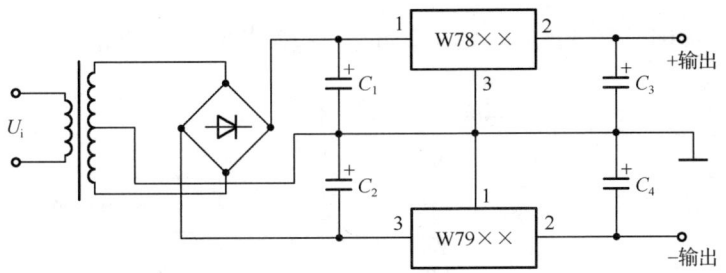

图 10-23　具有正负电压输出的稳压电路

【例 10-6】　试应用集成稳压器设计一个能固定输出±5V 电压的直流稳压电源。

解：（1）因所要设计的直流稳压电源是固定式输出，并且输出既有正电压也有负电压，故可选择三端集成稳压器（如 W7800 系列或 W7900 系列）。通过查阅相关手册可知 W7805 集成稳压器可输出+5V 直流电压、W7905 集成稳压器可输出-5V 直流电压，可以选用。

（2）集成稳压器 W7800 系列（正电源）和 W7900 系列（负电源）的典型应用电路如图 10-24 所示。输入端电容 C_3、C_4 主要用来改善输入电压的纹波，一般为零点几微法，可选 0.33μF。输出端电容 C_5、C_6 用来消除电路中可能存在的高频噪声，即改善负载的瞬态响应，可选 0.1μF。

W7805 的输入电压为 7V～30V，W7905 的输入电压为-25V～-7V，可以均按输入电压大小为 12V 设计。交流输入电压 U_1（220V/50Hz）经降压、整流、滤波（滤波电容 $C_1 = C_2 = 2200$μF）后，分别供给 12V 大小的电压，该电压是变压器总的二次电压（有效值）平均值的一半，即$(U_2/2)×0.9=$12V，因此 $U_2 = 12/0.45$V≈26.6V。由此可选择变压器变比 $n = U_1 : U_2 = 220 : 26.6 ≈ 8 : 1$。

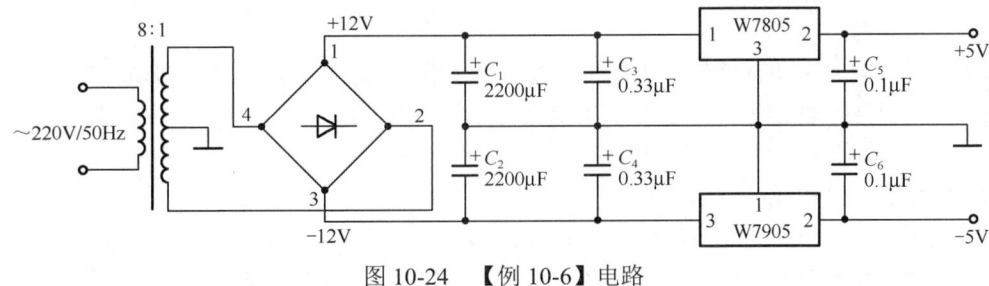

图 10-24　【例 10-6】电路

复习思考题

10.6.1　三端集成稳压器 W7812，其输出电压是＿＿＿V，输出电流是＿＿＿A；三端集成稳压器 W79L06，其输出电压是＿＿＿V，输出电流是＿＿＿A。

10.6.2　在题图 10.6.2 所示电路中，R_1=240Ω，R_2=3kΩ；W117 输入端和输出端电压 U_{12} 的允许范围为 3V～40V，输出端和调整端之间的电压 U_{REF} 为 1.25V。试求解：

（1）输出电压的调节范围；

（2）输入电压允许的范围。

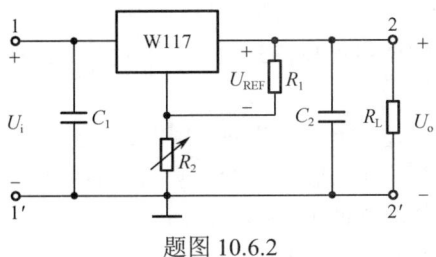

题图 10.6.2

10.6.3 电路如题图 10.6.3 所示。合理连线，使之构成 5V 的直流稳压电源。

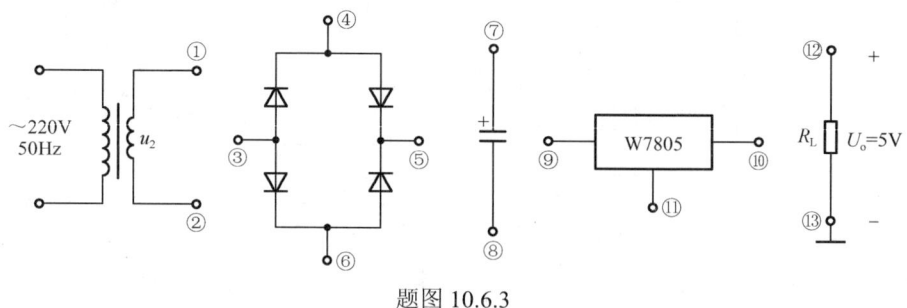

题图 10.6.3

10.7 开关型稳压电路

前面介绍的串联型直流稳压电路、三端集成稳压器都是线性稳压电路，它们特点是结构简单、调整方便、输出电压脉动小、适应瞬态变化的能力较强，但其电源效率很低，一般只有 20 %～40 %，由于调整管的功耗较大，一般需要在调整管上安装笨重的散热器，还要有良好的通风条件。开关型稳压电路则能克服上述缺点。

10.7.1 开关型稳压电路的特点和分类

1．开关型稳压电路的特点

（1）效率高。

开关型稳压电路中调整管工作在开关状态，当调整管饱和导通时，集电极电流较大，但饱和压降很小，当调整管截止时，集电极-发射极之间承受的管压降较大，但集电极电流几乎为 0，因此，调整管功耗很小。开关型稳压电路的效率高达 65%～90%。

（2）体积小、重量轻。

因调整管的功耗小，故散热器也可随之减小。而且，许多开关型稳压电路可省去 50Hz 工频变压器，而开关频率通常为几十千赫，故滤波电感、电容的容量均可大大减小，所以，开关型稳压电路与同样功率的线性稳压电路相比，体积和重量都小得多。

（3）对电网电压要求不高。

由于开关型稳压电路的输出电压与调整管导通和截止时间的比例有关，而输入直流电压的幅值变化对其影响很小，因此它允许电网电压有较大的波动。一般线性稳压电路允许电网电压波动范围为±10%，而开关型稳压电路在电网电压为 140V～260V，电网频率变化±4%时仍可正常工作。

此外，通常开关型稳压电路的控制电路比较复杂，并且输出电压中的纹波和噪声成分较大。

综上所述，开关型稳压电路具有非常突出的特点，所以广泛用于计算机、电视机、通信设备等直流电源供电系统。

2．开关型稳压电路的分类

（1）按照工作在开关状态的调整管与负载的连接形式分类，开关型稳压电路可分为串联型和并联型。

（2）按照对调整管的控制方式分类，开关型稳压电路可分为：脉冲宽度调制（PWM）型，即开关工作频率不变，控制使开关导通的脉冲宽度；脉冲频率调制（PFM）型，即开关导通时间不变，控制开关的工作频率；还有混合调制型，上述两种控制形式的结合，即脉冲宽度和开关工作频率都发生变化。其中脉冲宽度调制型用得较多。

（3）按照是否使用工频变压器（电源变压器）来分类：低压开关型稳压电路，即 50Hz 电网交流电压先经工频变压器降压，变成低压后再进入开关型稳压电路；高压开关型稳压电路，即无工频变压器型，将 220V 交流电网电压直接进行整流滤波后进入开关型稳压电路。目前大量使用的主要是无工频变压器型开关稳压电路。

此外，按激励的方式分类，有自激式和它激式；按所用开关调整管的种类分类，有双极型三极管、MOS 场效应管和可控硅开关电路等。

10.7.2　串联开关型稳压电路

1．电路组成

图 10-25 所示为串联开关型稳压电路的框图。该电路由六部分组成。其中取样电路、比较放大器和基准电压三部分，在组成和功能上与前面串联型直流稳压电路中所述的相同，不同的是开关脉冲发生器、调整管和储能滤波电路。

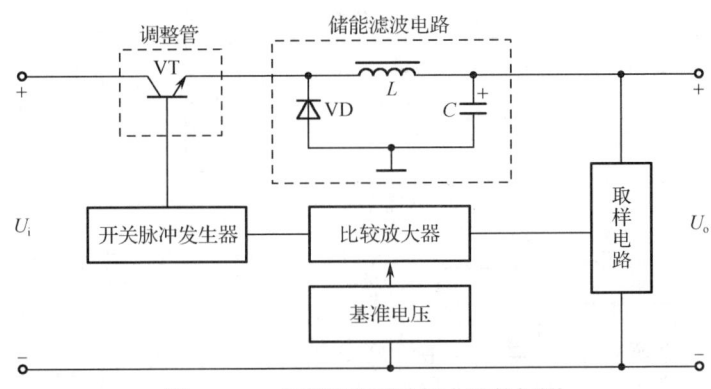

图 10-25　串联开关型稳压电路的框图

（1）开关脉冲发生器。

它由多谐振荡器组成，产生控制调整管的脉冲。开关脉冲的宽度受比较放大器输出电压的控制。由于比较放大器、取样电路和基准电压构成了负反馈系统，所以当输出电压 U_o 升高时，比较放大器的输出电压降低，使开关脉冲的宽度变窄；反之，开关脉冲的宽度增加。

（2）调整管。

它由功率管组成，在开关脉冲的作用下它工作在开关状态，饱和导通或截止，输出断续的脉冲电压，把整流滤波后的直流电压变成脉冲电压。开关脉冲的宽窄，控制调整管导通与截止的时间比例。当开关脉冲的宽度增加时，调整管导通时间加长，截止时间变短；当开关脉冲宽度减短时，调整管的导通时间变短，截止时间加长。

（3）储能滤波电路。

它由电感 L、电容 C 和三极管 VT 组成。它能把调整管输出的断续脉冲电压变成连续的平滑直流电压。当调整管的导通时间长、截止时间短时，输出直流电压就高；反之，输出直流电压则低。

2．串联开关型稳压电路的工作原理

（1）储能滤波电路的工作原理。

图 10-26（a）所示为储能滤波电路。VT 是调整管，其基极电压受开关脉冲的控制，发射极输出断续的脉冲电压。

当开关脉冲为高电平时，调整管 VT 饱和导通，相当于开关闭合。这时二极管 VD 处于反偏而截止，输入电压 U_i 加在电感 L 和负载 R_L 上。由于电感中的电流不能突变，所以电感电流随着VT 的导通而逐渐加大。开关脉冲的高电平宽度越窄，调整管 VT 导通时间越长，电流变得越大，

电感 L 中储存的磁场能量则越多。电感电流 i_L 除流过负载 R_L 外，同时还对电容充电。其电流流动情况如图 10-26（b）所示。

当开关脉冲为低电平时，调整管 VT 截止，相当于开关断开。由于电感中电流不能突变，所以产生一个自感反电动势，极性左负右正。它使二极管 VD 处于正偏而导通，从而为电感电流提供路径，以维持向负载供电和对电容放电。其电流流动情况如图 10-26（c）所示。在这个过程中，电感中储存的磁能释放出来，转化成电能，当电感电流下降到较小时，电容开始放电，继续维持负载电流。当电容放电使其两端的电压明显下降，开关脉冲又变为高电平时，调整管 VT 又饱和导通，输入电压 U_i 再次向负载和电容供电，电感再次储能，如此循环。这样，输出电压就成为基本维持在一定数值上的平滑直流电压。它的数值等于输入电压 U_i 的平均值，即

$$U_o = \frac{t_d}{T} U_i \tag{10-20}$$

式中，T 为开关脉冲的周期；t_d 为调整管导通时间。

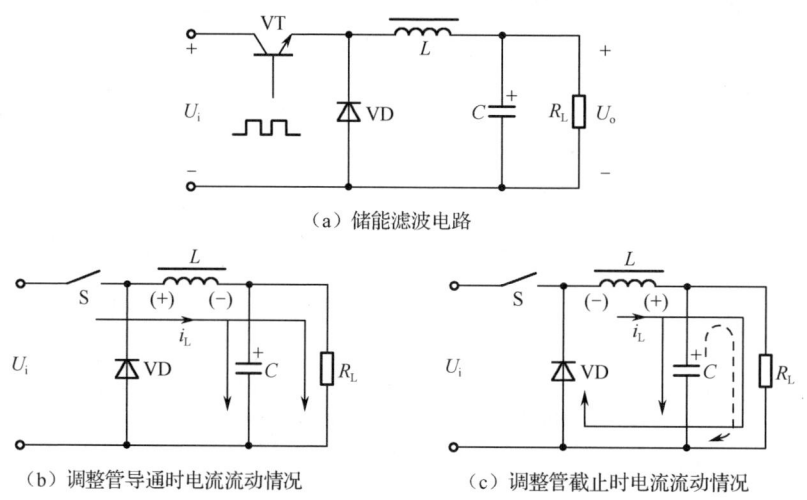

（a）储能滤波电路

（b）调整管导通时电流流动情况　　　（c）调整管截止时电流流动情况

图 10-26　储能滤波电路的工作原理

由以上分析可知，调整管 VT 中的断续脉冲电流，通过储能滤波电路可以输出连续的、波动不大的直流电压。通过控制调整管导通时间的长短，可以调整输出电压的大小。在储能滤波电路中，电感起着储存和释放能量的作用；电容除有储能作用外，还起着平滑滤波的作用；三极管为电感释放能量提供通路，所以称其为续流二极管。

（2）开关脉冲发生器的工作原理。

图 10-27 所示为一个简单的串联开关型稳压电路。其中 VT_1 和 VT_2 组成复合管，起开关调整管的作用。电感 L、二极管 VD 和电容 C_2 组成储能滤波电路。三极管 VT_4、稳压管 VD_Z 和电阻 R_3、R_4、R_5、R_6 组成比较放大器、基准电压和取样电路。

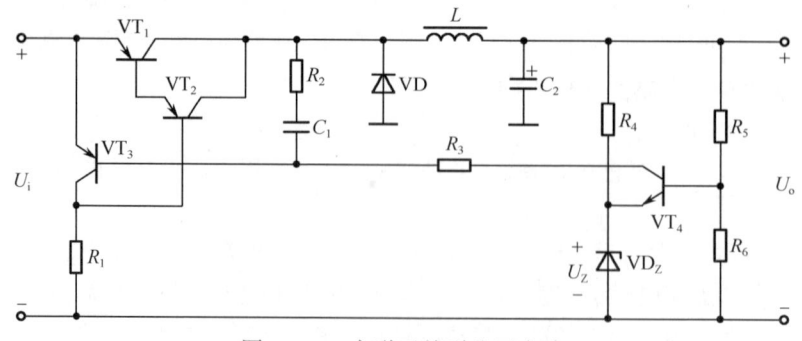

图 10-27　串联开关型稳压电路

开关脉冲发生器由三极管 VT_3 和复合管 VT_1、VT_2 以及相关元件组成。它是一个多谐振荡电路，产生开关脉冲，从而控制调整管工作在开关状态。

在 VT_1、VT_2 和 VT_3 组成的电路中，当三只管子均处于放大状态时，存在强烈的反馈。例如，当 VT_3 的电流 i_{C3} 稍有增加时，会引起电阻 R_1 上的压降增大，使 VT_2 的基极电位 u_{B2} 上升，从而复合管 VT_1、VT_2 的电流 i_{C1}、i_{C2} 减小，调整管 VT_1 的管压降 u_{CE1} 增大，因此集电极电位 u_{C12} 下降。由于电容 C_1 上压降不能突变，故 u_{C12} 通过 R_2 和 C_1 使 VT_3 的基极电位 u_{B3} 再下降，进而使 i_{C3} 再增大。这个正反馈过程使 VT_3 很快进入饱和状态。VT_3 饱和后，其管压降 u_{CE3} 只有 0.3V 左右，它加在 VT_1 和 VT_2 的两个发射结上，必然使复合管 VT_1、VT_2 进入截止状态。

VT_3 饱和并且复合管 VT_1、VT_2 截止后，VT_3 的基极电流要向电容 C_1 充电，充电电压的极性是下正上负。随着 C_1 充电的进行，u_{B3} 逐渐升高，i_{C3} 又随之减小，使 VT_2 的基极电位也跟着下降。当 C_1 充电到一定值时，上述变化会使复合管 VT_1、VT_2 重新进入放大状态，使电路又产生一个强烈的正反馈过程，即

$$u_{B3}\uparrow \rightarrow i_{C3}\downarrow \rightarrow u_{B2}\downarrow \rightarrow i_{C1},\ i_{C2}\uparrow$$
$$u_{B3}\uparrow \longleftarrow \hspace{5cm} u_{C12}\uparrow$$

这样，很快又会使 VT_3 截止，复合管 VT_1、VT_2 饱和。这时在 C_1 两端的充电电压通过 R_3 和 VT_4 放电，又会使 u_{B3} 逐渐减小。当 u_{B3} 减小到使 VT_3 进入放大状态时，又会产生如前述的正反馈过程，使电路的状态发生翻转。此时，VT_3 又进入饱和状态，复合管 VT_1、VT_2 进入截止状态。如此周而复始，在 VT_3 上产生的开关脉冲电压，控制着复合管的基极电位，使其交替地导通和截止。

（3）稳压原理。

由式（10-20）可知，调整管的导通时间 t_d 减小会使输出电压 U_o 降低，反之则增高。由图 10-27 可以看出，当输出电压 U_o 由于某种原因升高时，取样电阻 R_5、R_6 会使 VT_4 基极电位升高，它与基准电压 U_Z 相比较，使 u_{BE4} 增大，因而 VT_4 的集电极电流增大。因为 VT_4 的集电极电流就是电容 C_1 的放电电流，所以，C_1 放电加快，缩短了复合管的导通时间 t_d，使输出电压 U_o 降低。其结果使输出电压 U_o 基本保持稳定。当输出电压由于某种原因降低时，同理会使 u_{BE4} 减小，VT_4 的集电极电流减小，C_1 放电减慢，使复合管的导通时间加长，使输出电压升高。其结果使输出电压 U_o 基本保持稳定。

10.7.3　隔离式开关型稳压电路

在隔离式开关型稳压电路中，调整管输出的矩形波电压通过一个高频变压器接到 LC 滤波电路再输出到负载，调整管和等效负载并联。顾名思义，隔离式开关型稳压电路的明显优点是高频变压器兼有隔离作用。在无工频变压器的开关电源（如电视机电源）中直接用单相交流电输入，采用隔离式开关型稳压电路，能将直流供电部分的"地"和交流电网侧的"地"隔离开来，使用更加安全。

1. 基本电路

隔离式开关型稳压电路如图 10-28 所示。该图中省略了基极调制波形的产生电路，与串联开关型稳压电路的区别是调整管 VT 和负载不再串联，而是通过变压器耦合。

2. 工作原理

调整管 VT 的基极输入调制信号为 u_B，当 u_B 为高电平时，VT 导通；当 u_B 为低电平时，VT 截止。VT 的开关作用就使得变压器的二次绕组输出矩形波电压 u_A。u_A 经 VD_1 整流，再经 LC 滤波后，供给负载平滑的直流电压。图 10-28 中 VD_2 为续流二极管。如果忽略调整管饱和压降与变压器、整流以及滤波电路的损耗，输出电压在周期 VT 时间内的直流平均值 U_o 近似为

$$U_o \approx \frac{T_1}{T} \cdot u_A = \frac{T_1}{T} \cdot \frac{N_2}{N_1} \cdot U_i = DNU_i \tag{10-21}$$

式中，D 为基极调制波形占空比；N 为变压器的变压系数。

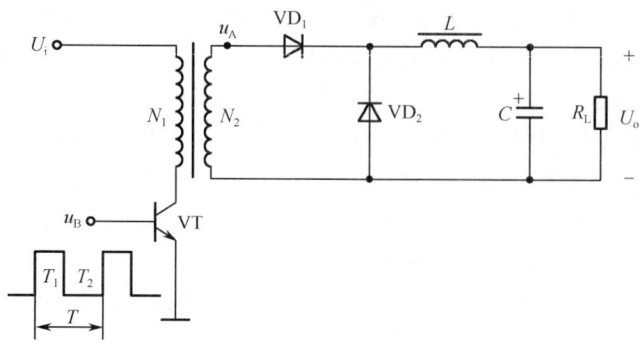

图 10-28　隔离式开关稳压电路

当电网波动或负载电流变化引起输出电压变化时，通过调节调整管基极调制脉冲的占空比，使得输出电压保持稳定。其调节过程和前述串联开关型稳压电路类似。

在图 10-26 所示电路中，用单只三极管作为开关，在实际应用电路中，还可以用推挽式、全桥式或半桥式的开关器件作为调整管。

本 章 小 结

1．直流稳压电源的种类有很多，它们一般由电源变压器、整流电路、滤波电路和稳压电路四部分组成，输出电压不受电网、负载及温度的影响，为各种精密电子仪表和家用电器正常工作提供能源保证。

2．稳压管稳压电路利用稳压管的稳压特性来实现负载两端的电压稳定。这种电路只适用于输出电流较小、输出电压固定、稳压要求不高的场合。

3．串联型直流稳压电路是常用的稳压电路。在这种稳压电路中，调整管串联在输入电压和负载之间，利用稳压管提供基准电压，再引入电压负反馈和放大环节，使输出电压保持稳定。其稳压性能较好，输出电压调节方便。因为调整管工作在放大状态而功耗大，所以需要加保护电路。

4．集成稳压电路目前已得到广泛的应用，其中 CW78 系列、CW79 系列、W117、W217、W317 等是常用的三端集成稳压器。它们既有固定式和可调式，又有正电压输出式和负电压输出式，使用方便，性能稳定。

5．在开关型稳压电路中，由于调整管工作在开关状态，输出断续的脉冲电压，因此必须经过储能滤波电路才能得到平滑的直流电压。开关脉冲发生器产生开关脉冲，控制调整管交替地饱和导通和截止。在开关型稳压电路中的取样电路、基准电压和比较放大器部分，其组成和功能都与串联型直流稳压电路相同。由于调整管工作在开关状态，所以本身功耗很小。这种稳压电路体积小、重量轻、效率高，但电路较复杂。

习题 10

10-1　填空题：

（1）直流稳压电路是一个典型的电子系统，它由＿＿＿＿＿＿＿＿＿、＿＿＿＿＿＿＿＿＿、＿＿＿＿＿＿＿＿和＿＿＿＿＿＿＿＿四部分组成。

（2）整流滤波电路是利用二极管的_____和电容器的_____作用将交流电压转换成单向脉动且相对比较平滑的直流电压。

（3）串联型直流稳压电路的调整管工作在_____区。

（4）单相半波整流电路的输出电压平均值为 U_o=_____；单相全波整流电路的输出电压为 U_o=_____；桥式整流电路的输出电压为 U_o=_____。

（5）桥式整流电容滤波电路的输出电压为 U_o=_____。

（6）采用电容滤波电路时，输出电压受负载变化影响_____，为了得到比较平滑的输出电压，希望 R_LC 的值越_____越好。

（7）三端集成稳压器 W7915 的输出电压为_____V；W7812 的输出电压为_____V。

10-2　判断题：

（1）直流稳压电路是一种将正弦信号转换为直流信号的波形变换电路。（　　）

（2）直流稳压电路是一种能量转换电路，它将交流能量转换为直流能量。（　　）

（3）在变压器二次电压和负载电阻相同的情况下，桥式整流电路的输出电流是半波整流电路输出电流的 2 倍。（　　）因此，它们的整流二极管的平均电流比值为 2:1。（　　）

（4）当输入电压 U_i 和负载电流 I_L 变化时，稳压电路的输出电压是绝对不变的。（　　）

（5）若 U_2 为电源变压器二次电压的有效值，则半波整流电容滤波电路和全波整流电容滤波电路在空载时的输出电压均为 $\sqrt{2}U_2$。（　　）

（6）一般情况下，开关型稳压电路比串联型直流稳压电路效率高。（　　）

（7）整流电路可将正弦电压变为脉动的直流电压。（　　）

（8）电容滤波电路适用于小负载电流，而电感滤波电路适用于大负载电流。（　　）

（9）在单相桥式整流电容滤波电路中，若有一只整流二极管断开，则输出电压平均值变为原来的一半。（　　）

（10）串联型直流稳压电路中的调整管工作在放大状态，开关型直流电源中的调整管工作在开关状态。（　　）

10-3　桥式整流电路如题图 10-3 所示。（1）若 U_2= 20V，则 u_o 的直流平均电压为多大？（2）当输出电流平均值为 $I_{o(AV)}$ 时，I_{D1} 为多大？（3）若变压器二次电压有效值为 U_2，则二极管的最大反向电压 U_{RM} 为多大？（4）若 VD_1 的正负极性接反，则输出波形会怎样变化？（5）若 VD_1 开路，则输出波形会怎样？

10-4　单相全波整流电路如题图 10-4 所示。变压器二次侧中心抽头接地，变压器输出电阻和二极管导通电阻可忽略不计，若 $u_2=\sqrt{2}U_2\sin(\omega t)$ V，试求：（1）画出 u_2、i_{D1}、i_{D2}、u_o 的波形；（2）若 u_2 的有效值为 U_2，求 $U_{o(AV)}$、$I_{D(AV)}$ 和二极管的最大反向电压 U_{RM}；（3）二极管 VD_1 断开或反接会出现什么问题？

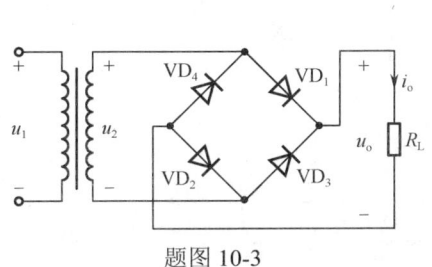

题图 10-3

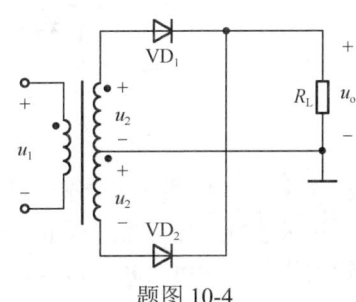

题图 10-4

10-5　题图 10-5 所示是一种能输出两种电压的桥式整流电路，设变压器和二极管都是理想器件。（1）试分析二极管的工作情况，当 $u_{21}=u_{22}=\sqrt{2}U_2\sin(\omega t)$ V 时，画出 u_{o1}、u_{o2} 的波形；（2）若

$U_2=10V$，试求 u_{o1} 和 u_{o2} 的平均值；（3）每只二极管的 $I_{D(AV)}$ 和 U_{RM} 为多大？

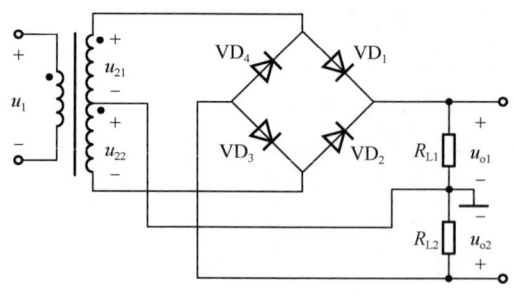

题图 10-5

10-6 试比较电容滤波电路、Π型 RC 滤波电路、电感滤波电路和 LC 滤波电路的优缺点。在下列几种情况下，应该选用哪一种滤波电路比较合适。

（1）负载电流为 10A，负载电阻 $R_L=1\Omega$，纹波要求不高；

（2）负载电流为 10mA，负载电阻 $R_L=1k\Omega$，纹波要求一般，尽量减小直流损耗；

（3）负载电阻为 100Ω 可调，负载电流在 10mA～1A 范围内可变，纹波要求一般，但要使 U_2 尽可能小；

（4）对变压器二次电压及电路的直流损耗无严格要求，负载电阻 $R_L=1k\Omega$，负载电流为 5mA 固定不变，要求纹波尽可能小。

10-7 在桥式整流、电容滤波电路中，$U_2=10V$（有效值），$R_L=100\Omega$，$C=100\mu F$。试问：（1）正常时 $U_{o(AV)}$ 为多大？（2）如果测得输出电压 $U_{o(AV)}$ 为 9V 或 4.5V，试分析分别出现了什么故障。

10-8 在图 10-10（b）所示稳压电路中，已知稳压管的额定功耗 $P_Z=200mW$，稳定电压 $U_Z=7V$，最小稳定电流 $I_{Zmin}=5mA$，电阻 $R=100\Omega$，负载电阻 R_L 可调范围为 400Ω～600Ω，试求输入电压 U_i 允许的变化范围。

10-9 在图 10-10（b）所示稳压电路中，已知输入电压 U_i 为 12V～14V；稳压管的稳定电流 $I_Z=5mA$，最大功耗 $P_{ZM}=200mW$，$U_Z=5V$；负载电阻 $R_L=250\Omega$。（1）求限流电阻的取值范围；（2）若 $R=220\Omega$，则负载电阻能否开路，为什么？

10-10 试画出桥式整流、电容滤波加稳压管稳压的电路。若变压器二次电压有效值 $U_2=20V$，稳压管 VD_Z 的稳压值 $U_Z=10V$，$I_{Zmin}=5mA$，$I_{Zmax}=26mA$，负载电阻 R_L 变化范围为 400Ω～1000Ω。（1）设滤波电容 C 的容量足够大，加在稳压电路的输入电压 $U_{i(AV)}$ 为多大？（2）设电网电压稳定，稳压管中的电流何时最大？何时最小？（3）试求限流电阻 R 的取值范围。

10-11 在题图 10-11 中，适当连接各元件，使之得到对地±15V 的直流电压。

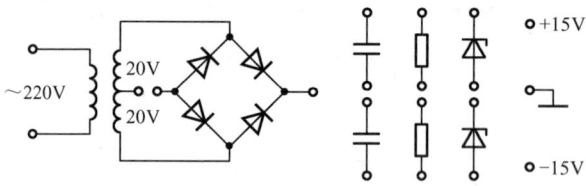

题图 10-11

10-12 在题图 10-12 所示稳压电路中，已知 $U_i=30V$，$U_Z=12V$，$R_1=R_2=500\Omega$，$R_3=1k\Omega$，$R_L=48\Omega$。试求：（1）变压器二次电压有效值 U_2 为多大？（2）输出电压 U_{omax} 和 U_{omin} 为多大？（3）调整管的最大允许功耗 P_{CM} 为多大（只计流过负载的电流产生的功耗）？

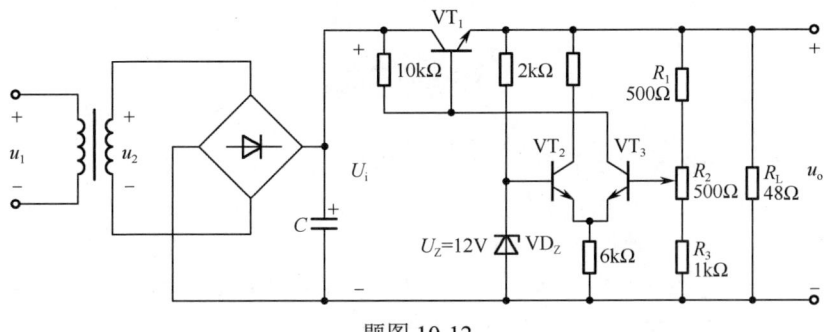

题图 10-12

10-13 题图 10-13 所示电路为串联型直流稳压电路。$R_1 = R_3 = 300\Omega$。要求：（1）标出集成运放的同相输入端"+"和反相输入端"−"；（2）若要输出电压的调节范围为 7.5V～15V，则稳压管的稳定电压 U_Z 为多大？电位器的阻值 R_2 为多大？

10-14 电路如题图 10-14 所示，已知 W7805 公共端的电流 $I_W = 8mA$，输入端和输出端之间电压的最小值为 3V；输出电压最大值 $U_{omax} = 25V$。要求：（1）若 $R_2 = 200\Omega$，求 R_1 应为多大？（2）U_i 至少应取多大？

10-15 试用电源变压器、桥式整流电路、滤波电容、三端集成稳压器组成一个输出电压为 5V 的稳压电路，要求画出图来。

10-16 用 W7812 和 W7912 组成输出正、负电压的稳压电路，画出整流、滤波和稳压电路图。

10-17 在题图 10-14 所示电路中，已知 W7805 的输出电压为 5V，$I_W = 5mA$；$R_1 = 1k\Omega$，$R_2 = 200\Omega$。试求输出电压 U_o 的调节范围。

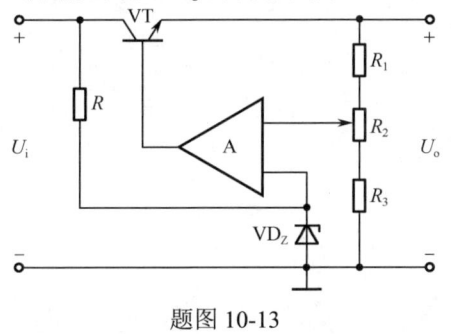

题图 10-13

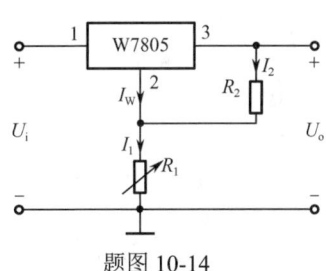

题图 10-14

10-18 在图 10-22 所示三端集成稳压器基本应用电路中，已知 W7800 系列为 W7812，输出电压 U_o 的调节范围为 3V～30V，$R_3 = 200\Omega$，电位器 $R_P = 1k\Omega$。试问：（1）R_4 为多大？（2）R_{P2} 的最大值为多大？（3）若 $U_i = 40V$，则三端集成稳压器输入端和输出端之间承受的最大压降为多大？

10-19 电路如题图 10-19 所示，$R_1 = R_2 = R_3 = 200\Omega$，试求输出电压的调节范围。

10-20 在题图 10-20 所示稳压电路中，已知 W7805 输出电压为 5V，$I_W = 50\mu A$，试求输出电压 U_o 为多大？

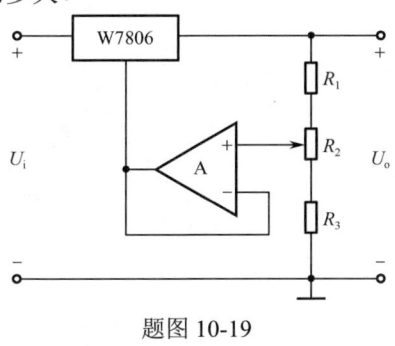

题图 10-19

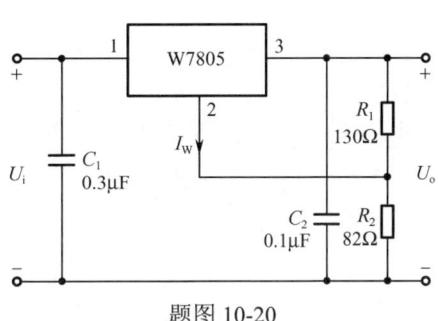

题图 10-20

参考文献

[1] 王远. 模拟电子技术[M]. 北京：机械工业出版社，1994.

[2] 童诗白，华成英. 模拟电子技术基础[M]. 4 版. 北京：高等教育出版社，2006.

[3] 康光华. 电子技术基础数字部分[M]. 3 版. 北京：高等教育出版社，1988.

[4] 任为民. 电子技术基础课程设计[M]. 北京：中央广播电视大学出版社，1996.

[5] 李忠波. 电子技术[M]. 北京：机械工业出版社，2003.

[6] 杨素行. 模拟电子技术基础简明教程[M]. 3 版. 北京：高等教育出版社，2005.

[7] 沈尚贤. 电子技术导论[M].（上册）. 北京：高等教育出版社，1985.

[8] 李哲英，等. 电子科学与技术导论[M]. 北京：电子工业出版社，2006.

[9] 赵淑范，等. 电子技术实验与课程设计[M]. 北京：清华大学出版社，2006.

[10] 施金鸿，等. 电子技术基础实验与综合实践教程[M]. 北京：北京航空航天大学出版社，2006.

[11] 张虹. 电路与电子技术[M]. 6 版. 北京：北京航空航天大学出版社，2020.